中国核科学技术进展报告

（第八卷）

中国核学会 2023 年学术年会论文集

中国核学会◎编

第 9 册

核安全分卷

核设备分卷

核反应堆热工流体力学分卷

科学技术文献出版社
SCIENTIFIC AND TECHNICAL DOCUMENTATION PRESS

·北京·

图书在版编目（CIP）数据

中国核科学技术进展报告. 第八卷. 中国核学会2023年学术年会论文集. 第9册，核安全、核设备、核反应堆热工流体力学 / 中国核学会编. —北京：科学技术文献出版社，2023.12
ISBN 978-7-5235-1050-6

Ⅰ.①中… Ⅱ.①中… Ⅲ.①核技术—技术发展—研究报告—中国 Ⅳ.① TL-12

中国国家版本馆 CIP 数据核字（2023）第 229126 号

中国核科学技术进展报告（第八卷）第9册

策划编辑：秦　源　　责任编辑：赵　斌　　责任校对：王瑞瑞　　责任出版：张志平

出　版　者	科学技术文献出版社
地　　　址	北京市复兴路15号　邮编 100038
编　务　部	（010）58882938，58882087（传真）
发　行　部	（010）58882868，58882870（传真）
邮　购　部	（010）58882873
官方网址	www.stdp.com.cn
发　行　者	科学技术文献出版社发行　全国各地新华书店经销
印　刷　者	北京厚诚则铭印刷科技有限公司
版　　　次	2023 年 12 月第 1 版　2023 年 12 月第 1 次印刷
开　　　本	880×1230　1/16
字　　　数	700千
印　　　张	24.75
书　　　号	ISBN 978-7-5235-1050-6
定　　　价	120.00元

中国核学会 2023 年
学术年会大会组织机构

主办单位　中国核学会

承办单位　西安交通大学

协办单位　中国核工业集团有限公司　　　国家电力投资集团有限公司

　　　　　　中国广核集团有限公司　　　　清华大学

　　　　　　中国工程物理研究院　　　　　中国工程院

　　　　　　中国科学院近代物理研究所　　中国华能集团有限公司

　　　　　　哈尔滨工程大学　　　　　　　西北核技术研究院

大会名誉主席　余剑锋　中国核工业集团有限公司党组书记、董事长

大　会　主　席　王寿君　中国核学会党委书记、理事长

　　　　　　　　卢建军　西安交通大学党委书记

大 会 副 主 席　王凤学　张　涛　邓　戈　欧阳晓平　庞松涛　赵红卫　赵宪庚

　　　　　　　　姜胜耀　殷敬伟　巢哲雄　赖新春　刘建桥

高 级 顾 问　王乃彦　王大中　陈佳洱　胡思得　杜祥琬　穆占英　王毅韧

　　　　　　　　赵　军　丁中智　吴浩峰

大会学术委员会主任　欧阳晓平

大会学术委员会副主任　叶奇蓁　邱爱慈　罗　琦　赵红卫

大会学术委员会成员　（按姓氏笔画排序）

　　　　　　　　于俊崇　万宝年　马余刚　王　驹　王贻芳　邓建军

　　　　　　　　叶国安　邢　继　吕华权　刘承敏　李亚明　李建刚

　　　　　　　　陈森玉　罗志福　周　刚　郑明光　赵振堂　柳卫平

　　　　　　　　唐　立　唐传祥　詹文龙　樊明武

大会组委会主任　刘建桥　苏光辉

大会组委会副主任　高克立　田文喜　刘晓光　臧　航

大会组委会成员　（按姓氏笔画排序）

　　　　　　　　丁有钱　丁其华　王国宝　文　静　帅茂兵　冯海宁　兰晓莉

　　　　　　　　师庆维　朱　华　朱科军　刘　伟　刘玉龙　刘蕴韬　孙　晔

　　　　　　　　苏　萍　苏艳茹　李　娟　李亚明　杨　志　杨　辉　杨来生

　　　　　　　　吴　蓉　吴郁龙　邹文康　张　建　张　维　张春东　陈　伟

　　　　　　　　陈　煜　陈启元　郑卫芳　赵国海　胡　杰　段旭如　昝元锋

耿建华　徐培昇　高美须　郭　冰　唐忠锋　桑海波　黄　伟
黄乃曦　温　榜　雷鸣泽　解正涛　薛　妍　魏素花

大会秘书处成员　（按姓氏笔画排序）

于　娟　王　笑　王亚男　王明军　王楚雅　朱彦彦　任可欣
邬良芃　刘　宣　刘思岩　刘雪莉　关天齐　孙　华　孙培伟
巫英伟　李　达　李　彤　李　燕　杨士杰　杨骏鹏　吴世发
沈　莹　张　博　张　魁　张益荣　陈　阳　陈　鹏　陈晓鹏
邵天波　单崇依　赵永涛　贺亚男　徐若珊　徐晓晴　郭凯伦
陶　芸　曹良志　董淑娟　韩树南　魏新宇

技术支持单位　各专业分会及各省级核学会

专 业 分 会　核化学与放射化学分会、核物理分会、核电子学与核探测技术分会、原子能农学分会、辐射防护分会、核化工分会、铀矿冶分会、核能动力分会、粒子加速器分会、铀矿地质分会、辐射研究与应用分会、同位素分离分会、核材料分会、核聚变与等离子体物理分会、计算物理分会、同位素分会、核技术经济与管理现代化分会、核科技情报研究分会、核技术工业应用分会、核医学分会、脉冲功率技术及其应用分会、辐射物理分会、核测试与分析分会、核安全分会、核工程力学分会、锕系物理与化学分会、放射性药物分会、核安保分会、船用核动力分会、辐照效应分会、核设备分会、近距离治疗与智慧放疗分会、核应急医学分会、射线束技术分会、电离辐射计量分会、核仪器分会、核反应堆热工流体力学分会、知识产权分会、核石墨及碳材料测试与应用分会、核能综合利用分会、数字化与系统工程分会、核环保分会、高温堆分会、核质量保证分会、核电运行及应用技术分会、核心理研究与培训分会、标记与检验医学分会、医学物理分会、核法律分会（筹）

省级核学会　（按成立时间排序）

上海市核学会、四川省核学会、河南省核学会、江西省核学会、广东核学会、江苏省核学会、福建省核学会、北京核学会、辽宁省核学会、安徽省核学会、湖南省核学会、浙江省核学会、吉林省核学会、天津市核学会、新疆维吾尔自治区核学会、贵州省核学会、陕西省核学会、湖北省核学会、山西省核学会、甘肃省核学会、黑龙江省核学会、山东省核学会、内蒙古核学会

中国核科学技术进展报告
（第八卷）

总编委会

前　言

　　《中国核科学技术进展报告（第八卷）》是中国核学会 2023 学术双年会优秀论文集结。

　　2023 年中国核科学技术领域取得重大进展。四代核电和前沿颠覆性技术创新实现新突破，高温气冷堆示范工程成功实现双堆初始满功率，快堆示范工程取得重大成果。可控核聚变研究"中国环流三号"和"东方超环"刷新世界纪录。新一代工业和医用加速器研制成功。锦屏深地核天体物理实验室持续发布重要科研成果。我国核电技术水平和安全运行水平跻身世界前列。截至 2023 年 7 月，中国大陆商运核电机组 55 台，居全球第三；在建核电机组 22 台，继续保持全球第一。2023 年国务院常务会议核准了山东石岛湾、福建宁德、辽宁徐大堡核电项目 6 台机组，我国核电发展迈进高质量发展的新阶段。我国核工业全产业链从铀矿勘探开采到乏燃料后处理和废物处理处置体系能力全面提升。核技术应用经济规模持续扩大，在工业、医学、农业等各领域，产业进入快速扩张期，预计 2025 年可达万亿市场规模，已成为我国核工业强国建设的重要组成部分。

　　中国核学会 2023 学术双年会的主题为"深入贯彻党的二十大精神，全力推动核科技自立自强"，体现了我国核领域把握世界科技创新前沿发展趋势，紧紧抓住新一轮科技革命和产业变革的历史机遇，推动交流与合作，以创新科技引领绿色发展的共识与行动。会议为期 3 天，主要以大会全体会议、分会场口头报告、张贴报告等形式进行，同时举办以"核技术点亮生命"为主题的核技术应用论坛，以"共话硬'核'医学，助力健康中国"为主题的核医学科普论坛，以"核能科技新时代，青年人才新征程"为主题的青年论坛，以及以"心有光芒，芳华自在"为主题的妇女论坛。

　　大会共征集论文 1200 余篇，经专家审稿，评选出 522 篇较高水平的论文收录进《中国核科学技术进展报告（第八卷）》公开出版发行。《中国核科学技术进展报告（第八卷）》分为 10 册，并按 40 个二级学科设立分卷。

《中国核科学技术进展报告（第八卷）》顺利集结、出版与发行，首先感谢中国核学会各专业分会、各工作委员会和23个省级（地方）核学会的鼎力相助；其次感谢总编委会和40个（二级学科）分卷编委会同仁的严谨作风和治学态度；最后感谢中国核学会秘书处和科学技术文献出版社工作人员在文字编辑及校对过程中做出的贡献。

《中国核科学技术进展报告（第八卷）》总编委会

核安全
Nuclear Safety

目 录

核电厂重物坠落分析方法研究

刘　柳

（苏州热工研究院，国家核电厂安全及可靠性工程技术研究中心，广东　深圳　518000）

摘　要：重物坠落是核电厂设计过程中必须考虑的内部灾害之一。为确保核电厂在发生重物坠落情况下仍能安全运行，有必要在设计核电厂时考虑对重物坠落进行防护，并对核电厂进行重物坠落安全评价，以验证重物坠落防护目标的实现。通过对重物坠落防护目的、要求及重物坠落防护措施的研究，探索和提出重物坠落确定论安全评价的设计假设、方法和步骤，有利于提高核电厂抵御重物坠落灾害的能力，提升核电厂安全性。

关键词：重物坠落；安全评价；确定论；核电厂

在核电厂安装、运行、维修和换料期间，存在大量的重物吊装活动。核岛厂房内主要设有反应堆厂房内的操作重载的环吊、操作燃料组件的装卸料机，燃料厂房内主要设有操作乏燃料运输容器的乏燃料容器吊车、操作乏燃料组件的人桥吊车和用于操作新燃料组件的辅助吊车，其他厂房内主要设有用于设备安装和检修的小型吊车。如果这些吊车在吊运过程中发生重物坠落，将影响乏燃料贮存、堆芯或其他需要执行安全停堆或保持衰变热持续排出的设备。

《核动力厂安全评价与验证》（HAD 102/17—2006）第 3.8.1 节要求：设计中应考虑由内部事件导致的作用在构筑物或部件上的特定载荷和环境条件（温度、压力、湿度、辐射），这些内部事件诸如：管道甩击；冲射力；由于管道、水泵及阀门的泄漏或破裂造成的内部水淹及喷淋；内部飞射物；重物跌落；内部爆炸；火灾[1]。《核动力厂内部危险（火灾和爆炸除外）的防护设计》（HAD 102/04—2019）中规定，如果核动力厂设备中的重型物项位于一个相当高的位置，且这种设备跌落事件的可能性不能忽略，则应评价与其相关的可能危害[2]。《核动力厂设计安全规定》（HAF 102—2016）要求，必须识别所有可预见的内部和外部危险，包括潜在的可能直接或间接影响核动力厂安全的人为事件，并评价其影响[3]。

重物坠落是核电厂内部灾害之一，发生重物坠落对核电厂的系统、构筑物和人员均存在安全性影响。如果在吊车运行过程中，吊运装置不再能控制吊钩上的载荷，就可能有重物坠落的风险。重物坠落可能导致在吊运区域内的设备和构筑物损坏，这取决于吊运高度、吊运的重量、受影响的范围、设备与构筑物承受冲击的能力。同时，需要考虑坠落设备的损坏，如果吊运的设备中包含放射性物质，必须考虑冲击可能导致坠落物损坏并有放射性物质释放的风险。

1　重物坠落的防护

重物坠落的防护重点是预防重物坠落的发生，具体措施如下：

（1）设计完善的重物吊运系统；

（2）充分的操纵人员培训和设备检查，提供重物吊运指导，确保吊运系统操作的可靠性；

（3）确定重物吊运的安全路径、程序及培训操纵人员，确保重物不会吊运在辐照过的燃料或安全停堆部件的上空或从附近经过；

（4）设置机械止挡或电气联锁，防止重物吊运经过辐照过的燃料的上空或靠近包含冗余列的安全

作者简介：刘柳（1985—），女，高级工程师，学士，从事灾害安全评价工作。

重要设备；

(5) 如无法设置机械闭锁或电气互锁，则使用满足单一故障准则要求的吊车，或者通过分析证明重物坠落不会导致不可接受的后果[4]。

在重物坠落防护设计阶段，如果上述预防措施能较好地实现，则后期安全评价后的防护修改则会大幅减少。

2 重物坠落分析方法

2.1 分析假设

重物坠落的分析假设如下：

(1) 满足单一故障准则要求的吊运装置可不考虑发生重物坠落[5]，其他吊运装置均需考虑发生重物坠落，但是一次只假设发生一起坠落事件；

(2) 不考虑吊运装置本身坠落的后果；

(3) 考虑重物坠落发生在电厂正常运行期间（如功率运行或停堆状态）；

(4) 假设重物坠落会直接导致受影响区域内的设备失效；

(5) 不考虑与其他独立的内外部灾害（如地震等）同时发生。

2.2 分析范围

重物坠落的分析范围：核安全相关厂房和用于放射性包容的厂房中的吊运装置，如果列与列之间存在实体隔离或采用空间隔离，如柴油发电机厂房，一次重物坠落发生不会导致不同列的同时失效。

2.3 安全目标

重物坠落需要实现的安全目标如下：

(1) 重物坠落不能影响安全 1 类和安全 2 类功能的实现，即使该功能在某些工况下并不需要投用；

(2) 重物坠落不能导致稀有事故、极限事故及其超设计基准事故工况；

(3) 重物坠落不能影响列与列之间的分隔。

2.4 分析流程

重物坠落的安全分析方法如下：

(1) 通过确定可能的坠落源和目标物来确定重物坠落的风险；

(2) 三大安全功能（目标）能否实现的功能分析；

(3) 通过设计和安装规则对潜在目标物进行重物坠落防护。

核电厂重物坠落分析工作的开展分为以下几个步骤：

(1) 坠落源识别；

(2) 目标物识别；

(3) 屏障验证；

(4) 功能分析，判断安全功能是否可以实现；

(5) 功能分析后果不可接受时，提供重物坠落的防护措施。

重物坠落防护设计及安全分析流程如图 1 所示。

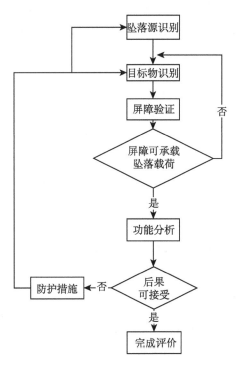

图 1　重物坠落防护设计及安全分析流程

2.4.1　坠落源识别

坠落源的识别是基于吊运装置的识别，包括吊运装置所在位置、吊车最大起重量和起吊高度、被吊物项等。吊运装置在一定条件下不能再继续控制吊钩上的重物就会发生重物坠落。若吊运装置的可靠性比较高，如使用满足单一故障准则要求的吊运装置，则可以不考虑重物的坠落。

源项识别首先需要识别出需要评价的厂房内的吊运装置，确定主要参数：

(1) 源项的重量就是考虑吊车吊运的最重物体的重量；

(2) 源项坠落高度是基于最大的起吊高度，考虑物体从吊运最高点自由坠落；

(3) 源项坠落影响范围是吊运装置的服务区域；

(4) 撞击形状和面积取决于被吊物体的底面投影。

2.4.2　目标物识别

识别出坠落源后，重物坠落的影响区域可以根据三维模型确定，吊运装置服务区域的垂直空间范围即为重物坠落的影响区域。若坠落重物的高度超过宽度两倍，则需要考虑重物坠落时向任意方向翻转的情况。重物的翻转对重物坠落的影响区域有影响，需要在原有的吊车服务区域的基础上考虑向外延伸一段距离。可能的目标物包括执行安全功能的设备及位于影响区域的厂房结构。

2.4.3　屏障验证

重物坠落可能引起楼板整体崩塌或局部损坏，并能引起楼板下侧混凝土剥落；对于厂房结构，需要计算论证重物坠落是否会导致厂房结构被破坏，如果是的话，则需要将位于下面房间的设备也作为潜在目标。

重物坠落属于撞击荷载，对结构构件的影响包括整体效应和局部效应。根据重物坠落物体的特点，大多数的重物坠落分析可采用 R3 撞击程序的方法进行评价，对于不适用 R3 撞击程序的大型、重要撞击荷载采用有限元时程仿真分析方法进行评价。整体效应损伤评估的是弯矩和转角，局部效应损伤评估包括贯穿、剥落、碎甲、锥体破裂等[6]。

2.4.4　功能分析

坠落源和目标物确定后即可进行重物坠落的功能分析。对受影响设备的失效后果进行功能分析，当执行相同功能的两列设备同时布置在影响范围内时，需开展功能分析论证同时失效是否会影响机组安全功能的实现。失效后果可接受则分析结束，如果安全目标不能保证，则需要进行防护设计。

功能分析包含如下步骤：

（1）确定吊运装置的运行状态和模式；

（2）确定设备失效模式和失效后果；

（3）确定设备失效对系统运行和机组安全的影响；

（4）确认或排除风险。

2.4.5 重物坠落的改进措施

如果重物坠落功能分析认为后果不可接受，则考虑如下改进措施：

（1）将受影响的设备移位或进行防护；

（2）采用加强的楼板；

（3）使用满足单一故障准则要求的吊运设备以降低重物坠落的概率。

同时还存在一些设计和安装的规则，以及运行规则，可以降低和排除重物坠落的风险，进一步减少相关风险。

（1）设计和安装的规则如下：

①关于吊运的设备，限制吊运高度和限制允许的吊运区域；

②提供足够的设计措施，如吊车上采用多重电缆来降低故障的概率；

③将进行安全分级的设备布置在吊运设备的影响区域外，执行相同安全1类和安全2类功能的冗余设备分隔布置。

（2）运行规则如下：

为了降低风险，还需要采取进一步的措施。这些措施体现在对起吊装置操作的管理上：

①限制操作周期的时间；

②限制吊运高度；

③运输重物前规划路线。

在使用起吊装置运输重物前进行路线规划时要遵守以下原则：

①使用尽可能短的路线；

②优化起吊操作的持续时间。

必须优化行进路线以保证：

①在关键位置（如反应堆水池）上部的停留时间尽可能短；

②只有在维修期间经批准才可以经过反应堆水池上部。

上述描述的关于操作守则的要求适用于核电厂所有的运行工况。

3 结语

核电厂在设计过程中需进行重物坠落安全评价，通过对标准的研究和实践经验的总结，本文确定了核电厂重物坠落确定论安全评价的分析方法和步骤，完善了核电厂重物坠落防护设计的流程，为核电厂重物坠落确定论安全评价提供了方法和依据。该评价方法适用于不同堆型。

参考文献：

[1] 国家核安全局.核动力厂安全评价与验证：HAD 102/17［S］.2006.

[2] 国家核安全局.核动力厂内部危险（火灾和爆炸除外）的防护设计：HAD 102/04［S］.2019.

[3] 国家核安全局.核动力厂设计安全规定：HAF 102—2016［S］.2016.

[4] NRC. Control of heavy loads at nuclear power plants：NUREG 0612［S］.1980.

[5] 国家核安全局. 核动力厂燃料装卸和贮存系统设计：HAD 102/15 [S]．2007.

[6] Magnox Electric plc & British Energy Generation Ltd. R3 impact assessment procedure：Volume 3 [S]．2005.

Method for dropped loads deterministic safety assessment of nuclear power plant

LIU Liu

(Suzhou Nuclear Power Research Institute，National Engineering Research Center for Nuclear Power Plant Safety & Reliability，Shenzhen，Guangdong 518000，China)

Abstract：Dropped Loads is one of the internal hazards that must be considered in the design process of Nuclear Power Plants. In order to ensure the safe operation of nuclear power plants in case of dropped loads，it is necessary to consider protection against dropped loads in nuclear power plant design and evaluate the consequence to verify that the target of dropped loads protection can be achieved. According to the study of dropped loads protection purposes，requirements and protection measures，assumptions，methods and steps of dropped loads deterministic safety assessment were sought and presented. It can improve the capacity of nuclear against dropped loads and ensure the safety of plant.

Key words：Dropped loads；Safety assessment；Deterministic approach；Nuclear power plant

液态金属冷却反应堆安全分析软件FRTAC
应用于管道破口喷放实验的分析

曹永刚，胡文军，赵　磊，乔鹏瑞

（中国原子能科学研究院，北京　102413）

摘　要：验证液态金属冷却反应堆安全分析软件 FRTAC 模拟管道破口喷放的能力，以对钠冷快堆三回路破口喷放事故进行分析，本研究选择了 EDWARDS' 管道破口实验（高温高压水喷放）和 Marviken JIT11 实验（高温高压蒸气喷放），使用 FRTAC 程序对实验过程进行建模计算，并与实验结果及 RELAP5 程序计算结果进行对比分析。分析结果表明，FRTAC 程序模拟的管道破口喷放流量变化、压力变化与实验结果非常接近，变化趋势与实验结果符合。因此，FRTAC 程序可用来模拟管道破口时高温高压水或水蒸气的喷放。

关键词：FRTAC 程序；破口失水事故；安全分析程序；程序验证

失热阱事故（LOHS）[1-2] 是指由于二回路或三回路故障导致进入堆芯的一回路冷却剂温度过高引起堆芯冷却能力不足的事故。在液态金属冷却快堆中，比较典型的失热阱事故有主给水管道破口事故和主蒸汽管道破口事故。给水管道破口事故定义为三回路给水管道发生破口导致不能有足够的给水进入蒸汽发生器以保证蒸汽发生器的传热能力。蒸汽管道破口事故定义为蒸汽管道发生破口导致大量蒸汽从破口喷出，蒸汽出口压力及温度迅速下降，在破口处出现临界饱和喷放。根据破口大小，可分为小破口事故和大破口事故（即管道发生瞬时双端断裂）。水堆关注的大破口事故和小破口事故均发生在反应堆一回路、二回路系统，目前水堆发展十分成熟，对于破口失水事故（LOCA）的分析也十分全面，国内外开发了很多热工水力学模型及相关程序，并进行了大量的研究工作。液态金属冷却快堆，如钠冷快堆[3-4] 使用钠—钠—水 3 个回路的设计，当发生三回路破口事故时，三回路冷却能力的变化需经过二回路的传递才能影响堆芯主冷却系统，与水堆 LOCA 的动态响应过程不同。因此对钠冷快堆三回路破口事故的瞬态分析是十分重要的，需要有效的系统安全分析程序对事故进行分析，该程序既可模拟三回路管道高温高压水蒸气和水喷放时的流量、温度和压力变化，也可模拟钠冷快堆系统回路的运行，分析三回路的流量瞬态变化对钠冷快堆一二回路系统流动和传热的影响。

FRTAC 是中国原子能科学研究院自主开发的液态金属冷却反应堆系统安全分析程序。FRTAC 程序的开发涉及反应堆物理、反应堆热工水力、反应堆安全、反应堆系统及设备、反应堆控制等多个专业，开发了热工水力学、中子动力学、破口喷放等多个计算模块，包含了反应堆常用水力件（管道、液池、泵、阀门、缓冲罐）、热构件（燃料棒、换热管）、中子件（反应性反馈、反应性引入）等各类控制体，涉及水/水蒸气、钠、铅/铅铋、空气等多个流动介质，采用对称矩阵求解、非对称稀疏矩阵求解等多种数值算法。

钠冷快堆三回路给水管道或蒸汽管道发生破口时，高温高压水或水蒸气从破口喷出，外部空间是常温常压，水或水蒸气的喷放过程非常剧烈，伴随着急剧的相变过程。破口喷放现象是否模拟正确是 FRTAC 程序分析钠冷快堆三回路破口事故的基础。本文调研了国外高温高压水喷放实验"EDWARDS' 管道破口实验"[5-6]和高温高压水蒸气喷放实验"Marviken JIT11 实验"[7-8]，使用 FRTAC 程序对实验进行建模计算，并与实验结果对比分析，验证 FRTAC 程序模拟管道破口喷放的能力。

作者简介：曹永刚（1990—），男，博士，助理研究员，现主要从事反应堆热工水力、安全分析等科研工作。

1 EDWARDS' 管道破口实验

EDWARDS' 管道破口实验是 Edwards 于 1970 年进行的高温高压管道瞬态破口实验。该实验设备由一根 4.09 m 的细长直管组成，实验中将细管充满水然后加压加热。细管一端是玻璃，实验开始时敲碎玻璃，高温高压水从破口喷出，管道和破口处的流动过程对于 FRTAC 程序的瞬态两相流动模型来说是十分合适的验证算例。实验中测量了管道的压力和空泡份额。实验的基本参数如表 1 所示。

表 1　EDWARDS' 管道破口实验的基本参数

参数名称	数值
管道长度/m	4.09
管道横截面积/m²	1.0956×10^{-4}
破口大小/m²	$0.953\,17 \times 10^{-4}$
初始水温/℃	228.85
初始压力/MPa	7

1980 年美国爱达荷国家实验室的 Carlson 等人[9-10] 使用 RELAP5 程序模拟了 EDWARDS' 管道破口实验，验证 RELAP5 程序的两相流动模型，RELAP5 程序的模拟过程中将管道分为 20 个控制体，如图 1 所示，控制体 1、5、7、10、15、19、20 分别与实验的仪表测点 7、6、5、4、3、2、1 相对应。

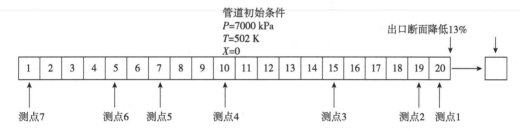

图 1　EDWARDS' 实验的 RELAP5 程序建模

根据 EDWARDS' 管道破口实验的基本参数，并参考 RELAP5 程序的建模方式，使用 FRTAC 程序对该实验进行建模。图 2 为 FRTAC 程序建模图，使用 4.09 m 水力件管道来模拟实验管道，管道压力 7 MPa，初始温度 228.85℃，该实验管道分为 20 个节点，对应 RELAP5 程序的 20 个控制体；使用长度 0.01 m、面积 $0.953\,17 \times 10^{-4}$ m² 的管道来模拟破口，使用压力边界条件 TDV 模拟环境（环境大气压 100 kPa，温度 20 ℃）。

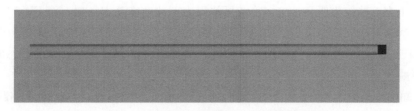

图 2　EDWARDS' 实验的 FRTAC 程序建模

图 3 和图 4 分别给出了破口瞬间（0.02 s）管道破口头部位置及管道尾部位置压力变化的比较。

破口瞬间破口端位置的压力迅速降低,在极短的瞬态时间内降为约 2.4 MPa,其中 FRTAC 程序和 RELAP5 程序模拟的压力下降速度快于实验测量的下降速度,主要原因是程序模拟是理想的实验状况,而在实际实验过程中存在摩擦力和测量误差,因此程序的模拟结果更加理想。

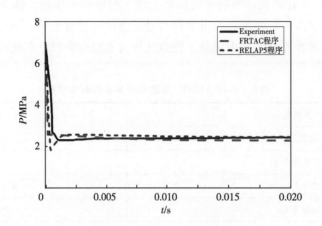

图 3   破口瞬间管道破口头部位置压力变化

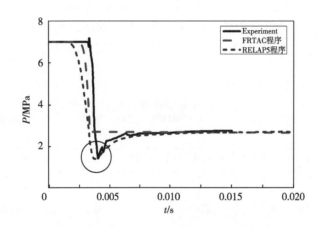

图 4   破口瞬间管道尾部位置压力变化

图中 RELAP5 程序模拟的压力存在较大的压力下冲然后回升的过程,最终稳定时与实验结果一致,实验测量的压力变化结果也显示这一过程,其中 RELAP5 程序模拟的压力下冲过程比实验结果更陡峭。

RELAP5 程序计算的压力传播速度最快(0.001 65 s),FRTAC 程序的计算结果(0.001 85 s)次之,均大于 EDWARDS'管道破口实验的传播速度(0.003 25 s)。同图 3 一样,RELAP5 程序计算结果中出现的压力下冲较为明显,与实验结果的压力下冲幅度基本一致,而 FRTAC 程序的压力计算结果则未显示这个过程,这是因为 RELAP5 程序的蒸汽生成模型中考虑了成核和萌芽特性的延迟作用,而在 FRTAC 程序中没有考虑这种成核特性,该压力下冲过程只在极短的瞬态时间内发生,对长时间的计算影响很小。

图 5、图 6 和图 7 给出了 0.5 s 内,管道破口头部位置、中部位置(控制体 7、仪表测点 5)及尾部位置压力变化的比较。长期阶段内,FRTAC 程序模拟的管道压力变化趋势与实验测量结果及 RE-LAP5 程序的模拟结果基本一致,误差很小,尤其在实验喷放结束阶段(0.5 s 时)。FRTAC 程序的两相流动模型能够准确地模拟高温高压管道的破口喷放现象,因此可以使用 FRTAC 程序模拟钠冷快

堆三回路给水管道破口失水事故。

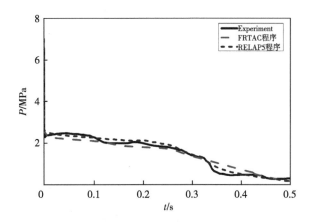

图 5　0.5 s 内管道破口头部位置压力变化

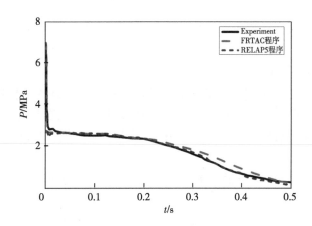

图 6　0.5 s 内管道中部位置压力变化

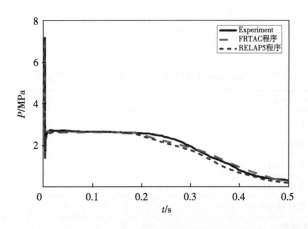

图 7　0.5 s 内管道尾部位置压力变化

　　图 8 给出了管道中部位置 5 处 FRTAC 程序、RELAP5 程序计算的空泡份额与实验结果的比较。两个程序计算的空泡份额变化趋势非常接近，曲线很平滑，没有上下波动的现象，而实验结果则出现了较为明显的上下波动，但是三者空泡份额的总体变化趋势是一致的。

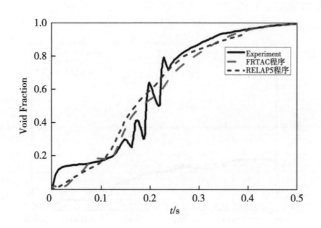

图 8　0.5 s 内管道中部位置空泡份额变化

2　Marviken JIT11 实验

Marviken Power Station 是一座重水循环的沸水反应堆，从未投入使用，该反应堆保留了完整的蒸汽供应系统，使用燃油锅炉为汽轮机提供蒸汽。Marviken 分离效应实验是各国 20 世纪 70 年代末在 Marviken Power Station 的蒸汽供应系统上进行的一系列实验，各国进行了共 27 个临界流实验（Critical Flow Test，CFT），发表了相关的实验流程、设备参数和技术评估等方面的 35 份报告。在 CFT 项目结束之后，进行了 Jet Impingement Test（JIT）项目，该项目着重测量流体喷射撞击平板的负载，同时产生了一系列临界流动数据。其中一项实验名称是 JIT11，仅喷放高温高压饱和水蒸气。

表 2 给出了 Marviken JIT11 实验的设备尺寸和输入参数。该实验通过微过冷水降压沸腾的方式控制喷嘴喷放源源不断的饱和水蒸气。

Marviken JIT11 实验装置如图 9 所示，a 图为压力容器，内为高温高压水（质量 1.45×10^3 kg）和水蒸气（质量 5×10^3 kg），其中水的最大过冷度小于 3 ℃，压力容器中安装了一根 18 m 高的立管，与压力容器下端口及排放管相连，以此保证喷嘴喷出的是饱和水蒸气，防止压力容器中液态高温高压水从喷嘴一并喷出。b 图为排放管和喷嘴的示意，通过球阀开关控制实验的进行，其中可替换不同内径和长度的喷嘴，模拟喷嘴长径比对喷放的影响。

表 2　Marviken JIT11 实验的设备尺寸和输入参数

参数名称	数值
压力容器体积/m³	420
压力容器内径/m	5.22
压力容器高度/m	21
立管高度/m	18
立管外径/m	1.04
立管厚度/mm	8.8
排放管高度/m	7.929
排放管面积/m²	0.4441
喷头长度/m	1.18
喷头面积/m²	0.0702

参数名称	数值
容器顶部初始压力/MPa	4.982
喷放结束最终压力/MPa	1.88
初始水液位/m	10.2
喷放结束水液位/m	8.0
初始液态水质量/kg	1.45×10^3
初始水蒸气质量/kg	5×10^3
最大过冷度/℃	<3

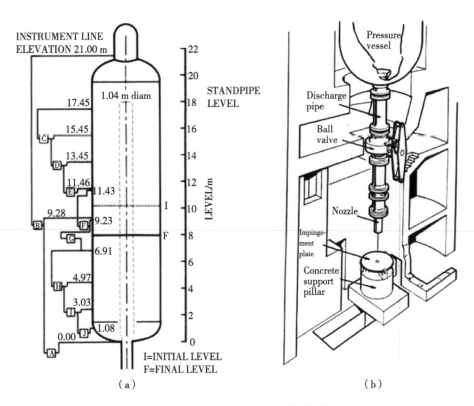

图 9　Marviken JIT11 实验装置结构

(a) 压力容器；(b) 排放管和喷嘴

　　1986 年瑞典核能监察局的 Rosdahl 等人[11-13] 使用 RELAP5 程序对 Marviken JIT11 实验进行模拟分析，并将计算结果与实验结果进行对比来验证 RELAP5 的饱和水蒸气喷放模型。使用 RELAP5 程序建模的过程中并未考虑微过冷水的降压沸腾过程，直接使用 Marviken JIT11 实验中测量的压力容器顶部压力变化作为 RELAP5 程序计算的压力边界条件，如图 10 所示，a 图的控制体 901 为压力边界条件，控制体 200 为压力容器的顶部。因此，本次计算参考 RELAP5 程序的建模方式，使用 FR-TAC 程序对 Marviken JIT11 实验建模，如图 10b 所示，其中 Vessel 上部为压力边界条件，通过给定 Marviken JIT11 实验测量的压力数据模拟压力变化，Nozzle 下部同样是压力边界条件，模拟大气压，压力恒定为 0.1 MPa，温度为 20 ℃。

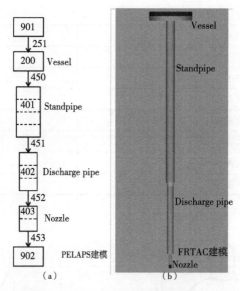

图 10 Marviken JIT11 实验装置建模

图 11 给出了 Marviken JIT11 实验建模过程中的压力边界条件，实验开始后压力容器内部压力出现了短暂的压力下冲过程，这与 EDWARDS' 管道破口实验的压力测量结果相似。

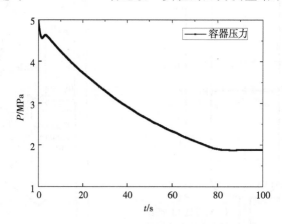

图 11 Marviken JIT11 实验建模过程中的压力边界条件

图 12 给出了实验中喷嘴质量流量的测量值、FRTAC 程序计算值和 RELAP5 程序计算值的比较。图 13 给出了实验中排放管水蒸气密度测量值、FRTAC 程序计算值和 RELAP5 程序计算值的比较。两个程序的模拟值与实验值的变化趋势一致，两个程序的蒸汽喷放模型均符合喷放实验的喷放过程。

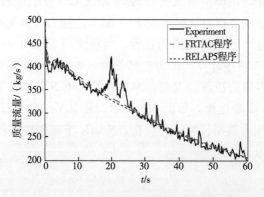

图 12 Marviken JIT11 实验中喷嘴质量流量比较

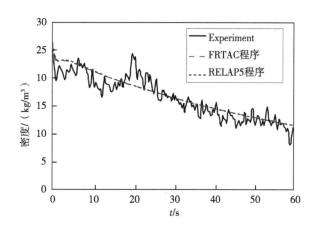

图 13　Marviken JIT11 实验中排放管水蒸气密度比较

同时，FRTAC 程序和 RELAP5 程序的计算结果符合很好、误差很小，进一步验证了 FRTAC 程序模拟破口喷放事故的能力。

3　结论

本研究使用 FRTAC 程序进行 EDWARDS'管道破口实验（高温高压水喷放）和 Marviken JIT11 实验（高温高压水蒸气喷放）进行建模计算，并与实验结果及 RELAP5 程序计算结果比较。结果显示：FRTAC 程序模拟的管道破口喷放流量、压力变化与实验结果及 RELAP5 程序的计算结果非常接近，变化趋势与实验结果及 RELAP5 的结果符合很好，FRTAC 程序可用来模拟高温高压管道破口时水或水蒸气的喷放现象。

参考文献：

[1]　朱继洲. 核反应堆安全分析 [M]. 西安：西安交通大学出版社，2018.

[2]　张东辉. 快堆安全分析 [M]. 北京：中国原子能出版传媒有限公司，2011.

[3]　徐銤. 快堆和我国核能的可持续发展 [J]. 现代电力，2006，23（5）：106-110.

[4]　徐銤，杨红义. 钠冷快堆及其安全特性 [J]. 物理，2016，45（9）：561-568.

[5]　EDWARDS A R，O'BRIEN T P. Studies of phenomena connected with the depressurization of water reactors [J]. Journal of the British Nuclear Energy Society，1970，9（2）：125-135.

[6]　GARNER R W. Comparative analyses of standard problems，standard problem 1（straight pipe depressurization experiments）[R]. Interim Report，1973：1-212.

[7]　STUDSVIK E A B. Marviken full-scale critical-flow tests. Volume 22：results from Test 14. Final report [R]. Sweden：Studsvik Energiteknik AB，1982.

[8]　GROLMES M A，SHARON A，KIM C S，et al. Level swell analysis of the Marviken test T-11 [J]. Nuclear science and engineering，1986，93（3）：229-239.

[9]　CARLSON K E，RANSOM V H，WAGNER R J. Application of RELAP5 to a pipe blowdown experiment [R]. Idaho National Engineering Lab.（INL），Idaho Falls，ID（United States），1980.

[10]　BAYLESS P D. RELAP5-3D developmental assessment. Comparison of Version 4.3.4i on Linux and Windows [R]. Idaho Falls：Idaho National Lab.（INL），2015.

[11]　ROSDAHL O，CARAHER D. Assessment of RELAP5/MOD2 against critical flow data from Marviken tests JIT 11 and CFT 21 [R]. Swedish Nuclear Power Inspectorate，Stockholm；Nuclear Regulatory Commission，Washington，DC（USA）. Office of Nuclear Regulatory Research，1986.

[12]　SOKOLOWSKI L，KOZLOWSKI T. Assessment of two-phase critical models performance in RELAP5 and TRACE against Marviken critical flow test [J]. Transactions of the American Nuclear Society，2010，102：655-657.

[13] TESINSKY M. Validation of the Moody and Henry-Fauske critical flow models in apros against Marviken critical flow experiments [J] . Journal of nuclear engineering and radiation science, 2020, 6 (4) .

Analysis of liquid metal cooled reactor safety analysis software FRTAC applied to pipeline breach ejection experiment

CAO Yong-gang, HU Wen-jun, ZHAO Lei, QIAO Peng-rui

(China Institute of Atomic Energy, Beijing 102413, China)

Abstract: In order to verify the ability of the liquid metal cooled reactor safety analysis code FRTAC to simulate the leakage of pipeline bursts, so as to analyze the three-circuit burst leakage accidents of sodium-cooled fast reactors. In this study, FRTAC code was used to carry out modeling calculations for the EDWARDS' pipeline burst injection experiment (high temperature and high pressure water injection) and the Marviken JIT11 experiment (high temperature and high pressure water vapor injection), and compared with the experimental results and the calculation results of the RELAP5 program. The analysis results show that the changes of flow rate and pressure simulated by FRTAC code are very close to the experimental results, and the change trend is in good agreement with the experimental results. Therefore, FRTAC code can be used to simulate the release of high temperature and high pressure water or water vapor when the pipeline is broken.

Key words: FRTAC code; Loss of water accident; Safety analysis code; Code verification

核电厂设备 RCM 分析程序开发

李泽封，刘　涛

（清华大学核能与新能源技术研究院，北京　100084）

摘　要： 目前核电厂设备维修策略主要依据电厂设计技术规格书。IAEA 在最新安全指南中强调，对于与核电厂安全密切相关的所有结构、系统和部件，需要采用以可靠性为中心的预防性维修策略（RCM）。然而，当前缺乏针对经济性和可用性优化的预防性维修策略分析流程和工具。本文基于以可靠性为核心的预防性维修策略制定方法，开发了核电厂设备 RCM 分析程序，可以帮助核电厂设计人员在设计之初，就能从核电厂整体需求出发，根据设备功能开展预防性维修策略的规划，也能够帮助核电厂运行人员对已确定的设备预防性维修策略进行评估和完善，以优化核电厂的可用性。

关键词： RCM；预防性维修；维修策略；设备可靠性

核电厂设计与运行中，安全性和经济性是两大重要指标。目前，我国核电厂设备维修策略以核安全为主要基准，主要依据核电厂设计技术规格书，相对较为保守。而随着我国核能领域的快速发展，经济性也成为核电厂设计运行中不可或缺的一部分。国际原子能机构（IAEA）于 2022 年发布的安全标准概要[1]中提出，对于与核电厂安全密切相关的所有结构、系统和部件（Systems、Structures、Components，SSCs），需要采用以可靠性为中心的预防性维修策略（Reliability Centered Maintenance，RCM），以保证可靠性和可用性水平符合设计，并且设备在开始运行后不会受到不利影响。预防性维修主要是指在设备尚未发生故障或损坏前就开始进行一系列维修措施，通过对设备的系统性检查、设备测试和更换，以预防功能故障的发生，确保设备始终保持在规定状态的一种维修方法。目前对核电厂设备缺乏针对经济性和可用性优化的预防性维修策略分析流程。

1　国内外研究现状

预防性维修策略的研究国内外已有不少，但我国针对核电厂设备的研究目前还较少，核电厂预防性维修策略基本基于经验判断，且目前没有可用的 RCM 分析程序。

孙茜等[2]提出了一种基于核电厂可用率设备的分级方法，旨在提高核电厂经济性和可用率。该方法通过对不同可用率级别设备的分级管理，提高机组可用率，以提升经济性。该方法建立了一个以设备失效对电厂可用率影响为依据的设备管理体系，包括可靠性要求、技术管理要求和质量保证分级。中国核工业集团有限公司已制定并发布该方法，作为企业标准，可用于 RCM 分析以确定设备类型和策略分析模型选择。

南得克萨斯项目电力发电站（STPEGS）风险管理小组与得克萨斯大学[3]合作开发了一种数学模型，用于优化预防性维护。该模型利用历史维护数据确定最佳的预防性维护计划，以减少设备故障和停机时间，提高设备的可靠性和安全性。模型通过分析历史数据，将故障率模型拟合为威布尔分布函数，并利用该分布进行预防性维修分析。

美国能源部（DOE）资助的轻水反应堆可持续性（LWRS）计划中[4]，也有基于风险的预测性维护策略的方法与工具开发的相关计划。该项目正在开发可扩展的预测模型、风险模型和用户中心可视化技术。基于机器学习进行设备故障参数的预测，通过使用联邦迁移学习方法，可以将在组件级别开发的机器学习模型扩展到系统级别，甚至扩展到整个核电厂级别。采用三态马尔可夫模型与经济模

作者简介： 李泽封（1998—），男，硕士生，现主要从事核电厂预防性维修分析、PSA 分析等科研工作。

型结合，提高核电厂的经济性。

此外在美国爱达荷国家实验室（INL）与 PKMJ 技术服务和公共服务企业集团（PSEG）合作开发的项目中[5-6]，提出了一种方法。对于历史数据采用贝叶斯统计模型进行分析，该模型基于设备的历史性能、故障、维修和维护等信息预测设备的故障分布参数，并使用经济分析来评估维护策略的成本效益，最终获得最佳的预防性维修策略。同时对于难以直观判断运行状态的设备，对核电厂传感器数据进行处理并采用机器学习算法进行分析，以诊断设备的状态并预测潜在故障。机器学习模型虽然对于设备状态预测有着很大的作用，但是对于核电厂实际而言存在着很大的部署问题，而采用贝叶斯统计模型进行数据分析则给预防性维修策略所需的参数提供了很好的解决方案。

总体来说，国内对于核电厂设备以可靠性为中心的预防性维修策略分析并没有形成体系化的工作流程，应用也较少，仍需要一个系统的框架以支撑核电厂预防性维修策略的制定，并需要相应的程序支持预防性维修策略的制定。

2 RCM 分析程序框架

2.1 RCM 分析方法概述

以可靠性为中心的维修是一种国际上通用的确定设备预防性维修需求和优化维修制度的系统工程过程。它通过系统功能和故障分析，制定针对各类故障的预防对策，并利用故障数据统计、专家评估和定量化建模等手段，以最小化维修停机损失为目标，优化系统的维修策略。RCM 是一种维修分析方法，通过它可以明确设备的预防性维修需求和故障模式、原因与影响，确定各类故障的预防性维修工作类型，以保证设备的可靠性。

RCM 分析方法具有如下 3 个特征[5-7]。

（1）RCM 分析强调：设备的固有可靠性和安全性；有效的维修保持而非提高这些属性；设备的维修频度不能必然提高可靠性和安全性，过度维护可能导致逆效果；对于没有有效维修方式的设备，解决手段为不进行维护或更改设计。

（2）设备故障影响差异大，应对策略因此不同：故障后果的严重性是决定是否进行预防性维修的关键因素。在设备使用过程中故障无法避免，但不同故障引发的后果却大相径庭，因此关键在于预防可能带来严重后果的故障；造成安全、任务和经济后果重大的设备需要预防性维修，而影响较小或具有冗余的设备，可从经济角度判断是否维修。

（3）不同产品故障规律不一，故预防性维修方法也应不同：具有耗损性故障的产品适合定时修理或更换，而对无耗损性故障的产品，应采用按需检查和监控；维修方式应在确保设备可靠和安全的同时，节约资源和费用。

在进行 RCM 分析的过程中，需要依序理清下列 7 个问题：功能、功能故障模式、故障模式原因、故障影响、故障后果、主动性工作类型与工作间期、非主动性工作。其中，功能故障模式、故障影响、故障后果、主动性工作类型与工作间期这 4 个问题对于进行 RCM 分析至关重要。

2.2 核电厂 RCM 分析流程

对核电厂设备进行 RCM 分析，流程通常包括以下步骤：①确定重要功能设备；②进行故障模式影响分析（FMEA）；③确定预防性维修工作类型；④计算预防性维修决策值；⑤形成维修大纲[7]。

2.2.1 确定重要功能设备

在进行 RCM 分析时，首先要确定重要功能设备。核电厂系统中的设备各有其功能和潜在故障，且故障后果不同。有些设备故障可能影响安全或任务完成，如核安全级设备或故障后需停机维修的非核安全级设备；而有些设备故障，如冗余设备，其后果主要为维修费用。在制定维修大纲时，只需对故障可能影响任务、安全或产生大的经济后果的关键设备进行预防性维修分析，如果失效不影响系统运行或安全，且容易修复，可不进行详尽分析。但对于有隐蔽功能的设备，无论其重要性如何，都应进行预防性维修。

2.2.2 进行故障模式影响分析

在第二步中，我们需要对选定的重要功能设备进行故障模式影响分析（FMEA）。通过 FMEA，我们可以清晰地识别出产品的功能故障模式、故障原因及故障的具体影响，这为基于故障原因的 RCM 决策分析提供了基础数据和信息。设备的故障分类对于进行 RCM 分析至关重要。

故障类型可按发展过程分为功能故障和潜在故障。功能故障是产品不能完成预设功能的状态。潜在故障是产品处在可能无法完成功能的状态，这类设备在出现潜在故障后可以正常工作，但如果不维修，设备会持续劣化直至功能故障。

故障类型按可发现性分为明显功能故障和隐蔽功能故障。明显功能故障指的是使用人员可通过仪表、监控设备或直接感知发现的故障；而隐蔽功能故障则是使用人员无法在正常情况下发现的故障，如一些只在特定条件下工作且状态难以判断的设备（如探测器、报警器）或通常处于备用状态的设备（如应急装置）。

故障类型按其关系分为单一故障与多重故障，也可按后果分为安全性、任务性和经济性后果。安全性后果较明确，任务性或经济性后果则根据电厂实际情况判断，或者采取前文中所述孙茜等提出的基于核电厂可用率的设备分级方法[2]。而对故障后果分类的判断也会直接影响进行维修策略计算所采用的模型。

2.2.3 确定预防性维修工作类型

在 RCM 决策中，选择维修工作主要看其适用性和效果标准。适用性取决于预防故障的技术特性，效果则取决于对故障后果的消除程度。在选择预防性维修工作时，需了解故障的技术特性，然后参照 RCM 适用性准则判断该工作是否适合。满足所有适用性条件才算适用。然而找到适用的维修工作不一定有效，其有效性取决于故障后果的消除程度，需要基于模型评估，如计算风险、可用度、任务可靠度或费用，评定是否满足设定要求。不满足这些要求则可能不进行预防性维修或重新设计。预防性维修工作类型的逻辑判断过程如图 1 所示。

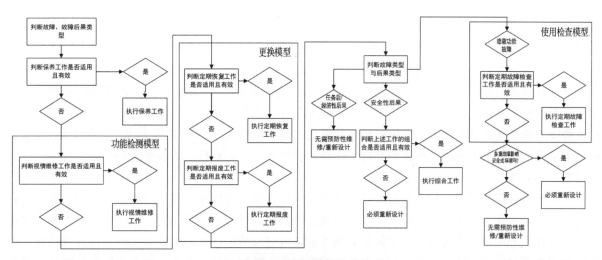

图 1　逻辑判断过程

首先判断故障和后果类型涉及功能故障或潜在故障、明显功能故障或隐蔽功能故障，以及后果是安全性、任务性、经济性中的哪种。如果设备不适合保养但适合视情维修，将执行视情维修并用对应模型计算。判断视情维修是否适用和有效取决于设备是否有明显潜在故障、在潜在故障期间能否完成有效的维修。之后判断潜在故障类型，选择对应模型。如果视情维修不适合，则判断是否可采用定期恢复或定期报废工作，若可以，将应用更换模型并执行相应工作，并判断是否可对零件逐个管理，再采用相应数学模型计算。判断定期恢复与定期报废是否适用和有效主要根据设备的故障曲线与工作的有效性。判断是否可逐个零件管理时，需考虑客观不可行和管理成本过高的因素。如果定期恢复与定期报废均不适用，则进入下一步。若设备不能采用功能检测或更换模型，且故障后果为任务性或经济性，设备可不进行预防性维修或重新设计；若故障后果为安全性，需判断综合维修工作的有效性，无效则需对设备重新设计。对于隐蔽功能故障，进入使用检查模型的逻辑判断。判断定期故障检查工作是否适用且有效，以及维修工作是否增加多重故障风险。若定期故障检查适用，采用使用检查模型进行计算，根据设备状况选择模型。若定期故障检查不适用，需判断设备引起的多重故障是否会导致安全事故或环境影响，如果会则必须重新设计。

RCM 辅助程序可以辅助进行计算模型的选择，在确定对应模型并计算预防性维修策略后，综合各重要功能设备的预防性维修策略以形成维修大纲。

3　RCM 分析程序维修策略计算

RCM 程序的核心是计算预防性维修策略，设备预防性维修策略类型可分为 3 类：更换模型、功能检测模型和使用检查模型。更换模型可分为工龄更换和成组更换；功能检测模型可分为潜在故障可测量模型与潜在故障不可测量模型；使用检查模型根据设备特征可细分。不同模型计算出的预防性维修决策值各异：更换模型得出更换间隔，功能检测模型产生初始更换间隔和更换间隔（对于潜在故障可测量模型还有临界值），而使用检查模型仅得出检查间隔。

工龄更换是依据零件实际使用时间进行定期更换，无论故障发生与否，到达预设工龄时即更换。故障更换或预防更换后，零件工作时间重新计算。成组更换则在预设更换间隔内，对所有同类零件统一更换，无视单个零件是否因故障提前更换。工龄更换充分利用零件寿命，成组更换适用于大量低成本零件。

功能检测模型适用于故障有功能退化过程的设备，通过定期检查来确认设备状态，以预防或减轻故障。此模型基于延迟时间模型（DTM），将设备使用起始到潜在故障的时间定义为潜在故障时间，潜在故障到故障的时间称为延迟时间。潜在故障有可测量和不可测量两类。不可测量的潜在故障（如生锈、发热、声音异常等），只能定性判断；可测量的潜在故障（如磨损、裂纹或油耗等），一旦超过临界值即视为潜在故障，需要及时修复避免功能故障。因此，在潜在故障可测量模型中，临界值也是需优化的决策因素。对于潜在故障不可测量模型，由于其计算的复杂程度较高，故采用无限使用期的假设，并假设若存在潜在故障则检测时一定会发现。

在潜在故障可测量模型中，虽然退化过程 U 和潜在故障过程 H 与临界值设置相关，分布难以选择，但若假设产品退化过程随机且分布已知，理论上可得退化过程与故障过程的寿命分布表达式。以机械磨损为例，其原理也适用于非递减的连续退化过程（如疲劳引发的裂纹生成或油料消耗）。这类模型通常采用伽马分布描述连续累积磨损[8]，具备非负性、稳定增长、从零开始的独立性特征[9]。实际模型中，累积磨损量的均值与方差视为随时间线性增长。

冗余设备和应急系统一般在突发事件中启动，需定期检查保障可用度，这类设备在 RCM 中适合使用检查模型。在复杂工业系统中，大部分隐蔽故障需通过故障检查发现[10]，故使用检查模型应用广泛。选择检查间隔十分关键，过于频繁会额外消耗时间与费用，过少则可能无法及时发现故障，以致引发严重后果。对于这类设备，应重点关注其可用性。已知可用性需求，建模目标为找到使可用度最大化的预防性维修间隔。使用检查模型如前所述又可细分为以下 4 类。

（1）检查时间、修理时间和检查引起的故障概率均可忽略不计。这类模型适用于简单设备和不可修复的冗余设备。检查过程仅包括启动系统并确认其能否正常工作。如系统正常，则结束检查；如不正常，立即修复或更新。检查和更换引起的停机时间远短于故障停机时间，故可忽略其时间。

（2）检查时间恒定，修理时间为随机变量。这类模型针对的是复杂应急系统，检查和维护不可能短时间完成，故障修复时间更长，因此，检查和修复导致的停机时间不能忽视。由于复杂设备具有多种故障模式，修复时间差异大，需要用随机变量描述修复时间。

（3）检查时间、修理时间均为随机变量，检查有一定概率引发故障。适用于复杂精密仪器，此模型在第（2）类的基础上进一步细化，复杂精密仪器在进行检修时有一定概率导致设备损坏。

（4）检查时间、修理时间为常数，设备存在潜在故障状态。适用于有潜在故障期的设备。

在维修策略的计算过程中，优化目标表达式的基本形式多为如下式的递归函数：

$$C(T, t) = \int_0^t C(T, t-a) f(x) \mathrm{d}x。 \tag{1}$$

无法求得解析表达式，需使用数值积分方法，在程序中选取五次高斯-勒让德求积方法对其进行求积，在满足一定精度的情况下保证运算速度。由于优化目标表达式均为复杂的递归积分，其运算速度较慢，故而在计算过程中会采用三次样条插值法对函数进行插值以加快运算速度。在实际计算中，考虑到核电厂设备的维修周期一般以周或月为单位，其对计算精度的要求并不高，故认为此种方式适用。

4 程序展示和初步应用案例

目前，基于前述 RCM 分析流程，已开发相应程序以辅助进行模型选择与预防性维修策略计算。用户在选择设备或系统特点后程序会自动给出相应模型，对于熟练用户也可在开始界面直接选择模型，输入相关参数后进行计算。对于参数分布，可选常数指数分布、威布尔分布和伽马分布与常数分布 4 种。潜在故障可测量模型仅提供基于伽马分布的参数设置。不同模型需要输入包括故障时间、潜在故障时间、延迟时间、检查时间、维修时间在内的累积分布函数。除参数分布外，用户需输入其他用于计算费用与可用度的参数。计算模式包含费用最优、可用度最优和综合计算 3 种。更换模型和功能检测模型可选费用、可用度和综合模式，并可设定可靠度限值。使用检查模型仅限于可用度计算。综合模式是在满足一定可用度的条件下，选择费用最低的维修策略。设定可靠度限值后，程序仅输出满足该限值的结果。计算结果以最佳维修策略、优化目标值及图表显示，也可导出详细结果分析。图 2 为 RCM 计算程序界面示例。

图 2 RCM 计算程序

以高温气冷堆设备冷却水系统的循环泵为例，其备用泵每月必须运行 30 分钟，以便保证备用泵的可运行性。经分析其适用于工龄更换模型。假设其预期使用时间定为 300 天，分布采用威布尔分布，$\alpha=2$、$\beta=100$ 天，期望使用时间为 88 天，工龄更换与故障更换分别需要 1 天与 2 天。对其进行可用度最优的预防性维修策略计算，可用率最大为 98.068%，维修间隔为 118 天，循环泵可用度计算结果如图 3 所示。

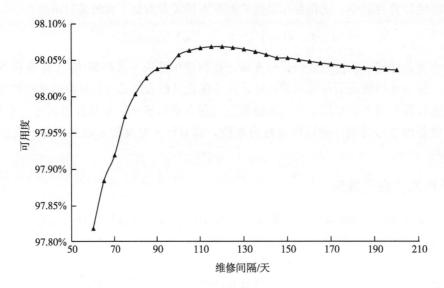

图 3 循环泵可用度计算结果

5 结论

本文提出了一种基于可靠性的预防性维修策略制定方法与程序，旨在解决核电厂维修工作中缺乏经济性和可用性优化分析流程的问题。该方法包括 3 种预防性维修模型：更换模型、功能检测模型和使用检查模型，针对不同类型的设备进行策略制定。程序可以根据用户输入的设备特点自动选择相应模型，并计算出多种优化目标下的最佳预防性维修策略。然而，该方法目前仅适用于单一设备或系统，并且在实际应用中数据获取存在困难。下一步的研发方向是增加对设备过往维修数据的处理，以获取相关参数，并探索将该方法扩展至复杂系统进行整体优化。最终目标是形成一套适用于核电厂预防性维修的程序包。

参考文献：

［1］ International Atomic Energy Agency. Maintenance, testing, surveillance and inspection in nuclear power plants: IAEA Safety Standards Series No. SSG－74 ［S］. IAEA, Vienna, 2022.

［2］ 孙茜，于爱民，赵思桥，等．基于核电厂可用率的设备分级方法研究 ［J］．核科学与工程，2022，42（3）：560－569.

［3］ TUTT T E, SINGH I, POPOVA E, et al. Risk－informed preventive maintenance optimization ［C］//2012 Proceedings Annual Reliability and Maintainability Symposium. New York：IEEE, 2012：1－5.

［4］ AGARWAL V, MANJUNATHA K A, GRIBOK A V, et al. Scalability of a risk－informed predictive maintenance strategy ［R］. Idaho Falls：Idaho National Lab., INL/LTD－20－58848, 2020.

［5］ AGARWAL V, MANJUNATHA K A, SMITH J A. Technology－enabled risk－informed maintenance strategy to minimize operation and maintenance costs ［R］. Idaho Falls：Idaho National Lab. (INL), 2019.

［6］ AGARWAL V, ARASEETHOTA MANJUNATHA K, SMITH J A, et al. Machine learning and economic models to enable risk－informed condition based maintenance of a nuclear plant asset ［R］. Idaho Falls：Idaho National Lab.

(INL)，2021.

[7] 贾希胜. 以可靠性为中心的维修决策模型 [M]. 北京：国防工业出版社，2007：1 - 157.

[8] CHRISTER A H，WANG W. A model of condition monitoring of a production plant [J]. The international journal of production research，1992，30 (9)：2199 - 2211.

[9] ABDEL - HAMEED M. A gamma wear process [J]. IEEE transactions on reliability，1975，24 (2)：152 - 153.

[10] MOUBRAY J. Maintenance management：a new paradigm [J]. CIM bulletin，2001，94 (1055)：78 - 86.

Development of RCM analysis program for nuclear power plant equipment

LI Ze-feng ，LIU Tao

(Institute of Nuclear and New Energy Technology，Tsinghua University，Beijing 100084，China)

Abstract：Currently，the maintenance strategy for nuclear power plant equipment mainly follows the technical specifications of the power plant design. The IAEA emphasizes in its latest safety guidelines that for all structures，systems，and components closely related to nuclear power plant safety，a reliability centered maintenance strategy (RCM) should be adopted. However，there is currently a lack of analytical processes and tools for preventive maintenance strategies that are optimized for economics and availability. This paper develops an RCM analysis procedure for nuclear power plant equipment based on a RCM formulation method. It can assist plant designers to plan preventive maintenance strategies based on equipment functions from the overall requirements of the nuclear power plant at the beginning of the design. It can also help nuclear power plant operators to evaluate and improve the determined equipment preventive maintenance strategies，in order to optimize the availability of the nuclear power plant.

Key words：Reliability centered maintenance；Preventive maintenance；Maintenance strategy；Equipment reliability

基于 RISMC 方法的 SGTR 事故分析研究

瞿年春，王　贺，陈浩尹，熊彬富

（哈尔滨工程大学，黑龙江　哈尔滨　150001）

摘　要： RISMC 方法采用确定论与概率论耦合的方式分析核电厂的安全特性，通过更准确地表示核电厂安全裕度，在确保安全的前提下进一步提升核电厂运行的灵活性和经济性。SGTR 事故的发生频率较高，事故可能造成放射性物质释放，是核电厂重要的设计基准事故之一。本文基于 RISMC 分析方法，以 CPR1000 机组为研究对象，得到了 SGTR 事故的 DET 事件序列，识别了 SGTR 事故关键影响参数和可能的薄弱环节，可以为核电厂相关运行、人员培训和决策提供支持。

关键词： 蒸汽发生器传热管破裂；风险指引；安全裕度；耦合分析软件

1　概述

为了支持核电厂运行许可延长等相关决策，美国提出了风险指引的安全裕度特性（Risk - informed Safety Margin Characterization，RISMC）的概念。国内外相关研究组织应用 RISMC 方法开展了 LOCA、SBO 等事故分析，发现了传统安全分析方法中存在较大裕量[1-2]。为弥补传统概率安全分析（Probabilistic Safety Analysis，PSA）建模方法中处理部分成功和动态影响因素的不足，RISMC 方法中采用动态事件树（Dynamic Event Tree，DET）实现确定论与概率论的动态耦合。蒸汽发生器传热管破裂（Steam Generator Tube Rupture，SGTR）事故是指在一台蒸汽发生器中发生一根或两根传热管破裂的事故。SGTR 事故发生频率较高（6.20E-3/堆年），是核电厂重要的设计基准事故之一。SGTR 事故不仅使得反应堆冷却剂系统的完整性丧失，而且旁路了安全壳。如果操纵员干预不及时，带有放射性的冷却剂可能会直接排放到大气。因此，采用 RISMC 方法准确地认知 SGTR 事故发展规律，对分析导致事故的原因、事故演化的过程、发生的频率及明确事故产生的影响具有工程实际意义。

本文采用 RISMC 方法，以 CPR1000 机组为研究对象，通过 CPR1000 机组数据、电厂运行经验和 SGTR 事故分析报告建立了 DET 模型，并利用先进的风险仿真耦合平台（Coupling Platform for Advanced Risk Simulation，CARS）分析得出了大量 SGTR 事故序列，获得了 CPR1000 堆型 SGTR 事故的概率安全裕度（PSM），识别出传统 PSA 分析不够保守的序列，找出了对 SGTR 事故有较大影响的动作，提出了事故缓解策略和建议，提升了核电厂运行的灵活性，保证了核电厂的安全性，为核电厂设计、运行和管理提供参考。

2　RISMC 方法

RISMC 通过确定论和概率论分析方法的耦合，模拟不同事故场景下热工参数及模型不确定性、随机故障/修复事件不确定性对核电厂事故发展演化的影响，更加科学地认知核事故发展规律，为修订核电厂的安全分析验收准则、提升功率、延长运行寿命等方面提供决策支持。

PSM 是 RISMC 方法的核心。其定义为在规定事故工况下，核电厂安全参数的能力超过负荷的概

作者简介： 瞿年春（2000—），男，硕士生，现主要从事核安全等科研工作。

基金项目： 风险指引的安全裕度特性分析技术研究（2018YFB1900300）。

率，用于表征在事故场景下安全参数超过其限值的可能性[3]。如图 1 所示，实际情况下负荷和能力并不是两个确定的值而是服从两个分布，即负荷概率分布函数 $f(X_L)$ 和能力概率分布函数 $f(X_C)$。PSM 越大，对应的超限概率越小，安全性越高。

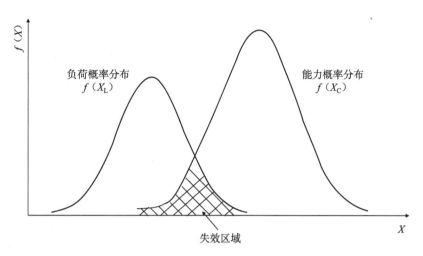

图 1　概率性安全裕度示意

其 PSM 可表示为

$$PSM = 1 - \int_{-\infty}^{\infty} f(X_L) \int_{-\infty}^{X_L} f(X_C) \mathrm{d}X_C \mathrm{d}X_L = 1 - P(X_L > X_C) \approx 1 - P(X_L > X_{SL})。 \tag{1}$$

式中，X_L、X_C 分别表示负荷、能力对应的参数；$f(X_L)$ 和 $f(X_C)$ 分别表示负荷和能力参数的概率密度函数。

针对核电厂系统设备随机状态转移的 RISMC 分析中普遍采用 DET 与系统分析程序动态耦合方法。基于 DET 的 RISMC 分析中 DET 分支概率计算方法如下：

如果安全限值为一个确定值，DET 分支结果中共有 n_{fail} 条超过安全限值的分支，对应的分支概率为 p_{faili}，则失效概率为 p_{SRS}[4]。

$$p_{SRS} = \sum_{i=1}^{n_{fail}} p_{faili}。 \tag{2}$$

基于 DET 的 RISMC 分析中的 PSM 可表示为

$$PSM = 1 - p_{SRS}。 \tag{3}$$

3　DET 分析建模

DET 分析首先建立 DET 模型。DET 模型由确定论模型与概率论模型组成。参考 CPR1000 堆型数据建立确定论模型；根据电厂运行经验及 SGTR 事故分析报告，确定题头事件并建立相应的故障树得出失效概率作为 DET 分支概率。最后利用系统仿真程序与 RISMC 分析工具计算得出 DET 分支结果。

3.1　确定论模型建模

本文选择 CPR1000 堆型系统仿真模型建模，该堆型为三回路核电厂，SGTR 事故发生在 A 回路的蒸汽发生器里。结合 SGTR 事故热工水力计算中常采用的失效准则，并认为只要模型计算结果超过其中任意一项，就表明核电厂并不能保证一定安全，同时在事件树中将序列终态归于堆芯损坏（Core Damage，CD）。

结合 CPR1000 堆型数据，本文使用的安全限值如下：

（1）包壳峰值温度（Peak Cladding Temperature，PCT）为 1477 K；

（2）一回路系统设计压力的 1.25 倍为 21.54 MPa；

（3）SG 二次侧的承压极限设定为 12.9 MPa；

（4）SG 最高水位为 13.888 m。

3.2 概率论模型建模

传统 PSA 分析 SGTR 事故的事件树如图 2 所示。

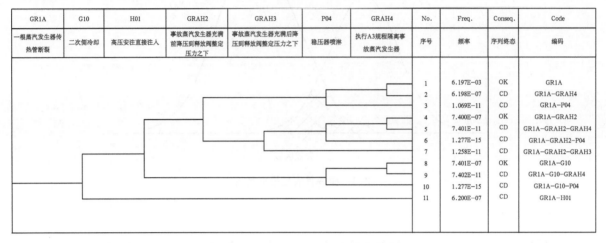

GR1A	G10	H01	GRAH2	GRAH3	P04	GRAH4	No.	Freq.	Conseq.	Code
一根蒸汽发生器传热管断裂	二次侧冷却	高压安注直接注入	事故蒸汽发生器充满前降压到释放阀整定压力之下	事故蒸汽发生器充满后降压到释放阀整定压力之下	稳压器喷淋	执行A3规程隔离事故蒸汽发生器	序号	频率	序列终态	编码
							1	6.197E−03	OK	GR1A
							2	6.198E−07	CD	GR1A−GRAH4
							3	1.069E−11	CD	GR1A−P04
							4	7.400E−07	OK	GR1A−GRAH2
							5	7.401E−11	CD	GR1A−GRAH2−GRAH4
							6	1.277E−15	CD	GR1A−GRAH2−P04
							7	1.258E−11	CD	GR1A−GRAH2−GRAH3
							8	7.401E−07	OK	GR1A−G10
							9	7.402E−11	CD	GR1A−G10−GRAH4
							10	1.277E−15	CD	GR1A−G10−P04
							11	6.200E−07	CD	GR1A−H01

图 2 传统 PSA 分析 SGTR 事故的事件树

根据电厂数据和 SGTR 事故的特征确定了事件树的题头事件，并且对于事件树所涉及的电厂动作，使用 LPSA 软件对 SGTR 事故题头事件建立故障树[5]。故障树在 DET 中的作用是计算不同情景的概率，它考虑了安全设备和系统的失效但并不涉及电力失效。同时本文认为冗余设备是相互独立的，互不影响。利用该软件计算相应的题头事件的概率，作为 DET 分支概率。由于随着分支数量的增加，事故演化路径将呈指数增长，为了避免分支爆炸，做了如下简化：

不考虑由于仪表故障发出错误的报警信号；不考虑由于人员错误操作而导致的更严重的事故后果；由于当辅助给水（ASG）丧失后操纵员需要进行充排操作，本文不对充排操作进行分支，因此默认 1 列 ASG（C 列）能够正常开启；当事故进行至余热排出系统投入运行的条件时，认为核电厂已经处于较为安全的状态，故不对余热排出系统投入后的事件进行计算。最终确定的题头事件如下：

（1）二次侧冷却（G10）

主给水隔离后，启动辅助给水，从辅助给水箱取水向完好蒸汽发生器供水。DET 计算中将对事故 SG 的 ASG（A 列）开启及 1 列正常 SG 的 ASG（B 列）开启进行分支，1 列 ASG 失效概率为 1.0E−4。

（2）高压安注直接注入（H01）

发生 SGTR 事故后，冷却剂不断从破口处流入二回路，为了维持反应堆冷却剂系统的装量，防止堆芯损坏，高压安注需及时投入运行。DET 计算中将 B 列、C 列高压安注的投入运行分别进行分支，1 列高压安注开启失效概率为 1.194E−4。

（3）事故蒸汽发生器充满前降压到释放阀整定压力之下（GRAH2）

为了限制一回路冷却剂的流失，尽快平衡一次侧与二次侧的压力，操纵员根据高压安注的停运条件停运安注。DET 计算中将 B 列、C 列高压安注的关闭分别进行分支，1 列高压安注关闭失效概率为 1.194E−4。

（4）事故蒸汽发生器充满后降压到释放阀整定压力之下（GRAH3）

此事件主要是针对高压安注成功而 GRAH2（关闭）失效的情况。虽然事故蒸汽发生器已经充满，但是由于 GCT-a 或安全阀在打开后能够回座，所以只要操纵员能够在换料水箱用完之前通过稳压器喷淋和停运高压安注把一回路压力降到 GCT-a 整定值之下，就可以实现一、二次侧压力平衡和消除泄漏。DET 计算中将安全阀回座进行分支，安全阀回座失效概率为 1.70E-5。

（5）稳压器喷淋（P04）

对于 SGTR 事故，通过喷淋快速降低一回路压力，减少一回路向二回路泄漏的时间，对防止事故 SG 满溢有重要意义。DET 计算中将对稳压器喷淋开启进行分支，稳压器喷淋失效概率为 1.725E-9。

（6）执行 A3 规程隔离事故蒸汽发生器（GRAH4）

事故蒸汽发生器的水侧隔离是消除给水对事故蒸汽发生器充满的贡献，汽侧隔离是关闭主蒸汽隔离阀。DET 计算中将事故 SG 的 ASG 关闭进行分支，ASG 关闭失效概率为 1.0E-4，主蒸汽隔离阀关闭失效概率为 1.0E-4。

3.3 RISMC 耦合分析

本文采用先进的 CARS 作为 RISMC 分析工具[6]。CARS 软件中 DET 分支原理如图 3 所示，当 DET 模块监测到分支时，将分支节点作为父节点生成两个子节点。其中一个子节点的 trip 逻辑保持原 trip 逻辑不变；另一个子节点则为触发分支前该 trip 状态的取反状态。

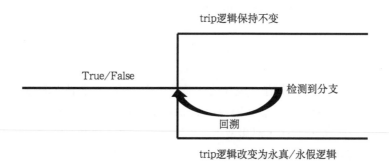

图 3　DET 分支原理

4　结果分析

4.1　动态事件树序列分析

DET 分析使用确定论模型和概率论模型耦合进行了模拟，生成了 1011 个序列分支，这些 DET 分支数据可为 SGTR 事故提供数据库，可用于事故缓解和操纵员行动评估及 SGTR 事故管理。

由于 DET 分析中可以考虑系统部分成功的状态，因此对于一个题头事件涉及多个同类型的操作时将分别进行分支（如开启 B 或 C 列高压安注）。DET 一共产生了 1011 个分支，其中超过安全限值的分支共有 261 个，由于超过安全限值反应堆可能出现潜在危险，因此在序列终态中将之归于 CD。根据结果可以绘制如图 4 所示的事件树，同时可以计算出失效概率为 p_{SRS}。安全限值为一个确定值，分支结果中共有 n_{fail} 条超过安全限值的分支，对应的分支概率为 $p_{fail i}$，根据式（2）得

$$p_{SRS} = \sum_{i=1}^{n_{fail}} p_{fail i}，n=1，2，\cdots，261。\qquad(4)$$

计算得出失效概率为 $p_{SRS} = 0.0001$，概率安全裕度 $PSM = 1 - p_{SRS} = 0.9999$。

根据传统的 PSA 分析 SGTR 事故的事件树得出序列编码为 GR1A-GRAH2 的序列结果是反应堆能够达到安全状态，即当 SGTR 事故发生时，高压安注直接注入成功，二次侧冷却成功，事故蒸汽发生器充满前降压到释放阀整定压力之下失败（即高压安注停运失败）后，事故蒸汽发生器充满后降压到释放阀整定压力之下成功，稳压器喷淋开启，隔离事故蒸汽发生器成功。在完成这些操作后，反应堆达到安全状态。但是在 DET 分支计算的序列中序列 GR1A-GRAH2（0）的计算结果为反应

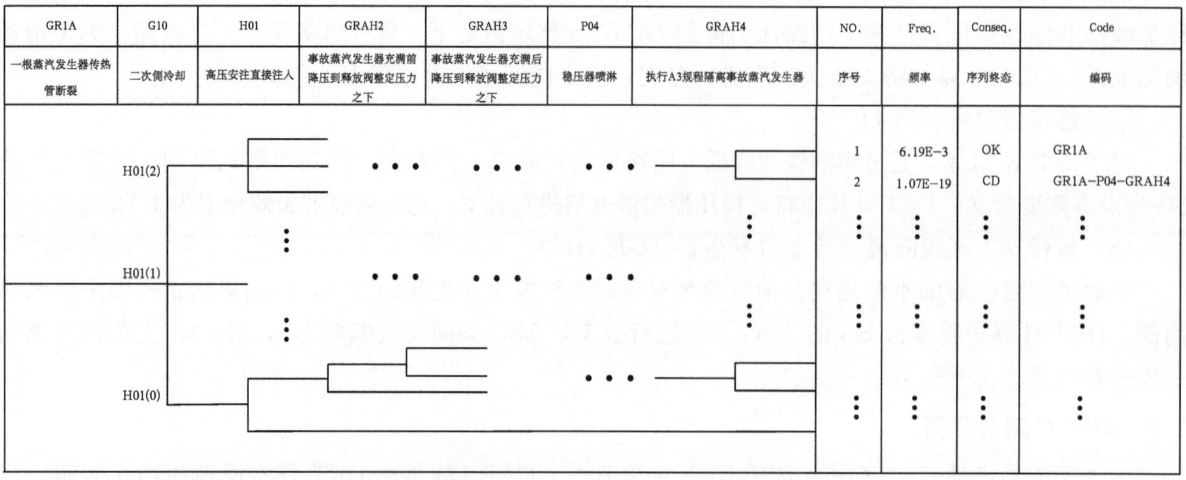

GR1A	G10	H01	GRAH2	GRAH3	P04	GRAH4	NO.	Freq.	Conseq.	Code
一根蒸汽发生器传热管断裂	二次侧冷却	高压安注直接注入	事故蒸汽发生器充满前降压到释放阀整定压力之下	事故蒸汽发生器充满后降压到释放阀整定压力之下	稳压器喷淋	执行A3规程隔离事故蒸汽发生器	序号	频率	序列终态	编码
		H01(2)					1	6.19E-3	OK	GR1A
							2	1.07E-19	CD	GR1A-P04-GRAH4
		H01(1)								
		H01(0)								

注：G10（A，B）表示 A 列 ASG 开启和 B 列 ASG 开启，G10（A）表示 A 列 ASG 开启，G10（B）表示 B 列 ASG 开启，G10（0）表示无 ASG 开启；H01（2）表示 2 列高压安注开启，H01（1）、H01（0）与之类似；GRAH2（2）表示 2 列高压安注关闭，GRAH2（1）、GRAH2（0）与之类似。

图 4   DET 结果事件树示意

堆出现了 SG 二次侧超压及事故 SG 满溢的情况。对于该分支的数据如图 5 所示。

一次侧向二次侧的泄漏量如图 5a 所示，由于 2 列高压安注未关，导致一回路压力降低缓慢，尽管稳压器喷淋投入运行，但是依旧没有实现压力平衡，一回路的冷却剂不断流入事故 SG。事故 SG 的二次侧压力与水位如图 5b 所示，虽然在隔离事故 SG 时关闭了 ASG，但是泄漏一直未停止，导致事故 SG 的水位不断上升最终在 5930 s 时事故 SG 发生满溢，由于隔离 SG 关闭了主蒸汽安全阀与主蒸汽释放阀，SG 二次侧压力将不断增加，达到 14.70 MPa 的峰值超过了安全限值（12.9 MPa）。

根据以上分析得出，如果两列高压安注都未关闭，即使事故蒸汽发生器充满后降压到释放阀整定压力之下成功，稳压器喷淋开启，隔离事故蒸汽发生器成功，反应堆二次侧压力也会超过安全限值。由此可见，确保至少能关闭 1 列高压安注，尽快平衡一、二次侧压力减少泄漏是防止核电厂出现危险的重要操作。

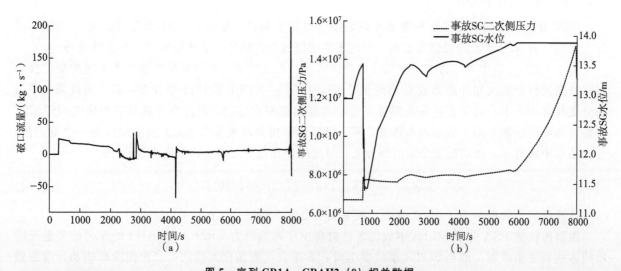

图 5   序列 GR1A－GRAH2（0）相关数据

（a）破口流量变化；（b）事故 SG 二次侧的压力和水位变化

4.2 超限序列特征分析

DET 共产生 261 个超限分支，本节给出了其频率大于 6.20E−13 的分支的特征、事故 SG 二次侧压力变化图、破口流量变化图和事故 SG 水位变化图，数据图分别如图 6a、图 6b、图 6c 所示。一共有 4 个分支压力超过安全限值并且频率大于 6.20E−13，事故 SG 二次侧的压力峰值与频率如表 1 所示。这些分支涉及的设备和操纵员的动作为：高压安注的关闭；ASG 的打开与关闭。由于高压安注 B 列、C 列是相同的，因此 B 列未关与 C 列未关均属于 1 列高压安注未关的情况（注：高压安注是独立的，并且投入不同的管线得出的结果可能有略微的区别）。相应的数据图如图 6 所示。

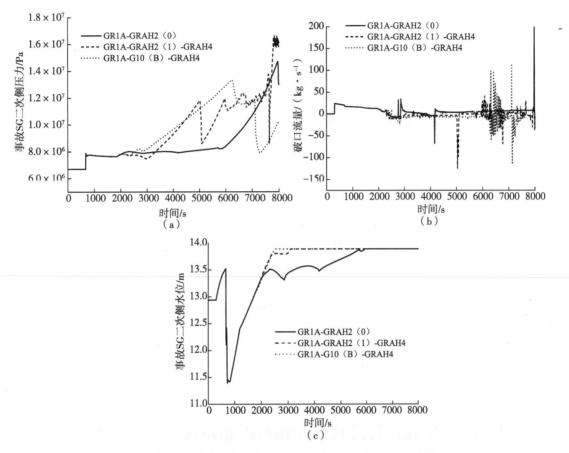

图 6　超过安全限值且频率大于 6.20E−13 的场景特征数据

（a）事故 SG 二次侧压力变化；（b）破口流量变化；（c）事故 SG 水位变化

表 1　SG 二次侧超压且频率大于 6.20E−13 的序列

编码	序列描述	事故 SG 二次侧的压力峰值	频率
GR1A−GRAH2（0）	B 列和 C 列高压安注未关	14.70 MPa	8.55E−11
GR1A−GRAH2（1）−GRAH4	B 列高压安注未关，事故 SG 的 ASG 未关	16.64 MPa	7.16E−11
GR1A−GRAH2（1）−GRAH4	C 列高压安注未关，事故 SG 的 ASG 未关	16.63 MPa	7.16E−11
GR1A−G10（B）−GRAH4	正常 SG 的 1 列 ASG 未开，事故 SG 的 ASG 未关	13.35 MPa	6.01E−11

这 4 种超压的现象都伴随着满溢，事故 SG 的水位如图 6c 所示，由高压安注未关导致的满溢明显晚于由 ASG 未关导致的满溢。其原因在于，高压安注未关导致一回路压力降低缓慢，使得破口处的泄漏一直未停止，但是一回路向二次侧泄漏的量比 ASG 的流量小，满溢的时间会更慢。因此从防止满溢的角度来说，操纵员应优先保证事故 SG 的 ASG 成功关闭。

针对事故 SG 辅助给水未关的情况，若叠加高压安注不能关闭或正常 SG 的 ASG 未开，则会导致超压。其主要原因是，事故 SG 的 ASG 未关将造成 SG 二次侧压力达到 11.1 MPa，与安全限值 12.9 MPa 相差较小。同时由于一回路向二回路的泄漏未终止，造成了事故 SG 满溢，并且由于在隔离的时候关闭了主蒸汽安全阀与主蒸汽释放阀导致事故 SG 内的水和汽无法排出，导致压力提升。

5 结论

本文采用 RISMC 分析方法，以 CPR1000 堆型 SGTR 事故为研究对象，利用 CARS 和系统分析程序对 CPR1000 堆型的 SGTR 事故进行了分析。分析得出 SGTR 事故的概率安全裕度为 0.9999，并根据计算出的序列结果找出了传统分析方法中不够保守的部分。除了传统 SGTR 事故缓解策略外，还有如下的事故缓解手段和策略可供考虑：

事故 SG 的 ASG 未关和高压安注未关其发生概率大且容易造成超限，但是前者相较于后者危险更大，因此操纵员应优先保证事故 SG 的 ASG 成功关闭；确保至少能开启 1 列 ASG 的同时至少能关闭 1 列高压安注，若此条件能够实现便能够大概率防止事故 SG 二次侧超压。

RISMC 分析可以给电厂的运行管理和决策制定提供更多样化的选择方案，同时能够对电厂的规程体系、操纵员培训等工作提供有效的建议和支持。DET 分析可以提供有关潜在风险因素及优化操纵员操作，为优化事故处理规程提供了一定的参考价值。

参考文献：

[1] 郑玉涛. 风险告知的 PCT 安全裕度量化中认知不确定性处理方法研究 [D]. 上海：上海交通大学，2018.

[2] DU Y, ZHANG Q. Pilot application of RISMC methodology on specific SBLOCA sequences of passive NPP [C] //International Conference on Nuclear Engineering, American Society of Mechanical Engineers, Shenzhen China，2022，86489：V013T13A032.

[3] 王贺，孙大彬，徐安琪，等. 核电厂风险指引的安全裕度特性技术研究 [J]. 中国基础科学，2021，23 (4)：35 - 40.

[4] 陈浩尹，徐安琪，赵军. RISMC 理论方法研究报告 [R]. 哈尔滨：哈尔滨工程大学，2023.

[5] 赵强，陈健. 核电厂实时风险监测评估与管理技术研究 [J]. 中国基础学，2021，23 (4)：30 - 34，51.

[6] 汪良军. 基于 RELAP5 的确定论与概率论耦合原型软件的研发 [D]. 哈尔滨：哈尔滨工程大学，2020.

Research on SGTR accident analysis based on RISMC method

QU Nian-chun，WANG He，CHEN Hao-yin，XIONG Bin-fu

(Harbin Engineering University, Harbin, Heilongjiang 150001, China)

Abstract：Based on deterministic safety analysis and probabilistic safety analysis, the RISMC method is used to analyze the safety characteristics of NPPs. By accurately characterizing the NPP safety margins, the RISMC method enhances the resilience and economy of NPPs without negatively impacting the safety. The high-frequency SGTR accident can cause the release of radioactive materials and is one of the critical design basis accidents in NPPs. This study analyzed the SGTR accident of CPR1000 units using the RISMC analysis method. The DET event sequence of the SGTR accident was obtained, and the key impact parameters and potential weakness of NPPs during the SGTR accidents were identified, which could provide support for the operation, operator training, and decision-making of NPPs.

Key words：Steam generator tube rupture；Risk-informed；Safety margin；Coupling analysis software

周边涉核事件舆情风险分析与应对策略研究
——以扎波罗热核事件为例

赵鸿儒，童节娟，赵　军，徐宇涵，陈　璞

（清华大学核能与新能源技术研究院，北京　100084）

摘　要： 由于涉核事件的特殊性，即使该事件没有什么真正严重的后果，甚至不发生在我国境内，也可能给我国带来较大的舆情风险，即技术风险低但舆情风险高。本文以此为研究对象，选取扎波罗热核事件作为研究案例，分析了事件的技术风险和舆情风险，并提出了基于危机生命周期理论和危机管理 4R 理论的舆情管理体系，以期为周边涉核事件舆情风险管理提供参考。

关键词： 涉核事件；舆情风险；舆情管理；扎波罗热核事件

在恐核心理的作用下，涉核事件的影响非常容易被放大，导致公众过度响应和情绪恐慌。事件一旦涉核，无论其实际情况如何、是否发生在我国境内、已发生或可能会发生，都有可能成为全国性甚至全球性的新闻热点。例如，2011 年日本福岛核事故给我国带来了较为严重的舆情影响，引发了国内的"抢盐事件"[1-2]。2021 年 4 月，"日本福岛核污水排放"事件再次引发了国内和国际的广泛关注，并且引发了公众的强烈不满与愤怒情绪[3]。2022 年，受俄乌战争影响，乌克兰扎波罗热核电站所在区域频繁遭受炮击，也持续引发国内对核安全问题的关注。对这种技术风险不一定高，但舆情风险往往较高的涉核事件，尤其是我国周边涉核事件，如果应对不当，会对我国自身核能的发展造成重大影响。本文针对扎波罗热核电站，从技术角度，对假定发生的核泄漏事故对我国的影响进行后果评价，确定其技术风险，并对事件相关的舆情风险开展分析。基于这些分析，本文提出针对性的舆情管理体系，以期为周边涉核事件舆情风险管理提供参考。

1　技术风险分析

扎波罗热核电站位于乌克兰南部，是世界第九大核电站，共 6 台机组，总装机容量 6000 MWe，占乌克兰全国发电总量的 25%[4]。自 2022 年 8 月，受俄乌战争影响，扎波罗热核电站是否会因战火而发生核泄漏几度成为全球关注热点。

1.1　分析方法与模型

从技术角度分析万一扎波罗热核电站发生核泄漏事故，对我国会有什么样的影响。概括地说，分析包括源项、大气扩散和后果评价 3 个部分。

首先，我们基本可以判断：扎波罗热核电站不会出现切尔诺贝利事故那样的爆炸，能够顺利停堆，功率降到衰变热水平，更可能出现的是长期导热的手段因战火问题不能完全保证。因此，基于切尔诺贝利核事故核素释放数据进行估算应该是保守的。切尔诺贝利核电站包含 4 台 1000 MWe 的轻水堆机组，扎波罗热核电站则为 6 台 1000 MWe 的轻水堆机组[5]，因此参照切尔诺贝利核事故核素释放总量，取其 1.5 倍作为本文测算的假定源项[6]，如图 1 所示。

作者简介： 赵鸿儒（1994—），男，博士研究生，现主要从事核设施概率风险评价等科研工作。

基金项目： 国家社会科学基金（18VFH011）。

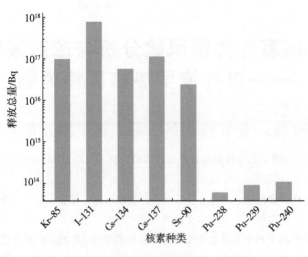

图 1　假定源项

大气扩散模型采用拉格朗日粒子扩散模型 FLEXPART[7]，气象数据采用的 Climate Forecast System Reanalysis（CFSR）数据库的数据[8]，CFSR 数据库是由美国国家环境预报中心（National Centers for Environmental Prediction，NCEP）提供的气象再分析数据，该气象数据的空间分辨率为 0.5°×0.5°，时间分辨率为 6 小时。FLEXPART 的模型设置如表 1 所示。

表 1　FLEXPART 模型设置参数汇总（以释放核素 Cs－137 为例）

释放设置	设置参数	模拟设置	设置参数
释放核素	Cs－137	模拟时段（UTC）	2019 年 10 月 1 日 0 时至 10 月 14 日 9 时
释放时间（UTC）	2019 年 10 月 1 日 0—3 时	模拟时间间隔	1 小时
释放位置	34.63°E，47.48°N	空间范围设置	全球
释放总量	2.85 E＋16 Bq	空间分辨率	0.25°×0.25°

根据扩散分析获得各个核素的全球浓度分布结果，乘以对应核素的烟云浸没外照射剂量转换因子，从而转化为剂量率，计算出所有核素在 7 天内的累积剂量并加和，得到全球累积剂量分布，根据此结果分析该假设情景对我国的辐射后果影响。

1.2　模拟结果与分析

假设泄漏发生在 2019 年 10 月 1 日 0—3 时，则在 2019 年 10 月 1—8 日，释放核素累积剂量最大值发生在扎波罗热核电站附近，为 0.030 mSv，而中国地区的累积剂量在 10^{-3} mSv 以下，北京地区在 10^{-5} mSv 以下，根据表 2 可知，此剂量远低于紧急防护行动通用干预水平的最低剂量限值[9]，因此不会对我国造成实质性的影响，技术风险很低。

表 2　紧急防护行动通用干预水平

干预水平	剂量值	剂量指标
隐蔽	10 mSv	有效剂量
撤离	50 mSv	有效剂量
服碘	100 mSv	甲状腺剂量

2 舆情风险分析

2.1 舆情基本情况

如1.2节所分析，扎波罗热核事件大概率不会给我国带来实质性的环境影响，但此类事件技术风险虽然低，舆情风险可能高。为此，本文对我国关于扎波罗热核事件的舆情进行了统计分析，判定事件是否会成为阻碍我国民用核能领域发展的舆情事件。抓取2022年扎波罗热核事件在我国互联网上的舆情数据，时间范围为2021年12月6日11时至2022年12月6日11时。在1年的监测时间内，共监测到相关舆情信息48 647篇。

有意思的是，扎波罗热核事件的舆情热度在2022年的大部分时间内并没有我们想象的那么高，只有2波明显的峰。2022年3月，扎波罗热核电站被俄军占领，引发了很多媒体报道。2022年7—8月，扎波罗热核电站进入双方争夺期，相关话题再次引发国内媒体报道，但该事件由于后续没有新进展，在达到讨论高峰后迅速降温，热度到2022年底逐渐消散。在舆情热度最高的2022年8月，舆情信息超过18 000篇，占据2022年度总舆情信息的1/3。

2.2 舆情观点

进一步对扎波罗热核事件的舆情观点进行分析，可以发现：

（1）主流媒体以通报核电站的相关风险和俄乌冲突情况为主，重点聚焦于扎波罗热核电站受损情况，俄、乌、美，以及北约、国际原子能机构等相关方的回应，西方能源危机等议题等，均未将扎波罗热核电站面临的核安全议题延伸扩展到我国进行讨论。

（2）普通民众在关注俄乌战况和扎波罗热核电站受损情况的基础上主要关注重点人物遇袭、俄乌各自战略、大国博弈、能源供应和其他战况，通常会进行引申，将涉核事件与其所感兴趣的话题联系起来。此类舆情观点中会出现将核安全议题捎带上我国进行讨论的情况，如国际能源网发表《欧洲最大核电站起火？核电安全"警钟"再度响起》的报道。

2.3 舆情分析总结

分析扎波罗热核事件舆情发现，主流媒体以报道事实为主，自媒体常根据主流媒体发稿进行引申。但总的来说，总体舆情较为平稳，远远低于福岛核事故发生时的热度和关注度。我们认为，这在一定程度上反映了我国这些年开展的全民信息素养培育是有成效的。更多人赞成在互联网时代更要擦亮眼睛，不要人云亦云，要多思考一会儿，让子弹多飞一会儿。世界百年未有之大变局进入加速演变期，也使得舆情更多聚焦到那些可能对我们的生活、社会及人类发展有深刻影响的不确定和不稳定事件上，因此，这种技术风险与舆情风险原本很不相称的事件变得相对平稳，其实是合理的。我们应该继续总结和提炼相关的经验和良好实践，抓住"双碳"目标下核能技术发展的重要时机，铸就我国核能事业发展的良好环境，大力发展先进核能技术，造福人民、造福社会。

当然，在相对平稳的舆情下，也存在隐忧。涉核舆情发酵的土壤依然存在，全行业依然处于"触点多""燃点低"的舆情环境中。与主流媒体相比，公众和自媒体账号的舆情发展不确定性更大。但这种关注也是政府部门、企业和科研机构做好相关介绍、科普，树立全行业形象，为行业发展提升利益相关者关系的重要契机。

3 舆情管理体系

本文认为，周边涉核事件的舆情管理是我国未来一段时间必须加强重视的。本文拟提出一个基于危机生命周期理论和危机管理4R理论的舆情管理体系[10]，将周边涉核事件舆情管理分为潜伏期、爆发期和恢复期，分别从预备力、反应力、恢复力和缩减力的角度制定管理体系。周边涉核事件舆情管理策略框架如图2所示。

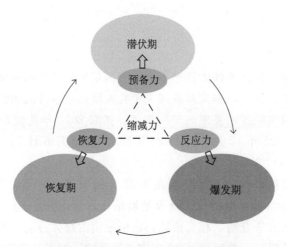

图2　周边涉核事件舆情管理策略框架

以扎波罗热核事件为例，目前此事件处于潜伏期，因此本文建议当前应从预备力角度建立应对措施，具体如下。

（1）建立、维护周边涉核事件的传播"内容库""渠道库"

应立即着手建立并不断完善周边涉核事件的"口径库""故事库""素材库""渠道库""伙伴库""案例库"，并加强日常的维护。

（2）采用各种具体传播策略，实现综合提升

应鼓励、支持核专业人士、行业协会加强与相关社会组织、新媒体渠道的合作，与时俱进创新科学传播工作的思路和方式，多种方式开展全行业的正面宣传。综合运用战略传播、情感传播和创新传播等各种传播策略，抓住核电站建设、并网发电等标志性事件，以及民众对于核安全的普遍关注的心态，做好正面宣传，树立行业良好形象，提高舆情应对战略纵深与韧性。

（3）建立舆情预警监测机制，尤其要重视机制运行的闭环反馈

针对扎波罗热核事件，加强舆情预警监测的上下游互动，包括舆情监测系统、危机评估系统、危机管理小组和媒体合作机制等（图3）。通过舆情监测系统实时监测处理舆情数据，分析当前舆情状态，形成阶段性舆情分析报告。当舆情监测数据出现异常时，由危机评估系统对可能发生的舆情危机进行确认与评估，上报危机管理小组对舆情危机进行统一应对。同时，需要建立媒体数据库，维护与媒体之间的关系，发挥媒体在舆情管理过程中的重要作用，并在舆情危机发生时及时高效配合进行危机应对工作。机制能否快速流转形成闭环，是评判舆情预警监测是否有效最重要的一环。

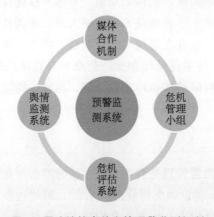

图3　周边涉核事件舆情预警监测机制

（4）根据舆情特点和新时代信息传播的特点设计传播策略

传播的主体、内容、体裁、渠道和情境要与传播的目标客体相适应，做好情感传播和创新传播。整体传播策略要满足互联网时代，特别是 5G 时代公众越来越高的要求，在信息真实性、回应时效性、态度和情感共鸣性上回应受众需求。

4　结语

针对周边涉核事件，尤其对于技术风险不一定高，但舆情风险可能较高的事件，需要建立舆情管理体系。本文以扎波罗热核事件为研究对象，分析了事件的技术风险与舆情风险，针对性提出了舆情管理措施。该措施也可为其他类似周边涉核事件的舆情管理提供参考。

参考文献：

[1] 张力．日本福岛核电站事故对安全科学的启示 [J]．中国安全科学学报，2011，21（4）：1003 - 3033.

[2] HUANG L, ZHOU Y, HAN Y, et al. Effect of the Fukushima nuclear accident on the risk perception of residents near a nuclear power plant in China [J]. Proceedings of the national academy of sciences, 2013, 110 (49): 19742 - 19747.

[3] 郭言．福岛核废水折射出美式"双标"真面目 [N]．经济日报，2021 - 04 - 16 (004).

[4] 赵会荣．乌克兰扎波罗热核电站缘何危情涌动 [J]．世界知识，2022 (18): 38 - 39.

[5] The Power Reactor Information System (PRIS). International atomic energy agency (IAEA) [EB/OL]. [2023 - 06 - 07]. https://www.iaea.org/pris/.

[6] DREICER M, AARKOG A, ALEXAKHIN R, et al. Consequences of the chernobyl accident for the natural and human environments [R]. Washington, DC, USA: US Department of Energy, 1996: 29 - 30.

[7] PISSO I, SOLLUM E, GRYTHE H, et al. The Lagrangian particle dispersion model FLEXPART version 10.4 [J]. Geoscientific model development, 2019, 12 (12): 4955 - 4997.

[8] SAHA S, MOORTHI S, PAN H L, et al. The NCEP climate forecast system reanalysis [J]. Bulletin of the American meteorological society, 2010, 91 (8): 1015 - 1058.

[9] 施仲齐．核或辐射应急计划基本概念的最新发展 [J]．辐射防护，2000 (3): 175 - 184.

[10] ZHAO H, TONG J. Classification method and response strategy of public opinion risk related to nuclear - related event occurred in countries around China [C] //29th International Conference on Nuclear Engineering (ICONE29), 2022: V015T16A024. ASME.

Public opinion risk assessment and response strategy of nuclear - related event occurred in countries around china: a case study of zaporizhia nuclear - related event

ZHAO Hong-ru, TONG Jie-juan, ZHAO Jun, XU Yu-han, CHEN Pu

(Institute of Nuclear and New Energy Technology, Tsinghua University, Beijing 100084, China)

Abstract: Due to the particularity of nuclear - related event, even if it does not have any serious consequences, or does not even occur in China, it may bring a relatively large public opinion risk to our country, that is, low technical risk but high public opinion risk. This paper takes this as the research object, selects the Zaporizhia nuclear - related event as a research case, analyzes the technical risk and public opinion risk of the event, and proposes a public opinion management system.

Key words: Nuclear - related event; Public opinion risk; Public opinion management; Zaporizhia nuclear - related event

移动式重度污染抵近车数据集中
采集软件设计及关键技术研究

马　畅，石松杰，欧阳小龙，王巨智，何　翔，徐　磐，胡玉杰，罗　凡

（武汉第二船舶设计研究所，湖北　武汉　430064）

摘　要：主要介绍了如何设计并实现一套移动式重度污染抵近车数据集中采集软件。移动式重度污染抵近车是一台快速检测装备，具备快速展开功能，可在核应急条件下快速机动到达事故现场。该装备由车辆及底盘系统、检测作业系统、供电系统、车辆辐射防护系统、辐射监测系统、机器人及视频监控系统、通信系统和照明系统等组成。按照有关国家标准改装时，必须考虑硬件设备的固定安装、避雷措施、防雨密封性、车内电气设备与仪器仪表之间的电磁干扰、整车工作环境的舒适性与活动空间等问题。由于车内空间有限，因此，为节省空间，车上安装的工控机选用小型工业级嵌入式工控机，该工控机配有 12 英寸触摸屏，以便于工作人员查看重度污染抵近车环境监测实时数据及周围放射性污染水平数据。为达到应用目标，移动式重度污染抵近车数据集中采集软件需要完成：①通过串口线、USB、网线等实时采集车上各仪器仪表的监测数据；②通过主界面将实时数据内容展现出来，包括各辐射仪器仪表的实时监测数据、当前北斗位置信息、气象数据信息等，供车上工作人员参考；③一定的数据存储和离线数据输出能力，能在完成应急救援工作后，将巡测期间的各项数据拷贝输出；④通过无线网络将监测数据及北斗位置信息实时上传到远端计算机上，供指挥决策人员参考。基于以上需求，采用 Visual C++，我们设计了一种移动式重度污染抵近车数据集中采集软件 SeverePollutionVehicle。该软件已经在 2020 年成功应用于国内某核应急救援单位，达到了应用目标，取得了用户的一致好评，为实践"中国制造 2025"做出了有益的探索。

关键词：重度污染；快速展开；串口；系统集成

移动式重度污染抵近车主要用于核事故高放污染区环境条件下，抵近事故源头或狭小空间内进行侦测，查明现场情况和污染等级，为突击抢险联合指挥部组织救援行动及兵力运用提供技术决策依据。一台移动式重度污染抵近车的基本配置如下：

（1）照明系统；

（2）通信系统；

（3）辐射监测设备与辐射监测系统；

（4）轴带发电机系统；

（5）底盘；

（6）方舱。

辐射监测系统，是移动式重度污染抵近车集成的关键点之一，也是本文描述的对象。设计一套符合移动式重度污染抵近车应用要求的软件，需要将车上各种辐射监测设备仪器仪表的数据、GPS 定位数据及数据通信功能集成到软件中。设计网络通信协议的时候，采用 Web Service 协议，软件定时通过专用网络向远端计算机发送业务报文，报文中包含统一的车辆 ID 和时间戳，以便于远端计算机系统区分各个应急救援车的身份并分类存放到数据库表中，同时，该设计也有利于远程计算机系统后续的扩展——支持远端计算机系统接入多种不同类型的应急救援车辆设备并实现各个车不同的业务数据集成。

作者简介：马畅（1981—），男，高级工程师，现主要从事辐射防护与环境放射性监测系统等方面科研工作。

1 原理

1.1 系统结构与组成

移动式重度污染抵近车上安装有车载γ剂量率仪、北斗定位设备、车载气象仪、车载工控机、动中通通信系统设备等仪器设备。其中，车载γ剂量率仪通过串口对外实时传输数据；北斗定位设备通过北斗卫星定位系统和软件画面进行数据显示，供车内工作人员查看；车载气象仪通过串口对外输出数据，将数据传输给方舱内的车载工控机；车载工控机用于数据汇总和数据展示；动中通通信系统设备获取车载工控机上数据，同时对应急指挥中心实时传输数据。

移动式重度污染抵近车数据集中采集软件——SeverePollutionVehicle，是为实现该车辆的应用目标而专门设计开发的软件。它运行在车载工控机上，通过标准计算机接口，如 RS232 串口、RJ45 网口，实时采集车辆挂载的车载γ剂量率仪、北斗定位设备、车载气象仪监测数据，并每隔 30 秒将车上设备的最新监测数据上传给第三方远端子系统。软件配有数据显示画面，可供车内人员查看实时监测数据，并支持历史数据导出功能。

移动式重度污染抵近车与远端计算机之间通过专用无线通信网络联网，典型的移动式重度污染抵近车与远端联网计算机系统组成结构如图 1 所示。

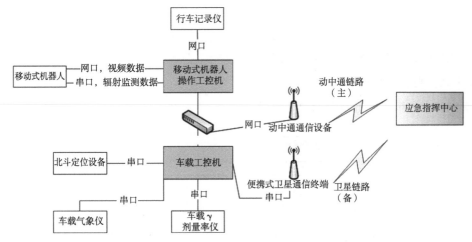

图 1　移动式重度污染抵近车与远端联网计算机系统组成结构示意

1.2 软件设计关键点

移动式重度污染抵近车数据集中采集软件属于 C/S 架构的软件系统。针对图 1 的系统组成结构，在设计的时候，需要考虑以下关键点。

作为车上数据采集系统和位置信息的显示终端，移动式重度污染抵近车软件通过串口、USB、网口采集各个仪器仪表的数据，用作实时显示和数据存储之用。其中，软件界面上要能支持高清分辨率显示功能、支持实时显示各个仪器仪表监测数据功能，设计上可考虑使用 COM 组件技术、GDI 图形绘制技术，并结合 C++的派生、继承机制来实现。其他功能模块，如串口通信采集、网口通信采集等属于较为通用的功能，可稍加修改复用相关的工程项目源代码。

移动式重度污染抵近车数据集中采集软件与远端计算机之间通过专用无线网络，使用 Web Service 协议进行数据交互。软件设计时，由于采用了非托管 C++语言实现的技术路线，但在 Visual Studio 2008 及以后版本中，微软停止了非托管 C++的直接 Web Service 引用，因此设计的时候考虑如下技术路线实现 Web Service 协议：使用 ATL Server 开源库，编译出 Sproxy.exe 工具，再根据服务端供货商提供的 WSDL 接口文件来生成非托管的代理类，从而可以在 Visual C++环境下集成

Web Service 通信功能，满足远端计算机和其上游系统对数据上传的功能要求。

2　功能设计

　　为满足移动式重度污染抵近车数据集中采集软件对各项功能的要求，首先需要根据实际用户需求来规划程序使用的编程语言、开发工具等，以明确技术路线与方向，进而设计出软件的架构、数据字典与数据库、主线程与子线程之间通信模型，并规划出画面显示内容等。运行在移动式重度污染抵近车车载工控机上的软件——SeverePollutionVehicle，可采用C++编程语言、Visual Studio 开发工具和 MFC 框架，或者使用 C♯编程语言、Visual Studio 开发工具和 .Net Framework 框架。以上这两种方式都考虑了对跨平台、跨语言的 Web Service 协议的支持能力。考虑到使用方对数据采集实时要求性极高，且车载工控机直接通过网口与硬件进行通信，更加偏底层，而 .Net Framework 框架和 C♯编程语言是面向高级语言的应用，因此经过权衡，我们最终选择了非托管 C++和 MFC 框架结合 Visual Studio 开发环境的路线来实现 SeverePollutionVehicle 软件。

　　对于不同类型的车载仪器仪表来说，它们大多是提供串口、USB 或网口的数据访问功能。因此，设计时我们可根据实际仪器仪表的个数、通信接口个数及界面显示需求来规划多任务后台子线程的具体个数。例如，车载 γ 探测器一个子线程，北斗卫星通信设备一个子线程，超声波车载气象监测仪设备一个子线程，网络通信、数据库存储和界面主线程各一个子线程，共计 6 个子线程。由于程序实现采用了多线程技术和并发式多线程模型，数据采集的同时会实时向网络上推送数据，因此程序设计需要解决多线程同时读写数据的问题。这样一来，可考虑使用典型的多线程读写锁模型来设计全局数据结构，从而解决数据由多个线程同时读写的问题。

2.1　集中采集软件功能模块划分

　　集中采集软件功能模块划分示意如图 2 所示。

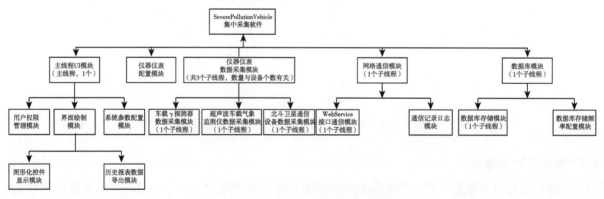

图 2　集中采集软件功能模块划分示意

2.2　仪器仪表数据采集功能设计

　　移动式重度污染抵近车上集成有多种不同类型的监测仪器仪表。以车载 γ 探测器为例，一般而言，该类型设备通过 RS232 串口线建立与车载工控机之间的串口通信物理链路。集中采集软件将根据双方约定的通信协议和数据清单，以后台 Worker 子线程方式，实时监听串口就能够采集到车载 γ 探测器上传的实时数据报文并实现对其的报文解析，形成实时 γ 监测数据供界面显示及后台数据库线程同步存储。同时，另外一个通信 Worker 子线程可将该实时 γ 监测数据进行同步处理，形成有效、唯一的 Web Service 数据文件，并通过专用无线网络实时推送给远端计算机，实现监测数据的上报。

　　其他类型的仪器仪表数据采集功能集成原理与环境 γ 辐射监测仪大同小异。主要区别就是通信链路的建立方式、不同种类的数据清单及报文解析规则，在此不一一赘述。值得注意的是，实际上子线程并非是越多越好。一旦程序设计者使用的子线程过多,应用程序、操作系统将增加大量的子线程切换的 CPU 时间消耗,同时,这种方法容易引起多个线程之间的死锁、无限循环等待等一系列多线程设计问题。为此,根据本项目的实际需求,我们采用了基于读写锁 CLock Enable 类的全局数据缓存区结构 CDataModel 数据模型类来解决多线程之间的数据共享问题。相关主要数据结构和接口定义如图 3 所示。

```
// 一、读写锁类                          // 二、全局数据模型
class CLockEnable                      class CDataModel
{                                      {
public:                                public:
    CLockEnable(void);                     CDataModel(void);
    CLockEnable(LPCTSTR lpName);            ~CDataModel(void);
    ~CLockEnable(void);                protected:
private:                               // ---------实时数据包-----------//
    HANDLE  m_hMutx;      // 互斥量      // 1.车辆检测站数据
public:                                QZNRSVehicleData    m_rtVehicleData;
    void Lock(void);     // 加锁         // 2.人员表面污染检测仪数据
    void UnLock(void);   // 解锁         PersonData          m_rtPersonData;
};                                     // 3.车载γ探测器数据
                                       GammaData           m_rtH2IGM02GamaData;
                                       // 4.气象设备数据
                                       WeatherData         m_rtGillWeatherData;
                                       // 5.北斗数据
                                       BEIDOUData          m_rtBeidouData;
                                       // 6.WebService数据
                                       WebServiceData      m_rtWebServiceData;
                                       // 1.与车辆污染检测站连接错误标识符
                                       BOOL m_BLinkErrorVehicle;
                                       // 2.与车载γ探测器连接(H2IGM02型探测器)错误标识符
                                       BOOL m_BLinkErrorGamma02;
                                       // 3.与气象设备(Gill GMX600)连接错误标识符
                                       BOOL m_BLinkErrorWeatherGill;
                                       // 4.与北斗连接错误标识符
                                       BOOL m_BLinkErrorBeiDou;
                                       // 5.与WEBSERVICE连接错误标识符
                                       BOOL m_BLinkErrorWebService;
                                       // 6.与数据库连接错误标识符
                                       BOOL m_BLinkErrorDatabase;
                                       private:
                                       TZHJDLLDWSJ         m_BDDWSJ;    // 北斗定位信息
                                       TZHJDLLGKXX         m_BDGKXX;    // 北斗功率波束情况
                                       TZHJDLLYHSJ         m_BDICI;     // 北斗基础信息
                                       private:
                                       // 锁,设置为原子操作
                                       CLockEnable m_lock;
                                       // 日志信息
                                       CStringArray m_strAryLog;
                                       public:
                                       // 设置6种设备通讯状态
                                       void SetLinkStatus(enDetectorType et, BOOL bLinked);
                                       /** 读取设备通讯状态 @return 0:断开 1:连接*/
                                       BOOL GetLinkStatus(enDetectorType et);
                                       // 1.车载γ探测器H2IGM02型探测器实时数据读写
                                       void SetData(GammaData & rtData);
                                       void GetData(GammaData & rtData);
                                       // 2.车载气象监测设备实时数据读写
                                       void SetData(WeatherData & rtData);
                                       void GetData(WeatherData & rtData);
                                       // 3.车载二代北斗定位设备实时数据读写
                                       void SetData(BEIDOUData & rtData);
                                       void GetData(BEIDOUData & rtData);
                                       // 4.WebServiceData接口向服务器每隔3秒钟上传实时数据读写
                                       void SetData(WebServiceData & rtData);
                                       void GetData(WebServiceData & rtData);
                                       public:
                                       // 1.生成车载γ剂量率数据xml字符串模板
                                       void Generate_XML_MON_CARMONDATA(CString & strCarXML);
                                       // 2.生成车载气象仪数据xml字符串模板
                                       void Generate_XML_METE_REALDATA(CString & strMeteXML);
                                       };
```

图 3   相关主要数据结构与接口定义

3   现场环境下运行结果

2021 年 1 月以来,SeverePollutionVehicle 移动式重度污染抵近车数据集中采集软件已应用于某基地的核应急救援大队,图 4 是 SeverePollutionVehicle 软件主界面截图。根据业主的实际运行反馈,我们对 SeverePollutionVehicle 软件的部分界面做过微调,但总体架构和设计思路与本文中阐述的技术内容保持一致。该软件能满足核应急大队对移动式重度污染抵近车的应用和业务需求,充分覆盖技术规格书的各项软件功能、性能要求,得到了核应急大队使用人员和上级管理部门的一致肯定。

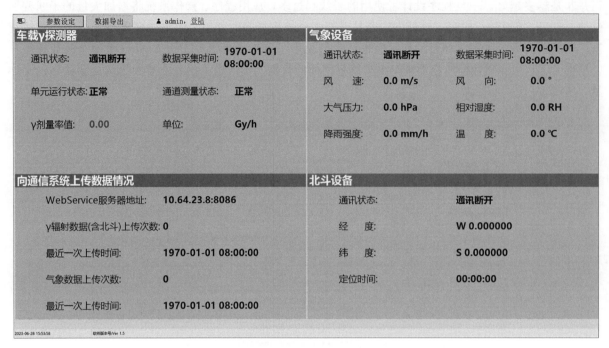

图 4　SeverePollutionVehicle 集中采集软件主界面示意

4　结语

通过核应急救援大队多次应急演习的运行考验，我们认为对于移动式重度污染抵近车数据集中采集软件开发而言，采用本文的设计思路开发的 SeverePollutionVehicle 软件，能满足移动式重度污染抵近车软件系统设计要求。其设计方案具有技术普及性强、基础技术支持面广、框架扩展度高等特点，是一套经济适用的技术方案。

另外，在后续的相关项目中，为深入地实践核电装备完全国产化活动，我们打算尝试使用国产的安全操作系统平台进行软件开发和系统集成，如国防科技大学研制的银河麒麟操作系统、中标麒麟操作系统等。由于 SeverePollutionVehicle 软件采用了非托管 C＋＋技术和模块化软件设计思想，因此当使用国产操作系统替代国外 Windows 操作系统的时候，只需要将目前 SeverePollutionVehicle 软件中与 MFC 框架相关的控件模块的代码进行重写，并不需要全部推翻后重新开发。这也为该项目全国产化自主研发工作节省研发成本和资源提供了技术支撑。

致谢

在相关软件研发的过程中，受到了武汉第二船舶设计研究所辐射防护专业软件开发团队的大力支持，他们提供了很多有用的数据和资料，在此向该团队表示衷心的感谢。

参考文献：

［1］　IEEE 7－4.3.2－2016 核电厂安全系统中可编程数字装置准则［J］.核标准计量与质量，2017（1）：10.
［2］　JIM B，ROBERT W.Win32 多线程程序设计［M］.侯捷，译.武汉：华中科技大学出版社，2002.
［3］　杰夫瑞，克里斯托夫.Windows 核心编程［M］.5 版.葛子昂，周靖，廖敏，译.北京：清华大学出版社，2008.
［4］　王艳平，张越编.Windows 网络与通信程序设计［M］.北京：人民邮电出版社，2006.

Design and key technique researching on centralized collection software for mobile vehicle and personnel radioactive pollution detection

MA Chang, SHI Song-jie, OU-YANG Xiao-long, WANG Ju-zhi, HE Xiang, XU Qing, HU Yu-jie, LUO Fan

(Wuhan Second Ship Design and Research Institute, Wuhan, Hubei 430064, China)

Abstract: By this paper mainly introduces how to design and implement a set of centralized collection software that applying in mobile vehicle personnel radioactive pollution detection vehicle. The mobile vehicle personnel radioactive pollution detection vehicle is a rapid detection equipment, which has the function of rapid deployment, and can quickly arrive at the accident site under nuclear emergency conditions. The equipment consists of automobile chassis system, detection system, power supply system, vehicle radiation protection system, radiation monitoring system, robots and video surveillance system, communication system and lighting system. According to relevant national standards, we have to consider the fixed installation of hardware equipment, lightning protection measures, rain proof sealing, electromagnetic interference between electrical equipment and instruments in the vehicle, comfort of the vehicle working environment and activity space etc. Due to the limited space in the vehicle, for the sake of saving space, the industrial control computer installed on the vehicle is a small industrial embedded industrial control computer, which is equipped with a 12 Inch Touch screen and a 12 inch industrial display screen, so that operators can view the real-time data and the surrounding radioactive contamination data conveniently, the real-time data of the vehicle detection channel and the data of the surrounding radioactive pollution level respectively. In order to achieve the application goal, the centralized collection software that applying in mobile vehicle personnel radioactive pollution detection vehicle needs to meet the needs of: ①collecting the monitoring data of various instruments on the vehicle in real time through serial port cable, USB port cable, RJ45 port cable, etc; ② displaying the real-time data content through the main interface, including the real-time monitoring data of each radiation instrument, the current Beidou position information, meteorological data information, etc., for the reference of the operators on the vehicle; ③having storage and off-line data output function, which can copy and output various data during patrol inspection after completing emergency rescue work; ④uploading the monitoring data and Beidou position information to the remote computer in real time through the wireless network for the reference of the command and decision-makers. Based on above requirements, using Visual C++, we designed a centralized collection software-VPIStation. exe. This software has been successfully applied to domestic nuclear emergency rescue domain in 2020, and achieved scheduled goal. Fortunately, it won unanimous praise from users, and made a useful exploration for the practice of "made in China 2025".

Key words: Heavy pollution; Rapid deployment; Serial port; System integration

公众沟通如何影响涉核邻避结果
——行动者网络理论下的组态分析

李望平，陈晓星

（南华大学经济管理与法学学院，湖南　衡阳　421001）

摘　要： 邻避效应是制约核能利用与核技术发展的重要因素，公众沟通在化解邻避矛盾中发挥着关键作用。基于行动者网络理论，结合国家应急预案处理流程，通过模糊集定性比较分析法对 30 个涉核邻避治理案例进行分析，探究公众沟通组态效应对不同涉核邻避状态和邻避结果的效用与影响。研究发现：不同主体下多方联动的效用强度存在差异；避免事件影响扩大是邻避治理的首要选择；形成公众沟通"组合拳"能够有效化解邻避矛盾；加强制度建设，有利于提高邻避治理效能。

关键词： 公众沟通；涉核邻避事件；行动者网络理论；文本挖掘；组态效应

核能是我国积极稳妥推进碳达峰碳中和目标、实现能源结构转型、确保国家能源安全的重要选项。党的二十大明确提出，积极安全有序发展核电[1]，但囿于"历史出身"及核科学技术的尖端性、复杂性，核设施自身安全水平的提高并不能同步改善公众对核能的风险认知，公众沟通是获取公众认可、破解核能邻避效应难题、确保核能可持续发展的重要基石[2]。同时，涉核沟通处置不当，极易抬高公共安全风险。近年来，日本政府决定将核污水排海、俄乌冲突致使扎波罗热核电站屡遭袭击，进一步加剧了全球对核能安全的信任危机；从国内看，我国虽然是"核大国"，但社会公众对核能发展的战略意义与核安全风险的认知参差不齐，公众权利意识和环保意识越来越强，涉核邻避事件多发[3]。2013 年广东江门核燃料厂、2016 年江苏连云港乏燃料后端处理厂等规划项目中止，无不与社会抵制相关。

涉核邻避治理实践表明，公众沟通处置方式的不同会形成不同邻避治理效果。破解邻避效应的公众沟通工具分为理性沟通工具和感性沟通工具。前者包括建立开放的协商对话制度[4]、利益补偿[5]和沟通技术[6]等；后者包括信任[7]、情感共鸣[8]等。只有沟通工具契合不同邻避状态，才能实现沟通方式的有效组合，进而增强公众沟通化解邻避问题的针对性和实效性。

本文基于行动者网络理论框架，依据国家核应急预案中的突发事件处理流程，对涉核邻避事件的公众沟通治理进行模糊集定性比较分析，具体探讨以下问题：第一，公众沟通组态效应如何影响核邻避治理结果？第二，面对不同核邻避问题，如何选择公众沟通工具？第三，不同时期的公众沟通相关制度如何影响核邻避治理？

1　文献回顾与问题提出

有效的风险沟通是破解邻避冲突的关键环节[9]，能够消除公众的担忧和抵触情绪[10]、解决邻避主体间的信息不对称[11]、化解公众认知误区、提高识别能力[12]、防范群体性事件发生[13]等。邓理峰等[14]提出，"以公共利益为导向的理性公众沟通能够避免权力强制化和情绪极端化的邻避

作者简介： 李望平（1971—），男，南华大学经济管理与法学学院副教授，博士，现主要从事公共安全与应急管理研究。

基金项目： 国家社科基金年度项目"核安全合作供给模式与中国实践研究"（23BGJ007）。

处理情景"。在理性沟通工具中，学者认为利益补偿是邻避问题最有效的解决方式，并从风险外部性[15]、政策利益结构分布[16]、环境正义[17]等视角出发，探究了不同补偿方式及其组合对不同类型邻避设施的解决等问题，但当邻避设施为高污染、高敏感型时，对公众进行利益补偿可能会出现反效果，甚至被公众视为贿赂行为[18]。这是由于利益补偿机制违背环境正义者基本原则，是强势利益群体对弱势利益群体的诱导与欺骗[19]，难以产生良好的邻避治理效果[20]。

公众参与或许能够打破邻避事件中风险—利益分配问题的困境[21]，学者运用风险社会、公众参与阶梯[22]、社会学习[23]等相关理论，分析公众参与在邻避治理中的作用，民众开始借助邻避事件尝试建立与政府的沟通机制，进而达到邻避事件的解决[21]。马奔等[24]认为，由下而上参与决策过程和加强对话将有助于邻避冲突的化解。公众参与中的信任是大多学者共同关注到的沟通问题。杨银娟等[25]认为，"公众对政府框架主体的信任不足"是沟通失败的原因；广宣[7]则将沟通失败原因归于"公众对企业为主导的沟通主体信任不足"。方路生[26]通过单案例分析，提到政企合作的科普沟通能够达成多主体共赢局面，建立以信任为代表的感性沟通能够及时对邻避心理进行预防和化解。左跃等[27]的研究发现，第三方机构介入邻避选址过程并进行公众反馈分析能够避免产生信任问题。除信任外，任峰等[28]提出应通过统一环境风险认知减少邻避事件发生。Skarlatidou等[6]认为可以通过心智模型法进行邻避设施科普，以帮助普通公众理解和减小认知差异。

邻避治理是一个复杂的过程，有关邻避治理的沟通工具多种多样，不同的沟通工具及其组合会形成不同的邻避治理效果。当前有关邻避治理的公众沟通研究多聚焦于某一种沟通工具或多种沟通工具的堆叠，缺乏对不同沟通方式的组合分析，一定程度上制约了邻避治理的针对性和有效性。本研究在行动者网络理论框架下，通过对国内外典型涉核邻避案例的剖析，寻找公众沟通组态路径，并关注公众沟通工具在不同涉核邻避状态中的组合影响路径，以进一步提升公众沟通在邻避治理中的实效性。

2 研究设计与模型构建

2.1 研究方法与案例选择

定性比较分析法（Qualitative Comparative Analysis，QCA）由社会学家Ragin[29]开创，是将定性研究与布尔代数算法相结合，对小样本案例（10~40个）进行变量提取后，探究变量间多重组合并发导致同一结果变量因果关系的研究方法。2008年，Ragin[30]将模糊集引入社会科学研究，提出模糊集定性比较分析法（fsQCA），在清晰集定性比较分析法中二分变量的基础上进一步细节化，将变量标定为成员归属度，在0~1闭合区间内连续变化。

选取定性比较分析法主要基于以下考虑：一是该方法对案例中解释变量和结果变量的条件组合进行分析，能更加全面地解读不同因素组合对结果的作用机制；二是国内外涉核邻避抗争案例属于中小样本案例分析，符合定性比较分析法对案例选择的要求；三是涉核邻避效应致因复杂多变，定性比较分析法能较好地满足这一分析需求。

选取国内涉核邻避案例25个，国外典型涉核邻避案例5个，共30个案例（表1）。案例数据主要源于政务公开平台、政府回应、新闻报道、学术论文、微博、贴吧等。所选案例已经相关部门处理，邻避结果明确，每个案例的相关材料不少于10个。

表 1　涉核邻避冲突案例库

编号	时间	名称	邻避结果	编号	时间	名称	邻避结果
1	1986 年	深圳大亚湾反核事件	继续建设	16	2011—2015 年	广东廉江建核争议	继续建设
2	1985—2022 年	台湾龙门反核事件	项目封存	17	2012 年	广西桂东建核争议	项目暂停
3	2006—2007 年	山东荣成建核争议	顺利建设	18	2013 年	广东鹤山反核事件	项目取消
4	2006—2008 年	山东银滩反核事件	项目暂停	19	2014—2020 年	广西白龙建核争议	项目暂停
5	2008—2011 年	湖南桃花江建核争议	项目暂停	20	2016 年	江苏连云港反核事件	项目暂停
6	2008—2011 年	湖北大畈建核争议	项目暂停	21	2017 年	山东海阳建核争议	继续建设
7	2008—2011 年	福建福清建核争议	继续建设	22	2017 年	浙江三澳建核争议	继续建设
8	2008—2016 年	福建宁德建核争议	继续建设	23	2018 年	湖南 230 项目争议	项目暂停
9	2010—2011 年	甘肃乏燃料后处理争议	继续建设	24	2021 年	广东台山反核事件	继续建设
10	2011 年	福建漳州建核争议	继续建设	25	2022 年	山东辛安建核争议	暂未立项
11	2011 年	广东阳江建核争议	继续建设	26	1975—2011 年	德国戈莱本反核事件	放弃核电
12	2011 年	浙江三门建核争议	继续建设	27	1975—1981 年	法国里昂反核事件	项目暂停
13	2011—2012 年	安徽望江反核事件	项目暂停	28	1988 年	瑞典核废料项目争议	项目取消
14	2011—2012 年	广西红沙建核争议	继续建设	29	2002—2010 年	美国尤卡山核废料处置库争议	项目取消
15	2011—2012 年	辽宁红沿河建核争议	继续建设	30	2015 年	西班牙高放废物处置争议	继续建设

2.2　变量设定与赋值

根据案例，最终析出 6 个条件变量、1 个结果变量，并采用间接校准法对变量进行赋值（表 2）。

条件变量中，出现意见领袖或群体性事件可能会扩大抗争事件的社会影响力和曝光度[31]。因此，"意见领袖"和"群体性事件"具有规模化特征，是邻避方由个人"不满"转化为大规模抗争的高预警表现，反映邻避问题的显现及严重程度。为便于数据解读，抗争群体中"出现意见领袖""发生群体性事件"，赋值为 1，反之赋值为 0。

"公众参与"和"信息公开"是邻避治理的关键部分。"公众参与"直接关系公众对邻避设施的接受程度[32]，开展越早越容易达成积极的邻避结果。因此，研究将"项目选址期开展公众参与"赋值为 1；以邻避事件是否出现为界，"邻避事件发生前开展公众参与"赋值为 0.67，"邻避事件发生后开展公众参与"赋值为 0.33；项目方从项目选址到邻避事件处理结束中开展的全部公众参与活动小于 10 次，视为"公众参与较少"，赋值为 0。信息公开中，项目方在运信息公开平台类型大于等于 3 的，如线下科普、官网、微信公众号等，赋值为 1，反之赋值为 0。

"多方联动"是基于公众沟通的互动性和双向交流弱化抗争态势，包括抗争主体和项目方主体。公众参与阶梯理论将"政府与公众的双向沟通互动"视为公众参与的最高层次[33]，中央政府为最高层次的政府机构，直接干预抗争事件能够极大影响邻避处理结果[34]。因此，将"中央介入"赋值为 1；"相关省份介入"赋值为 0.67；"地方联动"指地方政府、企业、公众开展的三方联动沟通，如座谈会、听证会、论证会等，赋值为 0.33；"单方回应"是项目方仅进行单向告知，如新闻发布会、问卷调查等，赋值为 0。

"回应时间"中，《国务院办公厅关于在政务公开工作中进一步做好政务舆情回应的通知》表明"对涉及特别重大、重大突发事件的政务舆情，要快速反应、及时发声，最迟应在 24 小时内举行新闻发布会"[35]。因此，邻避事件发生后，政府首次回应时间未超过 24 小时，界定为"回应及时"，赋值为 1；超过 24 小时，界定为"回应不及时"，赋值为 0。

结果变量为邻避事件处置结果，"项目继续"赋值为 1，"项目暂停或取消"赋值为 0。

表 2　变量设定与赋值

变量类别	变量名称	变量数据统计	赋值
条件变量	意见领袖	出现意见领袖	1
		未出现	0
	群体性事件	发生群体性事件	1
		未发生群体性事件	0
	公众参与	公众参与较少	0
		邻避事件发生后开展公众参与	0.33
		邻避事件发生前开展公众参与	0.67
		项目选址期开展公众参与	1
	多方联动	单方回应	0
		地方联动	0.33
		相关省份介入	0.67
		中央介入	1
	回应时间	回应及时	1
		回应不及时	0
	信息公开	信息公开	1
		信息不公开	0
结果变量	邻避结果	项目继续	1
		项目暂停或取消	0

2.3　涉核邻避公众沟通的模型构建

行动者网络的建构过程以问题出现开始，通过激发其他主体的兴趣进行成员招募，实现行动者的参与和动员，最终达成目的，形成行动者网络；国家应急预案处理流程包括预测预警、报警、接警、处置和结束善后，将两者结合进行模型构建。涉核邻避事件以邻避群体，如意见领袖的行动为信号进行事件预测预警，邻避问题出现；根据事件发展态势，如是否发生群体性活动、涉及主体多少进行报警；接警后项目方进行主体动员，增加邻避治理的主体，形成项目方各主体间的多方联动；之后进行邻避治理，如公众参与、信息公开等，最终邻避结果产生，涉核邻避公众沟通网络随之形成（图1）。

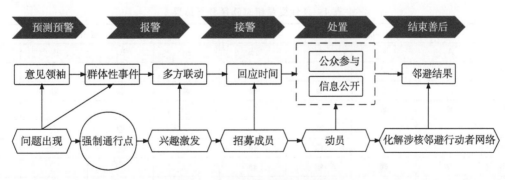

图 1　涉核邻避公众沟通的模型

3 实证分析

3.1 单变量必要性分析

在进行条件组态分析前，先对各前因变量是否为结果变量的必要条件进行检验，即衡量单一前因变量对结果变量的解释程度，单一变量是否具有必要性主要取决于一致性的高低。一般来说，一致性高于 0.8 视为该变量对结果变量具有较强解释力，高于 0.9 则为结果生成的必要条件。由表 3 可得，任何单一变量均不是结果变量的必要条件。

表 3　条件变量的必要性结果

	一致性	覆盖度
意见领袖	0.133	0.222
无意见领袖	0.867	0.619
群体性事件	0.267	0.307
无群体性事件	0.733	0.647
公众参与	0.511	0.548
多方联动	0.375	0.384
回应时间	0.533	0.889
信息公开	0.667	0.833

3.2 多变量组态分析

单一前因变量对结果变量的解释力较弱，需要借助 fsQCA3.0 软件形成多变量组合以解释结果变量。在阈值选择方面，案例频数设为 1。根据数据在一致性上的自然截断设置两种邻避结果的一致性阈值，最终得到 3 种方案类型，分别为复杂解、中间解、简单解。其中，复杂解不包含反事实案例，能够排除与事实不符的路径组合，常被作为 QCA 分析的首选方案。由于 QCA 分析的不对称性，即导致结果出现正向和反向的条件是不对称的，因此对两个结果变量进行组态分析，共得到 8 种条件组态（表 4）。依照 Ragin[30] 规定的组态标准化表示方式，●和⊗分别代表核心条件存在和不存在，○和△分别代表辅助条件的存在和不存在，当条件同时出现在简单解和中间解时，则视为核心条件，当条件仅出现在中间解时，视为辅助条件。

表 4　条件变量组态路径分析结果

条件组态	正向邻避治理结果				负向邻避治理结果			
	A₁	A₂	A₃	A₄	B₁	B₂	B₃	B₄
意见领袖	⊗	⊗	⊗	○	○	○	△	△
群体性事件	△	△	●	●	●	●	●	△
公众参与	●	●	△	○	○		△	⊗
多方联动	△		△	○		●	△	●
回应时间		○	●	●	⊗	⊗	⊗	⊗
信息公开	●	●	●	●	⊗	⊗	⊗	⊗
一致性	0.938	0.800	1	1	0.910	0.850	0.667	0.802
原始覆盖度	0.335	0.268	0.045	0.067	0.222	0.378	0.089	0.089
唯一覆盖度	0.067	0.026	0.045	0.067	0.023	0.179	0.089	0.089
解的一致性	0.834				0.813			
解的覆盖度	0.446				0.579			

8 条组态路径的一致性大于等于 0.800，均是结果变量的充分条件。其中，形成正向邻避治理结果的组合路径的总体覆盖度为 0.446，表明其可以解释大约 44.6% 形成"项目继续"治理结果的案例。负向邻避治理结果的组合路径的总体覆盖度为 0.579，表明这些路径的组合可以解释大约 57.9% 形成"项目暂停或取消"结果的案例。

　　横向来看条件变量的核心性，"回应时间"和"信息公开"是所有组合中覆盖面最大的条件组合，原始覆盖度为 0.890（0.045+0.067+0.222+0.378+0.089+0.089=0.890），反映这种组合方式与邻避治理结果密切相关。此外，"群体性事件"是导致负向邻避效应的重要条件，在多条负向邻避治理结果路径中为核心变量，其原始覆盖度占 0.689（0.222+0.378+0.089=0.689），说明抗争方出现群体性事件易形成复杂的邻避治理环境，加之回应不及时、信息公开不到位，涉核项目多出现负面结果。

　　从邻避结果纵向看核心变量，在正向邻避治理结果中，所有条件路径的共同核心变量为"信息公开"，体现涉核项目沟通方无论面临简单或复杂的邻避治理环境，全面、透明的信息公开均是处理涉核邻避事件的有效手段。其中，路径 A_1、A_2 处于没有抗争方意见领袖参与、未发生群体性事件的简单治理环境，邻避事件波及面较小、影响力较低，加之项目治理方注重信息公开，邻避问题最终得到解决。路径 A_3、A_4 则处于有抗争方意见领袖或出现群体性事件的复杂治理环境中，沟通方在实现信息公开的基础上，还要及时回应群众争议，实现快速准确处理，才能缓解邻避抗争。

　　在负向邻避治理结果中，"出现群体性事件"是 3 条组态路径的核心条件，反映事件影响范围扩大易形成负向治理结果。但仅出现群体性事件并不能直接导致治理失败，还有其他条件变量在其中发挥作用，如覆盖面最大的核心条件变量组合，"回应不及时"和"信息不公开"，以及路径 B_2 中的"多方联动"。"多方联动"反映邻避案例涉及主体较多，治理主体对抗争方的利益赋予难度增加，邻避治理失效。

　　综合上述治理结果的组态分析，按国家应急预案处理流程中预测预警的程度，可将其分为高预警风险沟通型和低预警危机防范型两种类型，进一步解析不同邻避治理环境中的公众沟通模式。

　　（1）高预警风险沟通型

　　高预警风险沟通型是指邻避事件中出现抗争方意见领袖或发生群体性事件，形成应急预案中高预警、高风险的发展态势，在该复杂治理环境下的公众沟通模式。在实证结果中分别为路径 A_3（～意见领袖 * 群体性事件 * ～公众参与 * ～多方联动 * 回应时间 * 信息公开）①、路径 A_4（意见领袖 * 群体性事件 * 公众参与 * 多方联动 * 回应时间 * 信息公开）、路径 B_1（意见领袖 * 群体性事件 * 公众参与 * ～回应时间 * ～信息公开）、路径 B_2（意见领袖 * 群体性事件 * 多方联动 * ～回应时间 * ～信息公开）和路径 B_3（～意见领袖 * 群体性事件 * ～公众参与 * ～多方联动 * ～回应时间 * 信息公开）。5 条高预警风险沟通型路径中，仅有路径 A_4 成功治理了邻避事件，项目得以继续开展。可见，涉核邻避事件的危害程度、涉及范围直接影响邻避结果，治理稍有不当便会阻碍项目进展，甚至导致项目暂停或取消。

　　高预警风险沟通形成原因在于邻避主体对事件关注度高、组织能力强，通常伴随群体性事件的发生。该类邻避状态中一般存在多抗争主体参与，项目失败的可能性较大，原因为：第一，主体间利益协调难度大，如安徽望江反核事件中，由于安徽、江西两省协商未果，最终导致项目停建；第二，群众反核活动上升为政党竞争，如在美国尤卡山核废料处置库争议和西班牙高放废物处置争议等案例中，政党为赢得选举而选择迎合公众或上台后履行选民承诺，干预涉核项目进程导致项目暂停或取消，这种类型的案例多出现在多党执政的地区或国家中。在该类邻避状态下，路径 B_4 从项目选址到

---

　　① 注："*"表示变量连接符；"～"表示条件不存在，即表 4 中的"⊗"。

营运，全程缺乏高效的公众参与，最终导致项目失败。例如，广东鹤山反核事件，虽然项目方进行的社会稳定风险评估结果呈现"低风险"，但项目公示第一天便出现反对声音，随即发生聚集性群体事件，最终项目取消。"稳评"结果与实际情况出现偏差的原因在于：第一，公众参与不完善，前期公示对象范围片面，使得部分群众在邻避事件发生后才获取宣传信息；第二，官方回应不及时，公示当天网络出现反对声音后，"稳评"公司一直保持沉默，致使事件不断发酵、矛盾迅速升级；第三，沟通方式不正确，对负面信息进行封锁、删除，导致群众反抗心理加剧，后续治理开展困难[37]。

为破解高预警邻避状态难题，路径 A₄ 通过准确、有效的信息公开及快速回应，使得邻避事件得以解决。信息公开是获取公众信任和理解、减少担忧情绪的关键环节[38]，加之回应及时、事件处理迅速，进而形成正向、有效的公众沟通条件组合。

（2）低预警危机防范型

低预警危机防范型是指涉核邻避事件中并未发生群体性事件或出现抗争方意见领袖，影响范围较小、预警程度低。这种类型在组合路径中表现为路径 A₁（～意见领袖 * ～群体性事件 * 公众参与 * ～多方联动 * 信息公开）、路径 A₂（～意见领袖 * ～群体性事件 * 公众参与 * * 回应时间 * 信息公开）和路径 B₄（～意见领袖 * ～群体性事件 * ～公众参与 * ～回应时间 * 多方联动 * ～信息公开）。

信息公开在低预警危机防范的 3 条路径中均为核心变量，在正向邻避治理结果中表现为"信息公开"，在负向邻避治理结果中表现为"信息不公开"，反映邻避治理应注重信息的透明度和准确度。路径 A₁、A₂ 采用有效协商沟通机制，在注重信息公开的基础上，突出公众参与的作用，实现有效的协商沟通机制。通过争取邻避主体的信任解决邻避事件，抑制邻避主体增加和事件升级。福建宁德建核争议案例中，项目建设初期，政府便发放了科普手册并开展多次宣传活动。虽然之后周边乡镇的群众曾多次组织抗议活动，但治理主体及时进行了频繁的公众沟通和完整的信息公开，最终邻避矛盾得以化解。治理方还重视对周边公众的利益赋予，在核电基地中开设白茶园，宣传核电低碳、绿色的同时带动当地特色产业发展，成为宁德核电的绿色名片。路径 A₂ 则主要通过及时回应化解邻避矛盾。面对邻避矛盾时，政府快速、准确且形式丰富的沟通疏导能够及时解决公众困惑、缓解群体情绪[38]，避免进一步演化至大规模群体性事件，有效解决邻避问题。

此外，项目前期公众参与匮乏、邻避主体多元化并不利于邻避事件的治理。路径 B₄ 涉及多方邻避主体，且存在公众参与开展较少、项目方对于邻避效应回应时间较长和信息不对称等消极的沟通方式。在广西桂东建核争议中，核电站位于西江上游地区，环评报告发布后遭到下游广东反对，后广东上报中央，至此联动主体不仅是项目周边居民，还扩散到其他省份乃至中央。广东认为该项目环评考量不充分，没有考虑下游地区，反映项目方信息公开不完善，邻避事件发生后治理方回应不及时，最终项目暂停。

3.3 非人类行动者分析

布鲁诺·拉图尔[39] 认为能够对改变事物状态施加影响的任何因素都可视为行动者，在行动者网络理论中体现为人类行动者和非人类行动者，前者指传统上作为主体的人，后者指视为客体的物，研究中的非人类行动者包括涉核邻避案例、公众沟通手段、媒介平台和政策制度等。文章中条件变量和因果分析主要围绕人类行动者及其邻避治理沟通展开，此处以中国为例，从时间维度分析中国核电政策制度与涉核邻避治理之间的关系，能够在一定程度上避免 QCA 常见的"时间盲区"困扰[40]。另外，政策制度在邻避治理中能够发挥更为规范性、有力性的作用，使行动者形成一致目标和高度集体自觉。中国核能不同发展阶段中与公众沟通相关的政策规划，如表 5 所示。

表 5　中国核能不同发展阶段中与公众沟通相关的政策法规

发展阶段	时间	与公众沟通相关的政策法规
起步阶段	1970—2000 年	1970 年，周恩来主持专家委员会讨论"728 工程"；1983 年《核能发展技术政策要点》；1986 年 7 月 10 日中央对香港邻避事件进行重要指示；1988 年确定了中国第一部核电发展规划
适度发展阶段	2001—2005 年	2001 年，《中华人民共和国国民经济和社会发展第十个五年计划纲要》提出"适度发展核电"；2002 年出台《中华人民共和国环境影响评价法》
积极推进阶段	2006—2010 年	2006 年，《中华人民共和国国民经济和社会发展第十一个五年规划纲要》提出"积极推进"核电；同年出台《环境影响公众参与暂行办法》
蛰伏阶段	2011—2013 年	2011 年，《核安全与放射性污染防治"十二五"规划及 2020 年远景目标》提出"深化公众参与，增强社会信心"；同年生态环境部制定《环境影响评价技术导则　公众参与》（征求意见稿）
重启阶段	2014 年至今	2014 年国家能源局提出"稳步推进沿海地区核电建设，做好内陆地区核电厂址保护"；2015 年下发《核安全文化政策声明》；2017 年颁布《中华人民共和国核安全法》；2019 年《中国的核安全》白皮书公开发表；2023 年 6 月发布《新型电力系统发展蓝皮书》

1970—2000 年中国核能建设处于起步阶段，国家通过引用国外核电技术发展民用核电，解决能源分布不均的问题。1970 年，周恩来主持专家委员会讨论"728 工程"，规划建设中国第一座核电站。1983 年制定的《核能发展技术政策要点》确定了以百万千瓦级压水堆技术为主，走引进技术并逐步国产化的核电发展道路，随后浙江秦山、深圳大亚湾核电机组先后开工。1986 年发生切尔诺贝利事故后，正在建设的大亚湾核电面临邻避问题。同年 7 月 10 日中央作出重要指示，明确中国发展核电的方针和建设大亚湾核电的态度，之后广东合营公司开始进行危机公关，政府着手科普宣传和解释疏导等沟通工作，舆论方向好转，大亚湾核电邻避问题最终解决。大亚湾核电邻避矛盾化解的转折点在于中央给予明确指示。在指示发出前，香港特区政府对大亚湾核电是否继续建设存疑并出现意见分歧，随后中央给予明确指示，坚定大亚湾核电建设的决心，遏制反核活动的治理决策也得到进一步部署，印证了实证分析中得出的中央介入对邻避治理具有强有力作用的结论，也体现了政策制度所带来的高度执行力。

2001—2005 年中国处于核电适度发展阶段[41]，我国电力供应相对充足，核电发展缓慢、规模较小，并未出现涉核邻避问题，相关治理政策制度尚未提上议事日程。

2006—2010 年核电发展进入积极推进阶段[42]，核电发展明显提速，先后有 30 台核电机组陆续投入建设，邻避矛盾在多地涌现，但与之相关的制度更新滞后带来邻避治理现实操作性不强等问题，如山东荣成建核争议、山东银滩反核事件等邻避事件中，核电建设前期科普缺位导致公众核能认知存在误区，邻避矛盾出现后治理实践经验不足、治理流程无章可循，导致部分核电机组最终暂停建设。

2011—2013 年，中国核能发展进入蛰伏阶段。2011 年日本福岛核事故在国际上引起的反核舆论和运动，给我国公众核安全认知带来了强烈的负面冲击，福建宁德、甘肃兰州、广东阳江、浙江三门等多地先后发生了核邻避矛盾。与此同时，国家出台核安全规划，强化核能安全监管，加大项目审批力度，该阶段仅核准 3 台机组，核电发展迅速降温。之后部分地区邻避矛盾逐渐化解，但广西桂东核电、广东鹤山核电由于环评结果与公众实际反应存在偏差，接受度较低，项目长期处于搁置状态。这一时期邻避问题涌现，国家核能公众参与相关的政策法规也因此得到重视和健全。2011 年《核安全与放射性污染防治"十二五"规划及 2020 年远景目标》提出"深化公众参与，增强社会信心"[43]，强调信息公开和公众参与的重要性，以此解决发展初期因制度缺失导致的公众认知错位和邻避现象，以及邻避矛盾出现后应急预案不完善，治理不及时、不规范的问题，为之后核能重启阶段良好的核能发展奠定制度基础。

2014 年至今，核能发展进入重启阶段。国家能源局在《2014 年能源工作指导意见》中提出"稳步推进沿海地区核电建设，做好内陆地区核电厂址保护"[44]。2015 年 1 月，国家核安全局等联合下发《核安全文化政策声明》，要求通过信息公开、公众参与、科普宣传等各种沟通形式，确保公众的知情权、参与权和监督权[45]。2017 年，《中华人民共和国核安全法》明确规定环评和安全评价均要公示征取公众意见[46]。在制度性、程序性的强制要求下，公众接受成为项目开展的必要条件。公众参与规划环评是取得公众尤其是受到不良环境影响的公众理解、支持的重要手段[47]。邻避案例为政策制度的完善积累经验，政策的发展为邻避治理提供方向，在突发邻避事件中发挥强制和规训作用，对化解邻避矛盾起到指引、疏导和规范的功能。但随着公众参与方式的丰富，公众参与意识、权益意识相应提高，在实际核电项目落地过程中仍存在邻避导致项目暂停的情况，如广西白龙核电和江苏连云港项目均是由于公众接受度较低导致项目暂停，反映制度建设无法一蹴而就，应随着社会的发展进行相应调整。

4 结论与讨论

随着公民参与意识的增强、参与渠道的拓展及参与能力的提升，涉核邻避治理的方法和手段也应得到不断丰富。公众沟通在邻避早期及时干预能够有效防患邻避事件的扩散和升级；在邻避中期采取不同的沟通方式有利于邻避矛盾的化解，并且不同的沟通要素组合会对邻避结果产生不同的影响。

在行动者网络理论的基础上，参考国家应急预案处理流程，选取 30 个国内外涉核邻避案例，运用模糊集定性比较分析的方法，对涉核邻避中公众沟通工具的选择与组合进行组态分析。研究表明：

第一，不同主体的多方联动效用强度存在差异。项目方包括政府、核电企业等沟通主体，其联动作用并不突出，原因可能在于：①项目方的主体征召需要通过部门间横向联动形成[48]，横向联动的作用不仅需要通过信息公开、公众参与等公众沟通措施呈现，而且还取决于主体间的联动能力、资源整合等其他因素，因此横向联动较为复杂，效果不一定十分明显。②从纵向联动看，主要表现为积极争取上级政府的支持来推动邻避问题的解决。在国内案例中，中央政府的介入大概率会使事件得到较好的解决。按照行政组织的分级管理和属地管理原则，上级政府对地方发生的涉核邻避事件并不倾向于第一时间介入，而是首先以地方政府作为与抗议群众的接触面，寄希他们通过自身的资源整合能力与联动能力来解决邻避问题。因此，在正向邻避治理结果的组合路径中，出现多方联动并不是核心变量。

而在抗争方的多方联动中，由于抗争目标一致、利益驱动性明显，其主体征召具有一定的自发性和凝聚力，并且还有可能促使邻避效应升级，形成复杂治理环境，不利于邻避矛盾的化解。因此，在负向邻避治理结果中，出现多方联动多表现为核心变量。此外，国外案例中，由于政党竞争的存在，高层级政府的介入反而会使涉核项目延迟开展甚至取消，难以实现行动者网络中对主体进行成功利益赋予的状态。

第二，避免事件影响扩大是邻避治理的首要选择。高预警邻避环境可能存在邻避主体抗争思想的传播、抗争活动的组织及群体性事件发生后的应急处置等难题。在高预警案例中，邻避主体一般具有较特殊的身份或社会地位，难以进行利益赋予，导致邻避治理困难。例如，深圳大亚湾反核事件中，抗争主体涉及港澳地区居民；山东银滩反核事件中，抗争主体大多为具有一定知识素养和财富积累的银滩度假区业主；安徽望江反核事件中，则为"乡绅"代表和邻省公众。这些案例中的邻避方社会资源丰富，对地方政府应急能力提出了更高要求。而在没有抗争方意见领袖与群体性事件的低预警邻避环境中，邻避范围通常仅为项目周边公众，类型单一的抗争主体利益赋予难度较低，邻避矛盾易于解决。

第三，有效化解邻避矛盾需要形成公众沟通"组合拳"。在邻避治理路径形成过程中，并未出现必要性的单一变量。可见，涉核项目的邻避治理是一个复杂的过程，是公众参与、信息公开和回应时间多种因素相互作用的结果。公众参与赋予公众在邻避事件中的民主权利，能够提升政府运作的合法性和行为的可信度，是保障项目平稳运行的重要部分。信息公开和回应时间是化解邻避矛盾的重要组合，分别对应了迈克尔·里杰斯特[49]提出的危机处理三大原则中的"提供全部情况"和"尽快提供情况"。公开、透明、全面的信息内容能够提高公众对核能利用的认知感和认同度[50]，让公众以更客观、理性的态度看待涉核项目，实现由邻避到"迎臂"的态度转变。迅速回应是避免矛盾升级的关键，缩短回应时间能够快速安抚公众情绪，尽量避免邻避事态扩大。各治理要素互相作用，才能实现邻避矛盾的化解。

第四，加强制度建设，有利于提高治理效能。法律、规章等正式制度在邻避事件中发挥强制性和规训作用，能够有效化解邻避矛盾中各类行动者由于立场不同、利益区隔和价值分野所产生的风险和挑战，推动治理方异质行动者实现征召与利益赋予，形成一致目标和集体行动的高度自觉。值得注意的是，由于国家体制、政党制度的差异，有些核能发展国家的涉核政策并不具有连续性，而是随政党换位不断调整甚至推翻重修，反而会影响民用核电的发展进程。因此，完善涉核项目沟通治理规制，保持政策制度的连续性和一致性，将制度优势转化为治理效能，对核能发展具有十分重要的作用。

文章运用模糊集定性比较分析法，对涉核邻避治理中公众沟通工具的选择机制进行剖析，结合案例归纳出高预警风险沟通型和低预警危机防范型两种类型的公众沟通模式，探求治理过程中沟通工具的有效组合。研究仍存在一定局限：一是模糊集定性比较分析仅限于在较少的选定变量中进行组合与比较，并不是邻避结果完整的因果解释，对变量之间动态关联机制的探究仍需回归到个案进行深度解读；二是本研究的资料大多来源于公开查询的二手资料，缺乏一手资料的支撑。后续将通过深度访谈、田野调查等方式获得更多原始数据，对邻避治理的核心变量作用逻辑和作用能力进行更详细的考证。

参考文献：

[1] 习近平．高举中国特色社会主义伟大旗帜　为全面建设社会主义现代化国家而团结奋斗：在中国共产党第二十次全国代表大会上的报告［EB/OL］．（2022 - 10 - 25）［2023 - 05 - 07］．http：//www.gov.cn/xinwen/2022 - 10/25/content_5721685.htm.

[2] 谢玮．全国政协委员、中广核董事长贺禹：核电发电能力不应闲置，邻避难题待解［J］．中国经济周刊，2017（11）：48 - 49.

[3] 生态环境部核与辐射安全中心．六条建议应对核能公众沟通挑战［EB/OL］．（2019 - 11 - 22）［2023 - 06 - 24］．http：//www.chinansc.cn/sy/zxdt/201911/t20191122_743767.shtml.

[4] 杨银娟，柳士顺．邻避运动中的政府框架与公众框架整合研究：一个政府沟通机制的视角［J］．中共杭州市委党校学报，2016（5）：38 - 44.

[5] KUNREUTHER H, EASTERLING D. The role of compensation in siting hazardous facilities［J］. Journal of policy analysis and management，1996，15（4）：601 - 622.

[6] SKARLATIDOU A, CHENG T, HAKLAY M. What do lay people want to know about the disposal of nuclear waste? A mental model approach to the design and development of an online risk communication：design and development of an online risk communication［J］. Risk analysis，2012，32（9）：1496 - 1511.

[7] 广宣．贺禹：核电科普和公众沟通应"大马力牵引"［J］．当代电力文化，2017（3）：33.

[8] 汪志宇．基于党的群众工作方法的核电公众沟通策略研究［J］．中国核电，2022，15（1）：106 - 109，123.

[9] 胡象明，高书平．邻避风险沟通场域中的话语之争、现实困境及对策研究［J］．郑州大学学报（哲学社会科学版），2022，55（4）：19 - 25.

[10] 生态补偿＋利益共享：呼应群众诉求"邻避"变为"迎臂"［EB/OL］．（2016 - 04 - 21）［2013 - 11 - 06］．http：//www.gd.gov.cn/gdywdt/gdyw/content/post_71733.html.

[11] 汤凯锋，邓强．信息公开＋互动沟通：走出邻避难题的关键一步［EB/OL］．（2016 - 04 - 28）［2013 - 11 - 06］．https：//www.sohu.com/a/69875861_161794.

[12] 高端喜．如何化解核电"邻避效应"[J]．中国核工业，2014 (10)：50－52.

[13] 华智亚．风险沟通与风险型环境群体性事件的应对 [J]．人文杂志，2014 (5)：97－108.

[14] 邓理峰，王大鹏．重思邻避困境的风险沟通与治理问题：基于核电的讨论 [J]．南华大学学报（社会科学版），2017，18 (3)：5－15.

[15] JENKINS－SMITH H, KUNREUTHER H. Mitigation and benefits measures as policy tools for siting potentially hazardous facilities：determinants of effectiveness and appropriateness [J]．Risk analysis, 2001, 21 (2)：371－382.

[16] 孟薇，孔繁斌．邻避冲突的成因分析及其治理工具选择：基于政策利益结构分布的视角 [J]．江苏行政学院学报，2014 (2)：119－124.

[17] KUNREUTHER H, FITZGERALD K, AARTS T D. Siting noxious facilities：a test of the facility siting credo [J]．Risk analysis, 1993, 13 (3)：301－318.

[18] KUNREUTHER H, EASTERLING D. The role of compensation in siting hazardous facilities [J]．Journal of policy analysis and management, 1996, 15 (4)：601－622.

[19] 杨雪锋，章天成．环境邻避风险：理论内涵、动力机制与治理路径 [J]．社会科学文摘，2016 (10)：20－22.

[20] FREY B S. EICHENBERGER O G. The old lady visits your backyard：a tale of morals and markets [J]．Journal of political economy, 1996, 104 (6)：1297－1313.

[21] 王佃利，王庆歌．风险社会邻避困境的化解：以共识会议实现公民有效参与 [J]．理论探讨，2015 (5)：138－143.

[22] 侯璐璐，刘云刚．公共设施选址的邻避效应及其公众参与模式研究：以广州市番禺区垃圾焚烧厂选址事件为例 [J]．城市规划学刊，2014 (5)：112－118.

[23] 崔晶．中国城市化进程中的邻避抗争：公民在区域治理中的集体行动与社会学习 [J]．经济社会体制比较，2013 (3)：167－178.

[24] 马奔，王昕程，卢慧梅．当代中国邻避冲突治理的策略选择：基于对几起典型邻避冲突案例的分析 [J]．山东大学学报（哲学社会科学版），2014 (3)：60－67.

[25] 杨银娟，柳士顺．邻避运动中的政府框架与公众框架整合研究：一个政府沟通机制的视角 [J]．中共杭州市委党校学报，2016 (5)：38－44.

[26] 方路生．破解"邻避效应"的秦山样本 [J]．中国核工业，2017 (9)：48－50.

[27] 左跃，叶翔．我国核设施邻避问题主要特征与应对措施探讨 [J]．世界环境，2015 (1)：61－63.

[28] 任峰，张婧飞．邻避型环境群体性事件的成因及其治理 [J]．河北法学，2017，35 (8)：98－105.

[29] RAGIN C C. The comparative method：moving beyond qualitative and quantitative strategies [M]．Berkeley los angeles and london：university of california press, 1987：59.

[30] RAGIN C C. Redesigning social inquiry：fuzzy sets and beyond [M]．Chicago：University of Chicago Press. 2008：196－215.

[31] 黄荣贵，郑雯，桂勇．多渠道强干预、框架与抗争结果：对40个拆迁抗争案例的模糊集定性比较分析 [J]．社会学研究，2015，30 (5)：90－114，244.

[32] TUAN N Q, MACLAREN V W. Community concerns about landfills：a case study of hanoi, vietnam [J]．Journal of environmental planning and management, 2005, 48 (6)：809－831.

[33] ARNSTEIN S R. A ladder of citizen participation [J]．Journal of the american planning association, 2019, 85 (1)：24－34.

[34] CAI Y. Power structure and regime resilience：contentious politics in china [J]．British journal of political science, 2008, 38 (3)：411－432.

[35] 国务院办公厅关于在政务公开工作中进一步做好政务舆情回应的通知 [EB/OL]．(2016－08－12) [2023－05－10]．http：//www.gov.cn/zhengce/content/2016－08/12/content_5099138.htm.

[36] 张瀛，王桂敏，戴文博，等．我国乏燃料后处理项目公众沟通策略研究 [J]．核安全，2020，19 (6)：86－92.

[37] 曾敏捷．广东江门核燃料项目邻避冲突事件的分析 [D]．广州：华南农业大学，2017.

[38] 张媛媛，许敏．邻避治理如何实现有效的风险沟通：基于30个案例的清晰集定性分析 [J]．上海城市管理，

2022，31（4）：78 – 87.

[39] 布鲁诺·拉图尔．我们从未现代过：对称性人类学论集［M］．苏州：苏州大学出版社，2010.

[40] 蒙克，魏必．反思 QCA 方法的"时间盲区"：为公共管理研究找回"时间"［J］．中国行政管理，2023（1）：96 – 104.

[41] 中华人民共和国国民经济和社会发展第十个五年计划纲要［EB/OL］．（2001 – 04 – 30）　［2023 – 06 – 13］．http：//www. gov. cn/gongbao/content/2001/content _ 60699. htm.

[42] 中华人民共和国国民经济和社会发展第十一个五年规划纲要［EB/OL］．（2006 – 04 – 30）　［2023 – 06 – 13］．http：//www. npc. gov. cn/zgrdw/npc/xinwen/jdgz/bgjy/2006 – 03/18/content _ 347869. htm.

[43] 核安全与放射性污染防治"十二五"规划及 2020 年远景目标［EB/OL］．［2023 – 06 – 13］．https：//nnsa. mee. gov. cn/zcfg _ 8964/gh/201811/P0201811077 38358752727. pdf.

[44] 国家能源局关于印发 2014 年能源工作指导意见的通知［EB/OL］．（2014 – 01 – 20）［2023 – 06 – 13］．http：//fjb. nea. gov. cn/news _ view. aspx？id＝22816.

[45] 核安全文化政策声明［EB/OL］．［2023 – 06 – 13］．https：//www. mee. gov. cn/gkml/sthjbgw/haq/201501/W02 0150113590182574816. pdf.

[46] 中华人民共和国核安全法［EB/OL］．（2017 – 09 – 07）　［2023 – 06 – 13］．http：//www. npc. gov. cn/npc/c12435/201709/4e53eecb9cd146c09f236d6012e29617. shtml.

[47] 包存宽．公众参与规划环评、源头化解社会矛盾［J］．现代城市研究，2013，28（2）：36 – 39.

[48] 王英伟．权威应援、资源整合与外压中和：邻避抗争治理中政策工具的选择逻辑：基于（fsQCA）模糊集定性比较分析［J］．公共管理学报，2020，17（2）：27 – 39，166.

[49] 迈克尔·里杰斯特．危机公关［M］．陈向阳，等译．上海：复旦大学出版社，1995.

[50] 杨帆．核电公众沟通现状分析及其建议［J］．环境教育，2018（1）：58 – 61.

How dose public communication affect the results of nuclear NIMBY：configuration analysis based on Actor – Network Theory

LI Wang-ping，CHEN Xiao-xing

(School of Economics，Management and Law，University of South China，Hengyang，Hunan 421001，China)

Abstract：NIMBY (Not In My Backyard) is an important factor that restricts the utilization of nuclear energy and the development of nuclear technology, public communication plays a key role in resolving the contradiction of NIMBY. Based on the Actor – Network Theory, combined with the Emergency Response Plan Handling Process in China, 30 cases of nuclear – NIMBY governance were analyzed by fsQCA (Fuzzy – Set Qualitative Comparative Analysis), in order to explore the utility and impact of public communication configuration effect on different NIMBY states and outcomes. It is found that the utility intensity of multi – party linkage is different under different subjects; avoiding the expansion of the influence of events is the first choice of neighborhood governance; forming a "combination boxing" of public communication can effectively resolve the NIMBY conflicts; strengthening system construction is conducive to improving governance efficiency.

Key words：Public communication；Nuclear – NIMBY；Actor – Network Theory；Text – mining；Configuration effect

基于系统动力学的核事故应急撤离能力研究

戴剑勇[1,2]，甘美艳[1,2]，张美荣[1,2]，李佩东[1,2]，李　月[1,2]

（1. 南华大学资源环境与安全工程学院，湖南　衡阳　421001；
2. 南华大学核设施应急安全技术与装备湖南省重点实验室，湖南　衡阳　421001）

摘　要： 核事故灾害是一种极其严重的灾害，其后果不仅会给人类生命和财产造成巨大损失，还会对环境和社会产生长期的影响。在核事故发生后，应急撤离是保护人民生命安全的重要措施。系统动力学是一种研究复杂系统和系统动态行为的科学方法，其特点是能够考虑系统内部各个因素之间的相互作用和反馈机制。运用系统动力学方法建立系统模型，分析各个因素之间的相互作用和影响，预测应急撤离的效果和结果，为制定科学合理的应急预案提供决策支持。因此，基于系统动力学研究核事故灾害应急撤离能力，对于提高应急响应能力、减少灾害损失具有重要的理论和实践意义。为研究核事故灾害下的应急撤离能力，本文将核事故应急撤离系统分为 4 个子系统：信息系统、指挥系统、交通运输系统、安全保障系统。在此基础上，利用系统动力学方法和 Vensim 软件，构建核事故应急撤离响应的系统动力学模型，建立应急撤离过程的因果循环图和系统动力学流量存量图，研究模型中各指标参数的变化对核事故应急撤离能力和放射性物质影响程度的影响，并基于复杂网络理论，计算应急撤离过程中各系统的节点度、接近中心性、介数中心性指标，运用熵权—TOPSIS 方法计算各系统的权重因素作为 Vensim 的仿真初始值。结果表明，随着信息系统处理程度和指挥系统初始值的提高，核事故放射性物质的影响程度逐渐降低，核事故应急撤离能力逐渐提高，各系统的应急效率也由一开始的缓慢降低到逐渐提高。这对提高核事故应急撤离能力、降低事故伤害具有一定理论价值。

关键词： 系统动力学；核事故；应急撤离；Vensim 软件

　　随着全球能源需求的不断增长，核能作为一种清洁高效的能源形式，受到越来越多国家的关注[1]，核电站建设逐年增多已成为当今的趋势。然而，核电站的建设和运营也带来了许多潜在的安全风险，如核事故灾害[2-3]等问题。在核事故发生时，如何评估核应急撤离能力的有效性并确定其方案的优化仍然是一个重要的研究课题。Zarghami 等[4]通过系统动力学方法，分析澳大利亚城市遭受自然灾害之后的风险评估及脆弱性。Tae[5]提出运用系统动力学方法分析火灾预防、消防控制和人为因素组成的系统，并基于模糊集理论分析方法计算，预测核电厂系统未来几十年的稳定状况。尽管目前核电站在设计、建造及运营过程中都进行了严格的安全措施和管理[6]，但事故发生的风险依然存在。一旦发生核事故灾害，将对人类生命、社会和环境产生严重的影响[7-8]。因此，在建设核电站的同时，需要在核应急撤离方面加强预案制定和能力的提升。目前，国内外对于核应急撤离能力的研究主要集中在核应急管理体系、应急预案、应急物资等方面。然而，这些研究往往忽略了核应急撤离过程中各个环节之间的相互关系和影响，难以全面评估核应急撤离能力的有效性和优化方向。系统动力学作为一种模拟和分析动态系统行为的工具，在核应急撤离能力分析中具有广泛的应用价值。应用系统动力学可反应核应急撤离系统各个部分之间的相互作用关系，从而识别可能的瓶颈和影响因素，为核应急撤离方案的制定和优化提供科学依据。

　　本文旨在基于系统动力学方法，对核应急撤离能力进行分析和优化，以提高核应急响应的效率和准确性。通过系统模型的构建和仿真实验分析不同影响因素对核应急撤离能力的影响，可以进一步分

作者简介： 戴剑勇（1969—），男，湖南新化人，教授，博士，研究方向为安全系统工程与风险管理。

基金项目： 湖南省教育厅科学研究重点项目"复杂网络上铀矿山通风降氡系统最优控制研究"（编号：18A235）。

析各子系统不同作用初值对核应急撤离能力的影响，从而提高核应急撤离能力，确定最优核应急撤离策略，保障人民生命安全。

1 系统动力学模型构建

1.1 因果循环图

核应急撤离流程由以下系统组成。

（1）信息系统：信息系统是核应急撤离流程的基础，包括核应急事件的监测、预警和通知系统，以及信息收集、处理和传递系统。信息系统可以帮助相关人员及时了解核应急事件的发生和发展情况，及时采取应对措施。

（2）指挥系统：指挥系统是核应急撤离流程的核心，包括核应急指挥中心和指挥调度系统。指挥系统负责组织、协调和指挥核应急撤离各个部分的行动，确保核应急撤离工作的有序进行。

（3）交通运输系统：交通运输系统是核应急撤离流程的重要环节，包括公路、铁路、水路和航空运输系统。交通运输系统可以帮助相关人员快速安全地撤离到安全地区。

（4）安全保障系统：安全保障系统是核应急撤离流程的重要保障，包括安全监控和保卫系统、医疗救援系统和核应急物资储备系统。安全保障系统可以保障核应急撤离行动的顺利进行，对相关人员进行安全保护和救援，以及提供必要的核应急物资和服务。核应急过程因果循环图如图 1 所示。

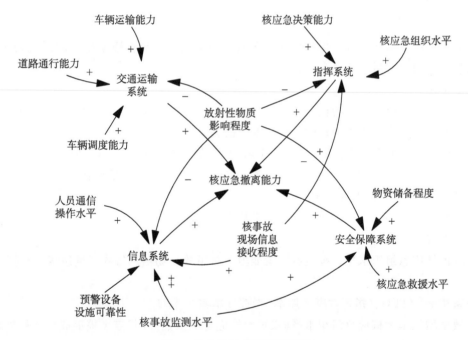

图 1 核应急过程因果循环图

1.2 系统流量存量图和关系方程

1.2.1 系统流量存量图

以核事故为例，事故的发生导致放射性物质扩散到空气中，对人体造成伤害及影响环境。通过运用 Vensim 软件模拟核应急撤离过程中的因果关系，并建立系统流量存量图，如图 2 所示。

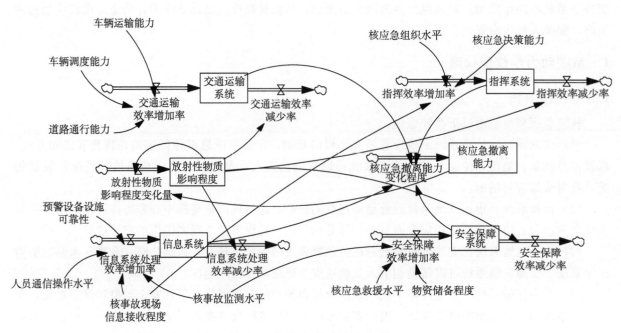

图 2 核应急撤离系统流量存量图

1.2.2 关系方程

系统流量存量图中信息系统、指挥系统、交通运输系统、安全保障系统、放射性物质影响程度、核应急撤离能力为状态变量，其他为常量。

（1）信息系统

信息系统是处理核应急过程的核心，它受预警设备设施可靠性、人员通信操作水平、核事故现场信息接收程度及核事故监测水平的影响。信息系统的关系方程为：

①信息系统＝INTEG（信息系统处理效率增加率－信息系统处理效率减少率）；

②信息系统处理效率增加率＝预警设备设施可靠性×权重＋人员通信操作水平×权重＋核事故现场信息接收程度×权重＋核事故监测水平；

③信息系统处理效率减少率＝放射性物质影响程度×权重。

（2）指挥系统

指挥系统由核应急组织水平、核应急决策能力、核事故现场信息接收程度组成。指挥系统的关系方程为：

①指挥系统＝INTEG（指挥效率增加率－指挥效率减少率）；

②指挥效率增加率＝核应急组织水平×权重＋核应急决策能力×权重＋核事故现场信息接收程度；

③指挥效率减少率＝放射性物质影响程度×权重。

（3）交通运输系统

交通运输系统由车辆运输能力、车辆调度能力、道路通行能力组成。交通运输系统的关系方程为：

①交通运输系统＝INTEG（交通运输效率增加率－交通运输效率减少率）；

②交通运输效率增加率＝车辆运输能力×权重＋车辆调度能力×权重＋道路通行能力×权重；

③交通运输效率减少率＝放射性物质影响程度×权重。

（4）安全保障系统

安全保障系统由核事故监测水平、核应急救援水平、物资储备程度组成。安全保障系统的关系方程为：

①安全保障系统＝INTEG（安全保障效率增加率−安全保障效率减少率）；

②安全保障效率增加率＝核事故监测水平×权重＋核应急救援水平×权重＋物资储备程度；

③安全保障效率减少率＝放射性物质影响程度×权重。

（5）核应急撤离能力

核应急撤离能力受到信息系统、指挥系统、交通运输系统、安全保障系统的影响，关系方程为：

①核应急撤离能力＝INTEG（核应急撤离能力变化量）；

②核应急撤离能力变化程度＝信息系统×权重＋指挥系统×权重＋交通运输系统×权重＋安全保障系统×权重。

（6）放射性物质影响程度

放射性物质影响程度与核应急撤离能力紧密相关，关系方程为：

①放射性物质影响程度＝INTEG（放射性物质影响程度变化量）。

②放射性物质影响程度变化量＝放射性物质影响程度×权重−核应急撤离能力×权重。

1.3 各指标权重确定

1.3.1 因果循环图网络结构表示

运用复杂网络理论计算因果循环图组成的网络中各节点度、介数中心性、接近中心性[9]，并作为评价指标，使用基于熵权法修正的 TOPSIS 模型[10] 计算各因素的权重，将因果循环图表示为图的形式：

$$G = (V, E)。 \tag{1}$$

式中，V 表示网络节点的集合，E 表示网络节点与节点之间的连接关系，并以 $B_{m \times n} = (b_{ij})_{m \times n}$ 表示网络拓扑图的邻接矩阵。

1.3.2 基于熵权—TOPSIS 的权重模型建立

步骤 1：根据指标数据 a_{ij}（$i = 1, 2, 3, \cdots, m$；$j = 1, 2, 3, \cdots, n$；i 为评价目标数、j 为指标数），建立原始的评价指标体系矩阵 A_{mn}：

$$A_{mn} = \begin{bmatrix} a_{11} & a_{12} & \cdots & a_{1n} \\ a_{21} & a_{22} & \cdots & a_{2n} \\ \vdots & \vdots & \cdots & \vdots \\ a_{m1} & a_{m2} & \cdots & a_{mn} \end{bmatrix}。 \tag{2}$$

判断输入的矩阵中是否存在负数，如果有则要重新标准化到非负区间。由于核事故应急撤离关系网络的评价指标中不存在负数，因此，将标准化的矩阵记为 $\widetilde{Z}_{ij}$，计算公式为

$$\widetilde{Z}_{ij} = a_{ij} / \sqrt{\sum_{i=1}^{n} a_{ij}^2}。 \tag{3}$$

步骤 2：计算概率矩阵 P，P 中每个元素 P_{ij} 的计算公式为

$$P_{ij} = \frac{\widetilde{Z}_{ij}}{\sum_{i=1}^{m} \widetilde{Z}_{ij}}。 \tag{4}$$

步骤 3：计算每个指标的信息熵，计算信息效用值，并归一化得到每个指标的熵权，信息熵的计算公式为

$$e_j = -(\mathrm{Ln}m)^{-1} \sum_{j=1}^{m} P_{ij} \ln P_{ij}。 \tag{5}$$

步骤 4：根据各个指标的信息熵计算出权重 W_j，得到权重构造加权规范化矩阵 R_{mn}。

$$W_j = \frac{1 - e_j}{n - \sum\limits_{j=1}^{n} e_j}, \quad R_{mn} = \{r_{ij}\}_{m \times n} = W_j \times \widetilde{Z}_{ij} \tag{6}$$

步骤 5：计算最大值 X^+ 和最小值 X^-。其中 X^+ 为每个评价指标的最大值，X^- 为每个评价指标的最小值。

$$\begin{cases} X^+ = \{r_1^+, r_2^+, \cdots, r_n^+\} = (\max\{r_{11}, r_{21}, \cdots, r_{n1}\}, \\ \max\{r_{12}, r_{22}, \cdots, r_{n2}\}, \cdots, \max\{r_{1m}, r_{2m}, \cdots, r_{nm}\}), \\ X^- = \{r_1^-, r_2^-, \cdots, r_n^-\} = (\min\{r_{11}, r_{21}, \cdots, r_{n1}\}, \\ \min\{r_{12}, r_{22}, \cdots, r_{n2}\}, \cdots, \min\{r_{1m}, r_{2m}, \cdots, r_{nm}\}). \end{cases} \tag{7}$$

步骤 6：计算各节点与最大值和最小值的贴近度 S_i，其中，$0 \leqslant S_i \leqslant 1$，每个节点按照贴近度大小进行排序，值越大，节点越重要。

$$D_i^+ = \sqrt{\sum_{j=1}^{n}(r_{ij} - r_j^+)^2}, \quad D_i^- = \sqrt{\sum_{j=1}^{n}(r_{ij} - r_j^-)^2}, \quad S_i = \frac{D_i^-}{D_i^- + D_i^+}. \tag{8}$$

基于以上计算步骤得到各系统的指标权重，如表 1 所示。

表 1 系统指标权重

节点	节点名称	评价指标			权重
		度	接近中心性	介数中心性	
1	放射性物质影响程度	5	0.592 593	0.278 333	0.151
2	车辆运输能力	1	0.32	0	0.001
3	交通运输系统	6	0.457 143	0.35	0.1887
4	车辆调度能力	1	0.32	0	0.002
5	道路通行能力	1	0.32	0	0.001
6	核应急组织水平	2	0.333 333	0	0.0148
7	指挥系统	1	0.484 848	0.315 833	0.1289
8	核应急决策能力	2	0.333 333	0	0.0148
9	安全保障系统	5	0.457 143	0.275	0.1521
10	核应急救援水平	1	0.32	0	0.003
11	物资储备程度	1	0.32	0	0.004
12	核事故现场信息接收程度	2	0.380 952	0.016 667	0.0175
13	预警设备设施可靠性	1	0.380 952	0.016 667	0.0086
14	核事故监测水平	1	0.380 952	0.026 667	0.0135
15	信息系统	5	0.484 848	0.2675	0.1477
16	人员通信操作水平	1	0.333 333	0	0.0005
17	核应急撤离能力	6	0.592 593	0.278 333	0.1509

2 仿真实验设计

取代表性的两次仿真实验，仿真模拟时间 $T = 24$，仿真步长为 0.5，单位为小时。利用 Vensim

软件进行模拟仿真，仿真结果如图3和图4所示。

实验设置如下。

实验1：核应急撤离能力和放射性物质影响程度的初始值设置为1，信息系统的初始值为1，指挥系统、交通运输系统、安全保障系统初始值为0，其他常量初始值为1。仿真如图3所示，在事故发生几个小时之后，随着放射性物质影响程度的提高，核应急撤离能力逐渐降低，且各撤离组织系统处理效率在前14个小时缓慢减低，14个小时之后系统的处理效率急速下降。

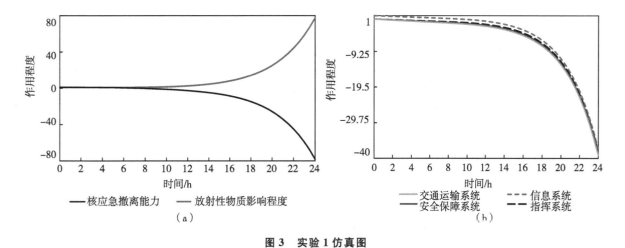

图3　实验1仿真图

（a）核应急撤离能力和放射性物质影响程度演化趋势；（b）各系统作用程度影响趋势

实验2：核应急撤离能力和放射性物质影响程度的初始值设置为1，信息系统的初始值为1，指挥系统初始值为1，交通运输系统、安全保障系统初始值为0，其他常量初始值为1。仿真如图4所示，核应急撤离能力在14个小时之前缓慢提高，14个小时之后快速上升，且放射性物质影响程度从一开始的缓慢下降到14个小时之后快速下降，说明在实验1伤亡基础上，增加指挥系统的影响程度，放射性物质影响程度得到有效控制，且各系统的作用程度从一开始缓慢下降到最后急速上升。其中信息系统和指挥系统的作用程度高于交通运输系统和安全保障系统，在核应急撤离过程中，应将重点放在信息系统和指挥系统，可有效提高核应急撤离能力，保障撤离人员的生命财产及安全问题。

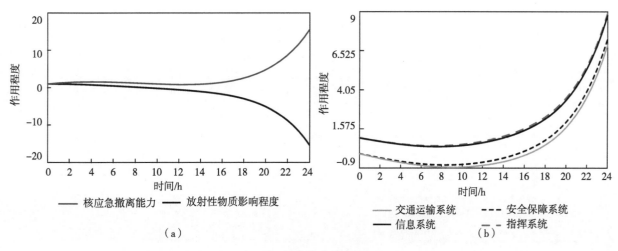

图4　实验2仿真图

（a）核应急撤离能力和放射性物质影响程度演化趋势；（b）各系统作用程度影响趋势

3　结论

　　本研究利用系统动力学和复杂网络理论方法，建立了核事故应急撤离响应的模型，并通过仿真实验分析了各指标参数对核应急撤离能力和放射性物质影响程度的影响，为提高核应急撤离能力提供了一定的理论支持。未来研究可以进一步优化模型和算法，以提高模型的准确性和预测能力，同时结合实际情况进行案例研究，提高该领域研究的实用性和应用价值。

参考文献：

［1］ 孙丹. 核电机组交流应急电源供配电系统的研究［D］. 大连：大连理工大学，2023.

［2］ LIU T，WU Z，BENSI M ，et al. A mechanistic model of a PWR – based nuclear power plant in response to external hazard – induced station blackout accidents［J］. Frontiers in energy research，2023（11）.

［3］ MEN W，DENG F，HE J，et al. Radioactive impacts on nekton species in the Northwest Pacific and humans more than one year after the Fukushima nuclear accident［J］. Ecotoxicology and environmental safety，2017，144：601 – 610.

［4］ ZARGHAMI S A，DUMRAK J. A system dynamics model for social vulnerability to natural disasters：disaster risk assessment of an Australian city［J］. International journal of disaster risk reduction，2021，60：102258.

［5］ TAE H W. Analysis of nuclear fire safety by dynamic complex algorithm of fuzzy theory and system dynamics［J］. Annals of nuclear energy，2018，114：149 – 153.

［6］ 刘勍. 核电厂安装项目施工安全管理对策分析［J］. 产业与科技论坛，2019，18（14）：238 – 239.

［7］ HUSSAIN M，MEHBOOB K，ILYAS S Z，et al. Decision – making during urgent phase of a nuclear accident under extreme conditions［J］. Safety science，2023，164：106158.

［8］ WHEATLEY S，SOVACOOL B，SORNETTE D. Of disasters and dragon kings：a statistical analysis of nuclear power incidents and accidents［J］. Risk analysis，2017，37（1）：99 – 115.

［9］ QIU L，ZHANG J，TIAN X，et al. Identifying influential nodes in complex networks based on neighborhood entropy centrality［J］. The computer journal，2021，64（10）：1465 – 1476.

［10］ CHEN P. Effects of the entropy weight on TOPSIS［J］. Expert systems with applications，2021，168：114186.

Study on nuclear accident emergency evacuation capability based on system dynamics

DAI Jian-yong[1,2], GAN Mei-yan[1,2], ZHANG Mei-rong[1,2], LI Pei-dong[1,2], LI Yue[1,2]

(1. School of Resource Environment and Safety Engineering, University of South China, Hengyang, Hunan 421001, China; 2. Hunan Province Key Laboratory of Emergency Safety Technology and Equipment for Nuclear Facilities University of South China, Hengyang, Hunan 421001, China)

Abstract: Nuclear accident disaster is an extremely serious disaster, its consequences will not only cause great loss to human life and property, but also have a long - term impact on the environment and society. After a nuclear accident, emergency evacuation is an important measure to protect people's life safety. System dynamics is a scientific method to study the dynamic behavior of complex systems and systems, characterized by the ability to consider the interactions and feedback mechanisms among various factors within the system. The system model is established by using the system dynamics method to analyze the interaction and influence among various factors, predict the effect and result of emergency evacuation, and provide decision support for making scientific and reasonable emergency plan. Therefore, the study of nuclear accident emergency evacuation capability based on system dynamics has important theoretical and practical significance for improving emergency response capability and reducing disaster loss. In order to study the emergency evacuation capability under nuclear accident disaster, the nuclear accident emergency evacuation system is divided into four subsystems: information system, command system, transportation system and safety guarantee system. On this basis, system dynamics method and Vensim software were used to build a system dynamics model for emergency evacuation response of nuclear accidents, establish the causality diagram and system dynamics flow stock diagram of emergency evacuation process, and study the impact degree of changes in each index parameter of the model on the emergency evacuation capability of nuclear accidents and the impact degree of radioactive substances. Based on the complex network theory, the node degree, proximity centrality and intermediate centrality indexes of each system in the process of emergency evacuation were calculated, and the entropy - TOPSIS method was used to calculate the weight factors of each system as the initial simulation value of Vensim. The results show that with the improvement of the processing degree of the information system and the initial value of the command system, the influence degree of radioactive substances in nuclear accidents is gradually reduced, the emergency evacuation ability of nuclear accidents is gradually improved, and the emergency efficiency of each system is gradually improved from the slow decrease at the beginning. It has a certain theoretical value for improving the emergency evacuation ability and reducing the accident injury.

Key words: System dynamics; Nuclear accident; Emergency evacuation; Vensim software

核电站风险指引设备分级方法中
设备安全重要性筛选准则研究

周京华，郭依文，余　欢

（中国核电工程有限公司，北京　100840）

摘　要：核电厂长期的实际运行经验和分析表明，以确定论为基础的设备分级存在优化空间。随着概率安全分析（PSA）及风险指引型技术应用的发展，逐步形成了一种综合确定论与概率论评价的风险指引分级思路及方法。在风险指引设备分级过程中，需要进行设备安全重要性评估，初步将设备分为高安全重要和低安全重要两类，为后续工作提供输入。目前，常用的筛选标准来自 STP 电站的实践经验及 NEI 00－04（Revo）10 CFR 50.69：SSC 分级导则，使用 F－V 重要度和风险增加当量（RAW）作为度量参数。这两个参数从不同角度审视了基本事件对核电厂风险的影响，是风险定量化工作中的常用参数，但在工程实践中，对于设备的重要性参数，有着几种不同的计算与估算方式。本文将分析这些方案的合理性、可行性及计算难度，随后在一个三代核电站 PSA 模型中进行设备风险重要度的计算，分析筛选结果，为后续风险指引设备分级在运行电站的试点工作提供参考。

关键词：风险指引设备分级；风险定量化；F－V 重要度

随着概率安全分析（PSA）及风险指引型技术应用的发展，逐步形成了一种综合确定论与概率论评价的风险指引分级方法。一方面，风险指引安全分级（RISC）可以帮助核电站更好地将资源集中于对电站安全更为重要的 SSC 上，从而提高电站安全性；另一方面，通过放宽筛选出的低安全重要性设备的监管要求，可以在一定程度上减少运营成本，提高电站经济效益。

目前业界广泛使用的风险指引安全分级方法来自 NEI 导则文件 00－04，包括 6 个主要步骤：①电厂数据收集；②系统工程评估；③设备安全重要性评估；④纵深防御评估；⑤风险敏感性分析；⑥专家组（IDP）审查和批准。其中第③步设备安全重要性评估需使用定量指标对设备的安全重要程度进行刻画，使用 PSA 模型中常用的 F－V（Fussel－vesely）重要度和风险增加当量（Risk Achievement Worth，RAW）作为度量参数。但这两个参数在概率安全分析过程中常常只针对基本事件进行计算，对于设备则需要综合与该设备相关的所有基本事件的重要度值进行推算，而在这一过程中产生了几种不同的计算方法。本文将分别讨论这几种方法的合理性、可用性，并以一个三代核电站 PSA 模型为例进行实际计算，对比 RiskSpectrum（RS）软件中提供的相应参数，为未来核电站风险指引设备分级、设备安全重要性评估工作提供参考。

1　重要度定义

基本事件 i 的 F－V 重要度被定义为最小割集中包含基本事件 i 的顶事件不可用度之和与顶事件不可用度的比[1]。公式为

$$I_i^{\text{F-V}} = \frac{Q_{\text{TOP}}(MCS\,including\,i)}{Q_{\text{TOP}}}。 \tag{1}$$

基本事件 i 的 RAW 被定义为：当基本事件 i 的不可用度设为 1 时，使总不可用度增加的倍数。

────────────────

作者简介：周京华（1999—），男，在读硕士研究生，现主要从事核电站概率安全分析工作。

基金项目：核电站可靠性设计要求及方法研究（KY22260）。

公式为

$$I_i^{\text{I}} = \frac{Q_{\text{TOP}}(Q_i = 1)}{Q_{\text{TOP}}}。\tag{2}$$

目前的概率安全分析工作都是以基本事件为基础，在 RS 软件中设备需要由基本事件组进行代表。基本事件组的重要度计算方法在理论上和单个基本事件重要度的计算方法一致。除了上述两种在设备安全重要度分析中使用的重要度参数外，RS 软件还提供了两种重要度参数。

基本事件 i 的风险减少当量（Risk Reduction Worth，RRW）被定义为：当基本事件 i 的不可用度设为 0 时，使总不可用度降低的倍数。公式为

$$I_i^{\text{R}} = \frac{Q_{\text{TOP}}}{Q_{\text{TOP}}(Q_i = 0)}。\tag{3}$$

基本事件 i 的相对贡献（Fractional Contribution，FC）重要度计算公式为

$$I_i^{\text{F}} = 1 - \frac{Q_{\text{TOP}}(Q_i = 0)}{Q_{\text{TOP}}}。\tag{4}$$

RS 软件中会给基本事件提供 F－V 和 FC 重要度，这两个值在绝大多数情况下差距极小，对设备（component 组）只提供 FC 重要度，常用设备的 FC 重要度作为其 F－V 重要度的估计值使用。目前，FC 重要度还没有明确的定义解释，根据计算公式可以将其定义为：当基本事件 i 的不可用度设为 0 时，总不可用度减少的量占原总不可用度的比例。

2 设备风险重要度筛选准则

NEI 00－04 方法应用在设备安全重要性分析，需要先建立核电站 PSA 模型，在此基础上针对设备进行重要度分析，将设备初步分为高安全重要和低安全重要两类，为后续敏感性分析和纵深防御分析等步骤提供输入。

NEI 00－04 中高安全重要设备的筛选准则：

(1) 设备所有基本事件的 F－V 重要度总和（包括共因事件）＞0.005；

(2) 设备基本事件 RAW 最大值＞2；

(3) 共因基本事件（CCF）RAW 最大值＞20。

其中，将 F－V 重要度判断值定为 0.005 的主要原因是在 PSA 分析技术中，割集的截断限值通常低于 CDF 3～4 个量级（即 10^{-3}～10^{-4}），若 F－V 重要度大于 0.005，表明 SSC 对 CDF 有贡献（不应该被截断），认为其是风险重要的。设备基本事件 RAW 最大值大于 2 时，表明该设备完全失效时，顶事件风险值将翻倍[2-3]。对于共因基本事件 RAW 最大值大于 20 这一指标，目前还没有找到具有说服力的解释。

3 核电站 PSA 模型筛选结果

3.1 F－V 重要度与 FC 重要度

3.1.1 设备 F－V 重要度与 FC 重要度计算过程

在 F－V 重要度的计算过程中，对于多个包含基本事件 i 的最小割集，需计算这些割集之并的不可用度。例如，对于割集 a_1、a_2，其不可用度为 $P(a_1)$、$P(a_2)$ 则 $P(a_1 \bigcup a_2) = P(a_1) + P(a_2) - P(a_1 a_2)$，在 a_1、a_2 不互斥时，有 $P(a_1 \bigcup a_2) = P(a_1) + P(a_2) - P(a_1 | a_2)P(a_2)$，而割集之间的条件概率难以计算，在目前的计算软件中，进行了简化假设，认为各个割集相互独立，即按照 $P(a_1 \bigcup a_2) = P(a_1) + P(a_2) - P(a_1)P(a_2)$ 进行计算。

而在实际 PSA 分析中，我们常常发现基本事件的 F－V 重要度和 FC 重要度十分相近。下面以一个简单的例子说明 F－V 重要度与 FC 重要度的联系与区别，假设顶事件当基本事件 a、b 有一个发生时即

发生，则该顶事件下的割集为 a、b，其不可用度分别为 $P(a)$、$P(b)$，在独立假设下，顶事件不可用度为 $Q_{TOP}=P(a\bigcup b)=P(a)+P(b)-P(a)P(b)$，基本事件 a 的 F－V 重要度按照定义计算可得

$$I_i^{F-V}=\frac{Q_{TOP}(MCS\,including\,i)}{Q_{TOP}}=\frac{P(a)}{P(a)+P(b)-P(a)P(b)}。\tag{5}$$

FC 重要度按照定义计算可得

$$I_i^F=1-\frac{Q_{TOP}(Q_i=0)}{Q_{TOP}}=1-\frac{P(b)}{P(a)+P(b)-P(a)P(b)}=\frac{P(a)-P(a)P(b)}{P(a)+P(b)-P(a)P(b)}。\tag{6}$$

可以看到二者主要的区别在于 F－V 重要度体现的是该基本事件整体对顶事件的贡献，FC 重要度则考虑的是该基本事件不被其他基本事件包含的部分对顶事件的贡献，都能够刻画基本事件的风险重要程度。且由于在核电安全分析过程中，基本事件的发生概率很低，概率乘积一般比原概率小 3～4 个数量级，基本可以忽略不计，也因此基本事件 F－V 重要度和 FC 重要度的值相差不大。由于设备相关的基本事件并不一定是互斥的，NEI 00－04 中针对 F－V 重要度采取的直接相加的处理方式，可以认为是对设备 F－V 重要度的保守估算，重复计算了各个基本事件之间同时发生的部分[4-5]。在 RS 软件中建立 component 组，可以直接计算出设备的 FC 重要度，但设备基本事件的 F－V 重要度总和则需要进行额外的计算，因此常用 RS 软件中提供的设备 FC 重要度作为设备相关的基本事件 F－V 重要度之和的近似替代。

3.1.2 筛选结果对比

在一个二代核电站的 PSA 模型中针对 CDF 事件，以 1×10^{-15} 为截断值计算各个设备所有基本事件的 F－V 重要度总和（包括共因事件），记为该设备的 F－V 重要度参考值，按照重要度从高到低进行排序，结果分布如图 1a 所示，横坐标为设备数量（由于数据分布上下限差距过大，为了能够了解高安全重要筛选准则 0.005 附近的数据分布情况，将大于 0.02 的 F－V 重要度值数据全部记为 0.02）；在 RS 软件中建立 component 组，同样针对 CDF 事件，以 1×10^{-15} 为截断值，计算各个设备的 FC 重要度，从高到低排序，其分布如图 1b 所示（同理，为了能够了解高安全重要筛选准则 0.005 附近的数据分布情况，将大于 0.02 的 FC 重要度值数据全部记为 0.02）。

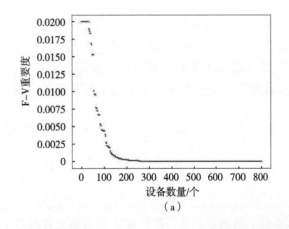
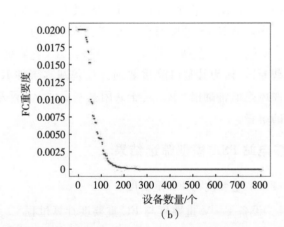

(a)　　　　　　　　　　　　(b)

图 1　设备的 F－V 重要度、FC 重要度分布

(a) F－V 重要度；(b) FC 重要度

同一设备的 F－V 重要度和 FC 重要度对比如图 2 所示，横坐标为设备 F－V 重要度值，纵坐标为设备 FC 重要度值。可以发现，同一个设备通过基本事件 F－V 重要度求和所得到的 F－V 重要度估计值与该设备的 FC 重要度基本相当，相差极小。以 0.005 为高风险设备判断值时，无论是选用设备基本事件的 F－V 重要度求和值，还是该设备的 FC 重要度值，其结果都完全相同。

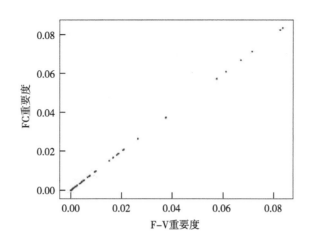

图 2 同一设备的 F－V 重要度、FC 重要度对比

不过，我们注意到，在 F－V 重要度、FC 重要度分布图中 0.005 这个截断值处于整体曲线的上升阶段，也就是说在 0.005 这一数值下的一小段区间内也存在数个设备。如果严格按照 0.005 这一数值进行筛选，F－V 重要度或 FC 重要度为 0.0049 左右的设备都将被判断为低安全重要，不符合直观的逻辑判断，会产生一些争议。针对该电厂设备的 F－V 重要度、FC 重要度分布图来看，更为合理的筛选数值应在 0.0025 左右，该数值之下的一小段区间能包含该电厂绝大多数设备的 F－V 重要度或 FC 重要度，如此也就不必对 F－V 重要度或 FC 重要度接近该准则的设备进行进一步的讨论。但尽量不要低于 0.001，若将筛选值定得过低，则会导致筛选出大量的高安全重要设备，失去了分级的意义。

3.2 RAW 重要度

3.2.1 设备 RAW 重要度计算过程

对于设备的 RAW 重要度，RS 软件中的计算方式是将该设备下的所有基本事件的不可用度设为1，计算其使总不可用度增加的倍数。当设备不同的失效模式在故障树分析中处于相同位置的或门下时，生成的割集其他部分都完全相同，在计算设备 RAW 的过程中会产生合并，只保留对总不可用度影响最大的基本事件 RAW 值；但若设备的不同失效模式会产生不同的割集，软件中计算出的设备 RAW 值将不再是其事件组中基本事件 RAW 的最大值。此时若考虑将该设备的所有失效模式基本事件同时设置为失效，会使得总不可用度的变化远远超过单个设备失效可能产生的影响，而实际上设备的失效在同一时间应该只会产生一种影响，而不是多种不同影响的叠加。在 NEI 00－04 中针对 RAW 重要度的筛选准则使用了设备的基本事件 RAW 最大值来估算设备的 RAW，这是更为符合实际情况的。

3.2.2 筛选结果对比

在该二代核电站的 PSA 模型中针对 CDF 事件，以 1×10^{-15} 为截断值计算设备所有基本事件的 RAW 重要度，由于共因事件的 RAW 值相比基本事件的 RAW 值会大很多，因此在这一部分，将分别统计相关事件中包含共因事件的设备和相关事件中仅有基本事件的设备。图 3a 针对相关事件中包含共因事件的设备，取其相关事件中 RAW 最大值作为该设备的 RAW 估计值，按照重要度从高到低排序，横坐标为设备数量（由于数据分布上下限差距过大，为了能够了解高安全重要筛选准则 20 附近的数据分布情况，图中将大于 50 的 RAW 值数据全部记为 50）；图 3b 针对相关事件中只包含基本事件的设备，取其相关事件中 RAW 最大值作为该设备的 RAW 估计值，按照重要度从高到低排序，横坐标为设备数量（由于数据分布上下限差距过大，为了能够了解高安全重要筛选准则 20 附近的数据分布情况，图中将大于 10 的 RAW 值数据全部记为 10）；图 3c 为 RS 软件中建立 component 组计算出的设备 RAW 值，按照重要度从高到低排序，横坐标为设备数量（同理，图中将大于 50 的 RAW 值数据全部记为 50）；图 3d 为同一设备取设备相关事件 RAW 最大值作为设备 RAW 估计值和 RS 软件中建立 component 组计算出的设备 RAW 重要度的对比，横坐标为 RS 软件中建立 component 组计算出的 RAW 值，纵坐标为设备相关的基本事件与共因事件中最大 RAW 值（由于数据分布上下限差距过大，为了能够观察样本总体情况，将大于 50 的 RAW 值数据全部记为 50）。

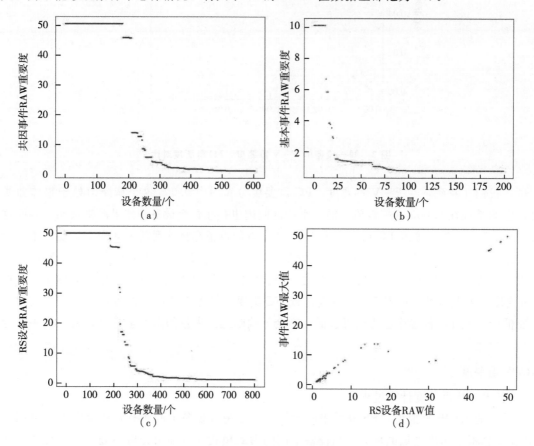

图 3　设备 RAW 重要度

（a）共因事件 RAW 重要度；（b）基本事件 RAW 重要度；（c）RS 软件计算设备 RAW 重要度；

（d）RS 软件计算同一设备 RAW－事件 RAW 最大值

　　在包含共因事件的设备 RAW 重要度的图 3a 中可以看到 20～30 内基本没有数据点；在仅包含基本事件的设备 RAW 重要度的图 3b 中可以看到筛选值 2 以下的一小段区间内就基本能包含了其他所有数据，可以认为这两个筛选值都较为合理。

　　可以看到，尽管 RS 软件计算出的大部分设备 RAW 值与取其相关事件的 RAW 重要度最大值相同，但仍有少量偏离数据。在实际工作中，建议不要使用 RS 软件提供的设备 RAW 重要度对设备安全重要度进行分析，可能会产生较大的偏差。

4　总结

　　（1）在 RS 软件中建立 component 组后，软件可以直接提供电站设备的 FC 重要度，该值与设备相关的基本事件 F－V 重要度值求和的结果极为相近，可以将设备 FC 重要度作为设备 F－V 重要度的估计值进行使用。

　　（2）在 F－V 重要度的实际计算过程中，由于存在独立假设和保守估计，计算值和理论值的误差难以分析，且由于共因事件组被建模为全部发生和部分发生，需要将共因事件进行拆分，分别算入事件对应的设备当中，计算过程较为复杂。而 FC 重要度的定义明确，计算过程中只使用了独立假设，容易分析其误差，后续标准中可以尝试直接将设备的 FC 重要度作为筛选准则。

（3）以文中所选用的电站 PSA 模型数据来看，F－V 重要度的筛选值 0.005 未必合理，若下调到更明显的拐点位置 0.0025 左右，可以避免对筛选准则边界值附近设备产生的争议，但不建议设置为低于 0.001 的值，可能导致无法有效筛选出高安全重要设备。后续可以对更多不同堆型的核电站进行分析，尝试建立更符合目前国内核电站情况的筛选标准。

（4）目前，NEI 00－04 中针对 RAW 重要度的筛选标准是设备基本事件 RAW 最大值大于 2；设备共因基本事件 RAW 最大值大于 20。从所选择的电站数据来看，这两条指标相对合理。

参考文献：

[1] 孙红梅，高齐圣，朴营国. 关于故障树分析中几种典型重要度的研究 [J]. 电子产品可靠性与环境试验，2007，146（2）：39－42.

[2] 任德曦，胡泊. 核电站安全分析方法与安全评价标准初探 [J]. 人类工效学，1996（3）：35－40，71.

[3] 陈妍，付陟玮，靖剑平，等. PSA 的重要度在风险指引型管理中的应用 [J]. 核科学与工程，2012，32（4）：379－384.

[4] 王海涛，吴宜灿，李亚洲，等. 核电站实时风险管理系统部件重要度计算方法研究 [J]. 核科学与工程，2008，106（1）：61－65.

[5] 徐贤东. 基于 RCM 理论的核电设备重要度及效益评估研究 [D]. 衡阳：南华大学，2014.

Study on screening criteria of component safety importance in nuclear power plant risk – informed safety classifications

ZHOU Jing-hua，GUO Yi-wen，YU Huan

(China Nuclear Power Engineering Co. , Ltd. , Beijing 100840, China)

Abstract： Long – term practical operating experience and analysis of nuclear power plants have shown that there is space for optimization of component classification based on determinism. With the development of probabilistic safety analysis (PSA) and the application of risk guidance technology, a kind of risk – informed classification method which combines certainty theory and probability theory has been formed. In the process of risk – informed safety classifications, component safety importance assessment should be carried out to initially classify the component into two categories, high safety importance and low safety importance, so as to provide input for the follow – up work. At present, the commonly used screening criteria are based on STP (South Texas Project) experience and the NEI Guideline Document 00 – 04. F – V importance and RAW are used as measurement parameters. These two parameters consider the impact of basic events on the risk of a nuclear power plant from different perspectives and are commonly used in risk quantification processes. In engineering area, there are several different ways to calculate and estimate the importance parameters of component. This paper will analyze the rationality, feasibility and calculation difficulty of these schemes, and then calculate the component risk importance in a third – generation NUCLEAR power plant PSA model, and analyze the screening results, so as to provide reference for the subsequent pilot work of risk – informed safety classifications in operating power plants.

Key words： Risk – informed safety classifications；Risk quantification；F – V importance

设计基准失水事故安全壳降压速率要求

郑　华

（深圳中广核工程设计有限公司，广东　深圳　518172）

摘　要： 当前华龙一号非能动安全壳冷却系统（PCCS）用于设计扩展工况（DEC），华龙一号改进可考虑的选项之一是用 PCCS 应对设计基准事故（DBA），但存在安全壳降压速率难题。受限于 PCCS 原理和安全壳内布置空间，PCCS 在满足设计基准失水事故（LOCA）后 24 小时内将安全壳压力降至峰值压力的 50％以下的要求时存在困难。本文针对安全壳降压速率要求，分析相关核安全法规、导则、标准或用户要求文件要求，分析典型轻水反应堆（LWR）满足安全壳降压速率要求的设计特点，提出解决措施建议。

关键词： 非能动；安全壳降压；失水事故

非能动先进轻水堆设计中采用非能动安全系统缓解设计基准事故。非能动安全系统利用重力、自然对流、扩散、蒸发、冷凝等原理实现安注、余热导出及安全壳冷却等安全功能。非能动安全系统不使用泵、风机等能动设备，不需要安全级支持系统。采用非能动安全系统的非能动核电厂在降低建造成本方面具有优势，是未来发展趋势。当前，华龙一号（HPR1000）非能动安全壳冷却系统（PCCS）用于设计扩展工况（DEC），以 DEC 作为设计基准，防止安全壳超压并维持其完整性[1-2]。华龙一号改进可考虑的选项之一是用 PCCS 应对设计基准事故（DBA），但存在安全壳降压速率问题。以往核电项目审评中，国家核安全局参考美国核管会（NRC）标准审查大纲（SRP）等，要求对设计基准失水事故（LOCA），在假想事故发生 24 小时内，将安全壳压力降至峰值压力的 50％以下。受限于 PCCS 原理，若要满足安全壳降压速率要求，PCCS 安全壳内换热器表面积需显著增大，影响安全壳内布置、成本甚至方案可行性。本文针对安全壳降压速率要求，分析相关核安全法规、导则、标准或用户要求文件要求，追溯审评要求来源，分析典型轻水反应堆（LWR）满足安全壳降压速率要求的设计特点，提出华龙一号改进的解决措施建议。

1　华龙一号基于回路热管的 PCCS 简介

图 1 为华龙一号基于回路热管的 PCCS 原理简图。PCCS 分为 6 个系列，单列具备 20％的换热能力。每列均由热管回路、安全壳隔离阀以及安全壳外冷却水箱组成（各个系列共用安全壳外冷却水箱）。热管回路采用分离式热管换热器，初始保持一定的真空度，包括布置在安全壳内的蒸发器和安全壳外冷却水箱下部的冷凝器，以及上升段和下降段的连接管道。冷凝器出口设置集气罐，用于收集回路中的不凝结气体。

当安全壳外冷却水箱的水温升高到 100 ℃后，安全壳内温度与安全壳外冷却水箱水温之间的温差很小，PCCS 可维持安全壳压力低于设计压力，但无法持续降低安全壳压力。另外，华龙一号安全壳自由容积较大，LOCA 后峰值安全壳压力与安全壳设计压力之间有较大裕量，更难以在假想事故发生 24 小时内将安全壳压力降至峰值压力的 50％以下。

作者简介： 郑华（1979—），男，研究生，研究员级高级工程师，现主要从事核电厂设计和安全评价等工作。

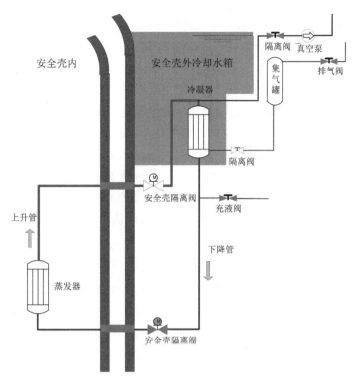

图 1　华龙一号 PCCS 原理示意

2　美国对 DBA LOCA 时安全壳降压速率的审评要求

以往国内核电项目审评中，国家核安全局参考美国核管会的 SRP 提出 DBA LOCA 时安全壳降压速率要求。国内一些标准也是参考美国相关标准等规定 DBA LOCA 时安全壳降压速率要求。因此，需首先溯源美国对 DBA LOCA 时安全壳降压速率的审评要求，特别是需要分析美国联邦法规（CFR）相关要求、美国核管会的 SRP 和监管导则（RG）、美国国家标准和美国电力研究所（EPRI）编制的《先进轻水堆用户要求文件》（URD）。

2.1　联邦法规 10 CFR Part 50 附录 A

美国对 DBA LOCA 时安全壳降压速率的审评要求源自联邦法规 10 CFR Part 50 附录 A 通用设计准则（GDC）第 38 条"安全壳热量导出"[3]：必须提供从安全壳排出热量的系统。该系统的安全功能必须能在失水事故后快速降低安全壳压力和温度，并维持安全壳压力和温度在可接受的低水平。但 GDC 第 38 条仅定性要求快速降低安全壳压力和温度，没有规定定量降压速率要求。

2.2　标准审查大纲及监管导则

SRP 第 6.2.1.1.A 节"干式安全壳（包括负压安全壳）压水堆"[4] 在验收准则中对 GDC 第 38 条规定了量化要求：为满足 GDC 第 38 条快速降低安全壳压力的要求，对设计基准失水事故，在假想事故发生 24 小时内，应将安全壳压力降至峰值计算压力（Peak Calculated Pressure）的 50% 以下。如果分析表明，计算的安全壳压力不能在 24 小时内降至峰值计算压力的 50% 以下，应通知负责第 15.0.3 节审评的部门。

SRP 第 15.0.3 节[5]"先进轻水反应堆设计基准事故放射性后果分析"规定，按 RG 1.183 计算事故源项。RG 1.183[6] 附件 A 为轻水堆 LOCA 事故放射性后果计算假设，其中 3.7 条规定：对压水堆（PWR），在计算事故源项时，前 24 小时应假定一次安全壳以峰值压力下的运行技术规格书泄漏率泄漏，24 小时后泄漏率可以减小到峰值压力的运行技术规格书泄漏率的 50％。

1975 年第 0 版 SRP 第 6.2.1.1.A 节[7]（当时 SRP 文件的编号为 NUREG－75/087）中验收准则规定：如 RG1.4 中所建议的，在假想事故后 24 小时内应将安全壳压力降至安全壳设计压力（Containment Design Pressure）的 50％以下。1978 年第 1 版 SRP 第 6.2.1.1.A 节验收准则开始将安全壳设计压力改为峰值计算压力。RG 1.4[8] 为"压水堆失水事故潜在放射性后果评价使用的假设"，由美国原子能委员会（AEC，NRC 的前身）时期的 4 号安全导则（Safety Guide 4）修订而成，为满足联邦法规 10 CFR 100.11（确定隔离区、低人口密度区和人口中心距离）要求提供导则。RG 1.4 的第 1 版、第 2 版中规定：应假定一次安全壳在前 24 小时以已纳入或将纳入技术规格书要求的峰值事故压力下的泄漏率、在事故剩余持续时间内以该泄漏率的 50％泄漏。峰值事故压力是安全壳泄漏试验技术规格书中定义的最大压力。RG 1.4 对安全壳泄漏率假设的脚注为：降低放射性物质从安全壳泄漏的设施在事故工况下对安全壳泄漏的影响将根据个别情况评估。2016 年 12 月 8 日，RG 1.4 被撤销，原因是其内容已纳入 RG 1.183 和 RG 1.195，并被后者代替。

2.3 美国国家标准

美国国家标准《轻水堆安全壳压力和温度瞬态分析》[ANSI/ANS－56.4—1983（R1988）]（已于 1998 年撤销）第 4.2.2 节规定：对于得到最高压力的工况，应开展更长时间的分析，表明在事故后 24 小时内安全壳压力降低到 $0.5P_D$（P_D 为安全壳设计压力），并在整个事故期间维持或低于该压力。该要求与 SRP 第 6.2.1.1.A 节类似，但将"峰值计算压力"改为"安全壳设计压力"。

2.4 用户要求文件

URD 第 13 版[9] 第 1 章"总体要求"第 2.7.5 节"安全壳限值"对 PWR 规定，DBA 后 24 小时内将安全壳压力降至 DBA 峰值压力的 50％以下。URD 第 13 版第 5 章"专设安全设施"第 8.3.2 节"性能要求"（适用于非能动安全壳冷却系统）和第 8.4.2 节"性能要求"（适用于能动的安全壳喷淋系统）要求，（非能动安全壳冷却系统或安全壳喷淋系统）必须具有足够的能力在 DBA 后 24 小时内将安全壳压力降至（安全壳）设计压力的 50％以下。3 个要求的依据均是 GDC 第 38 条中的快速降低安全壳压力要求，但其中一个为 DBA 峰值压力要求，两个为安全壳设计压力要求。

2.5 对美国相关法规、导则、标准、用户要求文件的分析

美国联邦法规、SRP、RG、ANSI/ANS 56.4—1983（R1988）、URD 中 DBA 后安全壳降压速率要求对"安全壳压力"的规定如表 1 所示，各文件中"安全壳压力"的含义从字面上看已不一致。从安全壳泄漏受安全壳内外压差驱动的物理现象本质、安全壳泄漏率试验要求和事故源项按技术规格书允许的最大安全壳泄漏率计算来看，各文件中的安全壳压力宜为安全壳泄漏率试验的压力。

10 CFR Part 50 附录 J 为安全壳泄漏率试验，规定：峰值压力（Pa）为设计基准事故有关的，且在技术规格书（Technical Specifications）或有关解释规范（Technical Specifications－Bases）中规定的计算峰值安全壳内压。安全壳泄漏率可在峰值压力下试验（Peak Pressure Tests），也可在降低压力（Pt）下试验（Reduced Pressure Tests），但验收准则确定方法不同。安全壳泄漏率是计算 LOCA 事故源项和放射性后果的关键假设。10 CFR Part 50 附录 A GDC 第 38 条与附录 J 中的峰值压力均指 DBA LOCA 下计算得到的安全壳峰值内压（表压）。以 Standard Technical Specifications－Westinghouse Plants（NUREG－1431）[10] 为例，美国核电厂技术规格书在 B 3.6.1 条款规定了 DBA LOCA 计算峰值安全壳内压下最大允许安全壳泄漏率。因此，SRP 第 6.2.1.1.A 节与 10 CFR Part 50 附录 J 要求、技术规格书、RG 1.183 等是一致的、自洽的，SRP 第 6.2.1.1.A 节中的峰值计算压力本质上指技术规格书中规定的最大允许安全壳泄漏率对应的安全壳压力，也是安全壳泄漏率试验的峰值压力试验方法的试验压力。RG 1.4 和 NUREG－0800 第 0 版第 6.2.1.1.A 节描述最为准确。单看第 3 版 SRP 6.2.1.1.A 节，峰值事故压力（Peak Accident Pressure）或峰值计算压力的含义不明确，易造成歧义。

表1 美国相关文件 DBA 后安全壳降压速率要求对"安全壳压力"的规定

名称	时间或版本	对安全壳压力的要求
10 CFR Part 50 附录 A GDC 第 38 条	—	仅有定性的快速降压要求
RG 1.4 第 1 版、第 2 版	1973 年、1974 年	峰值事故压力（Peak Accident Pressure）：安全壳泄漏试验技术规格书中定义的最大压力
NUREG－0800 的第 6.2.1.1.A 节	1975 年第 0 版	安全壳设计压力（Containment Design Pressure）
NUREG－0800 的第 6.2.1.1.A 节	1978 年第 1 版 1981 年第 2 版 2007 年第 3 版	LOCA 后峰值计算压力（Peak Calculated Pressure）
NUREG－0800 的第 15.0.3 节	2007 年	（安全壳泄漏试验的）峰值压力（Peak Pressure Technical Specification Leak Rate）
ANSI/ANS－56.4—1983（R1988）	1983 年	安全壳设计压力
URD 第 13 版	2014 年	第 1 章（DBA 后）峰值压力，第 5 章（安全壳）设计压力

尚未查到 RG 1.4 第 0 版或更早的 Safety Guide 4，无法确认 NRC 该假设的依据或确定过程。RG 1.70[11] 和 RG 1.206[12] 对安全分析报告第 6 章表 6－1 要求提供安全壳设计内（表）压（Internal Design Pressure，单位为 psig）和表压下的安全壳设计泄漏率（Design Leak Rate，单位为％/day@ psig）。根据设备鉴定环境条件（安全壳压力基本按指数级下降）、事故放射性后果计算中考虑的释放时间（LOCA、弹棒事故考虑事故后 30 天）等，推测 SRP 第 6.2.1.1.A 节安全壳降压要求是事故后安全壳压力（表压）在达到峰值后以指数级下降，并在事故后第 30 天安全壳压力降至大气压、放射性释放终止的结果。即：

（1）假定安全壳泄漏率与安全壳内外压差（安全壳表压）成正比；

（2）安全壳压力在事故后第 30 天降至大气压；

（3）假定事故后安全壳压力（按表压考虑）达到峰值后以指数级下降。

LOCA 事故下，通常短时间内即达到安全壳峰值压力，假设事故后立即达到峰值压力。峰值压力小于安全壳设计压力，假设事故后立即达到安全壳设计压力。以 0.52 MPa 设计压力为例，表压为 0.42 MPa。若事故后 30 天安全壳压力降到大气压，安全壳表压接近 0，可取很小的数，如 1.00E－10 MPa。该值影响安全壳降压速率值的计算结果。不同取值时（图 2 横轴）事故后 24 小时的安全壳表压/安全壳设计表压（图 2 纵轴）结果见图 2，均在 50％左右。

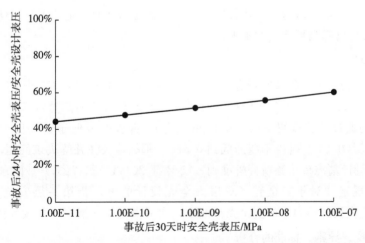

图 2 事故后 24 小时安全壳表压/安全壳设计表压计算结果随事故后 30 天时安全壳表压取值变化情况

通过分析美国相关法规、导则、标准、用户要求文件，可得出以下结论。

（1）10 CFR Part 50 附录 A GDC 第 38 条要求必须能在失水事故后快速降低安全壳压力和温度，是 DBA LOCA 下安全壳降压速率审评要求的源头，且只有定性降压要求。

（2）SRP 第 6.2.1.1.A 节将 GDC 第 38 条量化为：对设计基准失水事故，在假想事故发生 24 小时内，应将安全壳压力降至峰值计算压力的 50% 以下。如果分析表明，计算的安全壳压力不能在 24 小时内降至峰值计算压力的 50% 以下，应通知负责第 15.0.3 节审评的部门。因为，此时第 15.0.3 节中的 LOCA 事故源项计算假设（按照 RG 1.183，24 小时后，泄漏率可以减小到峰值压力的运行技术规格书泄漏率的 50%）不再成立，必须按保守假设重新确定 24 小时后的安全壳泄漏率。

（3）"安全壳压力在 24 小时内降至峰值计算压力的 50% 以下"不是由厂外放射性后果验收准则推导得来的前端限制条件，而应反过来理解，即"安全壳压力在 24 小时内降至峰值计算压力的 50% 以下"是厂外放射性后果计算的（假定）输入条件，且该计算条件不是必须满足的。厂外放射性后果验收准则是必须满足的。

（4）SRP 第 6.2.1.1.A 节峰值计算压力与 10 CFR Part 50 附录 J 规定的峰值压力法安全壳泄漏率试验压力、技术规格书 B 3.6.1 条款、RG 1.183 事故源项计算导则等自洽。对华龙一号等核电厂而言，安全壳泄漏率试验压力为安全壳设计压力。因此，国内应用时应将峰值计算压力理解为安全壳泄漏率试验压力（即安全壳设计压力），且为表压。

3 中国核安全法规、导则和标准对 DBA LOCA 时安全壳降压速率的要求

3.1 核安全法规

《核动力厂设计安全规定》（HAF 102—2016）[13] 以 IAEA SSR-2/1（Rev.1）为蓝本，安全壳压力控制相关条款要求相同。HAF 102—2016 中与安全壳压力控制相关条款主要有：

"6.3.5.1　必须采取措施控制核动力厂安全壳内的压力和温度，控制裂变产物或其他气态、液态或固态物质的任何积累，这些物质可能在安全壳内释放并可能影响安全重要系统运行。"

"6.3.5.3　必须保证安全壳的排热能力，以在发生任何高能流体意外释放事故后，能够降低安全壳中的压力和温度并使之维持在可接受的水平。"

3.2 核安全导则

《核动力厂反应堆安全壳及其有关系统的设计》（HAD 102/06—2020）[14] 以 IAEA SSG-53 为蓝本，安全壳压力控制相关条款要求相同。HAD 102/06—2020 中与安全壳压力控制相关条款如下：

"4.5.3.1.1　应确定质能释放与控制系统的设计性能，以便一旦发生事故时有能力使安全壳内的压力和温度控制在规定的限值之内，并在其后一段合理的时间（通常是几天）内使安全壳达到稳定状态（此时安全壳内压力已降到可接受的水平）。"

3.3 国家能源局标准

《压水堆核电厂安全壳压力和温度瞬态分析》（NB/T 20404—2017RK）[15] 第 4.3.2 节规定："对产生的最大峰值压力工况，应延长分析的持续时间，以验证在事故期间蒸汽区域的压力在 24 小时内降低到 $0.5P_C$（P_C 为通过计算获得的安全壳峰值压力），并保持或低于这一压力水平。如果分析表明，计算的安全壳压力在 24 小时内不能降低到 $0.5P_C$，那么应关注并解决该问题。"

《压水堆核电厂设计基准事故源项分析准则》（NB/T 20444—2017RK）[16] 附录 A "失水事故源项分析"的 A.2.6 条规定"对于安全壳（双层安全壳设计的电厂指第一层安全壳）泄漏，事故初始 24 h，应采用安全壳设计压力下的安全壳泄漏率，之后安全壳泄漏率可取设计值的 50%"。

3.4 对中国相关法规、导则、标准的分析

通过分析中国相关法规、导则、标准，可得出以下结论。

（1）HAF 102—2016 仅要求质能释放与控制系统保证能够降低安全壳中的压力和温度并使之维持在可接受的水平，没有定量安全壳降压速率要求。

（2）HAD 102/06—2020 仅要求质能释放与控制系统保证事故工况下安全壳压力不超过规定的限值（对具体限值没有要求），并在其后一段合理的时间（通常是几天）内使安全壳达到稳定状态（此时安全壳内压力已降到可接受的水平），没有定量安全壳降压速率要求。

（3）NB/T 20404—2017 参考了 ANSI/ANS－56.4—1983（R1988），但将 P_D 改为 P_C，与 SRP 第 6.2.1.1.A 节基本一致。

（4）NB/T 20444—2017RK 规定了 LOCA 事故源项分析的保守安全壳泄漏率模型，但未说明与 DBA LOCA 下安全壳降压速率要求之间的关系。

4 典型 LWR 的 DBA 时安全壳降压分析

SRP 是 NRC 审评人员在审查核电厂申请材料时使用的工作大纲，其中的验收准则只是 NRC 可接受的满足法规有关要求的准则。SRP 不是法规的替代，不要求必须符合 SRP。但是，NRC 要求，若不采用 SRP 中的规定，申请者需识别差异，并说明提议的替代方案如何提供了符合 NRC 的可接受的方法。因此，通常情况下申请者都会以 SRP 相关要求作为重要参考或依据。

典型 LWR 核电厂均满足 LOCA 24 小时后将安全壳压力降至设计压力（或事故后峰值压力）的 50% 以下的要求。

能动核电厂通常有两种设计方法：第一种通过能动的、安全级的安全壳喷淋系统配合安全级的设备冷却水系统、重要厂用水系统实现安全壳降压速率要求；第二种通过能动的、安全级的安全注入系统（特别是由冷段注入切换到冷、热段同时注入）、安全壳内蒸汽自然循环、结构热阱吸热、安全壳内冷凝水回流到安全壳内置换料水箱（IRWST）配合安全级的设备冷却水系统和重要厂用水系统实现安全壳降压速率要求。

第一种设计方法以 CPR1000 为例，岭澳核电厂 3 号、4 号机组最终安全分析报告（FSAR）[17] 第 6.2.1 节描述安全壳"长期响应时期"的设计准则如下：

（1）安全壳的压力衰减必须是可以接受的；

（2）安全壳热应力必须是可以接受的；

（3）水温（安全壳地坑水温、喷淋水温及设备冷却水温）对专设安全设施的正常运行必须是可接受的。

因此，CPR1000 仅有定性的设计准则"安全壳的压力衰减必须是可以接受的"，但分析结果满足 24 小时降至峰值压力的 50% 以下。

第二种设计方法以美国版欧洲压水堆（US EPR）为例，US EPR FSAR[18] 第 6.2.1 节描述，CONVECT 系统、安全相关的门、IRWST 相关再循环特征和安全注入系统由冷段注入切换到冷、热段同时注入一起在 LOCA 后使安全壳快速降压，以满足 GDC 第 38 条要求。安全壳热量导出通过破口至 IRWST 的再循环、低压安注换热器冷却 IRWST 实现。CONVECT 系统包括爆破箔片、对流箔片和氢气搅混风门，用于将双室安全壳变成单室，促进蒸汽、氢气的自然循环和蒸汽冷凝。

非能动核电厂 AP1000[19] 通过钢安全壳（一回路冷却剂从破口释放到安全壳、安全壳内蒸汽自然循环、结构热阱吸热和钢安全壳冷却、冷凝水回流到 IRWST、IRWST 重力注入一回路）配合安全级的非能动安全壳冷却系统（PCS）实现安全壳降压速率要求。根据 AP1000 设计控制文件（DCD）表 6.2.1.1－3，安全壳设计压力为 59.0 psig，DBA LOCA 后 24 小时时安全壳压力为 22 psig，小于 29.5 psig，满足 GDC 第 38 条快速降低安全壳压力的要求。

5 混凝土安全壳和 PCCS 方案满足 DBA LOCA 时安全壳降压速率要求的策略

混凝土安全壳和 PCCS 的组合的冷却能力不及 AP1000 钢安全壳和其 PCS。对满足放射性后果验收准则而言，有以下两种策略。

（1）满足降压速率要求（DBA LOCA 后 24 小时内安全壳表压降至安全壳设计表压的 50％以下）且满足放射性后果验收准则，如图 3 所示。这是优先采用的策略，一方面尽量与以往审评实践一致（但需更准确定义安全壳压力的技术内涵）；另一方面可沿用 NB/T 20444—2017RK、RG 1.183 等中 DBA LOCA 事故源项计算的安全壳泄漏率模型。

（2）不满足降压速率要求，但满足放射性后果验收准则，如图 4 所示，这是兜底策略。

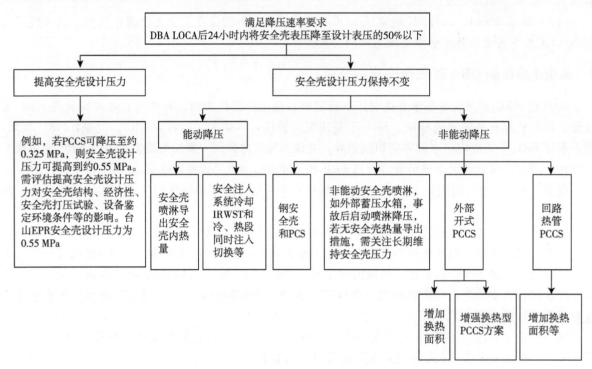

图 3　满足降压速率要求的若干可选方案

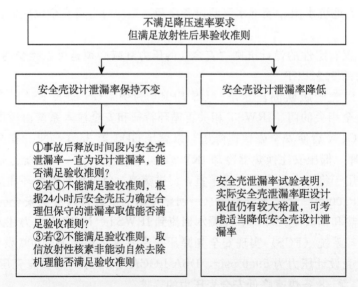

图 4　不满足降压速率要求但满足放射性后果验收准则的若干可选方案

除了厂外放射性后果验收准则之外，LOCA 事故后安全壳压力还涉及设备鉴定环境条件，还需关注和评估安全壳降压速率对设备鉴定环境条件的影响。需要根据设备鉴定环境条件分析结果、PCCS 可布置换热面积、成本等因素确定 PCCS 方案和为 PCCS 定容。

6 结论

采用非能动安全系统的非能动核电厂是未来发展的趋势。华龙一号改进可考虑的选项之一是用回路热管式非能动安全壳冷却系统应对设计基准事故。受限于系统原理和布置空间，将回路热管式非能动安全壳冷却系统应对设计基准事故时需关注安全壳降压速率问题。前文分析了我国核安全法规、导则、标准中对 DBA LOCA 事故时安全壳降压速率的要求，溯源了美国审评要求，分析了典型 LWR 满足安全壳降压速率要求的设计特点，得出以下结论并对华龙一号改进提出建议。

（1）我国核安全法规、导则没有 DBA LOCA 定量安全壳降压速率要求。

（2）SRP 第 6.2.1.1.A 节量化了 10 CFR Part 50 附录 A GDC 第 38 条的定性安全壳降压速率要求。安全壳降压速率要求是放射性后果计算的（假定）输入条件，而不是必须满足的。

（3）SRP 第 6.2.1.1.A 节峰值计算压力与 10 CFR Part 50 附录 J 规定的峰值压力法安全壳泄漏率试验压力、技术规格书 B 3.6.1 条款、RG 1.183 事故源项计算导则等自洽。对华龙一号而言，安全壳泄漏率试验压力为安全壳设计压力。因此，国内应用时应将峰值计算压力理解为安全壳泄漏率试验压力（即安全壳设计压力），且为表压；安全壳降压速率要求应理解为 DBA LOCA 事故后 24 小时内安全壳表压降至安全壳设计表压的 50% 以下。

（4）华龙一号改进时可以只提出定性安全壳降压要求，但必须满足放射性后果验收准则；同时，应尽量满足安全壳降压速率要求。本文提出一些可考虑的方案，特别是可考虑提高安全壳设计压力、增大 PCCS 安全壳内换热器的换热面积、专设非能动喷淋降压等多种方式或其组合，需综合考虑安全壳结构、PCCS 换热性能、布置、成本、安全壳内设备鉴定环境条件等后决策安全壳和 PCCS 设计。

参考文献：

［1］ 魏淑虹，郑华，牛文华．混凝土安全壳非能动冷却系统技术［J］．核电，2016，4（115）：9-16.

［2］ 深圳中广核工程设计有限公司．中广核广东太平岭核电厂二期工程 非能动安全冷却系统（EPS）系统设计手册［R］．深圳．2022.

［3］ 10 CFR Part 50 Domestic Licensing of Production and Utilization Facilities［R］．

［4］ U. S. Nuclear Regulatory Commission. Section 6.2.1.1.A PWR dry containments, including subatmospheric containments NUREG-0800［R］. 2007

［5］ U. S. Nuclear Regulatory Commission. NUREG-0800 Section 15.0.3 design basis accident radiological consequence analyses for advanced light water reactors［R］. 2007

［6］ U. S. Nuclear Regulatory Commission. RG 1.183 alternative radiological source terms for evaluating design basis accidents at nuclear power reactors［S］. 2000

［7］ U. S. Nuclear Regulatory Commission. NUREG-75/087 section 6.2.1.1.A PWR dry containments, including subatmospheric containments［R］. 1975

［8］ U. S. Nuclear Regulatory Commission. RG 1.4 assumptions used for evaluating the potential radiological consequences of a loss of coolant accident for pressurized water reactors［S］. 1973.

［9］ Electric Power Research Institute. Advanced light water reactor utility requirements document, revision 13［R］. 2014.

［10］ U. S. Nuclear Regulatory Commission. NUREG-1431 standard technical specifications - westinghouse plants［R］. Revision 4.0, Volume 2, Bases. 2012.

［11］ U. S. Nuclear Regulatory Commission. RG 1.70 standard format and content of safety analysis reports for nuclear power plants (LWR edition)［S］. Revision 3. 1978.

［12］ U. S. Nuclear Regulatory Commission. RG 1.206 combined license applications for nuclear power plants (LWR edition) [S]. 2007.

[13] 国家核安全局. 核动力厂设计安全规定：HAF 102—2016 [S].2016.

[14] 国家核安全局. 核动力厂反应堆安全壳及其有关系统的设计：HAD 102/06—2020 [S].2020.

[15] 国家能源局. 压水堆核电厂安全壳压力和温度瞬态分析：NB/T 20404—2017RK [S].2017.

[16] 国家能源局. 压水堆核电厂设计基准事故源项分析准则：NB/T 20444—2017RK [S]. 2017.

[17] 岭东核电站有限公司. 岭澳核电站 3、4 号机组最终安全分析报告 [R]. 深圳.2010.

[18] AREVA. U. S. EPR final safety analysis report, revision 5 [R]. 2013.

[19] Westinghouse Electric Corporation. AP1000 design control document，Rev. 19 [R]. 2011.

Containment depressurization rate requirements for design basis loss – of – coolant accidents

ZHENG Hua

[China Nuclear Power Design Co., Ltd. (ShenZhen)，Shenzhen，Guangdong 518172，China]

Abstract: Currently passive containment cooling system (PCCS) of HPR1000 is used in design extension conditions (DEC). One of HPR1000 potential modifications is using PCCS to mitigate design basis accidents (DBA), but there is an issue of containment depressurization rate. Due to the principles and layout space in the containment, it's difficult for PCCS to reduce the containment pressure to less than 50% of the peak calculated pressure for the design basis loss – of – coolant accident (LOCA) within 24 hours after the postulated accident. Safety requirements of nuclear safety regulations, guides, standards and utility requirements documents are analyzed, design features for meeting containment depressurization rate requirements of typical light water cooled reactors (LWR) are analyzed, and solutions are proposed.

Key words: Passive; Containment depressurization; Loss – of – coolant accident

设计阶段可靠性保证大纲研究

郑　华

（深圳中广核工程设计有限公司，广东　深圳　518172）

摘　要：风险指引型监管是未来发展趋势，概率安全分析（PSA）结果和见解的应用需要确保风险重要的构筑物、系统和设备（SSC）的可靠性和可用性在核电厂寿期内能够实现和维持。美国核管理委员会（NRC）提出设计阶段可靠性保证大纲（D-RAP）要求，包括程序性控制措施和质量保证（QA）要求。本文分析、总结了 NRC 对 D-RAP 审评要求的演变，提出核电型号研发和工程项目中应用 D-RAP 时的关键问题解决措施。

关键词：设计阶段可靠性保证大纲；风险重要；概率风险评价；概率安全分析

由于非能动安全系统的固有不确定性和执行纵深防御功能的能动非安全级系统的重要性，非能动核电厂需要对能动非安全级系统采取监督管理措施（Regulatory Treatment of Non-Safety System，RTNSS），以确保其实现可靠性/可用率任务要求。参考文献［1］介绍了非能动核电厂的 RTNSS 要求，其中一个要求是，RTNSS 范围内的构筑物、系统和设备（SSC）需纳入可靠性保证大纲（RAP）范围。

风险指引型监管是未来发展趋势，概率安全分析结果和见解的应用需要确保风险重要的 SSC 的可靠性和可用性在核电厂寿期内能够实现和维持。为此，美国核管理委员会（NRC）提出设计阶段可靠性保证大纲（D-RAP）要求，包括程序性控制措施和质量保证要求。标准审查大纲（SRP）第 17.4 节［2］规定了对 D-RAP 的审评要求。国家核安全局在对引进的 AP1000 项目（三门核电厂和海阳核电厂）及基于 AP1000 自主研发的 CAP1400 项目进行安全审评时，参照 SRP 对 D-RAP 开展了审评。国内一些单位已在探索 D-RAP 在核电厂设计中的应用。D-RAP 的思想和方法也有助于加强对风险重要的 SSC 的管理，确保核电厂以与概率论、确定论及其他用来识别和量化风险的分析方法的风险见解和关键假设（如 SSC 设计、可靠性、可用性等）相一致的方式设计和建造。因此，需要研究美国关于 D-RAP 的审评要求，为先进轻水堆核电厂研发、核电工程项目开展 D-RAP 工作和在运核电厂开展 SSC 可靠性管理工作提供参考。

1　NRC 对 D-RAP 的审评要求演变

通过审评人员研究、与核工业界互动、NRC 的审查、先进水冷堆（ALWR）标准设计认证（DC）审查等，NRC 逐渐建立对 D-RAP 的要求，并根据 ALWR DC/建造和运行联合许可证（COL）审查的经验反馈细化、完善对 D-RAP 的审评要求。表 1 列出 NRC 关于 D-RAP 审评要求演变的重要节点。NRC 对 D-RAP 最新的审评要求体现在 SRP 第 17.4 节第 1 版中。

作者简介：郑华（1979—），男，研究生，研究员级高级工程师，现主要从事核电厂设计和安全评价等工作。

表 1　NRC 对 D－RAP 审评要求的演变

时间	审评要求
20 世纪 80 年代	NRC 在可靠性保证领域开展研究
1980 年 5 月	NRC 发布《三里岛事故后 NRC 行动计划》（NUREG－0660）[3]，任务 II.C 为可靠性工程和风险评价，II.C.4 为可靠性工程和风险评价
1980 年 10 月	关闭 II.C.4，没有进一步行动，因为数个 NRC 新举措已有效地把运行可靠性大纲活动包括在内，包括改进维修和更好地管理老化效应，改进技术规格书，开发和使用电厂性能指标等
1985 年 7 月	NRC 发布《NRC 关于未来反应堆设计的政策》（NUREG－1070）[4]，建议使用系统可靠性保证大纲，以确保安全重要的系统和设备可靠性保持在足够的水平，确保运行期间可满足可靠性目标和防止可靠性降级
1989 年 1 月 19 日	NRC 发布《与渐进改进型先进轻水堆有关的设计要求》（SECY－89－013）[5]，NRC 审评人员向委员会提出未来渐进改进型先进轻水堆核电厂设计审评时考虑的一些问题，其中包括可靠性保证。标准设计认证将部分基于该设计的概率风险评价（PRA）。由于 PRA 的有效性高度依赖 SSC 的可靠性，NRC 审评人员要求实施若干大纲以确保这些 SSC（PRA 中假定可靠性的 SSC）的可靠性在整个电厂寿期内得以维持。因此，必须提供一个确保设计可靠性的大纲，以作为最终设计批准（FDA）申请的一部分。设计可靠性保证大纲将作为设计的一部分进行认证
1993 年 4 月 2 日	NRC 发布《与渐进改进型和先进轻水堆设计有关的政策、技术和执照申请问题》（SECY－93－087）[6]，NRC 审评人员向委员会提交了适用于渐进改进型轻水堆和先进轻水堆设计认证的可靠性保证大纲的临时见解
1994 年 3 月 28 日	NRC 发布《非能动核电厂设计中与非安全系统监管处理（RTNSS）有关的政策和技术问题》（SECY－94－084）[7]，NRC 审评人员向委员会提出对非能动先进轻水堆核电厂 RTNSS 有关的 8 个技术和政策问题的技术见解，第 E 项为可靠性保证大纲
1994 年 6 月 30 日	NRC 发布 SECY－94－084 工作人员要求备忘录（SRM）[8]，NRC 批准了 D－RAP 及使用检查、试验、分析和可接受准则（ITAAC）过程，但不批准运行可靠性保证大纲（O－RAP）
1995 年 5 月 22 日	NRC 发布《非能动核电厂设计中与非安全系统监管处理（RTNSS）有关的政策和技术问题》（SECY－95－132）[9]，NRC 审评人员根据 SECY－94－084 SRM 修改 SECY－94－084 部分内容，包括第 E 项可靠性保证大纲。SECY－95－132 仍将 RAP 分成 2 个阶段。 第一个阶段应用于首次装料前，称为 D－RAP。D－RAP 又可分成 3 个阶段：设计认证阶段、COL 申请阶段和 COL 持有阶段。设计认证申请者负责确定 RAP 的范围、目的、目标和要素，并实施应用于设计认证的 D－RAP 部分。COL 申请者负责增补和完善 D－RAP 的剩余部分，包括厂址特定的设计信息、识别和排序风险重要的 SSC。一旦制定厂址特定的 D－RAP、识别并排序了风险重要的 SSC，将按照 COL 持有者的 D－RAP 或其他大纲实施采购、制造、建造和运行前试验，并使用 ITAAC 过程验证。 第二个阶段适用于核电厂寿期的运行阶段的可靠性保证活动。这些活动可以被整合到现有大纲（如维修大纲、监督试验大纲、在役检查大纲、在役试验大纲和质量保证大纲）中。COL 申请者将制定性能和条件监测要求，以为风险重要的 SSC 在核电厂运行期间不会降级到不可接受的水平提供合理的保证
1995 年 6 月 28 日	NRC 发布 SECY－95－132 SRM[10]，NRC 批准 SECY－95－132
1996 年 4 月	NRC 修订 SRP，增加第 17.4 节，并完成第 0 版草稿
2007 年 3 月	NRC 修订 SRP，发布第 17.4 节第 0 版，修订第 17.5 节[11]［关于质量保证大纲的要求，其中第 V 章针对 RAP 范围内的 SSC（简称"RAP SSC"），规定非安全相关 SSC 的质量控制要求］
2007 年 6 月	NRC 发布 RG 1.206[12]。RG 1.206 第 3 章第一部分规定 COL 申请应提交支持性文件（相当于最终安全分析报告 FSAR）的格式和内容。RG 1.206 第 C.I.17 章标题由 RG 1.70 的 "Quality Assurance" 调整为 "Quality Assurance and Reliability Assurance"，突出了可靠性保证内容。RG 1.206 第 C.I.17.4 节为 "Reliability assurance program guidance"
2011 年 3 月	根据 DC 和 COL 申请审查获得的经验和见解，NRC 审评人员发布 DC/COL－ISG－018[13]，修订了审查责任分工，进一步澄清了 SRP 第 17.4 节（2007 年 3 月第 0 版）中的"验收准则"和"审评发现"两节
2014 年 5 月	NRC 发布 SRP 第 17.4 节第 1 版[2]，纳入 DC/COL－ISG－018 的内容，并进一步澄清了"审查程序"节的要求
2018 年 9 月 20 日	NRC 发布《关于可靠性保证大纲验证推荐的变更》（SECY－18－0093）[14]，NRC 审评人员向委员会建议不再使用 ITAAC 验证 D－RAP 的有效性，以减少不必要的监管负担
2019 年 8 月 7 日	NRC 发布 SECY－18－0093 SRM[15]，NRC 批准 SECY－18－0093

2 NRC 对 D‒RAP 的审评要求

SRP 第 17.4 节为审评人员提供如何进行 DC 和 COL 申请中 RAP 描述安全审评的指导。

RAP 应用于风险重要的（或对核电厂安全有显著贡献）、安全相关的和非安全相关的 SSC。通过组合使用概率论、确定论及其他用来识别和量化风险的分析方法（包括 PRA、严重事故评价、工业界运行经验反馈评价和专家团评议）识别 RAP SSC。

RAP 的目的是为以下内容提供合理的保证：

（1）核电厂以与概率论、确定论及其他用来识别和量化风险的分析方法的风险见解和关键假设（如 SSC 设计、可靠性和可用性）相一致的方式进行设计、建造和运行；

（2）在核电厂运行期间，RAP SSC 不会降级到可靠性、可用性或状态不可接受的水平；

（3）危及这些 RAP SSC 的瞬态的发生频率被最小化；

（4）当受到挑战时，这些 RAP SSC 将可靠地运行。

RAP 分两个阶段实施：

（1）第一个阶段，D‒RAP，包括首次装料前的可靠性保证活动；

（2）第二个阶段，由在核电厂寿命周期的运行阶段开展的可靠性保证活动组成。

D‒RAP 的关键特征包括：

（1）确保风险见解和关键假设与核电厂设计和建造相一致的程序性控制。这些程序性控制涉及组织机构职责、设计控制活动、程序和指令、记录、纠正行动和评价计划，以及 RAP SSC 清单被恰当地制定、维护和与适当的组织机构沟通。

（2）实施与设计和建造活动（如设计、采购、制造、建造、检查和试验活动）相关的质量保证（QA）大纲，以对影响 RAP SSC 质量的活动进行控制。安全相关的 SSC 的 QA 控制通过 10 CFR Part 50 Appendix B 建立，SRP 第 17.5 节 Part U "Non‒safety‒related SSC quality controls" 给出非安全相关 RAP SSC 的 QA 控制。

D‒RAP 应分以下阶段实施。

（1）DC 阶段，DC 申请者制定和实施适用于 DC 的 D‒RAP 部分，包括：

①制定 DC 和 COL 阶段将实施的 D‒RAP 细节（如 D‒RAP 的范围、目的、目标、框架和阶段等）；

②制定和应用 DC 设计活动期间的 D‒RAP 程序性控制；

③组合使用概率论、确定论及其他用于识别和量化风险的分析方法制定 RAP SSC 的（DC 申请范围内）完整清单；

④按 SRP 第 17.5 节 Part U 对非安全相关 RAP SSC 的 DC 设计活动实施适当的 QA 控制；

⑤为 COL D‒RAP 建立 ITAAC。

NRC 通过 DC 和执照申请的审评过程（可能包括监查）验证 DC 申请者 D‒RAP 的适当性，包括其在 DC 申请阶段的实施。

（2）COL 申请阶段，COL 申请者负责制定和实施适用于 COL 的 D‒RAP 部分，包括：

①制定和应用 COL 设计活动期间的 D‒RAP 程序性控制；

②组合使用概率论、确定论及其他用于识别和量化风险的分析方法制定 COL 申请阶段核电厂特定的 RAP SSC 的完整清单（即用 COL 时核电厂特定的信息升版 DC 阶段识别的 RAP SSC）；

③按 SRP 第 17.5 节 Part U 对非安全相关 RAP SSC 的 DC 设计活动实施适当的 QA 控制。

NRC 通过审评过程（可能包括监查）验证 COL 申请者 D‒RAP 的适当性，包括其在 COL 申请阶段的实施。

此外，COL 申请者在其申请中给出将 RAP 整合到运行大纲的过程，以满足运行阶段 RAP 的目标。

（3）首次装料前，COL 持照者负责实施 D-RAP，包括：

①在设计和建造活动中应用 D-RAP 的程序性控制（包括随核电厂特定设计和 PSA 修改升版或维护 RAP SSC 清单）；

②按 SRP 第 17.5 节 Part U 对非安全相关 RAP SSC 的 COL 设计和制造活动实施适当的 QA 控制；

③完成 D-RAP 的 ITAAC。

核电厂寿命周期的运行阶段 RAP 的目标是确保 RAP SSC 的可靠性和可用性维持得与其风险重要度相一致。

运行阶段的 RAP 通过 SSC 的监管要求实施，包括：

（1）按 10 CFR 50.65 制定的维修法规大纲；

（2）按 10 CFR Part 50 Appendix B 制定的安全相关 SSC 质保大纲；

（3）按 SRP 第 17.5 节 Part U 制定的非安全相关 RAP SSC 质保控制；

（4）在役检查、在役试验、监督试验和维修大纲。

在首次装料前，COL 持照者识别支配性失效模式，并将 RAP 整合到运行大纲。

在核电厂的运行阶段实施性能和运行条件监测，以为这些 RAP SSC 不会降级到不可接受的可靠性、可用性或运行条件水平提供合理保证。

3 核电型号研发和核电工程项目中实施 D-RAP 的关键问题

采用非能动安全系统的非能动核电厂在降低建造成本方面具有优势，是未来的发展趋势。国家核安全局已明确，美国核管理委员会在 AP600、AP1000 等非能动核电厂安全审评过程中所制定的一系列文件可作为安全审评的重要参考[16]。华龙一号持续改进方向之一是扩大非能动安全系统的应用范围。为加强对风险重要的 SSC 的管理和应对安全审评要求，从程序性控制和质量保证要求两方面对核电型号研发和核电工程项目中实施 D-RAP 的关键问题提出以下建议。

3.1 程序性控制

3.1.1 组织

结合我国实际、借鉴 NRC D-RAP 阶段划分将核电型号研发和核电工程项目分成以下 3 个阶段。

（1）阶段 1：型号研发/标准设计（仅包括标准设计范围内的 RAP SSC）。

（2）阶段 2：建造许可证申请（增加厂址相关的 RAP SSC，以及提交将 D-RAP 整合到运行大纲的建议）。

（3）阶段 3：运行许可证申请（在设计和建造过程中实施 D-RAP，完成相关许可证条件）。

各阶段的 D-RAP 组织机构如图 1 和图 2 所示。

D-RAP 应融入研发设计单位已有的设计和开发流程、项目质量保证流程（图 3）。总体思路是在保持研发设计单位目前设计流程框架的前提下，对局部进行补充和细化，如成立专家团、风险和可靠性管理组等组织；风险和可靠性管理组与专业间的迭代过程；设计变更的控制过程；补充 D-RAP 特定的记录类型（D-RAP SSC 清单和专家团会议纪要等）。

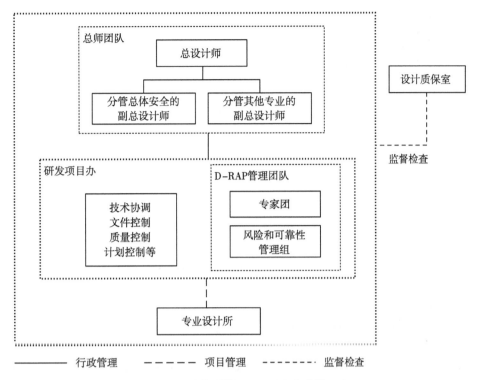

图 1　阶段 1 的 D‐RAP 组织机构

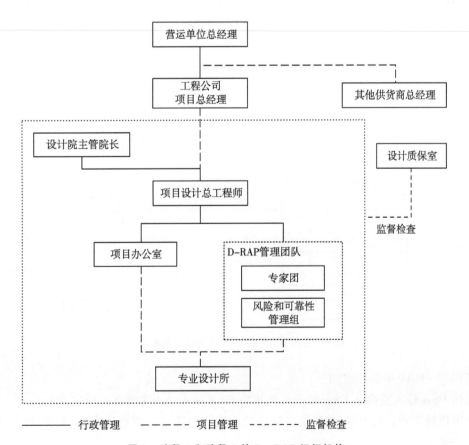

图 2　阶段 2 和阶段 3 的 D‐RAP 组织机构

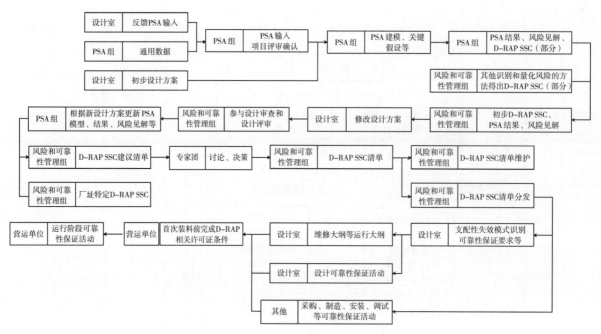

图 3 核电型号研发和核电工程项目全过程 D－RAP 活动流程

若研发设计单位已有的设计和开发控制程序未包括 D－RAP，需进行适应性修订，如在设计和开发控制程序、设计作业细则中加入可靠性分析、控制的要求（图 4），并要求专业设计人员具备可靠性相关基础知识、进行相关培训，将可靠性相关课程纳入设计人员资格授权考核课程。

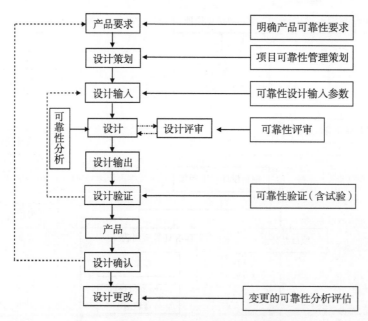

图 4 适应 D－RAP 的设计和开发流程改进

设计室在 D－RAP 中的职责如下：

（1）反馈 PSA 输入或确认 PSA 专业组使用的 PSA 输入是现实的和可以实现的；

（2）开展设计工作，向 PSA 专业组提供设计信息（包括设计变更信息），协助 PSA 专业组进行 PSA 建模和分析；

（3）根据风险和可靠性管理组反馈的 RAP SSC、PSA 结果和风险见解等，修改、完善设计方案；

（4）开展支配性失效模式识别和编制初始维修大纲；

（5）确保设计活动符合 RAP 程序要求。

PSA 专业组在 D－RAP 中的职责如下：

（1）负责评价 PSA 通用数据；

（2）负责汇总形成 PSA 输入（包括 PSA 专业组整理的通用数据库、专业设计所反馈等），提交专业设计所评价和确认是现实的和合理可达的，经项目评审后作为 PSA 正式输入；

（3）负责 PSA 建模和分析，根据筛选准则得到的 RAP SSC，向风险和可靠性管理组反馈 PSA 结果、风险见解和 RAP SSC；

（4）负责根据设计变更后的方案、详细设计阶段的设计等更新 PSA 模型、结果、风险见解，根据筛选准则得到 RAP SSC，向风险和可靠性管理组反馈 PSA 结果、风险见解和 RAP SSC。

风险和可靠性管理组在 D－RAP 中的职责如下：

（1）受分管总体安全的副总设计师（研发和标准设计阶段）/项目设计总工程师（特定核电厂工程设计阶段）领导。分管总体安全的副总设计师（研发和标准设计阶段）/项目设计总工程师（特定核电厂工程设计阶段）对总设计师（研发和标准设计阶段）/设计院主管院长和工程公司项目总经理（特定核电厂工程设计阶段）负责。

（2）在研发和标准设计阶段，成员由总体设计专业人员、PSA 人员、研发 QA 经理等组成；在特定核电厂工程设计阶段，成员由项目办公室技术协调工程师、相关专业代表、PSA 人员、设计质保工程师等组成。

（3）组织 D－RAP 专题宣贯会、相关培训和专题讨论会（按需），确保项目的管理人员和相关设计人员了解和理解 D－RAP SSC、D－RAP 的需求和状态，从而更好地处理相关接口问题。

（4）协调 D－RAP 中的活动，包括在研发设计单位和其他支持性组织机构中用确定论方法或其他识别和量化风险的方法来识别对核电厂安全重要的 SSC。

（5）维护和组织执行项目的 D－RAP，对 D－RAP 中 SSC 的可靠性信息来源进行审查，确保制定的可靠性指标是现实的和可以达到的，并根据设备采购方提供的运行经验报告，评估设备的可靠性是否能够满足 PSA 中假设的可靠性。

（6）向专业设计所设计室反馈 PSA 结果和风险见解。

（7）向专业设计所设计室提供 PSA 关键假设，由专业设计所设计室核实和确认合理性。

（8）参与专业设计所设计室设计变更审查和评审，提供风险见解，确认 PSA 风险见解已得到合理考虑。

（9）使用其他识别和量化风险的方法得到 RAP SSC。

（10）评估特定电厂 D－RAP 的适用性，将特定电厂的 RAP SSC 增补到 RAP 中。

（11）通过汇总各种识别和量化风险的方法得到的 RAP SSC，整理成 RAP SSC 初步清单，提交专家团审查。

（12）组织专家团讨论会，并编制专家团会议纪要。

（13）根据专家团决策，更新和维护 RAP SSC。

（14）向专业设计所设计室、QA 经理等人员分发 RAP SSC 信息，确保相关人员知悉。

专家团在 D－RAP 中的职责如下：

（1）对研发项目，专家团负责确定 D－RAP 的 SSC 范围及可靠性；

（2）对工程设计项目，专家团负责确定 D－RAP 的 SSC 范围及可靠性，评估特定电厂 D－RAP 的适用性。

3.1.2　设计控制

审查和考虑设计变更及其对 PSA 和 D－RAP SSC 确定的影响，对实施 D－RAP 是关键的。对设计变更的评价分 7 步。

(1) 第 1 步：收集和审查新信息；

(2) 第 2 步：粗筛选；

(3) 第 3 步：细筛选；

(4) 第 4 步：通过实施 PSA 模型，变更更新 PSA 模型；

(5) 第 5 步：评价风险重要度变化和对 SSC 风险重要度的影响；

(6) 第 6 步：与设计部门和其他单位交流风险结果；

(7) 第 7 步：记录评价结论。

3.1.3　程序和指南

型号总设计师或项目设计总工程师或其指定代表准备用于实施 RAP 的程序和指南。

型号总设计师或项目设计总工程师负责 RAP 的制定、验证和实施，并为所有受影响组织知悉 RAP 提供合理的保证。

RAP 相关的程序和指南如下。

(1) D‑RAP 大纲：参考 RG 1.206 C. I. 17.4 节和 SRP 第 17.4 节要求描述 D‑RAP 各要素；

(2) D‑RAP SSC 识别、更新和维护：具体描述 D‑RAP SSC 识别方法，更新和维护管理要求；

(3) 支配性失效模式识别方法：具体描述 D‑RAP SSC 支配性失效模式的识别方法；

(4) 专家团组织和运作规则：具体描述专家团组成、成员资格要求、职责、决策程序等。

3.1.4　记录

需要维护的 RAP 相关的记录包括：

(1) 风险重要的 SSC 清单；

(2) 专家团会议纪要；

(3) 按照型号研发质保大纲、核电厂工程质保大纲应维护的其他质保记录。

3.1.5　纠正行动

认定为有差错、有缺陷或不符合 RAP 的有关活动，通过《纠正与预防措施管理流程》解决。

3.1.6　监查

监查计划指抽查 RAP 实施及其程序，以评估有效性。监查考虑 RAP 的几个关键方面包括：风险重要的 SSC 识别，PSA 中的关键假设和风险见解是否已合理地用于设计、建造和运行活动。

设计质保室负责制订年度监查计划并开展监查活动。在制订监查计划时，按《内审、监查、监督计划制订流程》将 D‑RAP 相关的活动也纳入监查计划中。在实施监查时，按《内审、监查、监督实施流程》对 D‑RAP 相关活动实施监督、监查。

业主公司、国家核安全局等外部单位也可对设计院 D‑RAP 实施开展监查活动。

3.1.7　与现有运行大纲的整合

RAP 用作其他行政和运行大纲的"源头"，一些 RAP 中识别的风险重要的 SSC 可被纳入现有运行大纲（如安全相关系统定期试验监督要求），为 PSA 中假定的可靠性数值在整个核电厂寿期内得以维持提供合理的保证。

在运行阶段，RAP 实施通过核电厂现有维修大纲或 QA 产生 PSA 持续改进的措施。例如，实施《核动力厂调试和运行安全规定》（HAF103）规定的维修大纲，说明核电厂在运行阶段如何处理 RAP 中某些 SSC 提高的维修要求。参考 SECY‑95‑132 要求，营运单位在运行阶段，使用现有大纲（如维修大纲、在役检查、QA）满足 RAP 的目标。营运单位在 RAP 中处理非安全相关的风险重要的 SSC。

3.1.8　经验反馈

考虑和使用运行经验对 RAP 的目标是关键的。

当开展全面风险分析时，运行经验与各种 PSA 分析和重要度一起考虑。在评价 SSC 风险重要性时，专家团考虑 SSC 运行历史和工业界运行经验。例如，运行经验表明，电动泵和汽动泵的可靠性可能不同。

运行经验的审查可能揭示先前相似设计应用中 SSC 的失效导致 SSC 功能失效的情况。运行经验的审查不限于硬件失效，也可拓展到人员绩效导致相似系统设计中 SSC 功能失效的情形。例如，华龙一号设计通过消除从直接注入到再循环注入的操纵员切换操作（传统压水堆的典型设计），提升了 SSC 可靠性。

3.1.9　RAP SSC 识别与更新

RAP 的首要任务是识别大纲范围内的风险重要 SSC（简称"RAP SSC"）。RAP SSC 包含标准设计风险重要 SSC 清单和特定核电厂设计的风险重要 SSC 清单。当特定核电厂的 PSA 更新时，RAP SSC 清单需同步更新。RAP SSC 识别方法包括概率论和确定论方法，其识别与更新如图 5 所示。

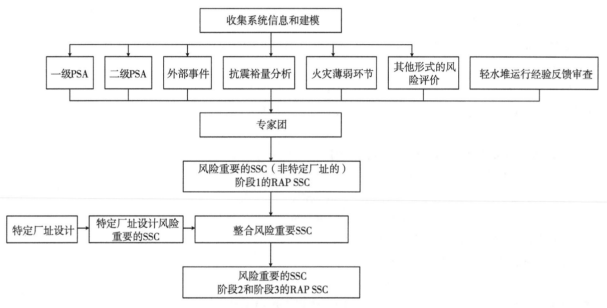

图 5　RAP SSC 识别与更新

3.1.9.1　概率论方法

基于 PSA 的重要度分析为 SSC 的识别和排序提供了有用信息。D–RAP 包含了符合风险增进值（RAW）和 Fussel–Veseley 重要度（FVW）阈值的事件。

筛选准则：

（1）设备的基本事件 FVW（包括 CCF）之和大于等于 0.005（FVW≥0.005）；

（2）设备的基本事件 RAW 最大值（不包括 CCF）大于等于 2（RAW≥2）；

（3）CCF 基本事件的 RAW 大于等于 20（CCF RAW≥20）。

如果满足以上任意一个准则，则该设备为 D–RAP SSC。

以表 2 为例，阀门 A 满足 2 条确定为 D–RAP SSC 的准则：总 FVW 大于 0.005，CCF RAW 大于 20。同样，阀门 B、C 也因 CCF RAW 被确定为 D–RAP SSC。

表 2　阀门风险重要度示例

	设备失效模式	FVW	RAW	CCF RAW
模式 1:	阀门 A 打开失效	0.002	1.7	n/a
模式 2:	阀门 A 保持关闭失效	0.000 02	1.1	n/a
模式 3:	阀门 A 维修中（关闭）	0.0035	1.7	n/a
模式 4:	阀门 A/B/C 打开共因失效	0.004	n/a	54
模式 5:	阀门 A/B 打开共因失效	0.0007	n/a	5.6
模式 6:	阀门 A/C 打开共因失效	0.0006	n/a	4.9
设备重要度		0.010 82（和）	1.7（最大）	54（最大）
筛选准则		≥0.005	≥2	≥20
是否为 D－RAP SSC?		Yes	No	Yes

注：n/a 表示不适用。

RAW 和 FVW 准则分别用于每个灾害风险模型的结果，而不是组合结果，以免过于保守的假设掩盖 SSC 的重要度。

如果火灾 PSA、地震 PSA 或其他外部灾害 PSA 的堆芯损坏频率（CDF）小于内部事件 PSA 的 CDF 的 1%，则将在火灾 PSA、地震 PSA 或其他外部灾害 PSA 中考虑是安全重要 SSC 的认为是低安全重要的 SSC。

基于 PSA 关键假设和结果的工程判断用于：

（1）RAW/FVW 未量化的 SSC；

（2）RAW/FVW 未超出重要度筛选准则的 SSC。

从以下角度通过工程判断识别 SSC 的风险重要度：

（1）事故期间对所要求的缓解功能的贡献；

（2）失效影响与其他风险重要 SSC 的相似性；

（3）对风险重要的人员动作或信号的影响。

对抗震裕量分析，按照 NEI 00－04[17] 的方法识别风险重要 SSC。

对严重事故管理 SSC，评价严重事故预防和缓解所需的 SSC，关键 SSC 被识别为风险重要的 SSC（如堆坑注水系统隔离阀）。

3.1.9.2　确定论方法

主要指一些法规要求，纵深防御分析，冗余度、多样性分析等。例如，AP1000 通过确定论来识别风险重要 SSC 主要包含了以下方面的导则和因素：

（1）未能紧急停堆的预期瞬态（ATWS）法规（10 CFR 50.62）；

（2）全厂断电（SBO）法规（10 CFR 50.63）；

（3）事故 72 小时后的动作；

（4）安全壳性能；

（5）安全相关系统间不利的相互作用；

（6）抗震考虑。

3.1.9.3　专家团

专家团在审查和确定风险重要 SSC 时主要考虑了以下方面的导则和因素：

（1）事故应急运行规程；

（2）对始发事件的贡献；

（3）对 CDF 隐含的贡献；

（4）对大量放射性释放频率（LRF）隐含的贡献；

（5）对事故期间要求的缓解功能的贡献；

（6）运行技术规格书考虑的设备；

（7）设备故障的探测；

（8）设备故障对其他系统的影响；

（9）在历史/运行经验中设备故障的贡献；

（10）安全壳性能；

（11）抗震考虑；

（12）和其他风险重要 SSC 有类似的故障影响。

3.1.9.4　更新

RAP SSC 的范围和可靠性保证的建立，以及在设计、采购、制造、建造、安装、试验、维修及运行文件中融入这些信息，都是一个不断更新的过程。D－RAP 需持续监控所做的设计变更，以及本厂址的特征。

PSA 质量和技术适当性的一个关键方面是它应始终反映设计完成后、竣工后和运行后的核电厂。因此，将监管当局要求定期更新 PSA 模型和在需要时升版，称为活的 PSA。PSA 更新和升版包括设计变更和核电厂建造后的现场踏勘，以确保水淹、火灾、地震 PSA 模型和空间相互作用假设是有效的。模型维护和更新也包括规程变更，发现的 PSA 错误，监管当局提出的安全问题和 PSA 方法、计算机程序和数据库的最新进展。此外，PSA 模型维护和更新包括定期更新设备失效概率和始发事件发生频率，以反映电厂特定的运行经验。

RG 1. 206 C. I. 19. 7 要求，按照 RG 1. 200[18]（认可 ASME/ANS RA－Sa－2009）维护和升版 PSA。

3.1.10　专家团

利用专家团弥补 PSA 模型的局限性，如模型中的假设、支持系统的处理、割集的截断等。专家团从定性和定量角度评估风险重要的 SSC 输入。

专家团至少由 5 人组成，且应是在系统设计、安全分析、风险及可靠性分析、PSA、运行及维修和 QA 方面有经验的人员。

专家团有表决权成员的资格要求在 RAP 的专家团实施程序中规定，包括教育水平和工作经验等。

专家团需举行会议来讨论 RAP 中最终风险重要 SSC 的选取。

RAP 应说明每一个 SSC 确定为风险重要的理由。

风险和可靠性管理组负责为专家团活动提供支持，如初始 RAP SSC 清单准备、会议记录、编写会议纪要等。

3.1.11　支配性失效模式识别

SRP 要求支配性失效模式识别应包括工业界经验、分析模型和适用的要求（如运行经验、PSA 重要度分析、根本原因分析、失效模式和影响分析等）。RAP SSC 支配性失效模式识别流程如图 6 至图 9 所示。

对于 PSA 模型中模化的 SSC，将可能影响事故缓解功能的 SSC 失效模式用故障树模型中的基本事件表示。SSC 的支配性失效模式可利用 PSA 模型确定。对基本事件来说，风险重要度分析结果就是 FVW 和 RAW，因此每个风险重要 SSC 的支配性失效模式可以确定。

对于未在 PSA 中模化的 SSC，支配性失效模式基于对事故缓解有相似影响的 SSC 确定。专家团考虑支配性失效模式以反映工业界运行经验。

对于 RAP SSC，设计者需在采购技术规格书或合同中要求供货商尽可能提供可靠性数据、运行经验报告和故障模式及影响分析（FMEA）。

例如，表 2 中对阀门 A 重要度有显著贡献的设备失效模式为打开失效（失效模式 1、4、5、6），这个信息可用于支持识别 D-RAP SSC 的支配性失效模式。

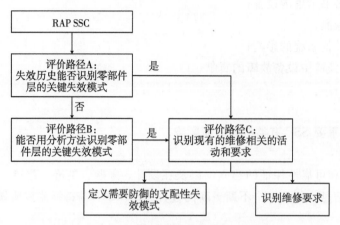

图 6 RAP SSC 支配性失效模式识别流程

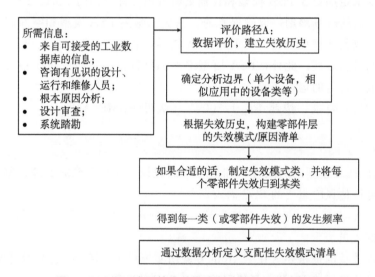

图 7 RAP SSC 支配性失效模式评价路径 A 识别流程

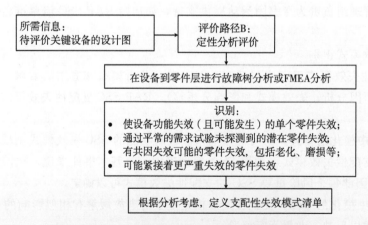

图 8 RAP SSC 支配性失效模式评价路径 B 识别流程

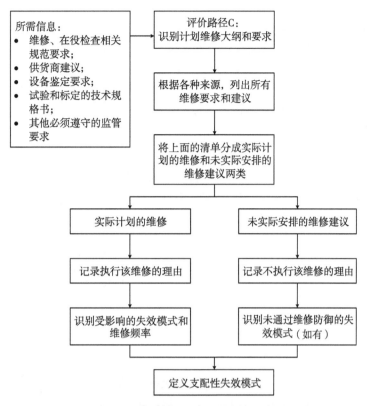

图 9 RAP SSC 支配性失效模式评价路径 C 识别流程

3.1.12 运行阶段 RAP 活动

一旦确定了风险重要 SSC 的支配性失效模式就进行评价，以确定建议的、可确保核电厂整个寿期内可接受的性能的运行阶段 RAP 活动。这种活动可包括定期监督检查或试验、SSC 性能监测和/或定期预防性维修。应用于这种活动分析的决策树示例如图 10 所示。从图中可以看出，一些 SSC 可能要求活动组合以确保它们的性能与 PSA 中假定值一致。

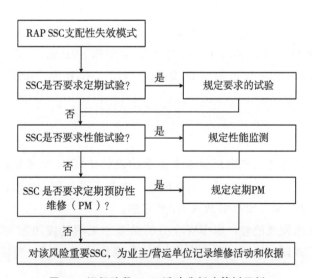

图 10 运行阶段 RAP 活动分析决策树示例

3.1.13 D-RAP 清单

按照 SRP 第 17.4 节要求，设计控制文件（DCD）或安全分析报告第 17.4 节应给出完整的 RAP

SSC 清单，包括：

（1）每个 SSC 纳入 RAP 的根据的描述；

（2）RAP SSC 的清晰识别，包括文字描述和特定 SSC 识别码（当适用时），以与实施 D‒RAP 的组织有效和准确交流 RAP SSC；

（3）RAP SSC 边界的清晰识别（如电气、机械和仪表控制边界），以为理解 RAP SSC 提供一个共同的基础（这是重要的，因为 RAP SSC 都要受 QA 控制）。

表 3 为摘自 AP1000 DCD 表 17.4‒1[19] 的部分设备示例。

表 3　D‒RAP 范围内风险重要的 SSC 示例

构筑物、系统和设备（SSC）	依据	见解和假设
设备冷却剂系统		
设备冷却水泵	EP	这些泵为正常余热导出系统（RNS）和乏燃料水池换热器提供冷却。在停堆期间一回路水装量减少的工况下，冷却 RNS 换热器是投资保护重要功能
安全壳系统		
安全壳	EP，L2	安全壳为事故后向环境释放蒸汽或放射性提供屏障
氢气点火器	RAW/CCF，L2，法规	按照 10 CFR 50.34f 要求，这些氢气点火器提供控制安全壳大气内氢气浓度的手段
化学和容积控制系统		
补水泵	EP	这些泵为反应堆冷却剂系统提供补水，为停堆、蒸汽管道破裂和 ATWS 提供负反应性

注：CCF＝Common Cause Failure，共因失效；EP＝Expert Panel，专家团；RAW＝Risk Achievement Worth，风险增进值；RRW＝Risk Reduction Worth，风险降低值；L2＝二级 PSA。

3.2　各活动中的质量保证

对安全相关 RAP SSC，按《核电厂质量保证安全规定》（HAF003）及其导则编制《研发阶段质量保证大纲》或《设计和建造阶段质量保证大纲》，同时要求供货商按 HAF003 及其导则编制质量保证大纲。对非安全相关 RAP SSC，参考 HAF003 及其导则和 SRP 第 17.5 节 Part U 要求，对设计、采购、制造、建造、安装、检查和试验活动实施适当的 QA 控制。此外，还可参考 EPRI 技术报告[20-22]。

4　结论

采用非能动安全系统的非能动核电厂是未来发展的趋势。NRC 和《非能动安全系统压水堆核电厂总设计要求》（GB/T 35730—2017）对非能动核电厂中执行纵深防御功能的非安全相关、能动 SSC 提出 RTNSS 要求，包括 RTNSS SSC 需纳入 RAP 范围。

风险指引型监管是未来发展趋势，概率安全分析结果和见解的应用需要确保风险重要的 SSC 的可靠性和可用性在核电厂寿期内能够实现和维持。NRC 规定的 D‒RAP 要求包括程序性控制措施和质量保证要求。

本文在分析 NRC 关于 D‒RAP 审评要求的演变和最新审评要求基础上，针对核电型号研发和核电工程项目中实施 D‒RAP 的关键问题提出建议措施，可指导先进轻水堆核电厂研发、核电工程项目开展 D‒RAP 工作和在运核电厂开展 SSC 可靠性管理工作。

参考文献：

[1] 郑华. 非能动核电厂的非安全级系统监管处理要求 [J]. 核电, 2022, 5 (152): 1-7.

[2] NRC. Standard review plant 17. 4 reliability assurance program [R]. 2014.

[3] NRC. NRC action plan developed as a result of the TMI-2 accident (NUREG-0660) [R]. 1980.

[4] NRC. NRC policy on future reactor designs (NUREG-1070) [R]. 1985.

[5] NRC. Design requirements related to the evolutionary advanced light water reactors (ALWRS) (SECY-89-013) [R]. 1989.

[6] NRC. Policy, technical, and licensing issues pertaining to evolutionary and advanced light-water reactor (ALWR) designs (SECY-93-087) [R]. 1993.

[7] NRC. Policy and technical issues associated with the regulatory treatment of non-safety systems in passive plant designs (SECY-94-084) [R]. 1994.

[8] NRC. SECY-94-084 SRM [R]. 1994.

[9] NRC. Policy and technical issues associated with the regulatory treatment of non-safety systems (RTNSS) in passive plant designs (SECY-94-084) (SECY-95-132) [R]. 1995.

[10] NRC. SECY-95-132 SRM [R]. 1995.

[11] NRC. C. I. 17. 4 Reliability assurance program (RG 1.206) [R]. 2007.

[12] NRC. Standard Review Plant 17. 5 Quality assurance program description-design certification, early site permit and new license applicants [R]. 2007.

[13] NRC. Interim staff guidance on standard review plan section 17. 4 reliability assurance program (DC/COL-ISG-018) [R]. 2011.

[14] NRC. Recommended change to verification of the design reliability assurance program (SECY-18-0093) [R]. 2018.

[15] NRC. SECY-18-0093 SRM [R]. 2019.

[16] 生态环境部核电安全监管司. 关于征求《CAP 系列非能动核电厂安全审评原则（征求意见稿）》意见的函 [R]. 2022.

[17] NEI. 10 CFR 50.69 SSC categorization guideline [R]. 2005.

[18] NRC. An approach for determining the technical adequacy of probabilistic risk assessment results for risk-informed activities (Rev. 1) (RG 1.200) [R]. 2007.

[19] Westinghouse Electric Corporation. AP1000 design control document, Rev. 19 [R]. 2011.

[20] EPRI. 1021415 Equipment reliability for new nuclear plant projects: industry recommendations for design [R]. 2010.

[21] EPRI. 1021413 Equipment reliability for new nuclear plant projects: industry recommendations for storage, construction, and testing [R]. 2010.

[22] EPRI. 1021416 Equipment reliability for new nuclear plant projects-industry recommendations for procurement [R]. 2010.

Research on design phase reliability assurance program

ZHENG Hua

[China Nuclear Power Design Co., Ltd. (ShenZhen), Shenzhen, Guangdong 518172, China]

Abstract: Risk - informed regulation is a trend. The application of probabilistic safety analysis (PSA) results and insights need to ensure the reliability and availability of Structures, Systems and Components (SSC) are achieved and maintained throughout the life of a nuclear power plant. U. S. Nuclear Regulatory Commission (NRC) requires Design Phase Reliability Assurance Program (D - RAP), including programmatic controls and Quality Assurance (QA) programs. Evolution of NRC D - RAP review requirements is analyzed and summarized, and implementation suggestions for key issues in applying D - RAP in nuclear power plants R&D and engineering projects are proposed.

Key words: D - RAP; Risk significant; Probabilistic risk assessment; Probabilistic safety analysis

基于改进聚合直觉模糊数的核电站故障树核基本事件可靠性数据评估算法

汪　鹏，雷玮剑，王云福，侯　斌，吴祥勇

（深圳中广核工程设计有限公司，广东　深圳　518172）

摘　要： 使用故障树分析（FTA）技术进行核电站概率安全评估（PSA）时，核基本事件的可靠性数据必不可少。由于核设施和系统的特殊性，其组件的精确可靠性数据一般很难获取。基于直觉模糊集理论的可靠性估计算法可以有效解决上述问题，通过对专家给出的语言评价值进行模糊数学建模和启发式聚合，可以估算出核基本事件的可靠性数据。在进行直觉模糊数聚合时，该算法忽略了专家的评分经验，无法对评价偏离度异常的情况进行有效处理。本文提出了基于评分向量和评价置信因子的改进聚合直觉模糊数算法，用评分向量进行专家经验建模，用幂级数进行经验置信度衰减模拟，建立统一的直觉模糊数聚合模型。可解决专家评价噪声数据问题，有效平滑专家犹豫不决和坚信不疑的评价，保证合理的评价权重。实验表明，新算法和模型不受评分数据偏离度影响，能对专家评价模糊性和评价风险偏好进行充分表达，得到的核事件可靠性数据满足一致度要求且具有更低的相对误差。

关键词： 核基本事件；可靠性数据；直觉模糊数；评分向量；评价置信因子；幂级数衰减

　　故障树分析（FTA）是进行核电站概率安全评估（PSA）的重要方法[1]，在进行 FTA 定量分析时，基本事件可靠性数据的质量决定整个计算结果的质量。由于核电站核设施和系统的复杂性，组件故障隐蔽性强、因果关系复杂、机理多样，难以精确判断故障原因和故障程度，而且因核电站特殊的安全管控要求，常常无法获得足够多的组件统计数据进行可靠性评估，给 FTA 在核电站 PSA 中的应用带来很大的挑战[2]。将直觉模糊理论的概念引入 FTA 中，用模糊概率来表达底事件的不精确性和不确定性，在故障数据缺失的情况下有效地评估基本事件故障概率，构建基于直觉模糊理论的直觉模糊 FTA（Intuitionistic Fuzzy FTA，IFFTA）[3-4]，是一种新颖有效的基本事件可靠性评估算法。IFFTA 由参与群策的专家根据工作经验和专业知识，用模糊的定性自然语言对事件发生可能性进行主观评价，利用直觉模糊数对评价语言进行数学量化，然后结合去模糊化技术，将直觉模糊数转化为事件可靠性数据。在群策过程中，利用专家启发式算法对评价指标进行权重确定，包括专家能力权重和评价权重，最终根据权重偏好因子进行权重聚合，得到事件的可靠性数据[5-9]。该算法忽略了对专家评价经验的考量，当一个能力很强的专家给出偏离度很大的评价时，用此算法计算得到的专家权重会严重偏小，影响聚合直觉模糊数生成。

　　本文提出了基于评分向量和评价置信因子的改进聚合直觉模糊数算法，用评分向量进行专家经验（即专家评价风险偏好）建模，用幂级数进行经验置信度衰减模拟，在正常数据和噪声数据中，均能生成合理的评价聚合权重，建立统一的直觉模糊数聚合模型。同时，在核电站组件故障数据集上进行了算法测评，对算法的适用性和优越性进行了验证。

作者简介： 汪鹏（1988—），男，湖北仙桃人，高级工程师，硕士研究生，现主要从事核电设计软件研发、智能核电、深度学习和核电知识图谱研究等。

基金项目： 国家重点研发计划（2020YFB1711700）、中国广核集团"十四五"战略项目智能核电项目资助。

1 改进聚合直觉模糊数核事件可靠性评估算法

1.1 直觉模糊数和区域去直觉模糊化技术

定义 1：设 X 是给定论域，则 X 上的一个直觉模糊集定义如下：$\tilde{A} = \{\langle x, \mu_{\tilde{A}}(x), v_{\tilde{A}}(x)\rangle \mid x \in X\}$，其中 $\mu_{\tilde{A}}(x)：X \rightarrow [0, 1]$ 和 $v_{\tilde{A}}(x)：X \rightarrow [0, 1]$ 分别表示 $\tilde{A}$ 的隶属度函数和非隶属度函数。$\mu_{\tilde{A}}(x)$ 和 $v_{\tilde{A}}(x)$ 满足关系：$\forall x \in X, 0 \leqslant \mu_{\tilde{A}}(x) + v_{\tilde{A}}(x) \leqslant 1$。将由隶属度和非隶属度组成的有序区间 $\langle \mu_{\tilde{A}}(x), v_{\tilde{A}}(x)\rangle$ 称为直觉模糊数（IFNs）。

定义 2：三角直觉模糊数由其区间端点来表达，定义为 $(a, b, c; a', b, c')$，其中 a, b, c, a', c' 分别表示隶属度函数 $\mu_{\tilde{A}}(x)$ 和非隶属度函数 $v_{\tilde{A}}(x)$ 的拐点横坐标，$\mu_{\tilde{A}}(x)$ 和 $v_{\tilde{A}}(x)$ 定义如下。

$$\mu_{\tilde{A}}(x) = \begin{cases} \mu_{\tilde{A}}^L(x) = \dfrac{x-a}{b-a}, & a \leqslant x \leqslant b \\ \mu_{\tilde{A}}^R(x) = \dfrac{c-x}{c-b}, & b \leqslant x \leqslant c \\ 0, & \text{otherwise} \end{cases}, \quad v_{\tilde{A}}(x_1) = \begin{cases} v_{\tilde{A}}^L(x) = \dfrac{b-x}{b-a'}, & a' \leqslant x \leqslant b \\ v_{\tilde{A}}^R(x) = \dfrac{x-b}{c'-b}, & b \leqslant x \leqslant c' \\ 1, & \text{otherwise} \end{cases} \tag{1}$$

采用区域去直觉模糊化算法[7] 将专家评价语言值对应的 IFNs 去模糊化为核事件可靠性评分。其中 y_μ 和 y_v 表示 $\mu_{\tilde{A}}(x)$ 和 $v_{\tilde{A}}(x)$ 的质心，x_1, x_2, x'_1, x'_2 表示过质心水平线与 $\mu_{\tilde{A}}(x)$ 和 $v_{\tilde{A}}(x)$ 交点坐标。

$$AIDT(\tilde{A}) = \frac{1}{2}\left[(x_1 y_\mu + x'_1 y_v) + \left(\int_{x_2}^{d} (\mu_{\tilde{A}}^R(x)\mathrm{d}x) \right) + \int_{x'_2}^{d'}(1 - v_{\tilde{A}}^R(x)\mathrm{d}x) \right], \tag{2}$$

当 $\tilde{A} = (a, b, c; a', b, c')$ 时[7]，$AIDT(\tilde{A}) = [4(a + a') + 2b + (c + c')]/36$。

1.2 模糊统计和直觉模糊数建模

1.2.1 模糊统计

根据核设施组件类型和可能发生的失效事件组合，使用 7 个语言值定义核事件失效可能性分布 H，如式（3）所示。每个语言值的含义和 IFNs 见表 1。通过模糊统计的方式，选择一组专家对每个基本事件故障可能性进行主观定性评价，通过"询问-回答"的方式，让每个专家从 H 分布中选择一个语言值 h_i，表示对基本事件的最佳估计。专家的学识背景、专业知识和工作经验可能相差很大，他们对同一事件可能会提出不同的意见，并在主观上提供不同的评价。

$$H = \{h_i \mid i = 1, 2, \cdots, 7\} = \{VL, L, RL, M, RH, H, VH\}。 \tag{3}$$

表 1 语言分布和对应的直觉模糊数

故障可能性	出现可能性	IFNs
Very Low（VL）	$<1.0E-8$	$(0, 0.04, 0.08; 0, 0.04, 0.08)$
Low（L）	$1.0E-8 \sim 1.0E-7$	$(0.07, 0.13, 0.19; 0.04, 0.13, 0.22)$
Reasonable Low（RL）	$1.0E-7 \sim 1.0E-6$	$(0.17, 0.27, 0.37; 0.12, 0.27, 0.37)$
Moderate（M）	$1.0E-6 \sim 1.0E-5$	$(0.35, 0.5, 0.65; 0.25, 0.5, 0.75)$
Reasonable High（RH）	$1.0E-5 \sim 1.0E-4$	$(0.63, 0.73, 0.83; 0.58, 0.73, 0.88)$
High（H）	$1.0E-4 \sim 1.0E-3$	$(0.81, 0.87, 0.93; 0.79, 0.87, 0.96)$
Very High（VH）	$>1.0E-3$	$(0.92, 0.96, 1; 0.92, 0.96, 0.1)$

1.2.2 直觉模糊数建模

专家以语言值的形式对核基本事件失效可能性进行评价，用 IFNs 对语言值进行量化。由于 IFNs

既考虑了隶属度，也考虑了非隶属度和犹豫度，因此可以更加完整且科学地反映指标的所有信息和专家的偏好程度。IFNs 可以有不同的形状，本文采用通用的三角直觉模糊数对语言值分布 H 进行量化，核事件失效可能性分布和其对应的 IFNs 如表 1 所示。

1.3 基于评分向量和评分置信因子的聚合算法

完成模糊统计和专家评价语言直觉模糊化之后，采用多维决策的方法进行专家权重设计，并利用专家权重进行 IFNs 的加权聚合，生成最终的核基本事件的聚合 IFNs。传统算法通过简单的专家能力和评价相似度来进行 IFNs 加权聚合，当某位能力很强且风险偏好的专家给出偏离度较大的评价得分时，根据这种算法计算得到的评价相似度将显著偏小，这是不合理的。本文增加了专家的历史评分这个客观维度，对专家评价进行综合考量，核心创新点如下：①设计出专家经验得分的度量公式，并用经验得分来量化专家的评价风险偏好；②专家聚合权重由能力权重、评价权重和经验权重组成，并根据具体的业务场景通过权重偏好因子动态调节，确保出现上述噪声数据时，也能生成相对合理的聚合权重；③结合深度学习中动量梯度下降算法中学习率衰减的思想，利用幂级数系数对经验权重进行衰减模拟，在时间维度上对经验值进行幂级缩放，保证经验值衰减的合理性。

新型聚合算法步骤如下。

第一步：计算相似性度量。针对基本事件 b，专家 E_i 和 E_j 给出的评价为 $\tilde{b}_i$ 和 $\tilde{b}_j$，$\tilde{b}_i$ 和 $\tilde{b}_j$ 之间的相似度如式（4）所示。

$$S(\tilde{b}_i, \tilde{b}_j) = \begin{cases} EV(\tilde{b}_i)/EV(\tilde{b}_j), & \text{if} \quad EV(\tilde{b}_i) \leqslant EV(\tilde{b}_j) \\ EV(\tilde{b}_j)/EV(\tilde{b}_i), & \text{if} \quad EV(\tilde{b}_j) \leqslant EV(\tilde{b}_i) \end{cases} \tag{4}$$

式中，$S(\tilde{b}_i, \tilde{b}_j)$ 为相似性度量函数，$EV(\tilde{b}_i)$ 和 $EV(\tilde{b}_j)$ 表示 $\tilde{b}_i$ 和 $\tilde{b}_j$ 的评价期望值，三角直觉模糊数 $\tilde{b}_i$ 的 EV 定义如式（5）所示。

$$EV(\tilde{b}_i) = [(a_i + a'_i) + 4b_i + (c_i + c'_i)]/8。 \tag{5}$$

m 个专家的相似度矩阵 SM 定义如下，其中 $s_{ij} = S(\tilde{b}_i, \tilde{b}_j)$，且当 $i = j$ 时，$s_{ij} = 1$：

$$SM = \begin{bmatrix} 1 & s_{12} & s_{13} & \cdots & s_{1m} \\ s_{21} & 1 & s_{23} & \cdots & s_{2m} \\ \vdots & \vdots & \vdots & \ddots & \vdots \\ s_{m1} & s_{m2} & s_{m3} & \cdots & 1 \end{bmatrix}。 \tag{6}$$

第二步：计算相对一致度。每个专家 $E_i (i = 1, 2, \cdots, m)$ 的相对一致度计算如式（7）所示。

$$RAD(E_i) = \frac{AA(E_i)}{\sum\limits_{i=1}^{m} AA(E_i)}, \quad i = 1, 2, \cdots, m。 \tag{7}$$

式中，$AA(E_i)$ 表示每个专家 E_i 的平均一致度，见式（8）：

$$AA(E_i) = \frac{1}{m-1} \sum\limits_{j=1}^{m} s_{ij}, \quad i = 1, 2, \cdots, m。 \tag{8}$$

第三步：设计并计算经验权重。

首先，针对某个事件，计算专家的聚合一致度 EAA：$EAA = [\sum\limits_{i=1}^{m} AA(E_i)]/m$；

然后，计算每个专家 E_i 的经验得分：$ES(E_i) = \sqrt{EAA \times AA(E_i)}$；

设计经验得分是为了平衡相似评价中的误差，可以很好地表现出一次专家评分时，每个专家评分结果的好坏。针对每个事件，每次群策可以得到一个评分向量：

$$ES = (ES(E_1),\ ES(E_2),\ \cdots,\ ES(E_m))\,。 \tag{9}$$

一般情况下，在进行专家群策时，每一次群策得到的评分向量的参考性会根据群策时间逐次降低，越久远的群策评分向量，其参考性就越低，反之则越高。为此，利用幂级数对群策评分向量的参考性进行衰减建模，设 $ES^{(n)}$ 为第 n 次迭代的评分向量，计算公式如式（10）所示。

$$ES^{(n)} = k \cdot ES^{(n-1)} + ES_{n-1}\,。 \tag{10}$$

式中，$k \in (0，1)$，为幂级数衰减系数，也称评价置信因子，描述经验置信度；ES_{n-1} 表示第 $n-1$ 条评分向量。

专家经验权重计算公式见式（11）。$ES^{(n)}$ 与时间点较近的专家经验得分关系大，与时间点较远的得分关系小。随着数据量的增加，$ES^{(n)}$ 是收敛的。这些性质保证了在进行经验权重计算时，算法能够根据历史评价数据，计算该专家的经验得分权重，达到制衡能力权重和评价权重的目的。

$$EW(E_i) = \frac{ES^{(n)}(E_i)^2}{\displaystyle\sum_{j=1}^{m} ES^{(n)}(E_j)^2}\,。 \tag{11}$$

第四步：权重聚合。式（12）中 w_i 表示专家 E_i 的聚合权重，$WF(E_i)$[7]、$RAD(E_i)$、$EW(E_i)$ 分别表示能力权重、评价权重和经验权重，α、β、γ 分别表示能力因子、评价因子和经验因子，且 $\alpha + \beta + \gamma = 1$。

$$w_i = \alpha \cdot WF(E_i) + \beta \cdot RAD(E_i) + \gamma \cdot EW(E_i)\,。 \tag{12}$$

第五步：计算改进聚合直觉模糊数。每个基本事件 b_j 的 INFs 的最佳估计值见式（13），$\otimes$ 表示加权平均，$\tilde{p}_{ij}$ 表示第 i 个专家对第 j 个事件语言评价值的 IFNs：

$$\tilde{p}_j^M = \sum_{i=1}^{m} w_i \otimes \tilde{p}_{ij},\ j = 1,\ 2,\ \cdots,\ n\,。 \tag{13}$$

最后，利用式（2）对每个基本事件的 INFs 进行去直觉模糊化，得到核基本事件可靠性数据。新算法框架如图 1 所示。

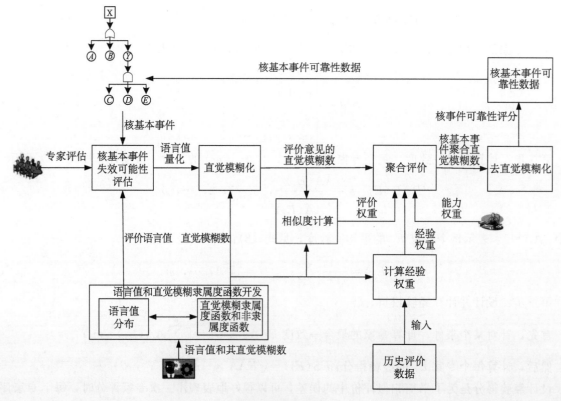

图 1　新算法框架

2 实验和分析

本文选择Babcock&Wilcox核电站反应堆保护系统David-Besse设计模块FTA中的4个基本事件（表2）作为可靠性评估数据集[4]，对新算法的可行性和优越性进行验证。7位专家给出的模糊统计群策矩阵见表3，专家的能力权重见参考文献[4]。在正常数据和噪声数据的情况下实验，对原算法和新算法进行了对比。实验利用Bland-Altman法计算一致度[5]，对比一致度和相对误差两项指标，验证算法的可行性和优越性。

表2 Babcock&Wilcox David-Besse FTA部分核基本事件

基本事件	故障描述
b_1	停堆断路器局部硬件故障
b_2	分励脱扣装置局部故障
b_3	欠压线圈装置局部故障
b_4	通道跳闸装置在压力设定值处不跳闸故障

表3 模糊统计群策矩阵

基本事件	E_1	E_2	E_3	E_4	E_5	E_6	E_7
b_1	M	RL	M	RL	M	RL	RL
b_2	H	H	RH	H	H	H	H
b_3	RH	M	RH	RH	RH	M	RH
b_4	RH	RH	RH	M	RH	RH	RH

2.1 实验

当专家群策矩阵中没有噪声数据和存在噪声数据（设置E_7的评价全为VH和VL）时，设置不同的权重因子（在0.1~0.9变化），利用原算法和新算法对4个基本事件的可靠性数据进行评估。表4至表6挑选展现了2组不同权重下的计算结果，图2至图9展示了Bland-Altman一致度和相对误差对比。

表4 正常数据时算法结果对比

基本事件	真实值	原算法	新算法
b_1	1.80E-5	1.42E-5	1.49E-5
b_2	6.10E-4	6.20E-4	6.19E-4
b_3	2.30E-4	2.11E-4	2.19E-4
b_4	2.90E-4	2.63E-4	2.68E-4

注：原算法权重为（0.8，0.2），新算法权重为（0.4，0.2，0.4）。

表5 存在噪声数据时算法结果对比（一）

基本事件	真实值	噪声数据为VH		噪声数据为VL	
		原算法	新算法	原算法	新算法
b_1	1.80E-5	1.35E-5	1.49E-5	4.09E-5	2.90E-5
b_2	6.10E-4	4.52E-4	5.26E-4	6.48E-4	6.35E-4
b_3	2.30E-4	1.55E-4	1.75E-4	2.64E-4	2.36E-4
b_4	2.90E-4	1.93E-4	2.22E-4	3.15E-4	2.91E-4

注：原算法权重为（0.8，0.2），新算法权重为（0.4，0.2，0.4）。

表 6　存在噪声数据时算法结果对比（二）

基本事件	真实值	噪声数据为 VH		噪声数据为 VL	
		原算法	新算法	原算法	新算法
b_1	1.80E−5	1.38E−5	1.52E−5	3.93E−5	2.78E−5
b_2	6.10E−4	4.86E−4	5.64E−4	6.52E−4	6.39E−4
b_3	2.30E−4	1.65E−4	1.85E−4	2.65E−4	2.36E−4
b_4	2.90E−4	2.08E−4	2.39E−4	3.18E−4	2.94E−4

注：原算法权重为（0.6，0.4），新算法权重为（0.2，0.4，0.4）。

2.2　结果分析

（1）图 2、图 3 和图 4 中，数据落在一致性界限内（均值 Mean±1.96 倍方差 SD）的比例分别为 95％、95％和 90％，表明新算法在正常数据和噪声数据情况下计算得到的核基本事件可靠性数据，均与真实可靠性数据具有高度的一致性，是一种有效可行的评价算法；

（2）由图 5 至图 9 可知，在正常数据和噪声数据情况下，新算法的相对误差均要小于原算法。特别是在噪声数据中，新算法表现出了更低的相对误差，是一种更为优越的评价算法。

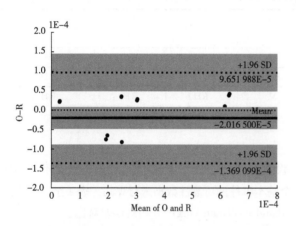

图 2　原算法（O）与真实结果（R）一致度

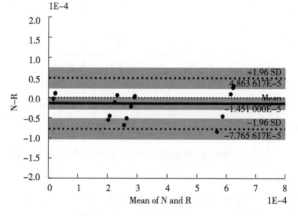

图 3　新算法（N）与真实结果（R）一致度

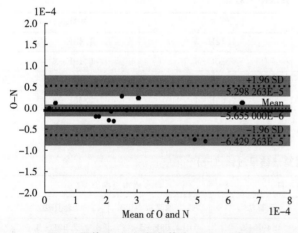

图 4　原算法（O）与新算法（N）一致度

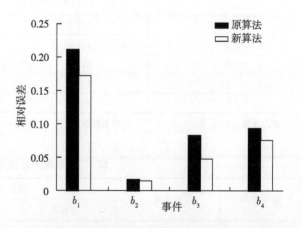

图 5　正常数据下（表 4）相对误差对比

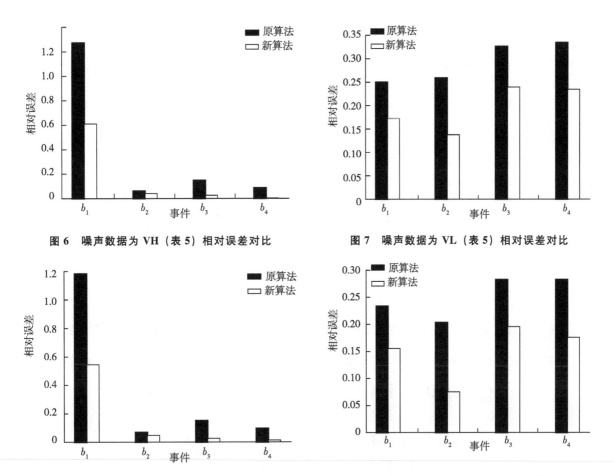

图 6 噪声数据为 VH（表 5）相对误差对比

图 7 噪声数据为 VL（表 5）相对误差对比

图 8 噪声数据为 VH（表 6）相对误差对比

图 9 噪声数据为 VL（表 6）相对误差对比

3 结论

本文设计了一种新的基于聚合直觉模糊数进行核电站故障树核基本事件故障概率评价的算法，在核基本事件可靠性数据缺失的情况下，利用模糊数学中直觉模糊数的思想，对专家群策语言值进行量化建模，并通过能力因子、评价因子和经验因子对专家聚合权重体系进行设计，建立了基于聚合直觉模糊数的核基本事件可靠性数据群策模型。通过在正常数据和噪声数据上进行对比实验，验证了新算法是一种可行的、数据容错度和精度均更高的算法。基于直觉模糊数的群策模型具备高可扩展性，可为其他可靠性数据的估计提供新思路。

致谢

感谢实验过程中文献［7］作者 Manvi Kaushik 和 Mohit Kumar 提供的实验数据和邮件答疑。

参考文献：

［1］ RUIJTERS E，STOELINGA M. Fault tree analysis：a survey of the state－of－the－art in modeling，analysis and tools ［J］. Computer science review，2015，15－16（3）：29－62.

［2］ PURBA J H. A fuzzy－based reliability approach to evaluate basic events of fault tree analysis for nuclear power plant probabilistic safety assessment ［J］. Annals of nuclear energy，2014，70（aug.）：21－29.

［3］ KABIR S，GEOK T K，KUMAR M，et al. A method for temporal fault tree analysis using intuitionistic fuzzy set and expert elicitation ［J］. IEEE access，2019，8：980－996.

［4］ KUMAR M. An area if－defuzzification technique and intuitionistic fuzzy reliability assessment of nuclear basic events of fault tree analysis [M] //Harmony Search and Nature Inspired Optimization Algorithms: Theory and Applications, ICHSA 2018. Singapore: Springer Singapore, 2018: 845 – 856.

[5] 范莉萍，种银保，郎朗，等．基于聚合模糊数的多参数监护仪故障树研究 [J]．中国医学物理学杂志，2021，38（6）：725 – 731.

[6] 曹志成，杨晓明，苏丹，等．基于直觉模糊 TODIM 的航天型号材料供应商优选研究 [J]．载人航天，2022，28（3）：383 – 391.

[7] KAUSHIK M, KUMAR M. An application of fault tree analysis for computing the bounds on system failure probability through qualitative data in intuitionistic fuzzy environment [J]. Quality and reliability engineering international, 2022, 38 (5): 2420 – 2444.

[8] KUMAR M. System failure probability evaluation using fault tree analysis and expert opinions in intuitionistic fuzzy environment [J]. Journal of loss prevention in the process industries, 2020, 67 (1): 104236.

[9] KUMAR M, KAUSHIK M. Reliability evaluating of the ap1000 passive safety system under intuitionistic fuzzy environment [M] //Reliability Management and Engineering. Florida: CRC Press, 2020: 133 – 148.

Basic nuclear events reliability data assess algorithm of nuclear power plant fault tree based on improved aggregated intuitionistic fuzzy numbers

WANG Peng, LEI Wei-jian, WANG Yun-fu,
HOU Bin, WU Xiang-yong

[China Nuclear Power Design Co., Ltd. (Shenzhen), Shenzhen, Guangdong 518172, China]

Abstract: In the probabilistic safety assessment (PSA) of nuclear power plants using fault tree analysis (FTA), the reliability data of basic nuclear events is essential. Due to the particularity of nuclear facilities and systems, precise quantitative failure data of the components are generally difficult to obtain. The reliability estimation algorithm based on intuitionistic fuzzy set theory can effectively solve the problems. Through fuzzy mathematical modeling and elicitation aggregation of linguistic values given by experts, the reliability data of basic nuclear events can be estimated. In the process of intuitionistic fuzzy number aggregation, original method ignores the scoring experience of experts and fails to deal with the abnormal deviation degree effectively. This paper proposes an improved aggregation intuitionistic fuzzy number algorithm based on scoring vector and evaluation confidence factor, which uses scoring vector for expert experience modeling and power series for empirical confidence attenuation simulation, and establishes a unified intuitionistic fuzzy number aggregation model. It solves the problem of expert's noise data, effectively smooth the expert hesitancy and confidence in the score, and ensures a reasonable evaluation weight. Experiments show that the new algorithm and model are not affected by the deviation degree of scoring data, and can fully express the evaluation fuzziness and preferences. The results meet the requirements of consistency and have lower relative errors.

Key words: Basic nuclear events; Reliability data; Intuitionistic fuzzy number; Scoring vector; Evaluation confidence factor; Power series attenuation

中国核科学技术进展报告（第八卷）

核安全分卷　　　　Progress Report on China Nuclear Science & Technology（Vol. 8）　　　　2023 年 10 月

热交换器传热管与支撑非线性碰撞数值计算研究

于美琪[1]，张红升[1]，王钰淇[2]，郭　凯[1]

（1. 燕山大学环境与化学工程学院，河北　秦皇岛　066004；

2. 清华大学核能与新能源技术研究院，先进核能技术协同创新中心，

先进反应堆工程与安全教育部重点实验室，北京　100084）

摘　要： 为确保热交换器的安全运行，需要在低于流体弹性失稳的临界流速条件下工作。然而，由于管束与支撑之间存在间隙，当管束接近流体弹性失稳时，可能会发生位移受限的流体弹性失稳现象，对管束的安全构成一定威胁。本文以非线性支撑管束为研究对象，对不同工况下管束与支撑之间的碰撞进行了数值计算研究。研究结果显示，随着间隙增大，在亚流弹工况下，管束的接触力和磨损功率也随之增加，而在湍流抖振工况下结果有明显不同。此外，多跨管束分析表明不同支撑位置的接触参数规律存在较大差异，且在亚流弹工况下，接触力和位移的整体幅值明显高于湍流抖振工况的结果。

关键词： 热交换器管束；非线性支撑；流体弹性失稳；流致振动；磨损

流体诱发振动是造成蒸汽发生器传热管微动磨损的主要原因。流体诱发振动可分为 3 种主要类型：受迫振动、共振与失稳振动[1]。在所有流体诱发振动机理中，流体弹性不稳定性是最危险的振动机理[2-5]。除流体弹性不稳定性，其他 3 种机理都需要数年才可能导致管束的破坏，而流体弹性不稳定性的发生可能导致管束在短时间内就因为过量振动发生破坏，这种短期的失效会导致设施的临时关闭和物质泄漏，从而造成难以估量的损失[6-7]。

对于微动磨损问题，通常只考虑湍流抖振的影响。由于湍流抖振是无法避免的机制，在几乎所有设计计算中，都将湍流抖振作为微动磨损的振动输入源。然而，对于许多运行在高流速下的换热器而言，流体的弹性力也可能在局部产生显著影响，特别是在防振条支撑处。由于间隙效应的存在，这可能导致顺流向固有频率的显著降低，进而引发顺流向失稳。

流体弹性失稳与湍流抖振对于磨损的影响是不同的，EPRI 和加拿大原子能实验室（CNL）的磨损数据表明，随着间隙的变化，流体弹性失稳和湍流抖振激振下的磨损结果是相反的[8]。流体弹性失稳导致的磨损随着间隙的增大而加剧，而湍流抖振激振下的磨损随着间隙的增大变得较轻微。因此，有必要对不同流体诱发振动机制引起的磨损进行分析，以提供更详细的解释，这将有助于在设计和维护过程中采取相应的解决措施。同时，随着间隙的增大，传热管的固有频率会降低，这样会导致在间隙的范围内发生由于流体弹性力引起的大振幅情况，Pettigrew 等人将其称为位移受限制的流体弹性不稳定现象（SFEI），本文将其称为亚流弹现象[9]。在这种情况下，亚流弹现象的微动磨损发生在流速低于临界流速的工况下。在这种工况下，传热管束可能在数年内发生穿孔问题，严重危及设备的安全性。

本文以非线性支撑管束为研究对象，进行了湍流抖振和亚流弹工况下管束与支撑之间的碰撞数值计算研究，并对比了不同工况下接触参数的变化情况。同时，对比分析了单跨和多跨管束的计算结果，探讨了多跨效应的影响。本文的研究结果可为高流速和极端条件下管束微动磨损问题提供技术支持。

作者简介： 于美琪（1990—），博士，燕山大学环境与化学工程学院讲师，毕业于日本广岛大学，主要从事材料第一型原理计算及过程流体力学研究。

1 模型与方法

1.1 模型

蒸汽发生器管束设计过程中往往需要通过管束非线性计算，以获取传热管和支撑之间的接触力和管在支撑间隙内的位移。对于松支撑条件下的管束振动分析，无论是单跨距还是多跨距管束，其非线性支撑梁的振动方程可以表示为

$$[M]\ddot{x}(t)+[C]\dot{x}(t)+[K]x(t)=F_w(t)+F_{imp}(t)。 \tag{1}$$

式中，$[M]$ 为质量矩阵；$[C]$ 为系统阻尼矩阵；$[K]$ 为系统刚度矩阵；$\ddot{x}(t)$、$\dot{x}(t)$、$x(t)$ 分别为加速度、速度和位移向量；$F_w(t)$ 为激振力向量；$F_{imp}(t)$ 为支撑的冲击-滑移力向量。

在式（1）方程中除了待分析支撑外，其他支撑均简化为简支或固支支撑，在这类分析中需要提供激振力 $F(t)$ 和支撑的作用力 $F_{imp}(t)$。为了完成上述结构的计算，需要使用流体力模型和非线性支撑模型。

（1）支撑模型

非线性计算的支撑模型有多种形式，加拿大学者 Hassan[10] 对该问题进行了详细的总结和分析，其研究包括对不同支撑形式的模型和支撑模型的分析。支撑的模型分为法向模型和摩擦接触模型。

对于非线性支撑的法向接触行为，目前主要采用附加阻尼和刚度的形式给出，其具体公式如式（2）所示：

$$\begin{cases} F_{imp}=-K_{imp}(|u_n|-C)+C_{imp}\dot{u}_n, \\ C_{imp}=K_{imp}\beta(|u_n|-C)。 \end{cases} \tag{2}$$

式中，K_{imp} 为支撑接触刚度，N/m；C_{imp} 为支撑接触阻尼，N/（m/s）；u_n 为管在间隙内的法向位移，m；$\dot{u}_n$ 为管在间隙内的法向速度，m/s。

该模型的准确性已得到验证并被广泛采用，本文也将采用该模型描述接触的法向行为。

SDFM 模型由法国学者 Antunes 等[11] 提出，该模型的主要形式如式（3）所示。在该模型中，当管束在支撑位置的位移小于间隙时，采用线性方程进行计算。然而，一旦位移超过间隙，接触将发生，并对管束施加额外的阻尼和刚度。SDFM 模型可以很好地模拟黏滞效应，尽管 Hassan[12] 发现在较大的预载荷和摩擦系数下可能会高估磨损功率，但在没有预加载荷的情况下，该模型的预测非常准确，并且对摩擦力大小的敏感度非常小。因此，该模型被广泛应用于非线性计算中以求取磨损功率。

$$\begin{cases} F_f=-\text{sign}(V_t)u_d F_N, & 滑动, \\ F_f=-\text{sign}(V_t)(K_a(u_c-u_0)+C_a V_t), & 黏滞。 \end{cases} \tag{3}$$

式中，u_c 为管在间隙内切向位移，m；u_0 为管在黏滞点切向位置，m；C_a 为黏滞阻尼，N/（m/s）；K_a 为黏滞刚度，N/m；V_t 为切向速度，m/s。

（2）流体力模型

在蒸汽发生器中，管束可能受到 3 种力的作用：流体的漩涡脱落力、流体湍流激振力和流体弹性力。研究表明，在空泡大于 30% 的工况下，漩涡脱落激振很难发生。因此，本文主要讨论流体湍流激振力和流体弹性力的作用。流体湍流抖振是换热器中无法避免的流致振动机制，这主要是由于湍流是换热器进行强化换热的有效手段。但是湍流力是一个随机力，该力一般情况下会根据实验测得功率谱密度（PSD）转化为随机相位的时序力。为了体现除两个升力和曳力方向的不同功率谱密度的影响，本文选取了 Ziada[13] 的实验功率谱密度作为计算的输入谱。流体弹性力参考非稳态模型[14]，具体使用的参数如图 1 所示。

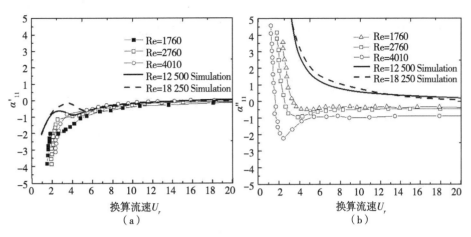

图 1　非稳态模型数据

（a）刚度系数；（b）阻尼系数

1.2　数值计算方法

进行动力学分析的方法有很多种，为了求取长时间振动的结果采用隐式动力学算法更为合适。而在时序的离散化上可以采用两个方法：直接积分法和模态叠加法。直接积分法的代表为 Newmark 积分和 Wilson 法。直接积分法具有很好的稳定性，但是当矩阵规模较大时，该方法需要的计算规模较大。而模态叠加法只需要计算一部分模态的影响，这样可以缩减矩阵的维度。本文将采用 Newmark 积分和模态叠加法相结合的方法开展数值计算研究。

本文使用 MATLAB 软件编程实现数值计算，所采用的 Newmark 积分和模态叠加法进行的非线性计算的算法流程如图 2 所示。首先组成 $n \times n$ 的振动方程，然后进行模态分析，选前 m 阶模态作为模态叠加法计算的输入，这样可以在 t 时刻将矩阵缩减为方程，即缩减为 $m \times m$ 阶的计算，得到 $t+\Delta t$ 时刻的结果后进行非线性支撑位置接触力的计算，并更新力矩阵到 $t+\Delta t$ 时刻，实现了计算的时序递推。

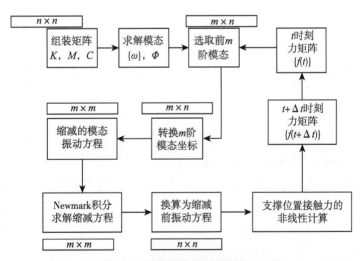

图 2　非线性计算的算法流程

（1）单跨模型

单跨距数值模型与文献［15］实验固有频率 13.2 Hz，单跨非线性计算模型如图 3 所示，而模型单跨管参数选择如表 1 所示。为了确定一跨内最少需要的节点数量 N_{net}，本文对不同模型均进行了网格无关性分析。图 4 为单跨距数值模拟在不同网格下的均方根位移和均方根接触力结果，可以看出当单跨节点超过 10 个时，3 个模型计算的稳定性都非常好。因此，本文后续计算均保证每跨距内网格数至少达到 10 个。阻尼选择瑞利阻尼进行添加，选择设置结构阻尼为 1%。

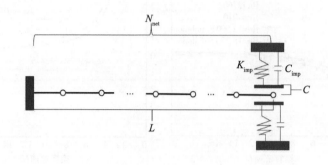

图 3 单跨非线性计算模型

表 1 单跨管参数

项目	值	项目	值
长度 L/mm	250	厚度/mm	1
管半径/mm	17.48	管密度/（kg/m³）	8950
弹性模量/GPa	200	接触刚度 K_{imp}/（N/m）	1.2×10^6
切向刚度系数 K_c/（N/m）	1.2×10^7	静摩擦系数 u_s	0.5
动摩擦系数 u_d	0.3	计算模态阶数	前 20 阶

选取无条件收敛的 Newmark 积分参数设置，即 $\alpha > 0.25$，$\beta = 0.5$，参考 Hassan 等人的研究[10, 12]，单跨计算时选择前 20 阶阵型作为计算输入，U 管计算时选择前 80 阶阵型作为计算输入。此外，脱离速度 V_t 参考 Hassan 研究结果[12]，如图 5 所示，选择为 1×10^{-4} m/s。

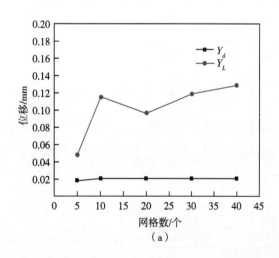
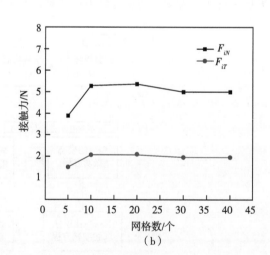

图 4 非线性计算位移网格无关性检验
（a）位移；（b）接触力

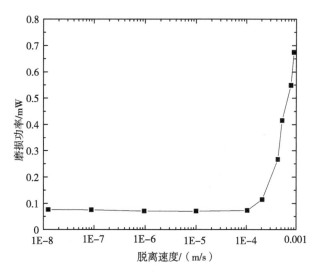

图 5 非线性计算脱离速度的选择

（2）多跨模型

直管多跨数值模拟选择四跨直管作为研究对象，两端为固支，中间采用非线性支撑形式，具体选择为圆孔支撑。由于防振条不出现在多跨直管情况，不进行该模拟分析。流速选择文献［16］的进口前四跨参数比例进行添加，模型多跨管参数如表 2 所示。在简支下的模态分析如图 6b 所示，可以看出第三跨是一阶模态出现的位置。经过计算第一跨对应振型下失稳的临界流速为 2.5 m/s，而一阶模态对应的临界流速为 1.7 m/s。由于本文参考实际的进口流速设置，所以间隙流速 V_g 应当小于 2.5 m/s。

表 2 多跨管参数

项目	数值	项目	数值
长度 L_0/mm	500	长度 L_1/mm	950
长度 L_2/mm	990	厚度/mm	1
管半径/mm	17.48	管密度/（kg/m³）	8950
弹性模量/GPa	200	接触刚度 K_{imp}/（N/m）	1.2×10^6
切向刚度系数 K_c/（N/m）	1.2×10^7	静摩擦系数 u_s	0.6
动摩擦系数 u_d	0.4	计算模态阶数	前 20 阶

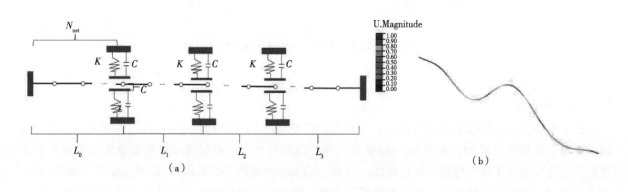

图 6 多跨非线性计算模型

（a）模型示意；（b）一阶模态（43.1 Hz）

2 单跨计算结果分析

2.1 湍流工况

单跨直管在防振条支撑下，实验数据结果和数值模拟数据的计算结果如图 7 所示。为了便于对比，选择激振力的幅值作为因变量，从图中可以看出，数值模拟模型下磨损功率结果均比较接近，这验证了本文所使用的计算方法的可靠性。随着间隙的增大，磨损功率和幅值都在下降，不同间隙趋势几乎相同，这与 Au-Yang 等[8] 总结的实验结果一致，但是当激振力的幅值较大时，间隙的影响开始变小。由于湍流工况下的管束磨损功率与间隙和激振力的关系也已经被详细阐明，本文不做更为详细探讨。

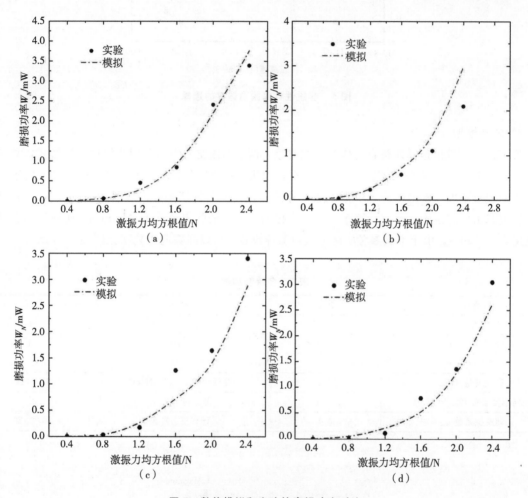

图 7　数值模拟和实验的磨损功率对比

(a) $C=0.05$ mm；(b) $C=0.1$ mm；(c) $C=0.15$ mm；(d) $C=0.2$ mm

2.2 亚流弹工况

由于单跨的流弹失稳临界流速在 5 m/s 左右，设置流速 V_g 范围为 3～4 m/s，这样可以获取在亚流弹工况下的结果（图 8）。由图 8a 可以看出，随着间隙的增大，磨损功率呈现显著的二次函数的上升趋势。这与湍流工况下的情况恰好相反，与 Au-Yang 报道的 EPRI 和 CNL 的实验结果相吻合[8]，由于所使用的流速低于该模型的流弹失稳临界流速，因此磨损功率的增长并没有达到相同的数量级。

由图 8b 和图 8c 可以看出，随着间隙的增大，在均方根滑动速度增大的同时，法向接触力也开始增大。湍流工况下的接触力主要受接触率的影响，而在亚流弹工况下，受到了流弹力的影响，管束的主振频率会随着间隙发生变化，这样在相近的接触率的情况下，均方根接触力出现了显著的增大。但是由图 8d 的接触率 R_c 的结果可以看出，流弹力造成的接触率 R_c 不会随着间隙发生较大的变化，这说明磨损功率 W_N 的变化是由于接触力的幅值增加造成的。

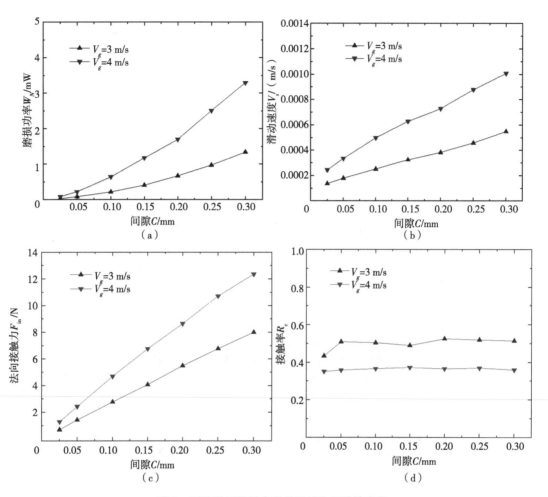

图 8　亚流弹下接触参数随流速和间隙的变化
（a）磨损功率；（b）滑动速度；（c）法向接触力；（d）接触率

3　多跨计算结果分析

3.1　湍流工况

图 9 展示了不同流速下第一跨的磨损功率结果。可以看出，随着间隙的增大，第一个支撑 S_1 的磨损功率在下降，这与单跨结果相同，然而第二个支撑 S_2 和第三个支撑 S_3 则略有上升。在间隙 $C > 0.2$ mm 之后，第二个支撑 S_2 和第三个支撑 S_3 的磨损功率不再增大。从幅值的角度来看，当间隙 C 小于 0.2 mm 时，支撑 S_1 的磨损功率最大，支撑 S_3 最小。然而当间隙 C 大于 0.2 mm 时，3 个支撑的磨损功率变得接近。而滑动速度的结果三者都比较接近，但是在多跨中的滑动速度稍大于单跨。

图 10 显示了 3 个支撑的法向接触力随着间隙变化的变化情况。可以观察到法向接触力的变化趋势与磨损功率几乎相同，这说明法向接触力是导致磨损功率变化的主要原因。从单跨的结果已经得知，法向接触力主要受到接触率的影响，这一结论在多跨情况下仍然成立。

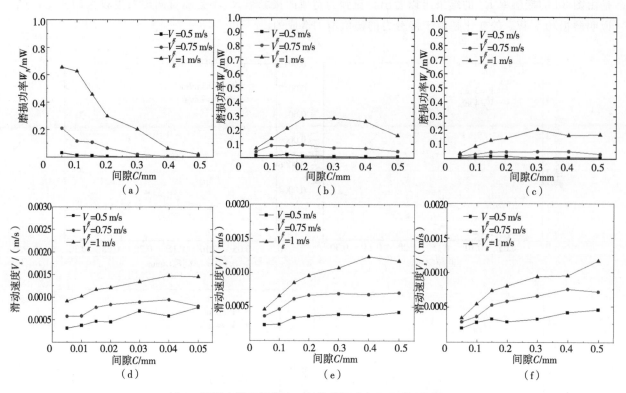

图9 不同支撑下的湍流工况的磨损功率和滑动速度结果

（a）S_1 磨损功率；（b）S_2 磨损功率；（c）S_3 磨损功率；（d）S_1 滑动速度；（e）S_2 滑动速度；（f）S_3 滑动速度

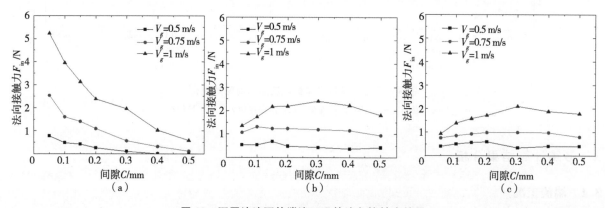

图10 不同流速下的湍流工况的法向接触力结果

（a）S_1 法向接触力；（b）S_2 法向接触力；（c）S_3 法向接触力

3.2 亚流弹工况

如果将流体弹性力设置为主要的激振力，不同支撑的亚流弹工况的磨损功率如图11所示，可以看出，当 $V_g=2$ m/s 时，随着间隙的增大，支撑 S_1 的磨损功率先升高而后下降；对于支撑 S_2 和 S_3 可以看出，在 $C<0.2$ mm 和流速较低时，随着间隙的增大，3个支撑的磨损功率变化较小，随后支撑 S_1 磨损功率开始下降，而其他2个支撑的磨损功率开始上升。这说明虽然只有第一跨受到大流速冲刷，但是其他支撑也可能受到其影响，产生较高的磨损功率。

进一步分析管束与支撑的冲击力结果，如图12a至图12c所示，支撑 S_1 整体呈现下降的趋势，而支撑 S_2 和 S_3 呈现上升趋势，说明在流弹力的作用下，一阶模态响应位置会影响法向接触力的大小，

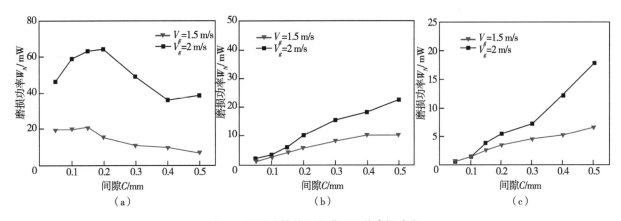

图 11 不同支撑的亚流弹工况的磨损功率

（a）S_1 磨损功率；（b）S_2 磨损功率；（c）S_3 磨损功率

进而造成该位置的严重磨损。

图 12d 至图 12f 为不同间隙下的滑动速度。可以看出，支撑 S_1 位置的滑动速度并没有大幅升高，这是由于受到的流体弹性力作用主要在其横流向，影响了滑动速度，但是支撑 S_2 和 S_3 则发生了很大滑动，说明顺流向也受到了影响。因此，多跨直管都有可能出现较高的磨损功率。

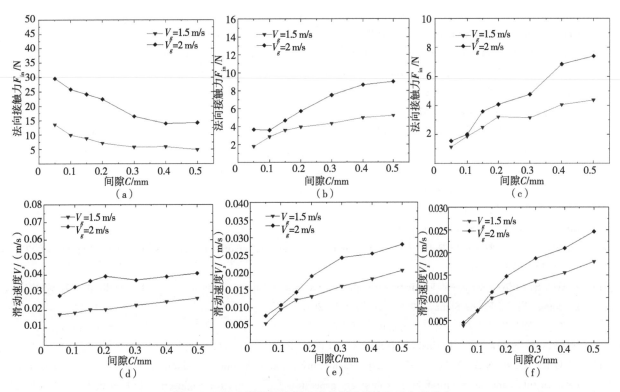

图 12 不同支撑的亚流弹工况的滑动速度和法向接触力

（a）S_1 法向接触力；（b）S_2 法向接触力；（c）S_3 法向接触力；（d）S_1 滑动速度；（e）S_2 滑动速度；（f）S_3 滑动速度

4 结论

本文以非线性支撑管束为研究对象，开展湍流和亚流弹工况下的管束与支撑之间的碰撞数值计算研究，对比不同工况下接触参数的变化情况。同时，对比分析单跨和多跨管束的计算结果，探讨多跨效应的影响，得到以下主要结论。

（1）随着间隙增大，亚流弹工况下管束的接触力和磨损功率也随之升高，这与湍流工况下结果呈现明显不同。

（2）多跨管束分析表明不同支撑位置的接触参数规律和间隙的关系大不相同，随着间隙的增大，接近固支的第一个支撑的磨损功率和接触力明显下降，而其他支撑则出现了升高的趋势。

（3）亚流弹工况下，各个位置的法向接触力和位移整体幅值明显大于湍流抖振工况的结果，随着间隙的增大，接触力和位移的整体变化趋势与湍流工况相近，但是接近固支的第一个支撑的磨损功率和接触力出现了先上升后下降的趋势。

参考文献：

[1] 吴皓. 方形排布管束流体弹性不稳定性研究 [D]. 天津：天津大学，2013.

[2] WEAVER D S, FITZPATRICK J A. A review of cross-flow induced vibrations in heat exchanger tube arrays [J]. J Fluids Struct, 1988, 2 (1)：73-93.

[3] PETTIGREW M J, TAYLOR C E, FISHER N J. Flow-induced vibration：recent findings and open questions [J]. Nucl Eng Des, 1998, 185 (1998)：249-276.

[4] PETTIGREW M J. CARLUCCI L N, TAYLOR C E, et al. Flow-induced vibration and related technologies in nuclear components [J]. Nucl Eng Des, 1991, 131 (1991)：81-100.

[5] WEAVER D S, ZIADA S, YANG A. Flow-induced vibrations in power and process plant components：progress and prospects [J]. Journal of pressure vessel technology, 2000, 122：339-348.

[6] CHEN S S. Vibration of nuclear fuel bundles [J]. Nucl Eng Des, 1975, 35 (1975)：399-422.

[7] CHEN S S. Instability mechanisms and stability criteria of a group of circular cylinders subjected to cross-flow. Part I：theory [J]. Journal of vibration, acoustics, stress, and reliability in design, 1983, 105 (1)：51-58.

[8] AU-YANG M. K. Flow-induced wear in steam generator tubes—prediction versus operational experience [J]. Press vessel technol-trans ASME, 1998, 12：139-145.

[9] PETTIGREW M J, YETISIR M, FISHER N J, et al. Fretting—wear damage due to vibration in nuclear and process equipment [C] //ASME 2017 Pressure Vessels and Piping Conference. 2017.

[10] HASSAN M A, WEAVER D S, DOKAINISH M A. A simulation of the turbulence response of heat exchanger tubes in lattice-bar supports [J]. J Fluids Struct, 2002, 16 (8)：1145-1176.

[11] AMTUNES J. Coulomb friction modelling in numerical simulations of vibration and wear work rate of multispan tube bundles [J]. J Fluids Struct, 1990, 4：287-304.

[12] HASSAN M A, ROGERS R J. Friction modelling of preloaded tube contact dynamics [J]. Nucl Eng Des, 2005, 235 (22)：2349-2357.

[13] ZIADA S, OENGÖREN A. Vorticity shedding and acoustic resonance in an in-line tube bundle part I：vorticity shedding [J]. J Fluids Struct, 1992, 6 (3)：271-292.

[14] GUO K, XU W, JIA Z, et al. Investigation of fluid-elastic instability in tube arrays at low mass damping parameters in cross-flow [J]. Journal of pressure vessel technology, 2019, 142 (1).

[15] GUO K, JIANG N B, QI H H, et al. Experimental investigation of impact—sliding interaction and fretting wear between tubes and anti—vibration bars in steam generators [J]. Nuclear engineering and technology, 2020, 52 (6)：1304—1317.

[16] 刘丽艳，苏桐，郭凯，等. 压水堆核电站蒸汽发生器二次侧两相流流场特性模拟 [J]. 天津大学学报（自然科学与工程技术版），2019，52 (7)：745-753.

Numerical Study of Nonlinear Contact between Heat Exchanger Tubes and Supports

YU Mei-qi[1], ZHANG Hong-sheng [1], WANG Yu-qi [2], GUO Kai [1]

(1. School of Environment and Chemical engineering, Yanshan University, Qinhuangdao, Hebei 066004, China;

2. Institute of Nuclear Energy and New Energy Technology, Collaborative Innovation Center for Advanced Nuclear Energy Technology, Key Laboratory of Advanced Reactor Engineering and Safety, Ministry of Education, Tsinghua University, Beijing 100084, China)

Abstract: In order to ensure the safety of tube bundles, it is essential to operate heat exchangers at conditions below the critical flow velocity for fluid–induced instabilities. The presence of gaps between the tube bundles and their supports introduces the possibility of displacement–constrained fluid–induced instabilities as the tube bundles approach the elastic instability threshold. This behavior poses a certain threat to the safety of the tube bundles. In this study, non–linearly supported tube bundles are investigated, and numerical calculations are conducted to analyze the collisions between the tube bundles and their supports under various operating conditions. The results demonstrate that as the gaps increase, under the subcritical flow condition, the tube bundles exhibit higher contact forces and wear power, which differ significantly from the results obtained under turbulent flow conditions. Furthermore, the analysis of multi–span tube bundles reveals substantial variations in contact parameters at different support positions. Notably, the subcritical flow condition results in significantly higher magnitudes of contact forces and displacements compared to those observed during turbulent vibration conditions.

Key words: Heat exchanger tube bundle; Nonlinear support; Fluid elastic instability; Flow induced vibration; Abrasion

基于风险指引的核电厂建造阶段问题评价方法研究

王　伟，常帅飞，张国旭，陈　露

（上海核工程研究设计院股份有限公司，上海　200233）

摘　要： 为保障核电厂建造阶段核安全质量相关监督检查的系统性和科学性，部分核电厂已经开展在建阶段内部监督应用工作。本文基于前期调研和 PSA 风险评价技术，以某核电厂循环水过滤系统和中压安注系统为例，对美国核管理委员会（NRC）建造阶段重要度确定程序（cSDP）的评价方法进行了适用性评价。本文分析表明，cSDP 风险评价方法中风险矩阵清晰直观，但因过于简化存在评价结果与实际风险影响错配情况，建议后续补充系统列失效组合风险分析以替代 cSDP 技术方案。

关键词： 建造阶段；cSDP；问题评价

美国核管理委员会（NRC）对建造阶段的核电厂开展了一系列的建造事件评价工作[1]，形成建造阶段反应堆监督程序（cROP）[2]，具体包括监管框架、建造阶段重要度确定程序（cSDP）、建造行动矩阵及相关执法行动，使 NRC 能够对在建电厂在保证建设质量方面的有效性得出客观结论，对性能问题提供可预测的响应，确保新建反应堆按照符合许可程序进行设计建造。

随着我国在建核电厂数量不断增加，对核电厂建造质量评价的系统性和科学性提出了更高要求。本文在深入理解 cROP 的基础上，基于风险指引理念，以某核电厂的循环水过滤系统和中压安注系统为例，结合 NRC 的 cSDP 评价方法，开展涉及构筑物、系统和设备（SSC）等实体的建造问题风险重要度定量分析，并在此基础上提出该方法的不足和评价改进考虑。

1　cSDP

1.1　cSDP 简介

NRC 基于建造阶段监督检查的需求，开发了相应的工具用来对建造事件进行评价，并根据评价结果建立了相应的行动矩阵指导后续监管响应。针对监督检查发现问题，NRC 基于 cSDP[3] 程序指引进行问题安全重要度评价，评价结果以绿色、白色、黄色、红色展示，代表不同层级。

该方法是一类简化的依托于定量风险评价的问题重要度判定方法，一方面考虑了问题所涉及的 SSC 在核电厂总体风险中的重要程度；另一方面考虑了问题对 SSC 本身功能实现的影响程度。通过综合以上两个方面的影响，可以粗略判断问题对核电厂总体风险的定量影响区间，并确定建造问题对应的重要度等级。

cSDP 主要的评价过程如下：

（1）判断问题影响的系统或构筑物，确定相对应的风险重要度；

（2）根据问题对系统或构筑物影响程度判定条件表，判断相应的受影响程度；

（3）参考建造阶段风险评价矩阵，确定问题所属安全重要度等级。

cSDP 风险评价矩阵如表 1 所示，是一个 4×4 的二维矩阵，x 轴为系统或构筑物的风险重要度，在给定基准堆芯损坏频率（CDF）和风险重要度判定阈值（表 2）后，根据不同系统或构筑物失效后的堆芯损坏频率增量（ΔCDF），可以为 SSC 指定合适的风险重要度（严重、重要、一般和轻微风

作者简介： 王伟（1994—），男，硕士生，工程师，现主要从事反应堆概率安全评价工作。

险)。y 轴是建造问题对 SSC 影响程度，判定条件如表 3 所示，随着 SSC 受影响列数增加，影响后果递增。通过矩阵的横纵坐标比对，建造阶段检查发现问题将被赋予特定重要度颜色等级，并进入后续行动矩阵评估过程。

表 1　cSDP 风险评价矩阵

问题 对 SSC 影响程度		SSC 风险重要度			
	高	绿色	白色	黄色	红色
	中	绿色	绿色	白色	黄色
	低	绿色	绿色	绿色	白色
	非常低	绿色	绿色	绿色	绿色
		轻微	一般	重要	严重

注：风险评价考虑 ΔCDF 变化。

表 2　风险重要度判定阈值

影响程度	轻微（绿色）	一般（白色）	重要（黄色）	严重（红色）
判定阈值/（/堆年）	$<1E-6$	$1E-6 \sim 1E-5$	$1E-5 \sim 1E-4$	$>1E-4$

表 3　SSC 影响程度判定条件

影响程度	非常低	低	中	高
系统	系统设计功能未受影响或仅影响单列功能实现	系统多个系列受到影响，但不影响整体功能实现，或重复发生"非常低"影响情况	系统整体功能实现受到影响，或重复发生"低"影响情况	重复多次发生影响系统功能实现的"中"影响情况
构筑物	构筑物设计功能受到微小影响	构筑物设计功能受到部分影响，或重复发生"非常低"影响情况	构筑物设计功能整体受到影响，或重复发生"低"影响情况	重复多次发生影响构筑物设计功能的"中"影响情况

1.2　不足及优化考虑

风险评价矩阵在直观上比较清晰简单，有利于监督员快速做出建造问题评价，但形式过于简单。首先，y 轴（问题对 SSC 影响程度）上的判断为了强调统一通用，仅通过定性的描述来判定 1 列、2 列或多列系统失效的影响程度并不够准确。在实际风险分析过程中，某一个系统，3 列全部失效与 2 列失效或 1 列失效的风险影响并不能用简单的风险程度量级降低来推定，很有可能存在评价结果与实际风险影响错配情况。

2　cSDP 的适用性评价

基于上一节介绍的 NRC 的 cSDP 评价方法，结合 PSA 风险评价技术，以某核电厂的循环水过滤（CFI）和中压安注（MHSI）系统为例，开展 cSDP 的适用性评价和分析。分析中有以下考虑：

（1）以系列失效作为系统风险分析的最小单元；

（2）列失效对象选择，一般选取影响系列功能实现的关键设备失效，能动系统优先选取关键设备能动设备失效，非能动系统可选择水箱等非能动设备；

（3）在 PSA 模型中选取对应的基本事件或逻辑门，将其状态设为 True，计算相应的 CDF 和 ΔCDF 值，并根据表 2 的风险重要度判定阈值对 ΔCDF 赋予对应的风险重要度。

（4）根据系统内列的数量，分别进行单列失效和多列组合失效的 ΔCDF 计算，其中系统所有列失效的风险重要度即为 SSC 在核电厂中的总体风险重要度，对应 cSDP 风险评价矩阵的 x 轴。

（5）参考表 1 和表 3 形成最终的系统风险评价矩阵。

2.1 CFI 系统风险重要度判定

CFI 的鼓形滤网与重要厂用水（SEC）系统连接。SEC 系统由 3 个独立的安全系列组成，其中 A 列、B 列 SEC 泵从旋转滤网下游取水，不单独配置旋转滤网；C 列由 CFI 单独配置板框式旋转滤网，流程示意如图 1 所示，当 SEC 系统不可用时，整个机组将失去最终热阱。

在机组功率运行期间，SEC 系统的 A 列和 B 列均需投入运行，每个系列一台泵运行，具备该系列 100% 冷却能力，另外一台泵作为备用。C 列随设备冷却水系统（RRI）的 C 列投运而投运，通常处于备用状态。

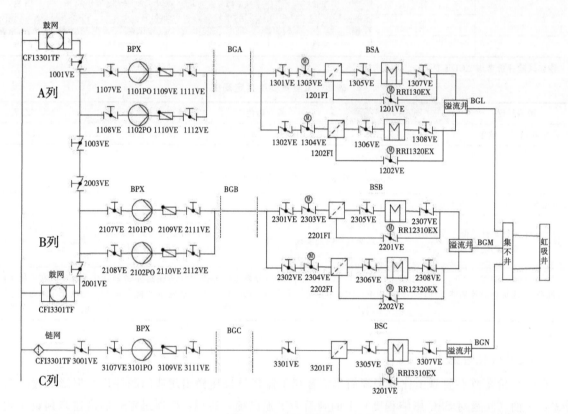

图 1　CFI 流程示意

2.1.1　CFI 风险影响定量结果

当 CFI 的鼓形滤网或板框式旋转滤网堵塞时，将导致该 SEC 系列流量的降低，最终完全丧失该系列。当 SEC 系统 3 个系列的鼓形滤网或板框式旋转滤网都堵塞时，将导致 SEC 系统冷却功能完全丧失，整个冷链系统全部丧失。

针对 CFI 滤网堵塞后风险进行分析，计算 CFI 不同系统列丧失冷却功能导致的堆芯损坏频率，包括 1 列失效、2 列失效和 3 列全部失效，计算结果如表 4 所示。

表 4　CFI 列失效的堆芯损坏频率　　　　　　　　　　　　　　单位：/堆年

CFI 失效列数	CFI 失效列	CDF	△CDF	风险重要度
1 列	A	1.246E - 4	1.242E - 4	严重
	B	1.549E - 4	1.545E - 4	严重
	C	1.369E - 6	1.006E - 6	一般

CFI 失效列数	CFI 失效列	CDF	ΔCDF	风险重要度
2 列	A+B	5.544E-3	5.544E-3	严重
	B+C	1.066E-3	1.066E-3	严重
	A+C	1.554E-4	1.550E-4	严重
3 列	A+B+C	2.181E-1	2.181E-1	严重

注：内部事件一级 PSA 基准 CDF=3.627E-7。

2.1.2 CFI 风险影响分析

CFI 不同列失效的 ΔCDF 结果和风险重要度判定如表 4 所示，根据此结果对 CFI 系统制作风险评价矩阵。当 CFI 3 列均失效时，ΔCDF 大于 1E-4/堆年，CFI 系统在矩阵 x 轴对应严重风险列，根据表 3 判定条件设置矩阵的 y 轴，从下向上依次为 1 列失效、2 列失效、3 列失效和 3 列失效重复出现，风险评价矩阵如表 5 所示。

表 5　CFI 风险评价矩阵

					NRC 方案	实际风险重要度评价结果
问题 对 SSC 影响 程度	高				3 列失效重复出现	包含 A 或 B 列失效事故
	中				3 列失效	
	低				2 列失效	仅 C 列失效
	非常低				1 列失效	
	轻微	一般	重要	严重	严重	
	SSC 风险重要度				实际影响程度	

需要注意的是，从表 4 的计算结果来看，CFI 系统的失效事件中，包含 A 列失效或 B 列失效的事故（A、B、A+B、A+C、B+C、A+B+C）均为严重风险，而按照表 3 的判定条件，A 列失效或 B 列失效的影响程度非常低，ABC 同时失效且重复出现的情况为高风险。此外，矩阵中 A、B 同时失效仅靠 C 列运行无法完成冷却功能，但该事故仍为低影响事件，这与实际的分析结果相悖，因此依据 NRC 的 cSDP 评价方案制作的评价矩阵存在评价结果与实际风险影响不符的问题。

结合 CFI 系统运行模式和失效 ΔCDF 计算结果对 CFI 系统的风险评价矩阵进行重新排列，见表 5 实际风险重要度评价结果列，只要该系统备用 C 列失效对 SEC 系统的冷却功能影响为低，包含 A 或 B 失效的事故均会导致 SEC 系统对应的列失效而无法执行余热排除功能。

2.2 MHSI 系统风险重要度判定

MHSI 系统由分别位于 3 个安全厂房的 3 个独立系列组成（一回路每个环路对应一个系列），分别为 A、B、C 系列，这 3 个系列的配置基本相同，采用独立、冗余、分离的配置方式，即在事故工况下，考虑一列发生单一故障，一列受始发事件影响，剩下的一列系统仍可保证执行其安全功能。

正常功率运行工况下，使用 MHSI 泵从安全壳内置换料水箱（IRWST）取水向 ACC 补水。MHSI 泵从 IRWST 取水，将含硼水注入 RCP 的冷段。MHSI 系统流程示意如图 2 所示。

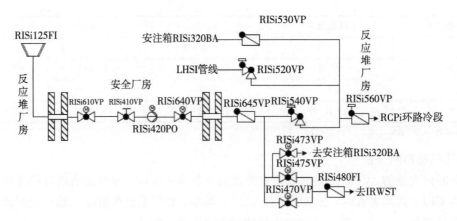

图 2　MHSI 系统流程示意

2.2.1　MHSI 风险影响定量结果

MHSI 系统的主要作用是在发生破口失水事故或蒸汽管道破裂的情况下，补偿反应堆一回路内的冷却剂装量。MHSI 系统为独立的 3 列，每列具有 100％容量。当 MHSI 系统的泵启动失效或运行时效失效时，将导致该列的 MHSI 注入失败。

针对 MHSI 系统泵运行失效后风险进行分析，计算 MHSI 不同系统列丧失安注功能导致的 CDF，包括 1 列失效、2 列失效和 3 列全部失效，计算结果如表 6 所示。

表 6　MHSI 列失效的堆芯损坏频率
单位：/堆年

MHSI 失效列数	MHSI 失效列	CDF′	ΔCDF	风险重要度
1 列	A	1.68E－6	1.32E－6	一般
	B	1.74E－6	1.38E－6	一般
	C	7.77E－7	4.14E－7	轻微
2 列	A＋B	4.25E－5	4.21E－5	重要
	B＋C	3.14E－5	3.10E－5	重要
	A＋C	2.97E－5	2.93E－5	重要
3 列	A＋B＋C	4.53E－4	4.53E－4	严重

注：内部事件一级 PSA 基准 CDF＝3.627E－7。

2.2.2　MHSI 风险影响分析

根据表 6 计算结果对 MHSI 系统制作风险评价矩阵。当 MHSI 3 列均失效时，ΔCDF 大于 1E－4/堆年，MHSI 系统在矩阵 x 轴对应严重风险列，根据表 3 的判定条件设置矩阵的 y 轴，从下向上依次为 1 列失效、2 列失效、3 列失效和 3 列失效重复出现，风险评价矩阵如表 7 所示。

从表 6 的计算结果来看，MHSI 系统的失效事件中，包含 2 列失效的事故（A＋B、B＋C、A＋C）均为重要风险，而按照表 3 的判定条件，2 列失效的影响程度应为一般风险，理论分析与实际的计算结果相悖，因此该系统同样存在风险影响不符的问题。

对 MHSI 系统的风险矩阵进行重新排列，见表 7 实际风险重要度评价结果列，只有该系统 C 列失效对安注功能影响为低，2 列及以上系统失效事故均会影响安注功能。

表 7　MHSI 风险评价矩阵

问题 对 SSC 影响程度					NRC 方案	实际风险重要度评价结果
	高				3 列失效重复出现	A＋B＋C 失效
	中				3 列失效	A＋B/B＋C/A＋C 失效
	低				2 列失效	A、B 失效
	非常低				1 列失效	C 失效
	轻微	一般	重要	严重	严重	
	SSC 风险重要度					实际影响程度

2.3　小结

针对 NRC cSDP 评价方法开展的适用性分析，整体评价过程较为清晰直观，有利于现场监督使用，但因过于简化，使得评价结果与问题实际风险影响存在错配情况。本节以 CFI 系统和 MHSI 系统为例，通过 PSA 模型计算，结合失效 ΔCDF 计算结果和评价条件开展更为详细的风险分析工作，结果证明 cSDP 评价方法不能充分体现不同系统间实际风险影响差异。

3　结论

本文基于前期对 cSDP 的理论研究，结合 PSA 风险评价技术，对 cSDP 的评价方法进行了适用性评价。从总体上看，风险评价矩阵充分考虑了 SSC 风险影响，在形式上具有清晰直观的特性，然而由于过分追求简化通用，使得矩阵太过简单，存在评价结果与实际风险影响错配情况。本文基于风险指引理念，从各系统列的层面进行更全面的计算分析，相关工作可以为构建细化的风险影响清单代替 cSDP 风险评价矩阵提供参考。

参考文献：

［1］ U. S. NRC. Periodic assessment of construction inspection program results：IMC – 2505 ［S］. Washington，D. C. ：U. S. NRC，2022.

［2］ U. S. NRC. Construction reactor oversight process general guidance and basis document：IMC – 2506 ［S］. Washington，D. C. ：U. S. NRC，2020.

［3］ U. S. NRC. Construction significance determination process：IMC – 2519 ［S］. Washington，D. C. ：U. S. NRC，2020，3.

Research on construction problem evaluation method of nuclear power plant using risk - informed insights

WANG Wei, CHANG Shuai-fei, ZHANG Guo-xu, CHEN Lu

(Shanghai Nuclear Engineering Research & Design Institute Co. , Ltd. , Shanghai 200233, China)

Abstract: In order to ensure the systematic and scientific supervision and inspection of nuclear safety and quality in the construction plant, some nuclear power plants have already carried out internal supervision and application work during the construction phase. Based on the preliminary research and PSA risk assessment technology, this paper evaluates the applicability of NRC construction significance determination process (cSDP) evaluation method with the example of circulating water filtration system and medium head safety injection system in a nuclear power plant, and proposes improvement suggestions. The analysis in this paper indicates that the risk matrix in the cSDP risk assessment method is clear and intuitive, but due to oversimplification, there may be a mismatch between the evaluation results and the actual risk impact. It is recommended to supplement the system column failure combination risk analysis in the future to replace the cSDP technical solution.

Key words: Construction; cSDP; Problem evaluation

一体化小型模块化压水堆取消 LBLOCA 的分析与研究

刘　锐，孙树海，马国强，邹　象

（生态环境部核与辐射安全中心，北京　100082）

摘　要：近年来，国际社会对发展小型模块化反应堆（SMR）技术的兴趣和研究活动显著增加。国际原子能机构（IAEA）的成员国正在研究 70 多个小型模块化反应堆的先进概念。小型模块化反应堆旨在降低核电站的初始建设成本，或用于无法容纳大型核电站的小型电网。对一类具有大直径短接管结构的小型模块化反应堆进行了分析和研究，设计者普遍将大直径短接管视为"容器"，认为在确定性安全分析中不将其破裂作为设计基准事故；调研了美国和俄罗斯的工程实践，认为其定义为"管道"更为合适，提出一体化小型模块化压水堆设计基准事故取消大破口失水事故（LBLOCA）的特殊要求。

关键词：小型模块化反应堆（SMR）；大破口失水事故（LBLOCA）；大直径短接管

失水事故（Loss of Coolant Accident，LOCA）是由于反应堆冷却剂压力边界内管道破裂，反应堆冷却剂流失速率超过补给系统正常补水能力的假想事故。失水事故是传统压水堆核电站的设计基准事故之一，是压水堆事故分析关注的重点。《标准审查大纲》（NUREG - 0800）15.6.5 规定，假定管道破裂发生在各种位置，并且包括各种各样的破口尺寸，直到与反应堆冷却剂压力边界内最大管道双端断裂相当的管道破裂。传统压水堆的 LOCA 分析，通常根据 LOCA 破口尺寸的不同，分为大破口、中破口和小破口失水事故。大破口失水事故（Large Break Loss of Coolant Accident，LBLOCA），作为 Ⅳ 类工况的设计基准事故，预期不会发生，但因其后果包括潜在的大量放射性物质释放，在设计中必须予以考虑。极限大破口通常假设位于泵和压力容器进口之间的冷段。在 M310 系列堆型的事故分析中，将 LBLOCA 定义为破口尺寸大于 152 mm 的失水事故[1-3]。

近年来，我国核电事业蓬勃发展，压水堆的堆型也出现很多不同的设计。针对不同堆型一回路管道尺寸和布局的不同，特别是模块化小堆的出现，原有的对于 LOCA 事故的分类及 LBLOCA 事故的判定标准可能不再适用。国际原子能机构（IAEA）成员国正在对 70 多个先进的小型模块化反应堆（Small Modular Reactors，SMR）概念进行研究。小型模块化反应堆旨在降低核电站的初始建造成本，或者在无法容纳大型核电站的小电网使用。大多数小型模块化反应堆是基于压水堆技术的整体式反应堆（Integral Pressurized Water Reactor，IPWR），在设计基准事故中不考虑 LBLOCA。然而，IPWR 包括两类：一类 IPWR 的所有一回路设备部件均位于反应堆容器内，取消了大直径反应堆主管道，此类 IPWR 从本质上排除了主管道破裂的可能，消除了 LBLOCA，如 CAREM - 25、SMART；另一类 IPWR 带有大直径短长度接管，如 RITM - 200、昌江小堆等采用 L 型接管支承主泵，又如 KLT - 40S、VBER - 300、SMR - 160 等将主设备（压力容器与蒸汽发生器或主泵）采用同轴短接管连接。后者认为大直径短长度冷却剂"管道"为"容器"，不考虑传统上的设计基准事故 LBLOCA。

本文以我国现行核安全法规为依据，参考国际上相关法规和标准规范，结合传统压水堆和国内外小堆的设计实践，以及相关的监管经验，研究了一体化小型模块化反应堆消除 LBLOCA 的特殊要求。本文中的研究成果已应用于海南昌江小堆的审评。

1　APC100 主泵接管的结构特点

海南昌江小堆压力容器采用一体化结构设计，蒸汽发生器内置于压力容器内，主泵通过 L 型接

作者简介：刘锐（1985—），女，硕士，高级工程师，现主要从事核安全审评工作。

管连接在压力容器上，构成反应堆冷却剂系统的压力边界。主泵接管与压力容器之间仅有一道环形焊缝，结构如图1所示。主泵接管采用锻件制造，锻件材料的化学成分、非金属夹杂、晶粒度、铸锻要求、热处理工艺、力学性能等与压力容器筒体的要求完全一致，结构设计、力学分析、制造工艺、检验准则均遵循压力容器的设计建造规范。海南昌江小堆认为L型接管为"容器"，设计基准事故不考虑LBLOCA。

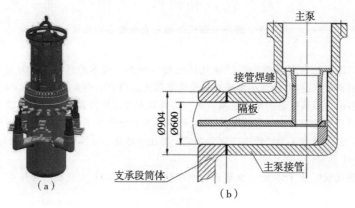

图1 APC100 结构示意

(a) APC100 堆本体；(b) APC100 主泵接管结构

然而，由于存在的大直径短长度接管类似于"管道"，仅破裂概率低于常规压水堆（假设管道破裂概率与管道长度成正比）。美国联邦法规10CFR50附录A通用设计准则4中规定：若能通过分析论证管道双端剪切断裂概率极低，可以在设计中不考虑管道的双端剪切断裂造成的动态载荷的影响。LBB分析方法作为完整成熟的分析方法，可以应用于反应堆主管道，排除管道破裂的动力效应。然而，即使这些概念已应用，在事故分析假设中仍考虑主管道大破口，在安全注入及余热排出系统（SIS）的系统设计、安全壳的设计及设备环境鉴定中需要采用2A破口的假设。

因此，确定大直径短长度接管的定义（"容器"／"管道"）非常重要，传统上考虑的设计基准事故LBLOCA在含有大直径短长度接管的IPWR中的适用性，也需要重新进行评估。

2 国际 SMR 实践经验

调研国际上与昌江小堆有类似结构的IPWR和HTR-PM（高温气冷堆核电站示范工程），均在设计基准事故清单中排除了LBLOCA。

2.1 俄罗斯 SMR

俄罗斯舰船核动力经验丰富，民用方面主要用于破冰船。俄罗斯小堆KLT-40S和VBER-300一回路主设备（压力容器、蒸汽发生器、主泵）之间采用短接管而非长管道连接，模块化设计将反应堆机组质量、外形尺寸和结构体积降至最低。

KLT-40S是专门为浮动式发电站设计的反应堆，该堆型典型代表"罗蒙诺索夫院士"号作为全球首座浮动核电站已于2020年5月22日正式商运。KLT-40S是一种四环路核电机组，其反应堆、蒸汽发生器和主泵之间通过短接管连接，不再用长管线连接。KLT-40S一次侧管道降压尺寸不超过DN25mm，设计基准事故和超设计基准事故清单中均不包括短接管LBLOCA。KLT-40S的结构如图2所示。

VBER-300的设计是基于从VVER反应堆的设计、安全和运行经

图2 KLT-40S 的结构

验中吸取的教训而开发的，是一种多用途中型动力反应堆，额定功率为 325 MW，用于陆基核电站（NPP）、核热电联产电站和可运输浮动核电站（FNPP）。VBER－300 设计是模块化船用推进反应堆的发展，反应堆的基本设计与船用推进反应堆相似。VBER－300 采用了经过验证的核造船技术和操作经验，有助于提高操作安全性和降低生产成本。VBER－300 一次侧管道降压尺寸不超过 DN48mm，设计基准事故和超设计基准事故清单中均不包括短接管大破口事故。VBER－300 的结构如图 3 所示。

图 3　VBER－300 的结构

2.2　美国 SMR

SMR－160 蒸汽发生器通过单个同轴锻件直接连接到反应堆压力容器。SMR－160 设计基准事故不考虑蒸汽发生器与反应堆压力容器间的"连接锻件"的破裂。Holtec 公司在 2020 年 12 月 21 日向美国核管理委员会（NRC）提交了 SMR－160 主题报告《消除大破口失水事故（LOCA）和建立 LOCA 验收标准》，该报告证明了反应堆在任何冷却剂失水事故（LOCA）下的固有安全性。NRC 审查了 SMR－160 设计的多个方面的信息，认为如果 Holtec 公司能够提供适当的理由和保守的验收标准，证明"连接锻件"发生故障的可能性足够低，且后果可接受，可以考虑根据 10CFR50.12 中规定的特定豁免，从设计基准中排除指定位置的假设 LOCA。SMR－160 的结构如图 4 所示。

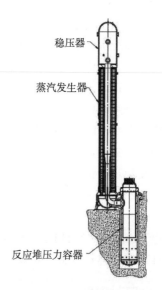

图 4　SMR－160 的结构

2.3　中国 SMR

华能山东石岛湾核电厂模块式高温气冷堆核电站示范工程（HTR－PM）一回路系统由反应堆、蒸汽发生器及主氦风机组成。反应堆、蒸汽发生器及主氦风机分别布置在反应堆压力容器、蒸汽发生器壳体两个压力容器内，其之间用热气导管壳体相连接，构成"肩并肩"的布置方式，安装在混凝土屏蔽舱室内。反应堆压力容器、蒸汽发生器壳体、热气导管壳体及与之相连的氦气管道直至（并包括）第一道隔离阀组成一回路氦冷却剂的压力边界，一回路系统正常运行压力为 7 MPa，压力边界正常工作温度约为 250 ℃。HTR－PM 热气导管壳体的设计要求与压力容器相同，锻件制造仅在筒体的中部有一道环形焊缝，两端采用法兰分别连接反应堆压力容器和蒸汽发生器壳体，是反应堆一回路的压力边界。热气导管双端断裂事故不作为设计基准事故考虑，在超设计基准事故中考虑。HTR－PM 的结构如图 5 所示。

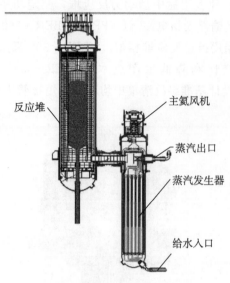

反应堆　　　　主氦风机

蒸汽出口

蒸汽发生器

给水入口

图 5　HTR - PM 的结构

3　"容器"或"管道"定义

ASME 锅炉与压力容器规范第Ⅲ卷 NCA[4] 小节中的描述，"规范委员会并未规定一个部件是否应当或不应当按照规范的条款进行建造。规范委员会在阐明规范的规则时，对每卷的范围做了界定，以明确所考虑的部件和参数"。可以看出，ASME BPVC 允许将大直径短长度接管分类为"容器"或"管道"，允许业主选择分类，且任何一种分类均可接受。

ASME BPVC. Ⅷ. 1 - 2021 的 U - 1（c）（2）段中将"管道"系统定义为"主要功能是将流体从一个系统中的一个位置输送到另一个位置的结构"，而"容器"则定义为"承受内部或外部压力的容器"。ACP 100 等接管的大直径短长度接管在主泵（或蒸汽发生器）和压力容器之间输送一回路冷却剂，其在运行工况下不仅承受内部压力，还承受主泵重力造成的弯矩和主泵运行引起的扭矩，因此定义为"管道"更为合适。

2011 年美国太平洋西北国家实验室（PNNL）在 High Temperature Gas Reactors：Assessment of Applicable Codes and Standards（PNNL - 20869）[5] 中评估了高温气冷堆（HTGR）的"连接管道"，PNNL 对 HTGR 的结论是将"连接管道"设计为"管道"。因此，IPWR 大直径短长度接管与 HTGR "连接管道"布置极为类似，设计为"管道"更为合适。

4　应对方案

以昌江小堆为例，对含有类似大直径短长度主管道的 IPWR 设计基准事故消除 LBLOCA 的合理性，提出如下应对方案[6-10]。

（1）参考国内外 SMR 实践及 10CFR50.12 中规定的特定豁免情况，如果提供充分的理由，满足保守的验收标准，证明大直径短长度接管发生失效的可能性"极低"，可以从设计基准中排除指定位置的 LBLOCA。

（2）考虑纵深防御，评估超设计基准的事故后果。由于结构的独特性和安全意义，即使大直径短长度接管可以作为"容器"且按相关标准进行设计，仍需要考虑潜在失效后果。

（3）大直径短长度接管采用比核安全一级容器且更保守的验收标准（核安全一级容器：一次加二次应力强度范围不超过 3 Sm 和累积损伤系数小于 1；大直径短长度接管：参考《标准审查大纲》（NUREG - 0800）BTP3 - 4 小节，一次加二次应力强度范围不超过 2.4 Sm 和累积损伤系数小于

0.1），从而使流体系统管道破裂的可能性降至足够低（即超过"极低"）。

（4）与大直径短长度接管相关的泄漏探测系统有足够的灵敏度探测到泄漏并报警，以便及时采取措施，将大直径短长度接管发生大 LOCA 的可能性降至最低。泄漏监测系统满足美国核管会管理导则 RG1.45《反应堆冷却剂系统泄漏监测和响应指南》的要求。

（5）对主泵振动和流致振动导致的潜在故障进行充分评估，合理保证大直径短长度接管破裂的可能性极小。《标准审查大纲》（NUREG－0800）第 3.9.2 节"系统、结构和组件的动态测试和分析"和美国核管会管理导则 RG1.20《运行前和启动试验期间反应堆堆内构件的综合振动评估大纲》，为综合振动评估大纲（CVAP）提供指导。

（6）考虑可能导致退化或故障的其他机制，如热分层、水锤、汽锤等。

（7）考虑材料相关内容，尤其大直径短长度接管焊缝的设计、施工、检查和监测，对大直径短长度接管的结构失效产生重大影响。应保证大直径短长度接管焊缝发生失效的可能性"极低"，至少等于或低于反应堆容器的失效概率，以确定焊缝属于断裂排除的范围。包括：

①母材和焊材的材料类型、材料特性、材料加工及材料加工对材料性能影响。

②焊接的细节，包括焊接方法、焊接控制、焊工资质、焊后热处理、焊接残余应力、相邻部件或内部结构与焊缝的相互作用，以及可能导致失效退化的其他过程（如氢脆）。

③环境条件，包括温度、压力、水化学控制和监测等，考虑环境对大直径短长度接管母材和焊缝的影响。

④无损检验，包括施工制造、运行前和运行中检查的可达性，实现焊缝和相邻基材的100％体积检查、检查的方法、验收标准、资质等；

⑤断裂力学分析，保守假设缺陷裂纹扩展，考虑整个寿期的裂纹扩展情况，证明大直径短长度接管焊缝失效的可能性"极低"。

（8）承压热冲击（PTS），压力容器破裂的始发事件频率高度依赖于 PTS，PTS 失效因材料受中子脆化而增加。分析大直径短长度接管焊缝发生 PTS 失效断裂的概率"极低"。

5　结论

本文在分析相关法规和标准审查大纲的基础上，调研国内外 SMR 的设计和审查经验，以昌江小堆为例，对含有类似大直径短长度主管道的 IPWR 消除大破口失水事故的问题进行了分析，并提出相关应对方案。为证明大直径短长度接管发生故障的可能性"极低"，提出了关注的内容和采用的保守验收标准，具有重要的意义。

参考文献：

[1] 生态环境部，国家核安全局. 核动力厂安全评价与验证：HAD102/17—2006［S/OL］. 北京. 2006. https：//www.mee.gov.cn/gkml/zj/haq/200910/t20091022_172773.htm.

[2] 生态环境部，国家核安全局. 小型压水堆核动力厂安全审评原则（试行）［S/OL］. 北京. 2016. https：//www.mee.gov.cn/gkml/sthjbgw/haq/201601/t20160111_324674.htm.

[3] Standard review plant for the review of safety analysis reports for nuclear power plants：NUREG－0800［S/OL］. 2023. https：//www.nrc.gov/reading－rm/doc－collections/nuregs/staff/sr0800/index.html.

[4] Rules for construction of nuclear facility components. ASME boiler and pressure vessel code，section III：2017［S］. 2017.

[5] Pacific Northwest National Labratory. High temperature gas reactors：assessment of applicable codes and standards［S/OL］. 2011. https：//www.pnnl.gov/publications/high－temperature－gas－reactors－assessment－applicable－codes－and－standards.

[6] U. S. NRC. Branch technical position 3－4：postulated rupture locations in fluid system piping inside and outside

containment [S/OL] . 2016. https: //www. nrc. gov/docs/ML0708/ML070800008. pdf.

[7] U. S. NRC. Guidance on monitoring and responding to reactor coolant system leakage revsion 1. (U. S. NRC Regulatory Guide 1. 45) [S/OL] . 1973. https: //www. nrc. gov/docs/ML0037/ML003740113. pdf.

[8] 刘佳. 破前漏分析技术及其应用 [J] . 中国科技纵横, 2017, 11 (263): 215, 218.

[9] 李强, 岑鹏, 甄洪栋. 核电厂高能管道 LBB 分析技术概述 [J] . 核动力工程, 2011 (S1): 189 - 191.

[10] 刘永. LBB 和 BP 在核电站管道设计中的异同性分析 [J] . 原子能科学技术, 2014, 48 (10): 1825 - 1829.

Research on the elimination of LBLOCA in integrated small modular pressurized water reactors

LIU Rui, SUN Shu-hai, MA Guo-qiang, ZOU Xiang

(Nuclear and Radiation Safety Center of the Ministry of Ecology and Environment, Beijing 100082, China)

Abstract: In recent years, the interest and activities of the international community in developing small nuclear reactor (SMR) technology have increased significantly. The member states of the International Atomic Energy Agency (IAEA) are studying advanced concepts for over 70 small modular reactors. Small modular reactors aim to reduce the initial construction cost of nuclear power plants or are used in small power grids that cannot accommodate large nuclear power plants. The SMR of a large diameter short nozzle structure was analyzed and studied. The designer regarded the short nozzle as a "container" and believed that its rupture was not considered as a design basis accident in deterministic safety analysis; After investigating the engineering practices of the United States and Russia, it was found that the definition of "pipeline" is more appropriate, and a special requirement was proposed to cancel the large break loss of coolant accident (LBLOCA) for the design basis accident of integrated small modular pressurized water reactors.

Key words: Small nuclear reactor (SMR); Large break loss of water accident (LBLOCA); Large diameter short nozzle

核电厂 HRA 基础数据架构研究

谭　笑，仇永萍*，卓钰铖，雷文静，胡军涛，何建东

（上海核工程研究设计院股份有限公司，上海　200233）

摘　要： 目前国内开展核电厂人员可靠性分析（HRA）采用的人员失误概率基础数据库年限较为久远，且缺乏对于数字化主控室环境下人员失误模式的考虑。本文基于多个 HRA 方法及国外典型人员可靠性数据库的设计，结合国内电厂的实际情况，搭建了核电厂 HRA 基础数据库框架，对于其中的绩效影响因子（PSF）架构采用数据库概念设计阶段的自顶向下设计方法，结合数字化环境下新增的人员失误模式，给出可供采集的 PSF 数据项，完成核电厂 HRA 基础数据库中 PSF 架构的搭建，为核电厂人员可靠性数据的采集、防人因失误工作的开展提供有效支持。

关键词： 人员可靠性分析数据库；绩效影响因子（PSF）；人员可靠性分析（HRA）；数据项

核电厂数字化主控室的人机界面由以常规监控盘台为主逐步发展为以计算机工作站为主，通过数字化主控室大屏幕上的参数信息显示核电厂的运行状态。传统的主控室控制系统是基于按钮、操纵杆等实物控制，而数字化主控室是通过显示屏幕获取信息后，用鼠标对虚拟的图标进行软控制（包括打开窗口、查看数值、打开指令、确认指令等操作）来对运行系统进行监视。数字化控制系统一方面提高了系统的信息提供能力、信息显示能力和信息处理能力；另一方面人机交互频率的增加使得人员失误的可能性也变大，巨量信息与有限显示的矛盾，给操纵员带来了很高的认知负荷和干扰，操纵员在单位时间内捕捉界面信息的有效性下降，也容易引发人员失误[1]。

相比于机械、电子设备的可靠性数据经过了长期的积累，有大量可用的可靠性数据及相对成熟的核电厂设备可靠性基础数据库，核电厂人员可靠性基础数据库的建立进程则缓慢得多。目前应用的核电厂人员可靠性分析（HRA）数据主要来自 THERP 手册[2]中的数据。其中的数据年限较为久远，且缺少数字化主控室环境下特有人员失误模式数据，传统主控室环境下的人员失误模式数据是否适用于现有的数字化主控室环境，也有待进一步研究讨论。

国内人员可靠性数据库的研究主要包括对大亚湾核电厂人因数据管理系统的结构研究，针对所需采集的数据、数据采集原则、数据库结构模型等提出了基本的设计需求[3]。参考文献［4］中对人因可靠性数据库基础架构进行了进一步探讨，包括系统的功能需求、总体结构设计、基于不同方法的分析模块的初步设计等。上述研究为数据库的搭建提供了初步思路，但是对于确定所需采集的详细数据项及足以支持人员可靠性数据库的实际开发需求的分析深度不足。国外人员可靠性数据库的研究成果包括韩国原子能研究院（KAERI）提出的 HuREX 数据采集流程[5]，针对数字化主控室及传统主控室的特点，确定了基于模拟机的数据采集流程、所需采集的通用数据项及可用的人员可靠性信息采集模板，并对采集到的数据进一步处理分析。美国核管理委员会（NRC）提出了基于操纵员培训的 SACADA（Scenario Authoring，Characterization，and Debriefing Application）数据库[6]，用于实时采集核电厂人员失误数据，形成一个由电厂人员（培训教员和操纵人员）输入相关数据的长期绩效数据收集。

本文在上述人员可靠性基础数据库建立方法的基础上，对数据库功能需求、数据来源、数据库设计原则及思路进行讨论分析，给出核电厂 HRA 基础数据库的框架；通过综合考虑数字化主控室环境下新增的人员失误模式，参考现有 HRA 方法中绩效影响因子（PSF）的分类，结合数据库设计方法，形成 HRA 基础数据库中 PSF 架构，为后续核电厂 HRA 基础数据库体系的建立奠定重要基础。

作者简介： 谭笑（1997—），女，研究生，现主要从事核电厂安全分析工作。

1 核电厂HRA基础数据库设计

目前数据库设计大都采用需求分析、概念结构设计、逻辑结构设计、物理结构设计、实施部署、运行维护6个阶段的设计步骤，各阶段内容及成果如图1所示。概念结构设计是整个数据库设计的关键，形成的概念模型为数据模型的建立起到必要的支撑作用，概念模型的好坏决定了最终设计完成的数据库采集到数据质量的优劣。

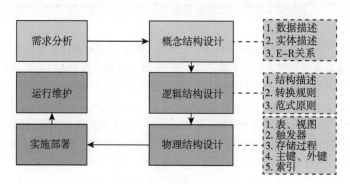

图1 数据库设计各阶段内容及成果

概念结构设计的方法有4种[7]，分别为自顶向下、自底向上、逐步扩张及混合策略的设计方法。其中，自顶向下设计方法是先定义全局概念结构的框架，然后逐步细化为完整的全局概念结构。

1.1 数据库功能需求

核电厂HRA基础数据库一方面用于记录和收集核电厂中人员失误的相关数据；另一方面可以为核电厂人因设计优化、核电厂人员失误的预防及HRA相关研究提供有力的数据支持。为便于数据库中数据的管理、补充及与其他数据库的数据对接，数据库应具备基础数据导入、存储、修改、浏览、查询、筛选分类、数据交换、数据审核、人员失误事件的定性和定量计算等基本功能。数据库中收集的主要信息包括：不同人员失误模式下的基本人员失误概率（BHEP）、PSF、人员失误类型、运行事件报告信息、模拟机试验记录数据等进行HRA所需的必要信息。核电厂HRA基础数据库框架示意如图2所示。

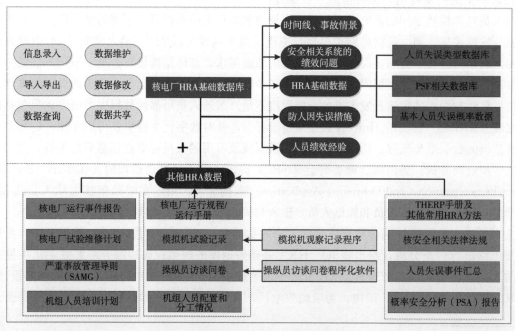

图2 核电厂HRA基础数据库框架示意

1.2 数据库数据来源

核电厂 HRA 基础数据库的数据来源主要分为以下 4 类：

（1）核电厂运行事件报告及试验维修计划。核电厂运行事件报告用于记录事故发生时的具体信息，但记录存在一定主观性，事故发生的直接原因难以在报告中体现。通常还需配合事故后的回访、试验维修计划查找、操纵员访谈等对操纵人员事故后响应及操作情况进行数据再收集。

（2）模拟机试验及操纵员访谈。由于部分电厂事件发生概率较低，无法收集到足够的人员失误数据。模拟机试验通过核电厂全范围模拟机模拟真实核电厂操作环境，近似得到操纵员在事故情况下的响应及操作数据。模拟机数据可作为运行事件报告数据的有效补充。不同于硬件设备失效，人员行为更加具有广泛性、复杂性和交互性，影响人员失误的因素也更加难以确认和测量。通过操纵员访谈，分析人员能够更好地了解操纵员实际的操作流程及其他进行 HRA 所需的必要信息。

（3）核电厂运行规程/运行手册及严重事故管理导则（SAMG）等。核电厂各种运行规程、管理导则和手册是操纵员执行操作以保证核电厂运行在运行限值和条件之内的重要依据，包括核电厂正常运行、预计运行事件、各种事故运行工况及严重事故情况下操纵员应采取的行动。

（4）专家判断数据及其他电厂数据库中的基础数据、报告和核安全相关法律法规。专家判断、THERP 手册[2] 等各种 HRA 方法中给出的各类人员失误模式数据、概率安全分析（PSA）报告、核安全相关法律法规等也是人员失误数据的重要参考。

1.3 数据库设计原则

设计原则主要包括规范性、灵活性及可扩展性。规范性的数据保存是实现数据高效共享的重要前提。在规范性的前提下，通过灵活、便捷的操作，给予用户较大的动态设置空间（如数据显示形式等）。可扩展性是数据库系统能够长期发展的保证。好的底层框架结构、动态灵活的扩展模式能够应对不同的数据使用需求，实现 HRA 的多元化应用。

2 核电厂 HRA 基础数据库中 PSF 架构的搭建

PSF 是 HRA 分析中的一个重点难点内容，本节重点介绍 PSF 的框架搭建，任务类型及人员失误模式等数据项不做进一步描述。针对核电厂 HRA 基础数据库中所需收集的 PSF 数据，进行 PSF 架构的搭建，采用自顶向下的概念结构设计方法，从归纳获得的通用 PSF 入手，进一步识别可用的 PSF 及 PSF 子类，最终重组归类获得适用于数字化主控室的核电厂 HRA 基础数据库中的 PSF 架构。

2.1 PSF 分类研究

PSF 用于描述影响人员绩效和行为的任何因素。现有 HRA 方法及数据采集方法中 PSF 分类是建立核电厂 HRA 基础数据库中 PSF 架构的重要参考和基础。目前，核电厂 PSA 中主要使用的 HRA 方法大部分是在 BHEP 的基础上，用 PSF 进行修正[8]。不同 HRA 方法考虑的 PSF 种类、修正方法不尽相同。本文以具有代表性的人员失误率预测技术（THERP）、标准化核电厂风险分析 HRA（SPAR - H）[9]、基于原因的决策树模型（CBDTM）[10]、人员执行型错误分析（ATHEANA）[11]、认知可靠性和失误分析（CREAM）[12]、人员失误事件综合分析系统（IDHEAS）方法[13] 及 HuREX（Human Reliability data Extraction）数据采集流程、SACADA 数据库中选取的 PSF 为基础，归纳梳理确定核电厂 HRA 基础数据库中通用的 PSF（表 1）。

表 1 不同 HRA 方法中的 PSF 汇总

HRA 方法	考虑的 PSF	修正方法
THERP	外部 PSF（工作环境、任务和设备特性、工作任务说明书）；应激 PSF（心理学紧张因素、生理应激因素）、内部 PSF（组织因素）	$P_{EA} = HEP_{EA} \times \sum_{k=1}^{n} PSF_k \times W_k + C$。 其中，$P_{EA}$ 为特定失误的人误概率，HEP_{EA} 为相应的人员失误概率，C 为常值函数，PSF_k 为第 k 个 PSF 的取值，W_k 为第 k 个 PSF 的权重，n 为 PSF 的总数
SPAR－H	可用时间、压力、复杂度、经验/培训、规程、工效学/人机界面（HMI）、职责适宜、工序	$HEP_{Sum} = NHEP_{Diagnosis} \times \sum_{k=1}^{8} PSF_k + NHEP_{Action} \times$ $\sum_{k=1}^{8} PSF_k$
CBDTM	信息无法获得的决策树（控制室内能否得到所需的信息、控制室内的信息是否准确无误、规程中是否提醒信息的多样性、是否对操纵员解读信息培训过）；未能注意信息的决策树（工作负荷的高低、需要检查/监测参数、信号指示器在前排/后排、信号有无报警）；数据误读/误传的决策树（指示信号是否容易定位、指示信号的好坏、是否有正式的交流方式）；信息有误导性的决策树（是否所有信号都跟规程中描述一致、是否有信号差异警告及处理方法、是否有特定的培训/常规的培训）；遗漏规程中步骤的决策树（规程的描述是明显/隐晦、需要单个/多个规程、步骤是否有明显不同、是否有定位标记）；误解指令的决策树（规程的措辞是否明确、规程是否给出所需要的信息、操纵员是否接受过对操作步骤的培训）；误解决策逻辑的决策树（规程是否包含"非"语句、是否包含"与"/"或"语句、是否包含"与"和"或"语句、操纵员是否在类似情景中培训过）；故意违反规程的决策树（信任指令的适用性、如果遵循是否会有不利的后果、是否有备选方案、是否有严格遵循的政策）	$P_C = \sum_{i=1, 2} \sum_{j=1}^{4} P_{ij} P_{hr}^{ii}$ 其中，P_{ij} 是造成人员诊断失误的每个失误机理的概率，i 表示失误模式编号，j 表示失误机理的编号，P_{hr}^{ii} 是每个失误机理的恢复因子
ATNEANA	培训/经验的适用性和适宜性；相关规程和管理控制的适宜性；操纵员行为倾向和非正式规则；仪表的可用性和清晰度；可用时间和完成任务所需时间，包括并行任务和竞争任务的影响；所需诊断和响应的复杂性，特殊顺序的需要，以及对情景的熟悉程度；工作负荷，时间压力和压力；团队/机组人员动态性及机组人员特征；可用人员/资源；人机系统的质量；执行动作的环境；待操作设备的可接近性和可操作性；需要特殊工具；沟通；特殊的职责适宜需要；考虑实际事故序列的转移和偏差	$P(\text{HFE} \mid \text{S}) = \sum_i P(\text{EFC}_i \mid \text{S}) \times P(\text{UA} \mid \text{EFC}_i, \text{S})$ 其中，$P(\text{HFE} \mid \text{S})$ 为特定情境下的人员失误概率，$\sum_i P(\text{EFC}_i \mid \text{S})$ 为特定情境下 EFC 的乘积值，$P(\text{UA} \mid \text{EFC}_i, \text{S})$ 为特定情境下每个相关 EFC$_i$ 的人员失误条件概率的取值
CREAM	组织管理的完善性、工作条件、HMI 与运行支持的完善性、规程/计划的可用性、同时出现的目标数量、可用时间、值班区间（生理节律）、培训和经验的充分性、班组成员的合作质量	$CFP_{总} = \sum_{i=1}^{N} (CFP_i \times K_i)$。 其中，$CFP_{总}$ 为总的认知失误概率，CFP_i 为包含的每个认知活动的认知失误概率值，K_i 为对该失误发生的贡献份额，N 为包含的认知活动个数
IDHEAS	环境和情景（工作场所的可达性、工作场所的可见性、工作场所和路径中的噪声、寒冷/炎热/潮湿、身体运动的阻力）、系统（系统和仪控对人员的透明度、人机界面、设备和工具）、人员（员工、规程/导则/指示、培训、团队和组织因素、工序）、任务（信息可用性、情景熟悉度、多任务/中断/分心、任务复杂度、心理疲劳、时间压力、身体需求）	

HRA 方法	考虑的 PSF	修正方法
HuREX 数据采集流程	环境、HMI、组织、规程、任务、评估准则/成功准则	
SACADA 数据库	检测模式；报警板状态；报警/指示的预期变化；工作负荷；时间紧迫性；沟通程度；背景噪声；协作；通信工具不可用；多重要求；记忆；诊断基础；熟悉程度；诊断结果；信息整合；信息特定性；信息质量；动作类型	

从表 1 中可以看出，不同 HRA 方法 PSF 考虑的层级不一致，同一 PSF 在不同 HRA 方法中存在不同的表述。且在部分方法中给出了 PSF 的影响因素，进一步细化了 PSF 的判定标准，如 SPAR-H 分析方法中对复杂度 PSF 给出了较为详细的影响因素，如同时执行多个任务、指示器误导或缺失、多设备不可用等 14 个影响因素。在文献 [14-15] 中，提出 SPAR-H 方法容易被使用，讨论了 SPAR-H 方法的不足及其在数字化主控室的适用性，并给出了改进 SPAR-H 方法的建议。CREAM 提出独特的认知模型和框架，具有追溯和预测的双向分析功能，并给出了 9 种共同绩效条件（CPC）的影响因素。IDHEAS 的 PSF 按 4 种背景分类（环境和情景、系统、人员、任务）给出了 20 类 PSF，并给出了各 PSF 的影响因素。在文献 [16] 中，提出针对核电厂数字化主控室的 HRA，应减少 PSF 间相关性，并充分体现核电厂数字化主控室情景环境特征，如由于界面管理任务引起的操作复杂性。

由 KAERI 提出的 HuREX 数据采集方法将 PSF 分为 6 个类别，如表 1 所示，对于每类 PSF，又分成数个子类（表 2），对于每个 PSF 子类，又给出更为具体的数据项及可测量实例。美国 NRC 提出的 SACADA 数据库中，给出了工作负荷、时间紧迫性、沟通程度、背景噪声等 PSF 类别。

表 2　HuREX 中的 PSF 分类

PSF	PSF 子类
环境	工作空间
	工作环境
HMI	工效学
	面板设计
	状态指示
组织	个人 KARS（知识、能力、资源和技能）
	机组 KARS
	培训质量
	安全文化
规程	规程路径
	规程质量
任务	任务范围
	任务类型
	任务引发
	任务绩效
	任务反馈
	任务复杂度
	预期的沟通

PSF	PSF 子类
评估准则/成功准则	在 PSA 中人员失误事件（HFE）的成功准则
	不安全动作的评估准则
	评估准则的规范性

2.2 PSF 类别的确定

由于不同方法下 PSF 存在同一含义、不同表述，PSF 及 PSF 子类层级不一致及 PSF 间存在重叠、包含关系，且各 HRA 方法都只反映部分 PSF，导致 HRA 分析人员在评定 PSF 的过程中，没有可供参考的统一评级标准，对 HRA 定量分析结果的统一性造成影响。在文献［17］中，指出 PSF 的划分不求过多，但求清晰、全面，其中对 PSF 各侧面进行准确定义、划分出清晰范围非常必要。

经综合考虑，对 2.1 节中的 PSF 研究内容进行梳理归纳，本次在 PSF 的选取中遵循互斥性、代表性、层级一致性原则。"互斥性"即 PSF 间不存在包含、重叠的关系；"代表性"即能够反映数字化核电厂及传统核电厂的典型 PSF；"层级一致性"即通用 PSF 类别中不包含 PSF 子类及 PSF 影响因素。遵循上述原则，最终形成以下十大类通用 PSF。

（1）可用时间：操纵员/机组人员诊断和应对异常事件的可用时间；

（2）压力：影响操纵员顺利完成任务的非预期情景；

（3）工作环境：操纵员/机组人员工作的空间及环境；

（4）规程：执行任务所使用的正式操作规程；

（5）经验/培训：在特定任务中，所包含的操纵员经验和培训水平；

（6）复杂度：给定情境下，执行任务的困难程度；

（7）工效学/人机界面（HMI）：设备、画面、控制器布置、仪表可用信息的质量和数量，操纵员执行任务的设备之间的交互作用；

（8）设备和工具：在执行操作过程中，所需使用的一些特殊设备及工具等；

（9）职责适宜：操纵员的身体和精神是否满足执行任务的需要；

（10）工序：工序的所有方面，包括内部组织结构、安全文化、工作计划、通信、管理政策等。

对于已确定的十大类通用 PSF，给出每个 PSF 对应的 PSF 子类，如表 3 所示。在确定 PSF 子类时，尽量做到全面，且避免一个 PSF 子类在多个通用 PSF 中重复出现，给分析人员造成混淆。应注意的是，PSF 子类的确定应随着模拟机试验次数及运行经验的积累不断优化更新。

表 3　通用 PSF 及 PSF 子类的划分

序号	PSF	PSF 子类
1	可用时间	①可用时间与所需时间的比值；②并行任务和竞争任务的影响
2	压力	①情绪压力；②身体压力；③精神压力；④由于潜在负面影响，不愿执行行动计划等
3	工作环境	①工作场所的可达性/可居留性；②工作场所的可见性；③工作场所和通信路径的噪声；④寒冷、炎热、潮湿；⑤身体运动的阻力等
4	规程	①规程步骤含糊不清；②为完成一项/一组任务，需要在规程间进行多次跳转；③是否为症状导向型规程；④规程难以使用；⑤规程可用，但不符合情景等
5	经验/培训	①运行经验水平；②培训频率低；③培训持续时间不足；④缺乏关于某类事件的规程/指南说明方面的经验培训等

序号	PSF	PSF 子类
6	复杂度	①多设备不可用；②需要多地点/多人协作；③需要高度记忆；④存在大量干扰；⑤检测需要持续关注；⑥多种独立因素影响系统等
7	工效学/HMI	①信息显示问题；②面板设计问题；③状态指示问题
8	设备和工具	①工具易用性；②人员对工具的熟悉程度；③工具的可获取性；④基础设施等
9	职责适宜	①长时间工作导致的疲劳；②疾病；③过度自信；④注意力未集中；⑤临时顶替上岗等
10	工序	①团队资源充足性；②团队协调困难程度；③团队之间沟通充分性；④安全问题的监控识别程度；⑤纠正措施；⑥自我验证/交叉验证/独立检查等

2.3 核电厂 HRA 基础数据库中 PSF 架构的搭建

本文核电厂 HRA 基础数据库中 PSF 架构的搭建采用自顶向下的设计方法，从归纳获得的通用 PSF 入手，进一步确定 PSF 子类的划分，并识别各个 PSF 子类相应的用于电厂数据采集接口的数据项，最终重组归类获得适用于数字化核电厂的核电厂 HRA 基础数据库中的 PSF 架构。

文献［18-19］中分别对数字化主控室特定环境下的先进信息系统及软控制相关 PSF 做了详细研究，文献［20］中根据 39 份非核领域及 31 份核领域事件和研究报告，识别出 52 个人员绩效事件，并将识别出的事件的特性按 PSF 分类分配到各相关 PSF 子类的数据项下。

核电厂 HRA 基础数据库中结合数字化主控室环境新增的 PSF 影响因素，对上述 10 类 PSF（可用时间、压力、工作环境、规程、经验/培训、复杂度、工效学/HMI、设备和工具、职责适宜、工序）给出适用于数字化核电厂主控室操纵员行为的 PSF 框架，如图 3 所示。

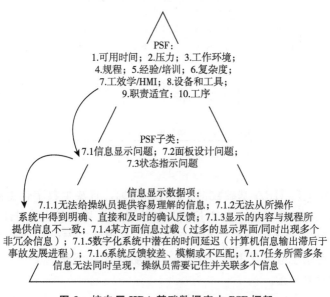

图 3 核电厂 HRA 基础数据库中 PSF 框架

数字化主控室在信息显示、人机界面、操作控制、报警系统及规程系统等方面与传统主控室发生了显著变化，以"工效学/HMI"PSF 为例的详细数据项如表 4 所示。表 4 的示例中以粗体字的形式给出。部分与传统核电厂相同模式的人员失误事件与已有的数据项进行了归并。

最终搭建形成的核电厂 HRA 基础数据库架构基本能够包含上述人员可靠性分析方法中 PSF 的分类，与以 179 起人因事件通过主成分分析法筛选出的 9 个指标[21]（人机界面交互性、显示系统的合理性、信息质量、任务复杂度、规程设计的合理性、时间负荷、班组成员构建的合理性、安全文化氛围）基本一致。核电厂 HRA 基础数据库中 PSF 架构的搭建为后续核电厂 HRA 基础数据库的形成奠定了重要基础。

表 4 核电厂 HRA 基础数据库中的 PSF 框架（部分示例）

PSF	PSF 子类	数据项
工效学/HMI	信息显示	无法给操纵员提供容易理解的信息
		无法从所操作系统中得到明确、直接和及时的确认反馈
		显示的内容与规程所提供信息不一致
		系统反馈较差、模糊或不匹配
		数字化系统中潜在的时间延迟（计算机信息输出滞后于事故发展进程）
		某方面信息过载（过多的显示界面/同时出现多个非冗余信息）
		任务所需多条信息无法同时呈现，操纵员需要记住并关联多个信息
	面板设计	控制装置难以操作
		快速浏览面板（操作台）时，操作对象区别不明显
		在一项活动中没有明显的方式来进行跟踪记录（或没有提供多样化信息以便进行正确性检查）
		信息显示被遮盖/位置不明显
		没有提供多样化信息以便进行正确性检查
		相关信息多位置分布，缺乏空间专用性（操纵员必须四处走动才能获取全部信息）
		控制装置标签名称与文件中名称不一致
		控制装置不可靠，且人员未发觉
		面板上无设备/组件实际位置信号的信息
		主要显示器故障，切换到备用显示器影响效果/备用显示器不可用
		操纵员需要在不同界面的不同任务之间频繁切换
	状态指示	多个报警设备同时工作（工况条件超过经验/培训中情景）
		仪表不可用、清晰度不够或不可靠
		指示源（指示器、标签）类似于附近的其他指示源
		指示源在许多潜在相关指示中被模糊/掩盖（重点信息缺乏显著性）
		控制状态的指示不充分/系统控制状态转换后未被确认
		主信息来源不可用时，次要指示不可用/难以使用/使用方式未知
		指示器中指示不突出［指示位于人员视野外、指示器难以视觉感知（字体小、标签难以阅读、颜色误用等）］
		指示令人困惑/不直观（如呈现形式包含复杂图形、逻辑运算，或者相同信息以不同格式呈现）

3 结论

目前，国内使用的核电厂 HRA 基础数据年限较为久远，且缺少数字化主控室环境下特有人员失误模式对应的基础数据。本研究以数字化主控室环境为基础，搭建核电厂 HRA 基础数据库的框架。本文重点对其中关键的 PSF 相关数据框架进行了介绍，采用数据库设计"概念结构设计"阶段中自顶向下的设计方法给出可用于数字化主控室 HRA 基础数据架构搭建的 PSF 数据项，为核电厂 HRA 基础数据库的建立奠定重要基础。

参考文献：

[1] 周易川. 核电厂数字化主控室人机界面信息显示特征对操纵员认知行为影响的研究 [D]. 衡阳：南华大学，2016.

[2] SWAIN A D, GUTTMANN H E. Handbook of human - reliability analysis with emphasis on nuclear power plant applications. Final Report：NUREG/CR - 1278 [R]. Washington：U. S. Nuclear Regulatory Commission, 1983.

[3] 张力，张宁，王晋，等. 大亚湾核电站人因数据管理系统结构设计 [J]. 核动力工程，2000，21 (2)：167 - 172.

［4］ 高文宇，张力. 人因可靠性数据库基础架构研究［J］. 中国安全科学学报，2010，20（12）：63－67.

［5］ YOCHAN K. Considerations for generating meaningful HRA data：lessons learned from HuREX data collection ［J］. Nuclear engineering and technology，2020，52：1697－1705.

［6］ CHANG Y J, BLEY D, CRISCIONE L, et al. The SACADA database for human reliability and human performance ［J］. Reliability engineering and system safety，2014，125：117－133.

［7］ 吴兵，赵志强. 数据库规范设计［J］. 中国医学装备，2006，10（3）：43－46.

［8］ 何旭洪，黄祥瑞. 工业系统中人的可靠性分析：原理、方法与应用［M］. 北京：清华大学出版社，2007.

［9］ GERTMAN D, BLACKMAN H, MARBLE J, et al. The SPAR－H Human reliability analysis method：NUREG/CR－6883［R］. Washington：U. S. Nuclear Regulatory Commission，2005.

［10］ LEWIS S, COOPER S. TEPRI/NRC－RES fire human reliability analysis guidelines：NUREG－1921［R］. Washington：U. S. Nuclear Regulatory Commission，2012.

［11］ FORESTER J, KOLACZKOWSKI A, COOPER S, et al. ATHEANA user's guide：NUREG－1880［R］. Washington：U. S. Nuclear Regulatory Commission，2007.

［12］ HOLLNAGEL E. Cognitive reliability and error analysis method（CREAM） ［M］. Oxford：Elesvier Science Ltd. ，1998.

［13］ WHALEY A M, XING J, BORING R L, et al. Cognitive basis for human reliability analysis：NUREG－2114 ［R］. Washington：U. S. Nuclear Regulatory Commission，2016.

［14］ 仇永萍，刘鹏，胡军涛，等. SPAR－H方法在数字化主控室的适用性分析［C］// 中国核能行业协会. 第六届核能行业概率安全分析研讨会. 杭州：中国核能行业协会，2018.

［15］ 谭笑，仇永萍，卓钰铖，等. SPAR－H人员可靠性分析方法的应用优化研究［J］. 核安全，2023，22（3）：81－88.

［16］ 李鹏程，李晓芳，戴立操，等. 核电厂数字化主控室操纵员的响应执行可靠性评估模型［J］. 核动力工程，2018，39（5）：95－100.

［17］ 蒋英杰，李龙，孙志强，等. 行为形成因子方法评述［J］. 中国安全科学学报，2011，21（1）：66－72.

［18］ O'HARA J M, HIGGINS J H. Advanced information systems design：technical basis and human factors review guidance：NUREG/CR－6633［R］. Washington：U. S. Nuclear Regulatory Commission，2000.

［19］ STUBLER W F, O'HARA J M. Soft controls：technical basis and human factors review guidance：NUREG/CR－6635 ［R］. Washington：U. S. Nuclear Regulatory Commission，2000.

［20］ PARK J, JUNG W. Identification of key human performance issues that are affected by the control room modernization of nuclear power plants：KAERI/TR－6062［R］. Korea Atomic Energy Research Institute，Daejeon，2015.

［21］ 刘艳琪，张力，刘雪阳，等. 核电厂数字化主控室操纵员行为形成因子评价模型［J］. 原子能科学技术，2021，55（5）：926－932.

Research on the framework of
generic HRA database of nuclear power plant

TAN Xiao, QIU Yong-ping*, ZHUO Yu-cheng,
LEI Wen-jing, HU Jun-tao, HE Jian-dong

(Shanghai Nuclear Engineering Research &Design Institute Co., Ltd., Shanghai 200233, China)

Abstract: The generic human error probability database used for human reliability analysis (HRA) in nuclear power plant has a long history, and it lacks the consideration of human error mode under the digital main control room circumstances. Based on the widely used HRA methods and the design of other typical human reliability databases, combined with the actual situation of domestic nuclear power plants, this paper constructs the framework of generic human reliability database for nuclear power plants. For the performance shaping factor (PSF) framework, the top-down design method in the conceptual design stage of the database is adopted, and the PSF data items that can be collected are given in combination with the newly added human error model in digital environment. The generic HRA database of nuclear power plant has been developed to provide effective support for the HRA data collection as well as to sponsor practical ways of human error reduction.

Key words: Human reliability analysis database; Performance shaping factor (PSF); Human reliability analysis (HRA); Data item

CAP1000 非能动核电厂 IRWST 再循环爆破阀误动事件 PSA 分析研究

胡跃华，胡军涛，仇永萍，雷文静，陆天庭，张政铭，杨亚军

（上海核工程研究设计院股份有限公司，上海　200233）

摘　要：当前第三代 CAP1000 非能动核电厂的概率安全分析（PSA）中，将安全壳内置换料水箱（IRWST）再循环流道上爆破阀的误动作在瞬态类事件中进行了包络分析。本次研究通过系统 FMEA 工程评价方法，识别出该事件，并对其发生频率进行分析研究，然后建立事件树对该事件的事故序列进行分析，综合考虑人员失误相关性后，计算得到该事件可能导致的电厂堆芯损伤频率（CDF），并对该事件下导致 CDF 的重要贡献序列进行了分析，提出风险见解。研究表明，该事件的风险不可忽略，应在内部事件 PSA 中进行分析，本次研究为后续进一步研究奠定了基础。

关键词：CAP1000 非能动核电厂；安全壳内置换料水箱（IRWST）；再循环爆破阀；事件树；概率安全分析（PSA）；堆芯损伤频率（CDF）

爆破阀因其特有优点，在第三代非能动核电厂中得到了广泛应用[1]。CAP1000 核电厂共采用 12 台爆破阀，分别为自动卸压系统第 4 级（ADS－4）管线上的 4 台爆破阀、安全壳内置换料水箱（IRWST）重力注射管线上的 4 台爆破阀、安全壳再循环管线上的 4 台爆破阀。

ADS－4 管线上的爆破阀打开后可以使一回路充分降压，为下一步的 IRWST 重力注射提供条件；IRWST 重力注射管线上的爆破阀开启后，可以实现由 IRWST 至堆芯的重力补水；在事故后长期运行阶段，安全壳再循环管线上的爆破阀开启，实现堆芯的长期冷却。

在当前 CAP1000 非能动核电厂的概率安全分析（PSA）中，将 ADS－4 管线上的爆破阀误开单独作为一类始发事件进行了分析，并且将 IRWST 重力注射爆破阀误动作事件进行识别后进行了归组分析。对于安全壳再循环管线上的爆破阀误开，将其归入了瞬态类事件进行包络分析。本文结合国内 CAP1000 非能动核电厂的设计特点及相应的运行规程，采用 PSA 方法对再循环误动作事件单独分析：首先确定始发事件，根据报警响应规程等确定电厂针对该事件的相关响应，分析各种事故序列的后果，进行定量分析，得到最终的堆芯损伤频率（CDF）值，并简要给出一定的风险见解。

1　再循环爆破阀误动作始发事件的识别

根据国内通用的行业标准[2]，通常有 4 种识别始发事件的方法：

（1）系统分析或工程评估；

（2）参考以往的始发事件清单；

（3）逻辑演绎分析；

（4）运行经验反馈。

对于爆破阀误动，由于当前业界通用的压水堆始发事件清单[3-4]主要来自二代电厂，未发现爆破阀相关的始发事件；且国内外相似电厂也未发生过爆破阀相关的始发事件，故可采用第（1）种方法开展评价。

根据 CAP1000 非能动核电厂的设计[5]，如图 1 所示，IRWST 再循环流道上各有一个常关的爆

作者简介：胡跃华（1986—），女，硕士，高级工程师，现主要从事核电厂概率安全评价方面的设计研究工作。

破阀（本文分别用 V002A/B 和 V004A/B 表示）。其中两条流道上设有止回阀（本文用 V003A/B 表示）和爆破阀（V004A/B）相互串联。另外两条流道上设有常开电动阀（以 V001A/B 表示）和爆破阀（V004A/B）相互串联。爆破阀 V002A/B 的误动作或爆破阀 V004A/B 的误动作叠加相应流道止回阀 V003A/B 内漏可能导致 IRWST 中的水排至堆腔。IRWST 低水位信号会指示操纵员隔离 IRWST 重力注射阀。如果发现任一爆破阀误开，操纵员应进行手动停堆。如果停堆失败，反应堆正常运行会由于堆腔和地坑水位的升高而受到威胁。这类事件包含任一再循环阀门误开的可能，以及共因导致所有再循环爆破阀误开的可能。

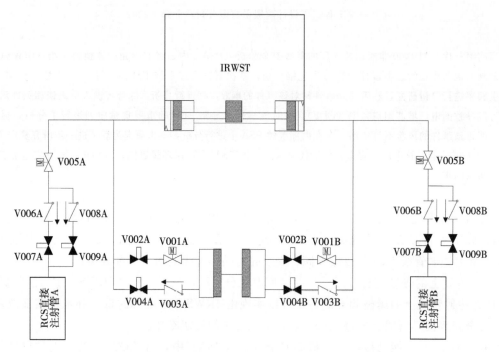

图 1　非能动堆芯冷却系统——安全壳内置换料水箱子系统简图

这类事件与其他失水事故（LOCA）类事件进程有所不同，应单独作为一类进行分析，可记为 SPRECIRC。

2　事件进程和系统响应

IRWST 再循环爆破阀误动事件发生后，能导致 IRWST 中的水排至堆腔。IRWST 低水位信号会指示操纵员根据非能动堆芯冷却系统报警响应规程隔离 IRWST 重力注射阀。如果发现任一爆破阀误开，操纵员应根据技术规格书的要求，参考同一报警响应规程进行手动停堆，将反应堆置于模式 5。

如果操纵员隔离 IRWST 重力注射阀并且停堆成功，那么可以通过主给水（MFW）或启动给水（SFW）系统从二次侧排出衰变热。如果主给水和启动给水都失效，则可通过一次侧的非能动安全设施来实现衰变热排出。

反应堆停堆后，蒸汽旁排阀自动开启将主冷凝器作为热阱。如果蒸汽旁排阀和冷凝器可用，则主给水可用于排出衰变热。如果蒸汽旁排阀或冷凝器失效，则要求将蒸汽排放到大气。这可通过开启主蒸汽大气释放阀和/或安全阀来实现。本事件树中考虑这些安全阀门回座失效。

如果 MFW 不可用，则 SFW 根据给水低流量和任意一台蒸汽发生器窄量程低水位符合信号或任意一台蒸汽发生器宽量程低水位信号而自动启动。假设 MFW 失效或停运后是不可恢复的，故模型中不考虑系统的恢复。

主蒸汽大气释放阀和安全阀开启导致蒸汽排放至大气，SFW 可用于排出反应堆衰变热，本模型中 SFW 运行即认为序列成功。本事件中如果开启的主蒸汽大气释放阀或安全阀不能回座将引起反应堆冷却剂冷却并收缩，可能触发反应堆冷却剂系统（RCS）冷段低−2温度信号，停运 SFW 泵。因此，本事件转入主蒸汽安全阀卡开的事件树。

如果操纵员隔离 IRWST 重力注射阀，虽然非能动余热排出热交换器（PRHR HX）可作为二次侧系统的备用系统用于排出堆芯衰变热，但是此事件发生后，IRWST 中的水位可能已经下降，保守不考虑 PRHR 的缓解作用。

RCS 降压可通过自动或手动完成。当堆芯补水箱（CMT）水位达到低水位整定值时，ADS 第 1 级、第 2 级和第 3 级阀门依次开启。如果出现蒸汽发生器低水位，并且 RCS 热段温度上升或 RCS 热段低水位情况，则操纵员可实施手动降压措施。

如果 CMT 或安注箱（ACC）的水和 IRWST 的水注入 RCS，则可成功实现低压力堆芯冷却功能。IRWST 的水通过正常余热排出系统（RNS）或重力注射管线进入 RCS。当主冷却剂泵（RCP）停运并且 CMT 出口阀开启，可实现 CMT 注射。由于 CMT 中的冷水和连接的冷段中的热水之间存在一定的压差，使得 CMT 的水可注入 RCS。

一旦 ADS 启动，电厂规程将指导操纵员启动 RNS。当 ADS 启动时，及时启动两台 RNS 泵，以防止 CMT 水位下降到低水位整定值，该整定值会导致 ADS 第 4 级阀门开启。在本模式中，RNS 从装料池或 IRWST 中取水注入 RCS。这样可以将安全壳水淹高度限制在反应堆压力容器以下，降低了电厂的不可用度。

如果只有一台 RNS 泵可用（对应于堆芯冷却的 RNS 成功准则），则 CMT 水位将下降到低水位整定值，ADS 第 4 级阀门将开启，并导致安全壳水淹。此情况下，在长期阶段，IRWST 排空，从安全壳地坑到 RCS 的再循环启动。为建立再循环，两条再循环管线中必须至少有一条开启为运行的 RNS 泵供水，管线可自动或手动开启。这样 RNS 泵可从地坑取水注入 RCS。

如果 RNS 泵不能运行，则可通过 IRWST 重力注射管线的注入提供堆芯冷却。在此情况下，大量的蒸汽释放到安全壳大气中，非能动安全壳冷却系统运行，使蒸汽在安全壳内壁凝结。凝结水返回到 IRWST 或安全壳地坑中，然后经再循环进入反应堆压力容器。

如果操纵员隔离 IRWST 成功，但是停堆失败，则可转入未能紧急停堆的预期瞬态（ATWS）事件树中进行模化。

在 IRWST 隔离失效的情况下，将导致 IRWST 重力注射功能及通过 PRHR 带热的功能失效，只能通过二次侧排出堆芯衰变热。如果操纵员隔离 IRWST 失败，但停堆成功，可通过二次侧开启主蒸汽安全阀，采用主给水或启动给水排出反应堆衰变热；如果停堆失败，反应堆正常运行会由于堆腔和地坑水位的升高而受到威胁，保守考虑事件将无法缓解，导致堆芯损伤。

3 操纵员动作的考虑

根据上述事件进程分析，该事件涉及的操纵员动作包括如下：

（1）操纵员根据 IRWST 低水位信号隔离常开电动阀 V001A&B 及 IRWST 重力注射阀 V005A&B；

（2）操纵员根据 PXS 系统报警响应规程手动停堆；

（3）操纵员根据规程启动 MFW 进行 RCS 冷却；

（4）SFW 自动启动失效后，操纵员根据 ES−0.1 规程启动 SFW 进行 RCS 冷却；

（5）CMT 失效后，需要操纵员手动启动 ADS 进行降压；

（6）在早期 IRWST 隔离成功后，事件的发展需要 IRWST 投入时，操纵员根据规程手动启动 V005A/B 和重力注射爆破阀；

（7）操纵员手动切换 RNS 至注射模式，从装料池或 IRWST 取水通过安注管线向 RCS 注水；

（8）安全壳隔离阀自动关闭失效后，需要操纵员手动关闭；

（9）当 IRWST 的液位降到低–3 液位整定值时，PMS 控制安全壳再循环管线开启。安全壳再循环自动启动失效后，需要操纵员通过规程手动启动。

4 事件树的建立

根据上述分析，建立 SPRECIRC 事件树模型如图 2 所示，其中，本文重点关注的事件序列涉及的题头，以及建模考虑与瞬态类事件有所不同的题头及成功准则描述如下。

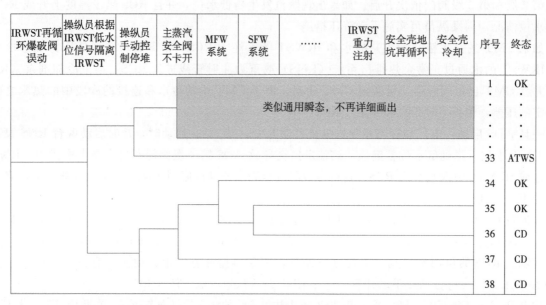

图 2 SPRECIRC 事件树

（1）IRWST 再循环爆破阀误动

该题头表示 IRWST 再循环爆破阀误动始发事件。

（2）操纵员根据 IRWST 低水位信号隔离 IRWST

该题头成功要求操纵员根据 IRWST 低水位信号及报警响应规程 PXS–401，关闭再循环隔离阀 V001A&B 及 IRWST 重力注射阀 V005A&B。根据分析，若操纵员在短时间内能够成功隔离，则 IRWST 剩余的水装量仍足够用于事故后期的重力注射。

（3）操纵员手动控制停堆

本题头模化的是在发生再循环爆破阀误动事件后，操纵员执行手动控制停堆。预期操纵员能通过 IRWST 水位等信息诊断发生此事件。据此，预期操纵员将根据 PXS 报警响应规程执行手动停堆。本题头成功要求操纵员手动执行有效的停堆操作。如果 IRWST 隔离失效，保守考虑本题头失效会导致堆芯损伤。

（4）主蒸汽安全阀不卡开

在丧失二次侧热阱后，要求主蒸汽管道安全阀和/或大气释放阀能开启和关闭。由于安全阀数量多，不考虑其开启失效。根据本事件发展及特征，每条主蒸汽管道上的主蒸汽大气释放阀及一台安全阀开启就足以成功控制每条蒸汽管道不超压。主蒸汽大气释放阀将根据蒸汽管道低压力信号自动回座，在同一条管线上的隔离阀关闭可作为其备用措施。此外，对于本事件，不考虑为防止大气释放阀/安全阀开启的蒸汽旁排运行。如果 IRWST 隔离失效，保守考虑本题头失效会导致堆芯损伤。

（5）MFW 系统

停堆后，MFW 流量调节阀关闭，MFW 通过 SFW 系统管道为蒸汽发生器（SG）提供给水流量。

在冷凝器可用的情况下，一台主给水泵和一台凝结水泵可用就能成功实现堆芯冷却。需要凝结水泵运行，用于维持除氧水箱的水容积，从而避免增压给水泵在瞬态过程中被汽蚀。如果本题头失效，则要求 SFW 投入，或者 RCS 降压，以便投入 IRWST 或 RNS 重力注射，以避免堆芯损伤。

（6）SFW 系统

SFW 系统由两列组成，每列都能为两台 SG 提供给水。二次侧冷却通过启动给水系统和主蒸汽管道大气释放阀和/或安全阀排放到大气，或通过蒸汽旁排阀排放到冷凝器实现。如果 IRWST 隔离失效，那么 IRWST 水装量将全部丧失，无法用于非能动重力注射，SFW 题头失效就会导致堆芯损伤。

（7）IRWST 重力注射

如果 CMT 或 ACC 注射中有一个成功，在 RCS 完全降压后，可建立 IRWST 的重力注射。这可从 IRWST 两条重力注射管线中的一条通过安注管线实现向 RCS 注水。本题头成功要求两条重力注射管线中的一条有效开启。由于本题头在 IRWST－ISO 题头成功后才会考虑，故本题头成功要求操纵员根据 ES－1.4 规程将重力注射爆破阀和已关闭的 IRWST 重力注射阀 V005A&B 手动再次开启。

（8）安全壳地坑再循环

从安全壳地坑到反应堆压力容器的再循环水为堆芯提供长期冷却。如果安全壳隔离（CIS）成功，本题头的成功准则是两条再循环路径对应的 4 条管线中的一条有效；如果 CIS 失效，本题头的成功准则要求再循环路径对应的 4 条管线中的两条有效。由于本题头在 IRWST－ISO 题头成功后才会考虑，故本题头成功要求将已关闭的再循环隔离阀 V001A&B 再次开启。再循环隔离阀可由 IRWST 低－3 水位信号自动开启，自动开启失效后，也可根据 E－1 规程手动开启。

5 事件序列定量化

5.1 SPRECIRC 始发事件频率

由于爆破阀设计成通过一个固态金属帽来阻断流道，点火爆破后使该金属帽破裂才会使爆破阀开启。该阀门由 PMS（自动和手动）和 DAS（手动）开启。所以本事件考虑的爆破阀的误动仅限于通过 PMS 及 DAS 的误启动或操纵员失误。根据分析建立始发事件故障树，计算得到本次定量化采用的 SPRECIRC 频率。

5.2 其他所需的数据输入

本事件树中大部分题头输入采用了 CAP1000 非能动核电厂一级 PSA 分析报告中已开展的相关分析结论和人员可靠性分析结果，对于新增的题头和人员失误事件简述如下。

IRWST－ISO 题头调用的故障树为 IW－ISO，定义为操纵员未能在短时间内根据 IRWST 低水位信号隔离 IRWST。操纵员未能根据 IRWST 低水位信号及报警响应规程 PXS－401，关闭再循环隔离阀 V001A&B 及 IRWST 重力注射阀 V005A&B；或者 V001A&B 和 V005A&B 硬件失效、丧失供电等均会导致顶事件的发生。另外，对于 IRWST 和 RECIRC 题头，由于在 IRWST－ISO 题头成功后才会考虑，故它们调用的故障树中，除了考虑重力注射阀的开启失效，还需考虑未能将已关闭的重力注射阀 V005A&B 和再循环隔离阀 V001A&B 再次开启的失效模式。

本次事件序列分析中，新增考虑的人员失误事件如表 1 所示。

表 1　新增考虑的人员失误事件

序号	人员失误事件编码	人员失误事件描述
1	IW－MAN01	爆破阀误开启后，操纵员未能认识到需要关闭再循环隔离阀 V001A&B 及 IRWST 重力注射阀 V005A&B
2	RTN－MAN02	发现任一爆破阀误开后，操纵员未能根据技术规格书的要求，参考 PXS－401 报警响应规程进行手动停堆，将反应堆置于模式 5

序号	人员失误事件编码	人员失误事件描述
3	IW - MAN02	在早期 IRWST 隔离成功后，事件的发展需要 IRWST 再投入时，操纵员未能根据 ES-1.4 规程将已关闭的 IRWST 重力注射阀 V005A&B 手动再次开启
4	REN - MAN05	操纵员未能根据需要开启再循环隔离阀 V002A/B

5.3 事件序列定量化结果

根据上述分析，计算得到再循环爆破阀误动作事件导致的 CDF 约为 6.8E-09/堆年。共有 23 个导致堆芯损伤（CD）的序列，其中贡献排在前两位的序列如下。

（1）SPRECIRC 始发事件发生后，操纵员隔离 IRWST 失败，由于 IRWST 水位降低导致 PRHR、IRWST 注射均失效，反应堆停堆失败，保守考虑本序列导致堆芯因失去有效补水而裸露受损，该序列 CDF 约占该事件总 CDF 的 62%。

（2）SPRECIRC 始发事件发生后，操纵员隔离 IRWST 失败，由于 IRWST 水位降低导致 PRHR、IRWST 注射均失效，虽然反应堆停堆成功，但主蒸汽管道上开启的阀门未能成功回座，无法通过二次侧排出堆芯衰变热。该序列的初始阶段，可能由于二次侧的喷放导致一次侧温度短暂下降，但是长期来看，一次侧仍会升温升压导致安全阀开启降压，CMT 可投入补水。但是该序列下 CMT 水位下降相对缓慢，故保守考虑在 ADS 自动触发前，本序列导致堆芯因未能及时降压排出衰变热而受损。该序列 CDF 约占该事件总 CDF 的 26%。

该事件 CDF 贡献排在前 5 位的支配性最小割集如表 2 所示。

表 2　排在前 5 位的支配性最小割集

序号	最小割集	贡献占比
1	IEV - SPRECIRC、IW - MAN01、RTN - MAN02 - C	61.7%
2	IEV - SPRECIRC、IW - MAN01、OTH - SLSOV、- FE：SDMAN	12.3%
3	IEV - SPRECIRC、OTH - SLSOV、PCM5 - PCC2 - A、- FE：SDMAN	3.2%
4	IEV - SPRECIRC、OTH - SLSOV、PCM5 - PCC6 - A、- FE：SDMAN	3.2%
5	IEV - SPRECIRC、CCX - SFTW - PLS	2.5%

结合最小割集和重要度分析可以看出，爆破阀误开启后，操纵员未能认识到需要关闭再循环隔离阀 V001A&B 及 IRWST 重力注射阀 V005A&B 的人员失误事件及发现任一爆破阀误开后，操纵员未能成功手动停堆的人员失误事件是该事件 CDF 的支配性贡献因素。

6　总结

综上所述，SPRECIRC 导致的 CDF 约为 6.8E-09/堆年，与当前 CAP1000 电厂总 CDF（在-7 量级）相比，具有一定贡献。该事件的研究具有一定的现实意义，此次研究可以作为后续进一步研究的起点。

另外，对于该事件，建议加强相关的操纵员培训，降低诊断事故及采取隔离操作和手动停堆操作所需的时间，降低人员失误概率。

参考文献：

[1] 耿绪超. 浅析爆破阀在 AP1000 核电厂中的应用 [J]. 中国机械，2015，9：107-108.

[2] 国家能源局. 应用于核电厂的一级概率安全评价　第 11 部分：功率运行内部事件：NB/T 20037.11-2018RK [S]. 2018.

[3] EIDE S A, WIERMAN T E. Industry - Average Performance for Components and Initiating Events at U. S. Commercial Nuclear Power Plants: NUREG/CR - 6928 [R] . U. S. Nuclear Regulatory Commission, 2007.

[4] POLOSKI J P, MARKSBERRY D G. Rates of Initiating Events at U. S. : Nuclear Power Plants: 1987 - 1995: NUREG/CR - 5750 [R] . Idaho National Engineering and Environmental Laboratory, 1999.

[5] 林诚格，郁祖盛. 非能动安全先进核电厂 AP1000 [M] . 北京：原子能出版社，2008：7，196 - 199.

PSA study on spurious IRWST Recirculation event in CAP1000 passive NPP

HU Yue-hua, HU Jun-tao, QIU Yong-ping,
LEI Wen-jing, LU Tian-ting, ZHANG Zheng-ming, YANG Ya-jun

(Shanghai Nuclear Engineering Research & Design Institute Co. , Ltd. , Shanghai 200233, China)

Abstract: In current PSA of Generation III CAP1000 passive nuclear power plant (NPP), the event of spurious IRWST recirculation is included in general transient event group. In this study, this event is identified by systematic evaluation and failure modes and effects analysis (FMEA) . The frequency of it is calculated and an event tree is built to carry out accident sequence analysis. Finally, the core damage frequency (CDF) of this event is achieved by model integration combined with consideration of human reliability and dependency analysis. Futhermore, significant contributors to CDF are described and plant risk insights are given. The result confirms that the risk of this event can not be neglected and it should be included in internal event PSA of CAP1000 passive NPP. This study provides an important basement for further research to this event.

Key words: CAP1000 passive NPP; In - containment refueling water storage tank (IRWST); Recirculation squib valves; Event tree; Probabilistic safety analysis (PSA); CDF

热管冷却反应堆概率安全评价关键问题研究概述

钱雅兰，卓钰铖，李肇华，杨　波，詹文辉，

张彬彬，刘　展，席　恺

（上海核工程研究设计院股份有限公司，上海　200233）

摘　要： 热管冷却反应堆是一种极具发展潜力的新型反应堆，在系统设计和运行调节等方面有着独特优势，具有良好的安全性和灵活性，可实现不同环境场景下快速安装部署和应用，是目前核能系统研究的热点。本文指出了安全是热管堆的生命线，概率安全评价（PSA）是热管堆安全分析的重要组成部分，PSA 在热管堆中的应用也是全新的。针对热管堆 PSA 关键问题的 5 个方面，即导则、法规和标准，概率安全目标，方法论及技术要素，行业实践经验和审评执照取证，对国内外研究现状进行了总结和评述，指出了当前研究的不足，并对未来研究工作进行了展望。本文可为热管堆的设计和安全分析提供一定的参考。

关键词： 热管冷却反应堆；概率安全评价；研究概述

热管冷却反应堆（简称"热管堆"）采用固态堆芯、热管非能动传热模式，利用热动转换系统进行电能输出，为新型反应堆。相比传统的大型轻水反应堆，热管堆具有体积小、重量轻，系统设计简单紧凑、固有安全性高，运行灵活，可工厂制造、便于运输等特点，可以根据用电需求实现灵活部署和功率扩展，是一种极具发展潜力的微型反应堆系统[1]。尽管热管堆具有良好的发展前景，但安全仍是热管堆的生命线。概率安全评价（PSA）是热管堆安全分析的重要组成部分，也是设计优化和审评执照取证过程中的重要支撑，目前 PSA 在热管堆的应用是全新的，相关研究较为前沿。

热管堆 PSA 工作通常会引入超出传统轻水堆经验范畴的创新性问题，如热管堆特有的事件序列、设备可靠性数据、特殊应用场景下的外部事件分析等。因此，在热管堆的设计分析、取证和工程落地过程中可能会面临缺乏法规/标准和成熟技术参考等一系列难题。本文将从导则、法规和标准，概率安全目标，方法论及技术要素，行业实践经验和审评执照取证这 5 个方面对热管堆 PSA 关键问题进行分析和总结，为热管堆的 PSA 工作提供一定的参考。

1　热管堆 PSA 研究现状

1.1　导则、法规和标准

我国国家核安全局于 2006 年发布的核安全导则《核动力厂安全评价与验证》（HAD 102/17）[2]指出，对于新建的核动力厂，PSA 最好在概念设计阶段开始进行，以便检验在安全系统中具有足够的多重性和多样性，并应该在更加详细的设计阶段继续进行。PSA 还用来支持核动力厂的运行。在设计阶段，应有一个迭代过程，以保证从概率安全分析得出的结论反馈到设计过程。国家核安全局于 2016 年发布的《核动力厂设计安全规定》（HAF 102—2016）[3]指出，发电或其他供热应用而设计的、采用革新技术的反应堆设计可参照该规定，但应经过细致的评价和判断。对核动力厂的设计进行安全分析时，必须适当考虑核动力厂所有运行模式和所有状态（包括停堆工况）下的概率安全分析。

美国核能研究院于 2018 年发布了 NEI 18 - 04[4]草案，并且经过了美国核管理委员会（NRC）审议。该草案给出了预计运行事件（AOO）、设计基准事件（DBE）、超设计基准事件（BDBE）的发生

作者简介： 钱雅兰（1991—），女，博士，高级工程师，现主要从事概率安全评价工作。

频率。通过 PSA 确定的许可基准事件（LBE）可以获得反应堆可能向公众释放放射性剂量的重要事件。

美国核学会和机械工程师协会于 2021 年发布了《非轻水堆核电厂概率风险评价标准》（ASME/ANS RA－S－1.4－2021）[5]。该标准明确了用于支持先进非轻水堆核电厂风险指引决策的 PSA 要求，给出了风险评估应用的过程、技术要求及同行评估注意事项等内容。推荐了依据该标准要求开展包括热管堆在内的特殊用途反应堆的 PSA 工作，具有重要参考价值。

综上，现有导则、法规和标准对热管堆的针对性不够强，但对于采用革新技术的微堆研究对象具有较强的通用性，同时便于先进非轻水堆设计分析和不断扩展，因此受到了广泛的关注。

1.2 概率安全目标

ASME/ANS RA－S－1.4－2021 标准指出堆芯损伤频率（CDF）、大量放射性释放频率（LRF）和大量早期放射性释放频率（LERF）不作为评估非轻水堆风险重要度的风险指标，而是采用事件序列的发生频率和后果[5]。非轻水堆不使用 CDF 作为风险指标是由于轻水堆的特性（反应堆压力容器液位、锆包壳氧化温度和金属燃料熔融等），在非轻水堆可能没有相对应的部分[6]；不使用 LRF 和 LERF 作为风险指标是由于在定量给出非轻水堆源项和放射性后果要求中 LRF 和 LERF 并不是必需的[5]。

美国核能研究院基于顶层法规要求和 NRC 安全目标政策，在 NEI 18－04[4] 中指出非轻水堆的 PSA 结果应该包括计算不同 LBE 的发生频率和放射性剂量后果，并保证 LBE 的频率-后果（F－C）在所制定的设计目标以内，其中 NRC 法规 10 CFR 20 等要求用于限制 F－C 图谱前端的高频率低后果事件的风险；而定量健康目标（QHO）要求则限制图谱后端的低频率高后果事件。

美国西屋公司 eVinci 热管堆[7] 为了评估其对应的风险量，采用 NEI 18－04 所给出的 F－C 图谱作为热管堆概率安全目标。

我国暂无针对热管堆制定概率安全目标。其他先进非轻水堆，如第四代反应堆——高温气冷堆的概率安全目标为所有导致场外（包括厂址边界处）个人有效剂量超过 50 mSv 的超设计基准事故序列累计频率应小于 10^{-6}/堆年[8]。热管堆的设计要求是具有高安全性和先进性的，其概率安全目标在体现其设计要求的同时应尽可能对标第四代反应堆等先进非轻水堆的指标。

综上，我国暂无公开资料直接给出热管堆的概率安全目标；美国作为最早提出热管堆设计理念的国家，已经根据 NEI 18－04、ASME/ANS RA－S－1.4－2021 对先进非轻水堆制定了基于 F－C 理念的概率安全目标，并向热管堆 PSA 应用等方面拓展。

1.3 方法论及技术要素

爱达荷国家实验室于 2020 年提出了用于制定先进非轻水堆执照许可技术要求的 PSA 方法[6]，并给出了高温气冷堆、钠冷快堆和熔盐堆的应用案例。

ASME/ANS RA－S－1.4－2021[5] 推荐了针对非轻水堆的 PSA 方法，包括评价范围、要求结构、技术要素的适用性、风险重要度物项决策、判别准则等。给出了非轻水堆 PSA 的各个分析要素及它们在事件序列模型开发和定量化工作中所起的作用。这些要素与现有轻水堆全范围三级 PSA 要素具有一定关联，涵盖了从始发事件到场外后果的 18 个 PSA 技术要素。根据 ASME/ANS 对非轻水堆和轻水堆的 PSA 标准的分析要素比较可知，非轻水堆标准（ASME/ANS RA－S－1.4－2021）中有将近 80％的 PSA 技术要求与轻水堆标准（ASME/ANS RA－Sb－2013）[9] 相同或相似。主要要素的差别包括事件序列终态和风险指标、成功准则评估方法、特殊现象处理技术及由于缺少反应堆技术的运行经验带来的不确定性问题。

国内方面，近期中国核电工程有限公司、中核能源科技有限公司、清华大学、中广核研究院有限公司正在联合开展非轻水堆全范围 PSA 分析及应用技术标准研究。拟通过结合国内外行业实践经验，研究出普遍适用于非轻水堆全范围PSA分析及应用的方法框架及相应技术标准。具体研究内容涉及确定普遍适用于非轻水堆的定量风险指标、全范围PSA分析框架及建模方法、确定满足中国核安全及辐射安全监管要求的F-C曲线;通过非轻水堆全范围PSA分析,开展工况划分、安全分级、纵深防御充分性应用研究。基于上述研究,以期确定最终的非轻水堆全范围PSA分析方法框架及应用技术标准草案。

综上,国内外已经开始对传统轻水堆PSA方法进行了针对非轻水堆的拓展,并应用到了部分非轻水堆上。近年来,全范围PSA分析也成为研究的热点,但是目前受制于应用市场和目标用户的需求,针对热管堆的PSA方法论还未完整地建立和拓展应用,相关技术要素开发范围和深度不一致。

1.4　行业实践经验

国内学者针对热管堆热管失效相关的成功准则、始发事件等技术要素开展了实践。张文文等人于2017年通过新型热管反应堆的研究提出,单根热管失效事故下,热管具有足够的传热能力将堆芯裂变热导出,堆芯最热通道各层材料温度均低于熔点[10]。汪镇澜等人于2022年通过新型兆瓦级动力系统的研究提出,在单根热管失效事故下,所有材料的温度均远低于各自的熔点;在多根热管失效事故中,高功率区3根热管串级失效事故下内腔辐射换热不可忽略,以及该堆不能承受高功率区的4根热管串级失效[11]。上述研究结果表明,根据热管堆设计特征,始发事件识别需要特别关注热管失效数量;用于事件序列分析的成功准则需要考虑是否有超过一定数目的热管失效将导致反应堆不可接受的风险挑战。

国外已有部分研究机构对热管堆PSA开展了较完整的行业实践。美国南方电力公司于2019年公开了对美国西屋电气公司eVinci热管堆的研究报告[7],针对单个反应堆模块的功率运行内部事件开展了PSA建模和分析工作,将反应堆堆芯作为放射性物质释放源项。对识别的4组始发事件开发了简化的功能事件树,考虑了热管微堆特有的安全系统,并将系统的相关性体现在缓解逻辑中。eVinci热管堆采用堆芯挑战(CC)的概念来判断堆芯是否安全,通常使用堆芯的瞬时温度作为是否遭受"CC"的准则,将堆芯受到累计不受控的威胁的事故序列定义为所有衰变热排出能力丧失或反应性控制功能丧失。最终通过风险整合技术将PSA事件序列定量化结果和放射性物质释放后果反映在F-C图谱中,并与所设定的安全目标比较。美国Oklo公司于2020年报道了Aurora热管堆的PSA工作成果[12],由于其固有安全特性,一旦停堆,反应堆将不存在进一步的安全挑战。运行工况的内部事件PSA开发工作聚焦于定量化成功插入单个停堆棒的风险,在停堆后其衰变热的产生和排出将不会对反应堆造成进一步风险挑战,Aurora热管堆关注的指标是停堆失效频率(SFF),其所有事件序列累计的SFF为$1.74×10^{-11}$/堆年。

综上,国内对于热管堆PSA的工作还处于刚刚起步,开展了少量始发事件分析、成功准则、PSA用热工水力支持性计算的探索,行业实践经验十分稀缺。国外热管堆PSA工作公开资料表明,详细分析均仅限于内部事件PSA。

1.5　审评执照取证

热管堆的商业化运作离不开监管审评,但由于技术的创新性和不确定性,国内外公开的热管堆技术大多数处于方案设计阶段,仅有少数达到审评执照取证的阶段。近年,美国桑迪亚国家实验室开展的一项名为《关于微型反应堆技术和取证的思考》的工作[13],参考现有热管堆概念方案研究成果,讨论了微堆执照许可申请的范围和内容,包括LBE、构筑物、系统和部件(SSC)安全分级、纵深防御需求等关键问题。其中,热管堆LBE清单选取和分析,是利用PSA识别始发事件组,包括功率控制和热量排出始发事件,并根据PSA确定的事件序列发生频率对LBE进行分级。根据定量健康目标获得反应堆综合风险,评估SSC的风险重要性,进行基于风险的纵深防御评估等,并最终确定LBE和安全相关SSC列表。

公开资料显示，为了推进对先进核技术的技术审查，NRC 和加拿大核安全委员会于 2019 年签署了合作备忘录，对美国西屋电气公司在 2023 年提交的有关 eVinci 热管堆关键取证报告开展联合审查，报告的主题包括 SSC 分级的通用关键要求、反应堆跨境运输时的必要运输要求、工厂安全测试以及检查大纲等内容。此外，美国 Oklo 公司也向 NRC 提交了关于 Aurora 热管微堆联合经营许可证申请[12] 相关文件，文件包括 7 个部分：公司信息和资金需求、最终安全分析报告、Aurora 环境报告、技术规格、不适用和要求的豁免、建议的许可条件及附件。

综上，由于技术的不成熟，并且缺乏支持某些非轻水堆的运行经验（如钠冷快堆运行经验），热管堆只能按照与可用设计信息一致的详细程度开展 PSA 工作以支持审评执照取证。

2　结论与展望

2.1　结论

本文阐述了开展热管堆概率安全评价（PSA）的重要性，从导则、法规和标准，概率安全目标，方法论及技术要素，行业实践经验及审评执照取证 5 个方面评述了当前国内外研究的现状与不足。从上述研究现状分析总结得出，当前我国关于热管堆 PSA 的工作尚处于初步研究阶段；考虑到热管堆 PSA 的拓展和应用是全新的，现有的 PSA 导则、法规和标准及 PSA 方法论适用性欠佳，行业实践经验也十分稀缺。

2.2　展望

对我国热管堆 PSA 相关研究工作展望如下。

（1）热管堆 PSA 开发工作的顶层指导应该遵守我国发布的核动力厂导则、法规和标准，可适当参考国外非轻水堆执照许可基准发展指导草案、非轻水堆核电厂概率风险评价标准等。

（2）关于概率安全目标，基于热管堆设计要求，可参考事件序列频率-剂量后果的理念制定，并结合热管堆的应用场景、自身设计特征等进行概率安全目标限值的定量化匹配。

（3）传统轻水堆 PSA 方法有必要进行适应性的拓展研究，形成适用于热管堆的 PSA 方法论体系，并进一步探究在不同设计及运行阶段，热管堆 PSA 的开发范围和深度。

（4）热管堆的设计特征将导致始发事件的差异，结合事故缓解路径，有必要研究适用的成功准则、建立数据分析基础数据库、定义事故序列终态、说明不确定性假设等。

（5）在热管堆开发和部署过程中，应将 PSA 在反应堆设计的早期阶段引入，以将风险见解纳入早期设计决策，更全面地支持热管堆的安全审评执照取证。

参考文献：

[1] 余红星，马誉高，张卓华，等．热管冷却反应堆的兴起和发展 [J] ．核动力工程，2019，40（4）：1 - 8.

[2] 国家核安全局．核动力厂安全评价与验证：HAD 102/17 [S] ．2006.

[3] 国家核安全局．核动力厂设计安全规定：HAF 102—2016 [S] ．2016.

[4] Risk - informed performance - based guidance for non - light water reactor licensing basis development NEI 18 - 04（ML19241A472）[R] ．Nuclear Energy Institute（NEI）．Washington，D. C. ，2019.

[5] ASME. The American Society of Mechanical Engineers（ASME）Probabilistic risk assessment for advanced non - light water reactor nuclear power plants：ASME/ANS RA - S - 1. 4 - 2021 [S] ．2021.

[6] WAYNE L M. Modernization of technical requirements for licensing of advanced non - light water reactors：probabilistic risk assessment approach [R] ．Idaho Falls：Idaho National Laboratory，2020.

[7] ANDREA M，et al. Westinghouse eVinci™ micro - reactor licensing modernization project demonstration：SC - 29980 - 202，2019 [R] ．Electric Power Research Institute（EPRI）．

[8] 关于征求《高温气冷堆核电站示范工程安全审评原则》意见的函 [EB/OL] ．[2008 - 05 - 15] ．https：//

www. mee. gov. cn/gkml/hbb/bgsh/200910/t20091022 _ 175356. htm.

[9] The American Society of Mechanical Engineers (ASME) . Standard for level 1/large early release frequency probabilistic risk assessment for nuclear power plant application: ASME/ANS RA - Sb - 2013 [S] . New York: U. S. A ASME, 2013.

[10] 张文文，王成龙，田文喜，等．新型热管反应堆堆芯热工安全分析 [J] ．原子能科学技术，2017，51 (5)：822 - 827.

[11] 汪镇澜，苟军利，徐世洁，等．新型兆瓦级热管堆热管失效事故分析 [J] ．核技术，2022，45 (11)：110604 - 1 - 11.

[12] Oklo power combined operating license application for the Aurora at INL. Part II: final safety analysis report [R]. OKLO Inc. Sunnyvale, CA. ML20075A003, OkloPower - 2020 - PartII - NP, 2020.

[13] ANDREW C, et al. Technical and licensing considerations for micro - reactors: SAND2020 - 4609 [R]. Albuquerque: Sandia National Laboratories, 2020.

Research overview on key PSA issues of heat pipe cooled reactor

QIAN Ya-lan, ZHUO Yu-cheng, LI Zhao-hua, YANG Bo,
ZHAN Wen-hui, ZHANG Bin-bin, LIU Zhan, XI Kai

(Shanghai Nuclear Engineering Research & Design Institute Co. , LTD. , Shanghai 200233, China)

Abstract: Heat pipe cooled reactor is one of the promising types among the micro reactors. It has unique advantages in system design and operation regulation, as well as good safety and flexibility, and can be quickly installed, deployed and applied in different environmental scenarios. As a result, heat pipe cooled reactor becomes a hot spot in the nuclear energy system research. This paper points out that safety is the lifeline of heat pipe cooled reactor and probabilistic safety assessment (PSA) is an important part of its safety analysis. The application of PSA in heat pipe cooled reactor is also a new field. There are mainly 5 key PSA issues of heat pipe cooled reactor, including the studies of guidelines, regulations and standards, probabilistic safety objective, methodology and technical elements, industry practice experience and licensing considerations. The research status at home and abroad were summarized and reviewed. Also, the shortcomings of current research were proposed. This paper can provide some reference for design and safety analysis of heat pipe cooled reactor.

Key words: Heat pipe cooled reactor; PSA; Research overview

海上核应急辐射监测体系综述

安　然，吴荣俊，李晓玲，贾靖轩，聂凌霄，

陈　艳，朱国华，王　威，张多飞

（武汉第二船舶设计研究所，湖北　武汉　430205）

摘　要： 随着沿海核电站的大规模建设，核动力船舶的不断列装，核活动越来越频繁，海上核应急工作也需同步开展。海上核应急辐射监测是为研判海上核应急事故状态提供重要数据支撑及基础保障，目前，我国海上核应急辐射监测设备种类较多，但并未形成相应监测体系。目前我国海上核应急辐射监测的需求主要针对船舶核动力装置及沿海核电站。结合海洋环境特殊性，海上核应急辐射监测体系主要从国内外海上核应急辐射监测体系现状、我国海上核应急辐射监测需求、海上核应急辐射监测体系建设等 3 个方面介绍我国海上核应急辐射监测体系，并为我国海上核应急辐射监测体系提供了一些发展建议。

关键词： 海上核应急；辐射监测；核应急事故

近年来，随着我国沿海核电站数量不断增多、核动力船舶不断列装，远洋航行次数不断增多，同时针对重大自然灾害下（如福岛核事故）可能的放射性物质的泄漏，我国海上核安全风险不断提高。截至 2005 年底，国外核潜艇共发生 285 起较大的事故，其中反应堆一回路事故 38 起，沉没 18 起[1]。2011 年 3 月日本福岛核事故造成大量放射性废水直接排放入海，对海洋生态环境产生长期影响和威胁，引起了国家的高度关注[2]。我国已将核安全与核生化应急上升至国家安全战略层面，2009 年左右以各兵种防化力量为基础组建了相应的核生化应急救援队，这些核生化应急救援队在执行福岛核事故及朝核危机中核生化防护工作中起到了重要的作用，2018 年我国组建了应急管理部门，我国应急管理尚处于起步阶段，需要借鉴国外有益经验，因此，亟待完善我国海洋核应急监测工作。

1　海上核应急辐射监测体系组成

1.1　监测体系概述

海上核应急辐射监测体系与事故情况下的辐射源项、放射性沾染区域范围、海洋环境试验特点、相关作业剖面等因素有关。对于码头或沿海核电站发生小面积、低强度的放射性沾染情况，通常采用人员或车辆携带辐射监测仪表实施监测。当人员和车辆无法进入时，再由人员携带便携式辐射监测仪表徒步进入实施监测。对于大面积沾染区域，通常采用车载与机载式辐射监测仪表实施快速监测。对于发生在海上的核动力装置，由于海上环境复杂多变，辐射监测以依靠机载或船载监测设备为主，对于海上核动力装置内的辐射监测，主要依靠人员携带便携式监测仪表监测。综上对于不同沾染区域及辐射源项，环境对监测设备的影响不同，需采用不同的监测方法，尽可能及时地提供关于事故可能为海洋环境及公众带来的辐射影响方面的数据，以便为剂量评价及防护行动决策提供技术依据[3]。

1.2　监测体系组成

（1）气溶胶放射性监测

将滤纸放置在监测船船首顶端的大容量气溶胶采样器中，启动采样器并控制流量在约 100 m³/h，连续采集气体体积 1000～3000 m³，取出滤膜，置于洁净的密封袋中并用高纯锗 γ 谱仪直接检测。

作者简介： 安然（1985—），男，高级工程师，研究方向为辐射监测与辐射防护系统设计。

（2）总β放射性监测

总β放射性指所有β放射性核素的活度总和，可作为判断海洋环境放射性是否出现异常的一项比较简便的指标，常用于海洋核应急监测中。目前，常用的海水总β放射性分析方法是用氢氧化铁吸附并和硫酸钡共沉淀富集海水中大部分放射性核素，再用β计数器进行检测；对于沉积物和生物样品则采用直接铺样法后用β计数器检测。

（3）海水中^{131}I监测

^{131}I是核反应堆的重要裂变产物，也是事故后早期造成公众内照射剂量的主要来源。碘在海水中主要以IO_3^-形式存在，此外，还含有少量的I^-和极少量的有机结合碘（RI）。对海水中的^{131}I，通常是取10 L海水，经强碱性阴离子交换树脂富集分离后用CCl_4萃取，最后采用β计数法进行测量。

（4）海水中^{137}Cs和^{134}Cs监测

^{137}Cs是核反应堆的主要裂变产物，^{134}Cs是核反应堆的重要活化产物，两者的生物地球化学性质相近，事故发生后一般随洋流输运到其他海区，同时从表层海水向深层海水扩散。由于^{134}Cs的半衰期只有2a，正常情况下它在海水中的活度很低而难以检出，因此^{134}Cs可作为核事故污染物扩散范围的指示核素。

事故早期，泄漏点周围海水中的放射性水平较高，可取泄漏点附近的海水1～2 L，装于马林杯中直接用HPGeγ谱仪进行测量。福岛核事故发生后，日本文部科学省（MEXT）采用该方法对福岛核电站附近的海水进行监测，对^{137}Cs和^{134}Cs的探测限分别为9 Bq/L和6 Bq/L。此方法优点在于流程简便、耗时短，缺点在于探测限较高，只能起到安全筛查的作用，而不能精确反映Cs同位素的放射性水平分布情况。

事故中后期，随着放射性物质的稀释、扩散和转移，海水中的放射性浓度逐渐降低，用直接测量法已经无法测出准确数据，需要采集大体积水样进行富集分析，再用高纯锗γ谱仪进行检测。目前，在海洋研究中常用来富集分离Cs的方法有磷钼酸铵（AMP）法和亚铁氰化物法，我国的《海洋环境放射性核素监测技术规程》中推荐的方法也是这两种方法。这两种方法的优点是灵敏度和精确度较高，缺点是需要大体积（～60 L）水样，运输难度大。我国在福岛核事故应急监测中采用的是AMP富集-γ能谱检测法。

此外，何建华等[4]利用CuFC的胶体性质制备出了可以快速富集海水中^{137}Cs和^{134}Cs的材料，在现场可以实现每小时富集500 L海水的效果，提高了样品分析效率，也减轻了运输海水样品的工作量，可以推广应用于海洋核应急监测。

（5）海水中^{90}Sr监测

^{90}Sr也是一种重要的裂变产物，由于其化学性质与钙类似，可参与人和生物的新陈代谢，易蓄积在骨骼内，且半衰期长达28a，对人和海洋生物的危害较大，所以对^{90}Sr研究也比较多。目前，溶剂萃取法是在海水放射性监测中应用最广泛的方法，此法具有简便、快捷、高效等优点，但需要的水样体积也比较大（～40 L）。常用的萃取剂有HDEHP、二-（2-乙基己基）磷酸、TTA（噻吩甲酰三氟丙酮）和TBP（磷酸三丁酯）等，其中HDEHP是最为常用的萃取剂。

（6）海水中其他γ放射性核素监测

海水中其他γ放射性核素，如^{58}Co、^{60}Co、^{110m}Ag、^{54}Mn和^{65}Zn等，多采用γ核素的联合分析，其分析步骤通常是利用经AMP分离^{137}Cs的海水样品，采用相应的沉淀剂富集样品中的^{58}Co、^{60}Co、^{110m}Ag、^{54}Mn、^{65}Zn等，最后置于高纯锗γ谱仪上进行测量。通常用AgCl沉淀富集^{110m}Ag，用Fe（OH）$_3$共沉淀载带^{58}Co、^{60}Co、^{54}Mn和^{65}Zn等多种核素。

（7）沉积物和生物样品中γ放射性核素监测

对沉积物和生物样品中γ放射性核素的检测方法相对简单，无须经过化学分析处理。对沉积物样品，经分拣、混匀、烘干、研细、过筛、称重后装入标准样品盒中，置于高纯锗γ谱仪中检测；对生物样品，经烘干、炭化、灰化、过筛、称重后装入标准样品盒中，置于高纯锗 γ 谱仪中进行检测。需要注意的是，对含有易挥发核素或伴有放射性气体生成的样品，以及需要使母子体核素达到平衡后再测量的样品，在装样后必须密封放置一段时间再进行测量。

我国辐射环境监测起步较晚，国家海洋局从 20 世纪 60 年代起，开展了沿海地区的水文气象及海洋污染监测工作，1976 年 12 月至 1979 年 10 月，卫生部组织了对渤海、黄海、东海和南海海产品的放射性调查；1984 年组建了"全国海洋污染监测网"；1988—2007 年，环保部辐射环境监测技术中心等监测机构陆续对秦山核电基地、三门核电站等核电厂周边海域进行了放射性本底调查和监督性监测[5]。

2 海上核应急辐射监测体系概况

2.1 国内海上核应急辐射监测体系概况

2007 年侯胜利等[6] 研制了一台海底拖拽式多道 γ 能谱仪。它的出现提升了我国海洋辐射监测的能力，这台仪器能快速有效监测海底放射性核素，填补了实时监测的空白，对我国海洋核应急辐射监测有着重要的作用。

2.2 国外海上核应急辐射监测体系概况

德国海洋放射性监测网络主要由联邦海事和水文局（BSH）负责，主要是通过德国联邦环境署的环境放射性监测综合测量和信息系统（IMIS）实现的。它对于海水的常规放射性监测包括 3 个方面：

（1）直接监测海水中与事故相关的高放射性浓度；

（2）通过采样和分析判别海水、悬浮物和海泥中的特定放射性核素；

（3）对事故后放射性迁移做出预测。

国外经过多年的监测网络建设，基本上具备完全的海上核应急辐射监测系统，并且从采样、接受、追踪、保管、处理、分析、监测结果发布都有一套完善的质量控制系统。国外对辐射环境监测网络的设备以及其他后勤保障手段也展开研究，一些国家的辐射监测网络实现了全面或部分自动化的监测。

国内的辐射环境监测网络基本是参照秦山核电站的辐射监测网络建设的，而且国家海洋放射性监测能力地区发展不平衡，整体差异较大。国内的辐射监测网络建设大部分都是在陆地上，海上辐射监测网络亟待开发，完善我国的海上核应急辐射监测体系，为海上核事故后果评价提供科学依据。

3 国内海上核应急辐射监测体系存在的主要问题

国内海上核应急辐射监测设备种类较多，但上述设备不能有机组成一个核应急辐射监测系统，存在的主要问题如下。

（1）装备结构比例不太均衡。主要是车载机单兵侦察装备多，机器人智能及遥测侦察装备少；地面侦察装备多，海上侦察装备少，没有空中侦察装备；引进及军选民用装备多，体制内自主研发装备少。据统计，目前应急救援队配备的专用救援装备大多为引进及军选民用装备，且涉及美国、德国、法国、奥地利、芬兰等多个国家和厂家，虽然装备的科技含量大幅提高，但同时也给部队操作使用及装备维修保障带来诸多不便。

（2）部分装备性能不太稳定，型式结构设计无法满足军事作业要求。据部队反馈新交装的仪器出现故障频次较多，其中大多为进口装备和军选民用装备；另配备的部分装备操作按钮着防护服和手套后无法操作；这些装备由于直接从市场上订购，其研制和生产未考虑核生化应急救援环境条件，且未经过严格的军品质量管理程序控制，不适应沿海地区高温高湿高盐环境，更没有经过冲击、振动、颠震等试验考核，无法满足野外环境和海上环境军事作业要求。

（3）装备体系信息化程度不高，不能支持构建现场指挥体系。配备应急救援装备中唯一具有指挥功能的指挥方舱仅能与部分监测设备进行有线数据通信，缺乏单兵音视频和数据实时传输能力，其他数据来源均需要人工录入，且数据无法通过北斗上传，与上级指挥系统无法通信。另外，由于装备大多为市场订购，其核应急辐射监测设备通信协议各不相同，特别是进口装备通信协议无法破解，不能支持构建核生化应急救援现场指挥体系。

4　建议与展望

针对现有海上核生化应急救援核侦察检测装备存在的单兵携行装备种类多、功能交叉，未兼顾海上、空中、重污染区等特殊环境场所侦察检测的问题，对单兵携行装备进行集成优化和信息化改造，包括：多用途组合式单兵辐射监测仪（含 γ，中子，α、β 表面污染，核素识别）、无线单兵个人剂量监测管理系统；配备大面积移动式表面污染快速巡检装置、人员及车辆门式快速放射性污染检测装置，填补甲板、地面、人员、车辆等各种表面污染快速检测的空白；配备快速拆装式车船两用 γ 剂量率及能谱测量仪、快速拆装式车船两用气载放射性测量装置（气溶胶、^{131}I、惰性气体），解决船舶和车辆需执行涉核任务时的装备快速临时搭载问题；配备投放式海上辐射监测浮标、低空核侦察无人机（γ 剂量率、核素识别）、海上快速核侦察无人艇（γ 剂量率、核素识别）、中等防护辐射侦察车、抗强辐射低空核侦察无人机、重污染区抵近核侦察机器人等装备，解决重污染区等特殊环境场所侦察检测问题。配备快速布放自给式无线监测装备，可有效降低巡测频度。车/船/机器人/无人机载 γ 相机、便携式高纯锗谱仪、车船两用低本底 α、β 活度分析仪，可解决现场放射性物质分布及种类的快速测定难题。

我国的海上核应急辐射监测能力有待加强，日本福岛核事故给我国海洋核事故应急能力需求敲响了警钟。我们要做好海上核事故应急的突发准备，不断完善海上核事故应急预案，明确相关机构和海洋环境监测人员的职责，建立健全海上核应急辐射监测网络和应急队伍，加强海上核事故应急的演练，维护好我国的海洋权益。

参考文献：

[1] 王震涛，高峰，王海军，等．伴随核污染条件下海上救捞行动辐射监测与防护研究 [J]．核电子学与探测技术，2011 (12)：1357 - 1362.

[2] 王燕君，李文红，邓君，等．日本福岛核事故四年来的影响及教训 [J]．中国辐射卫生，2016，2 (25)：4.

[3] IAEA. Programmes and systems for source and environmental radiation monitoring [R]．Vienna：IAEA, 2010.

[4] 何建华，陈立奇，门武，等．海水中 ^{137}Cs 的快速富集与分析 [J]．台湾海峡，2011，30 (2)：280 - 285.

[5] 刘华，赵顺平，梁梅燕，等．我国辐射环境监测的回顾与展望 [J]．辐射防护，2008，28 (6)：362 - 375.

[6] 侯胜利，刘海生，王南萍．海洋拖曳式 γ 能谱仪在渤海的应用 [J]．地球科学——中国地质大学学报，2007，32 (4)：5.

Review of radiation monitoring system for maritime nuclear emergency

AN Ran, WU Rong-jun, LI Xiao-ling, JIA Jing-xuan,
NIE Ling-xiao, CHEN Yan, ZHU Guo-hua, WANG Wei,
ZHANG Duo-fei

(Wuhan Second Ship Design and Research Institute, Wuhan, Hubei 430205, China)

Abstract: With the large – scale construction of coastal nuclear power plants and the continuous installation of nuclear powered ships, nuclear activities are becoming increasingly frequent, and offshore nuclear emergency work also needs to be carried out simultaneously. Maritime nuclear emergency radiation monitoring is an important data support and basic guarantee for studying and judging the status of maritime nuclear emergency accidents. Currently, there are many types of maritime nuclear emergency radiation monitoring equipment in China, but no corresponding monitoring system has been formed. At present, the demand for emergency radiation monitoring at sea in China mainly targets ship nuclear power plants and coastal nuclear power plants. Considering the particularity of the marine environment, the offshore nuclear emergency radiation monitoring system mainly introduces China's offshore nuclear emergency radiation monitoring system from three aspects: the current status of domestic and foreign offshore nuclear emergency radiation monitoring systems, China's offshore nuclear emergency radiation monitoring needs, and the construction of offshore nuclear emergency radiation monitoring systems. It also provides some development suggestions for China's offshore nuclear emergency radiation monitoring system.

Key words: Maritime nuclear emergency; Radiation monitoring; Nuclear emergency

核设备
Nuclear Equipment

目　录

水下闭路电视系统在装卸料机上的应用与研究

郑 海 全

（江苏核电有限公司，江苏　连云港　222000）

摘　要： 截至 2022 年 12 月 31 日，我国已有 55 台核电机组投入商业运行，总装机容量达到 56 985.74 MWe。核电机组在每个运行循环周期结束时需要停堆换料，这项工作需要使用核燃料装卸和贮存系统在水下进行核燃料操作，对设备的安全性、可靠性及定位精度等有较高要求，水下闭路电视系统能够直观有效地帮助操作人员观察水下燃料组件操作的状况，准确地完成燃料组件定位及燃料组件抓取操作。目前，大多数在役核电厂在进行核燃料操作时，受设计功能不全或设备可靠性差等因素影响，没有充分地利用水下闭路电视系统，而是使用望远镜等传统方式，这样不仅有悖于设计初衷，而且存在一些操作风险。本文列举了水下闭路电视系统在压水堆核电厂燃料装卸和贮存系统中的典型应用和评价，开展了应用情况的优劣势分析，结合田湾核电 1～4 号机组的经验反馈和良好实践，提出了水下闭路电视系统的优化方案，提供了水下闭路电视系统的设计应用思路，为今后的燃料装卸和贮存系统设计制造提供指导，提高核燃料操作的安全性，对核燃料操作的远程自动化控制具有重大借鉴意义。

关键词： 水下闭路电视；装卸料机；远程自动化

　　装卸料机是燃料装卸和贮存系统中的一个主要设备，也是核电厂的关键设备之一，其功能是在反应堆厂房内实现燃料组件的装卸。由于装卸料机在水下操作燃料组件，因此对设备的安全性、可靠性及定位精度等都有较高要求，水下闭路电视系统能够有效地帮助操作人员观察装卸料机内套筒的定位情况及抓具抓取燃料组件的状况，准确地完成燃料组件定位及燃料组件抓取操作。

　　目前在国内建成的压水堆核电机型有 CNP300、CNP650、CPR1000、ACPR1000、HPR1000（华龙一号）、AP1000、CAP1400（国和一号）、VVER、M310，其燃料装卸和贮存系统的设计一共有两个主流思想：一个是引进俄罗斯的 VVER 机组；另一个是引进法国技术并不断改进的 M310 机组。VVER 机组在田湾 1～4 号已建成商运，在田湾 7、8 号机组正在建设，而 M310 机组在国内先后有 20 余台投入运行，是国内应用最广的商用机型。在 VVER 机组和 M310 机组的装卸料机中水下闭路电视系统的设计有很大的区别，在实现的功能上也有很大的区别。因此，有必要开展两种机型装卸料机水下闭路电视系统的分析和对标，以期对未来水下闭路电视系统的设计和应用提供借鉴。

1　水下闭路电视系统简介

1.1　系统功能

　　用于主提升系统对核燃料组件的抓取和释放过程中的在线观察和记录，同时也可以作为各种水下操作的观察手段，有直观、实时的临场感。对于水下闭路电视系统（图 1），要求设备性能可靠，安装、拆卸、维修方便。

作者简介：郑海全（1985—），男，大学本科，高级工程师，现主要从事核燃料操作及设备检修工作。

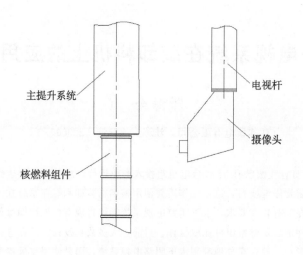

主提升系统

电视杆

摄像头

核燃料组件

图 1 水下闭路电视系统示意

1.2 系统组成

全套设备包括：一个摄像头组件（带辅助照明），以及控制器、视频记录仪、辅助照明电源、显示屏、控制面板、电缆及卷筒等。闭路电视摄像头的固定和移动由安装在固定套筒上的电视杆完成。电视杆提升机构由电机、制动器、减速器、不锈钢卷筒、双不锈钢钢丝绳、安全制动器、编码器、超速保护及载荷保护装置等组成。

（1）摄像头组件

摄像头（带辅助照明）及变换视角机构安装在电视杆的末端，能随电视杆上下移动。

（2）控制器

安装在装卸料机的控制台内，用于控制摄像头。

（3）视频记录仪

安装在装卸料机的控制台内，用于记录视频信号。

（4）辅助照明电源

安装在装卸料机的控制台内，为水下灯提供电源。

（5）显示屏

安装在装卸料机的控制台内，显示水下拍摄到的图像。

（6）控制面板

所有系统的控制都通过控制面板实现，其安装在装卸料机的控制台上，具有变焦、光圈、变换视角、照明亮度等控制功能。

（7）电缆及卷筒

连接摄像头的电缆为水下专用复合电缆，安装在装卸料机小车上的电缆卷筒可供收放电缆使用。

2 水下闭路电视系统的实际应用情况

通过查询资料发现，《核动力厂燃料装卸和贮存系统设计》（HAD 1021/15）的第 5.3.4.1 章节中要求应提供对燃料组件和其他堆芯部件采用目视或其他方法进行直接的或远距离检查的设备，即在核安全导则中明确规定了需要提供对燃料组件检查的设备。同时，《压水堆核电厂装卸料机设计制造规范》（NB/T 20287—2014）的第 7.6 章节中规定了水下摄像的设计制造要求。《压水堆核电厂核燃料装卸料系统调试技术导则》（NB/T 20534—2018）的第 4.2.17 章节中规定了摄像系统功能的试验要求。

经过对国内核电厂调研发现，在 VVER 机组和 M310 机组的装卸料机上均设计并安装有水下闭路电视系统，均满足核安全导则和行业标准的要求，但实际应用情况大不相同。

2.1 M310 机型的应用情况

M310 机型装卸料机的水下闭路电视系统的使用率极低，多数核电厂根本不使用。M310 机型装卸料操作方式比较传统，是由人员在装卸料机上进行，在装卸料过程中一般不使用水下闭路电视系统，而是使用安装在装卸料机大小车框架上的水上球形摄像机，同时使用望远镜进行观察。在需要检查燃料棒束外观或堆芯照相时，绝大多数的核电厂采用临时加装长杆式摄像头放入水下进行观察，观察后再拆除。

M310 机型装卸料机的水下闭路电视系统使用率低的原因如下：

（1）摄像头故障率高、使用寿命短、采购周期长；

（2）核电厂的摄像头自主检修能力较差，出现故障后，只能整体更换或返厂检修，维修效率低下，增加运维成本和大修主线时间；

（3）摄像头不能围绕燃料组件旋转，观察角度单一，不能全面多角度观察燃料组件的状态。

2.2 VVER 机型的应用情况

VVER 机型装卸料机的水下闭路电视系统是在操作核燃料时必须使用的系统。VVER 机型的装卸料机配套有独立的水下闭路电视系统，采用先进的全数字化仪控系统对换料机进行远程控制，具有强大的逻辑运算处理能力和极高的控制精确性，以及多重闭锁保护功能和相当高的控制安全性能，达到了国际先进水平。水下闭路电视系统的主要用途及功能有：观察核燃料组件的提取和安放；观察核燃料组件的编号；观察核燃料组件的外表面；观察核燃料组件存放底座。水下闭路电视系统的功能操作和作业控制在独立于反应堆厂房外的控制室中进行，由操作人员通过专用键盘远程控制。同时，在控制台里显示实时视频图像，并对图像进行压缩存储。

3 水下闭路电视系统的研究与展望

M310 机型装卸料系统不使用或极少使用水下闭路电视系统，而是使用望远镜进行水下燃料操作的观察，存在以下劣势。

（1）需要额外有经验的工作人员使用望远镜观察确认水下状态，同时在需要进行燃料棒束外观或堆芯照相时额外增加设备，浪费人力和物力。

（2）人员通过水上摄像机配合望远镜观察水下燃料组件的操作，光路在空气和硼酸水中传播时会发生折射，使得操作人员对水下状态的观察与判断产生较大的误差，可能导致燃料组件损伤，不利于燃料操作的安全。

（3）人员佩戴望远镜在装卸料机上观察，有望远镜掉落进堆芯从而引入异物的风险。

（4）人员在反应堆上方作业，存在辐射伤害的风险。

（5）人员使用望远镜观察时，需要频繁上下装卸料机，同时需要将身体探出装卸料机护栏外，存在机械伤害和人员跌落等工业安全风险。

与 VVER 机型装卸料系统对标，M310 机型装卸料系统如果使用水下闭路电视系统，将会改善或消除上述劣势，同时将具备以下优势。

（1）操作人员可以直观地观察到水下燃料组件的表面状态、标识、有无异物附着等，保证燃料组件的安全和操作的正确性，规避燃料组件抓错等人因事件。

（2）操作人员可以直观地观察到燃料组件抓具等水下部件的工作过程，确保燃料组件正确抓取和释放，避免误抓板弹簧，同时有助于排查燃料组件抓具等水下部件工作异常的原因。

（3）方便观察燃料组件就位导向装置（简称"靴帮"）安装的正确性，直观地判断装卸料机的主提升系统与靴帮钢丝绳是否存在干涉，避免出现小靴帮钢丝绳与燃料组件卡涩的现象。

（4）降低装卸料操作对堆芯硼酸水透明度的要求；M310 机型装卸料操作对堆芯硼酸水透明度的要求极高，需要通过肉眼就能看清楚堆芯下栅格板（燃料组件的放置位置），以便操作人员确认靴帮放置的正确性。而堆芯硼酸水需要长时间净化后，其透明度才能达到装卸料要求。如果使用水下闭路电视，将会降低该要求，减少净化时间，进而节约大修关键路径时间，还可以提高燃料操作的安全性。

（5）为 M310 机型燃料操作方式转换为远程自动化奠定基础；M310 机型装卸料机是压水堆核电站核岛燃料操作系统的大型关键设备，经过多年的消化吸收及设计研发工作，已经实现了装卸料机的国产化。虽然有许多改进，但装卸料机操作方式还是依靠操作员在装卸料机上操作的传统模式，且始终无法避免来自水下燃料组件对操作员的辐照危害。因此，实现装卸料机远程遥控，对提高人员安全方面拥有深远的意义及必要性。

综合以上分析研究，优化改进 M310 机型装卸料机的水下闭路电视系统有着至关重要的意义。为了完成优化改进，需要解决两个主要问题：一是减小装卸料机原设计的改动；二是提高水下摄像头的耐久性。另外，如果在华龙后续第二代机型的装卸料机上重新设计水下闭路电视系统，可以统筹规划设计，不受第一个问题的影响。

从水下闭路电视系统的机械结构入手，使电视杆或摄像头能够围绕主提升系统旋转，以实现多角度全方位观察燃料组件的功能。如果为电视杆的旋转提供一个平台，需要考虑平台在装卸料机上的安装、电视杆在旋转平台上的安装、增加驱动电机和减速箱、增加动力电缆和信号电缆等诸多因素，对装卸料机的原设计改动很大，机械和电控方面的工作量巨大。如果在装卸料机主提升系统底部设计增加一个环形轨道，摄像头可以沿着该轨道绕着主提升系统做周向运动，增加的设备较少，对装卸料机的原设计改动较小，需要在摄像头本体上设计安装与轨道配合的机械传动装置。

针对摄像头可靠性较差、国外垄断、维护服务响应慢等问题，田湾核电站结合自身的使用经验与国内相关单位一同设计研发了耐辐照摄像头，实现了摄像头的国产化，打破了国外的垄断，提高了摄像头的耐久性。水下闭路电视系统可以在国产化的耐辐照摄像头的基础上进行适应性改进。

4 结束语

通过对水下闭路电视系统在各种机型核电机组中应用情况的总结和对比，发现国内主流的 M310 机型装卸料机的水下闭路电视系统使用率极低，存在工业安全、异物等风险，不利于实现燃料操作的自动化。优化改进水下闭路电视系统可以消除这些风险和不利因素，而且还有益于操作人员身心健康等。值得一提的是，智能化和自动化是核电技术发展的趋势和主流，在华龙后续第二代机型的燃料装卸和贮存系统设计时，重新设计一套水下闭路电视系统将对核燃料操作的远程自动化控制具有重大借鉴意义。

Application and research of underwater CCTV system on the nuclear fuel handing machine

ZHENG Hai-quan

(Jiangsu Nuclear Power Corporation, Lianyungang, Jiangsu 222000, China)

Abstract: As of December 31, 2022, 55 nuclear power units have been put into commercial operation in China, with a total installed capacity of 56 985. 74 MWe. At the end of each operation cycle, nuclear power units need to shut down for refueling. This work requires the use of nuclear fuel assemblies handling and storage system to operate nuclear fuel assemblies underwater, which has high requirements for the safety, reliability and positioning accuracy of equipment. The underwater CCTV system can intuitively and effectively help operators observe the operation of underwater fuel assemblies, and accurately complete the positioning and grasping of fuel assemblies. At present, most of the nuclear power plants in service do not make full use of the underwater CCTV system but use telescopes and other traditional methods when operating nuclear fuel assemblies due to factors such as incomplete design functions or poor equipment reliability. This is not only contrary to the original design intent, but also has some operational risks. This paper lists the typical application and evaluation of the underwater CCTV system in the fuel assemblies handling and storage system of the pressurized water reactor nuclear power plant, carries out the analysis of the advantages and disadvantages of the application, combines the experience feedback and good practice of Tianwan Nuclear Power Plant Unit 1 - 4, proposes the optimization scheme of the underwater CCTV system, provides the design and application ideas of the underwater CCTV system, and provides guidance for the design and manufacture of the fuel handling and storage system in the future, which can improve the safety of nuclear fuel assemblies operation is of great significance to the remote automatic control of nuclear fuel assemblies operation.

Key words: Underwater CCTV; Nuclear fuel handling machine; Remote automation

池式供热堆用控制棒驱动机构钩爪磨损寿命分析

刘世航，李经纬，张冠华，郭志家，姚成志

（中国原子能科学研究院，北京　102413）

摘　要： 针对池式供热堆用控制棒驱动机构钩爪运动时存在磨损问题，利用多体动力学软件对机构动作进行仿真，并基于 Archard 滑动磨损模型，分析机构上侧和下侧配合尺寸对钩爪上下接触面磨损及寿命的影响。在无负载的闭合工况下，上侧配合尺寸对钩爪的接触作用力和相对滑动距离影响较小，左右钩爪的单次最大作用力差异小于 5%。在提升工况下，偏磨侧的钩爪、推杆和钩爪轴会额外产生 133%、0.8% 及 1.5% 的磨损量。根据实际机构设计尺寸要求计算钩爪自身的极限运动次数，并比较双侧钩爪在不同条件下的运动次数差异。分析结果表明钩爪的主要磨损在提升过程中产生，且下侧配合尺寸的影响大于上侧配合尺寸，结果可为后续控制棒驱动机构钩爪的优化设计提供参考。

关键词： 池式供热堆；控制棒驱动机构；钩爪磨损；配合尺寸

池式供热堆驱动机构通过在竖直方向上移动控制棒组件，实现反应性控制。由于驱动机构中钩爪接触位置复杂、承受载荷变化性大，使得控制棒驱动机构极易因磨损而产生失效问题。

对池式供热堆驱动机构的钩爪而言，驱动机构的推杆将持续与钩爪上齿面进接触，其接触区在反应堆运行的过程中持续处于一回路的冷却水中，没有任何额外润滑。钩爪齿面、钩爪销轴在机构动作的反复作用下，形成的磨损和磨损差异最终会导致机构动作失效，故对其磨损分析的重要性高于目前常用的磁力提升式控制棒驱动机构。对于钩爪磨损情况，疲劳和机械磨损为主要老化机理[1]，对相应磨损机理的分析和模拟计算在国内外已有了较多的研究。李炜等[2]从微观机理上研究了不同焊接方式下的接触磨损，对比了热影响区、焊缝、母材的抗冲击性能。王祺武等[3]应用 Archard 理论计算了密封圈的磨损深度，并应用有限元分析软件计算在不同挤压量下的磨损程度。Lewis[4]在研究阀门碰撞磨损的过程中提出了复合碰撞磨损模型，通过分析冲击过程中的接触截面变化量，应用大量数据对模型进行拟合，总结出了含截面变化量的复合冲击磨损模型。Lemaire 等[5]通过研究不同合金在钩爪接触部分的磨损样本，在磨损深度数据的基础上，拟合建立出了含腐蚀磨损的接触磨损模型。

根据现有的磨损计算方法，本文尝试应用磨损的经验模型对池式供热堆用控制棒驱动机构进行磨损及失效极限研究，并分析其与设计中配合尺寸之间的关系。在控制棒驱动机构领域可以在现有磁力提升式的碰撞接触磨损研究的基础上，参考 Archard 理论滑动磨损理论模型对钩爪磨损进行计算。通过结果来初步验证本驱动机构的设计能否完成设计的运动次数，提出未来可行的优化方向，缩减机构设计前期的设计及实验时间。

1　钩爪接触磨损计算模型及配合尺寸分析

1.1　机构模型及分析流程

驱动组件主要由电磁铁、吸合体、安装座、推杆、钩爪轴、钩爪、接合套和弹簧组成。闭合过程中电磁铁通过电磁力与吸合体相互作用，吸合体与推杆之间通过螺纹连接，整体在电磁力的作用下向上运动，推动钩爪上侧完成下次的抓取动作。在释放过程则通过弹簧力推动吸合体，使钩爪在重力的作用下放开接合套。其结构示意如图 1 所示。

作者简介： 刘世航（1999—），男，硕士研究生，主要从事反应堆反应系统与设备方向的研究。

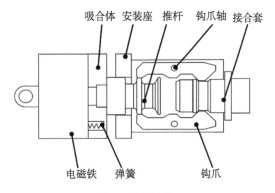

图 1　结构示意

通过计算钩爪运动的不同情况输出电磁铁的运动散点，并将散点作为输入条件带入仿真分析中，得到在正常配合尺寸下的钩爪接触结果。之后应用 Archard 磨损模型对磨损区域进行量化计算，得出机构各部分的单次运动磨损量，并对配合尺寸处于不同状态下进行分析。在机构的整体寿期内，可将其运动过程分为钩爪闭合、钩爪张开、提升控制棒、下降控制棒 4 个动作，在实际分析中选用钩爪闭合和提升控制棒两个承载过程进行分析。其他两个动作过程不承受载荷，其磨损量远小于承载过程的磨损量，在整体计算中可以忽略不计。

1.2　磨损计算模型

机构在动作过程中的磨损以滑动磨损为主。对滑动磨损的计算可采用 Archard 理论提出的滑动磨损模型[3] 计算，如式（1）所示：

$$W = k \frac{F_N}{H} L 。 \tag{1}$$

式中，W 为磨损量；k 为磨损常数；F_N 为接触面间的法向平均载荷；L 为相对滑动距离；H 为材料的布氏硬度。

由于双侧接触过程会出现差异，且接触过程中的受力能以平均值求解。因此在进行磨损量计算时，应按照各计算点的磨损加和计算。磨损量可采用线性叠加法求得：$W = \sum W_i$。其中，W 为在提升阶段的整体磨损量；W_i 为各测量点的磨损数据。

1.3　配合尺寸分析

在整体结构中，存在两组配合尺寸：一组为上部推杆和安装座之间的配合；另一组为钩爪下侧与接合套之间的配合，配合尺寸示意如图 2 所示。在机构工作的过程中，配合尺寸会随着运动状态的不同而改变机构的接触情况。在非对中接触的情况下，左右钩爪会产生磨损差异，该差异会随着磨损的增大而放大。

推杆上侧通过螺纹与吸合体接触，整体在电磁力和弹簧力的作用下在竖直方向移动。由于电磁铁产生电磁吸力易被影响，使吸合体出现受力不均的情况，推杆会与中心轴线偏移，与单侧安装座内壁接触摩擦，最终导致两侧钩爪受力不同。在持续摩擦的情况下，推杆与安装座的接触区域会出现一定的磨损，配合尺寸的间隙会逐渐加大，进而导致单侧钩爪受力过大。

钩爪下侧通过表面接触与接合套相连接，动体重力通过接合套接触面传递至钩爪齿面。钩爪在下侧的受力面为下钩爪齿上侧面，对应接触为接合套凹槽的上侧面。在钩爪闭合的动作过程中，下钩爪齿外竖直面会与接合套凹槽竖直面接触，同时下钩爪齿上侧面也会与接合套上侧面产生摩擦，最终使下钩爪齿受损，进而导致意外落棒事故。

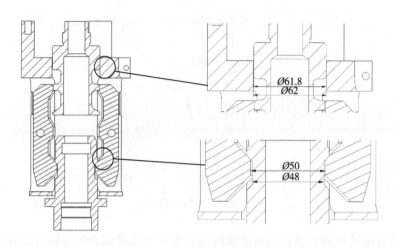

图 2　配合尺寸示意

1.4　寿命计算模型

根据机构工作设计要求可得,在钩爪与接合套接触面积小于 50% 原始面积或控制棒远端产生大于 5 mm 的自由位移后,可认为机构已经失效。将机构的设计带入结构中,根据几何关系可得推杆与钩爪上侧的磨损差异极限为 $W_t = 10.28\ \mathrm{mm}^3$,接合套与钩爪下侧的磨损差异极限为 $W_t = 0.456\ \mathrm{mm}^3$。在计算机构的动作寿命时,对计算出的单次动作机构磨损量求和后,可以得出在忽略磨损产生的接触表面形变的情况下,闭合工况推杆处磨损主要为第二部分的磨损,故在动作中的总磨损量为:

$$W = W_2 + W_{推}。 \tag{2}$$

提升工况接合套部分的磨损量按照下式求得:

$$W = \sin a \times W_{下} + W_{轴} + W_{推} \times \frac{L_1}{L_2} \times \sin \beta; \quad a = \beta = \frac{\pi}{4}。 \tag{3}$$

式中,W_2 为钩爪上侧竖面的磨损量;$W_{推}$ 为推杆上侧圆弧面的磨损量;$W_{下}$ 为钩爪下侧的磨损量;$W_{轴}$ 为钩爪轴的磨损量;L_1 为钩爪上侧接触点到钩爪轴的距离;L_2 为钩爪下侧接触点到钩爪轴的距离;a 为变形前接合套中心线与安装座中心线夹角;β 为变形后接合套中心线与安装座中心线夹角。

2　仿真结果及分析

2.1　钩爪闭合过程仿真结果

将机构的模型导入多体动力学仿真软件 ADAMS 中,设置部件间的运动副连接及接触作用力,可得到相应的仿真分析结果。在闭合动作的仿真过程中,整体摩擦接触过程可以分为两个接触区,其分别对应钩爪两面的接触。第一部分为推杆的上摩擦接触区与钩爪上齿下面的接触区的摩擦接触;第二部分为推杆下接触区与钩爪上齿侧面的摩擦接触。

当电磁铁的吸合体长期受力不均衡时,推杆会在吸合体的作用下偏置于结构中的一侧,造成左右钩爪闭合位置不同的现象。在仿真过程中,钩爪下侧与结合体不产生接触,钩爪仅受到推杆上侧的影响,故对闭合工况而言,机构动作处于无负载状态。根据仿真结果,对两部分碰撞区进行力学分解分析。在接触区的碰撞磨损区均以竖直方向的摩擦为主,水平方向的摩擦可以忽略不计。由于结构之间接触时间不同,接触作用力的波动区间不会出现在相同的时间,故可将数据波动量进行一定的去除。根据仿真结果绘制出总体接触作用力随时间波动的曲线如图 3a 所示,接触的滑动距离曲线如图 3b 所示。

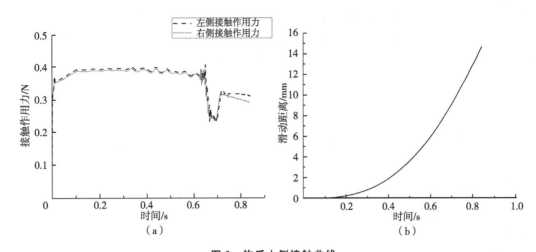

图 3　钩爪上侧接触曲线

（a）接触作用力曲线；（b）滑动距离曲线

推杆与钩爪之间为平稳接合，且接触的两个部分通过接触作用力的突变而区分开，故可将两部分数据分别进行计算。对第一、第二部分的接触作用力可取平均值进行对比，接触滑动距离为总滑动距离的差值。左右侧钩爪受力对比如表 1 所示。

表 1　左右侧钩爪受力对比

接触部分	左侧钩爪法向载荷 F_N/N	左侧钩爪滑动距离 S/mm	右侧钩爪法向载荷 F_N/N	右侧钩爪滑动距离 S/mm	无偏置法向载荷 F_N/N	无偏置滑动距离 S/mm
第一部分	3.70	9.056	3.67	9.146	3.630	9.479
第二部分	3.41	4.465	3.32	4.458	3.242	4.441

在推杆产生偏磨的情况下，左右钩爪的受力仅有较小的差异，将其与无偏置状况进行对比可以得出：在第一部分中，双侧钩爪的法向平均载荷增加了 2%；左右侧平均载荷产生了 0.8% 的差异；第二部分中，双侧钩爪的法向平均载荷增加了 5%；左右侧平均载荷产生了 2% 的差异。

2.2　提升过程仿真结果

将模型和动作输入至多体动力学仿真软件内，对提升过程进行仿真分析。当双侧钩爪中心线与接合套中心线产生偏移时，钩爪将先推动接合套移动至中心线重合位置，而后再完成整体的提升动作。在此过程中，钩爪与接合套在偏置侧会产生额外的接触磨损。提升动作双侧钩爪受力与滑动距离如图 4 所示。

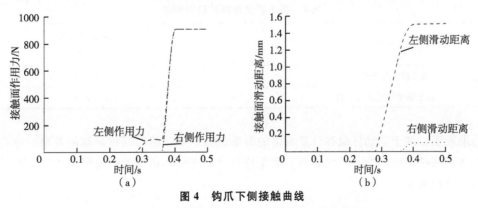

图 4　钩爪下侧接触曲线

（a）提升动作双侧钩爪受力；（b）提升动作双侧滑动距离

根据滑动磨损公式，得到仿真结果的滑动磨损数据（表2）。当下侧接合套产生偏置后，电磁铁提升后产生的磨损出现了较大的差异。左侧钩爪的磨损量与右侧钩爪的磨损量相比，左侧钩爪产生了额外133％的磨损量；推杆在左侧的接触面产生的磨损与右侧产生的磨损相比，左侧接触面产生了额外0.8％的磨损量；左侧钩爪轴的磨损与右侧钩爪轴的磨损相比，左侧钩爪轴额外产生了1.5％的磨损量。

表 2 左右钩爪接触磨损量

接触位置	左侧钩爪接触区磨损量 W/mm^3	右侧钩爪接触区磨损量 W/mm^3	无偏置接触磨损量 W/mm^3
钩爪下齿面接触	3.42×10^{-6}	7.97×10^{-7}	1.16×10^{-6}
钩爪轴接触	7.69×10^{-8}	7.57×10^{-8}	7.61×10^{-8}
推杆接触面	1.17×10^{-7}	1.18×10^{-7}	9.69×10^{-9}

3 寿命分析及对比

通过相应公式计算可得到在闭合工况计算的极限下双侧钩爪运动次数，结果如表3所示。

表 3 基于接触面积的计算结果

接触类型	左侧钩爪寿命次数 $N/$次	右侧钩爪寿命次数 $N/$次
无偏置，基于接触面积的计算	4.05×10^7	4.05×10^7
有偏置，基于接触面积的计算	3.83×10^7	3.94×10^7

对于闭合工况而言，仅需要基于接触面积计算寿命，仅考虑上侧推杆与钩爪之间的相互作用。通过对比可以看出，对于无负载的闭合工况而言，推杆与钩爪接触作用力较小，推杆偏置导致的左右钩爪接触差异也较小，故以滑动磨损计算出的机构整体寿命差异不大，上侧配合尺寸对整体机构的寿命的影响不大。

在机构提升的动作过程中，若机构之间不存在偏置接触，则整体下侧接触磨损仅作用于推杆接触区域，该部分已在表3的计算中涉及，故此部分计算仅计算提升过程中由于钩爪偏置导致的寿命差异。计算结果如表4所示。

表 4 基于双侧差异的机构寿命

接触类型	机构寿命次数 $N/$次
基于接触面积的计算	8.79×10^7
基于驱动杆偏移的计算	2.46×10^5

计算结果表明，基于驱动杆偏移计算所得的寿命远低于基于接触面积计算的寿命。综合仿真分析中对偏置带来各部件磨损影响，可以看出下侧配合尺寸对于整体机构的磨损影响较大，驱动杆偏移为主要的限制寿命的因素。

4 结论

通过对池式供热堆用驱动机构的钩爪闭合工况和驱动机构提升工况的仿真实验结果进行对比，得出了在设计要求下基于滑动磨损的动作次数。综合仿真结果可以得出如下的结论。

（1）在钩爪的理想闭合过程中，机构的整体动作次数达到了 10^7 次量级，故推杆的设计不会在磨损层面对机构寿命产生较大的影响。在出现偏置的情况下，推杆与安装座之间的配合尺寸对接触作用力和相对滑动距离影响较小，左右钩爪的单次最大作用力差异小于 5%，整体寿命差异小于 3%。

（2）钩爪提升工况中，在完全偏磨的情况下，接触形式会发生变化，偏置侧的钩爪会额外产生一部分相对位移进而产生额外的磨损量。通过仿真分析计算得到偏磨侧的钩爪、推杆和钩爪轴会额外产生 133%、0.8% 及 1.5% 的磨损量，该差异最终会使机构寿命缩减至 10^5 次量级，远小于闭合工况中的动作次数。

参考文献：

[1] 王丰，沈秋平．控制棒驱动机构老化机理及影响分析 [J]．机械工程师，2014（6）：94－97．

[2] 李炜，宋伟军，戴安，等．两种焊接工艺下过共析钢轨接头的冲击磨损性能 [J]．西南交通大学学报，2021，56（2）：403－410．

[3] 王祺武，李志鹏，力捷．基于 Archard 理论的硬密封磨损寿命分析 [J]．流体机械，2021，49（11）：86－91．

[4] LEWIS. A modelling technique for predicting compound impact wear [J]. Wear, 2007, 262 (11/12): 1516－1521.

[5] LEMAIRE E, LE CALVAR M. Evidence of tribocorrosion wear in pressurized water reactors [J]. Wear, 2001, 249 (516): 338－344.

Analysis of wear life of latch in the control rod drive mechanism for pool – type heating reactor

LIU Shi-hang, LI Jing-wei, ZHANG Guan-hua,
GUO Zhi-jia, YAO Cheng-zhi

(China Institute of Atomic Energy, Beijing 102413, China)

Abstract: Aiming at the wear of the latch of CRDM for pool – type heating reactor. this paper proposed the impact of the upper and lower fit dimensions on wear life in CRDM motion steps were based on the Archard Wear Model and Multibody dynamics software. During the ideals simulation results of the movement, the upper fit dimension has few impacts on the normal force and sliding distance, and the maximum force difference between the left and right latch is less than 5%. In the simulation process of lifting movement, the wear of the latch, push rod, and latch pin on the eccentric side will generate an additional 133%, 0.8%, and 1.5%. By comparing the difference in the number times of motions of the latches under different conditions, the limit times of motion can be preserved, which used the actual size requirements of the mechanism design to calculate the maximum times of movements. The analysis results show that the main wear of the latch occurs during the lifting process, and the impact of the lower fit dimensions is greater than the upper fit dimensions. The results can provide a reference for the subsequent optimal design of the latch of CRDM.

Key words: Pool – type heating reactor; Control rod drive mechanism; Wear of latch; Fit dimensions

空间堆安全棒系统落棒行为动力学分析

李经纬，刘世航，张冠华，彭朝晖，姚成志*，郭志家

（中国原子能科学研究院，北京　102413）

摘　要： 安全棒系统是核反应堆反应性控制与核安全保护的执行机构，在地面条件下，系统落棒行为受到重力、系统机械阻力、导向管错对中量等因素的影响。尤其在加工制造中错对中量的产生无法避免，过大的错对中量使安全棒与导向管摩擦阻力大幅增加，导致落棒时间发生变化。基于 ADAMS 三维模拟软件建立了安全棒系统动力学模型，通过精确模拟安全棒紧急复位时刚柔耦合及摩擦碰撞过程，计算分析了导向管错对中量与落棒时间、摩擦阻力及理论模型的关系。计算结果表明，错对中量的数值与安全棒所受平均摩擦阻力基本呈正相关关系。但对落棒时间则存在不同的影响关系。经与试验数据对比，验证了方法的合理性，可为安全棒系统的设计改进提供参考。

关键词： 空间核反应堆；安全棒系统；动力学分析

安全棒系统是实现核反应堆堆芯紧急停堆的重要设备，其中安全棒的落棒时间是堆芯安全分析的重要参数之一。导向管及安全棒的设计、安装、制造对该设计指标有着显著的影响，并受到堆内流场、压力、温度及外载荷的影响。为了满足快速停堆的安全指标，论文研究的堆型的安全棒导向管内无冷却剂流动，则在地面环境运行时安全棒下落时受到主要作用力有重力、径向碰撞力和轴向摩擦力。在导向管的制造及安装过程中不可避免产生一定的轴向错对中量，在这种错对中量及棒体与导向管的相互作用力的影响下通过三维模拟软件获得落棒时间及棒体受力情况，对反应堆安全分析具有重要意义。

针对控制棒（安全棒）落棒时间及摩擦力分析，国内外研究者开展过大量的研究工作。孙磊、颜达鹏等[1-2]通过直接约束法处理接触问题，同时运用构造反力函数的方法得到碰撞力表达式，构造了碰撞模型。只需要确定摩擦系数、碰撞恢复系数和接触时间即可完成落棒时间与落棒历程的分析。在海洋潮汐条件下，浮岛式堆芯控制棒落棒过程受到的影响因素增多，控制棒在不同倾角下落棒过程分析中，朱紫豪等[3]主要通过 Hertz 接触理论建立各倾角下的碰撞模型，进而得到整个过程的机械摩擦阻力分析方法。杨方亮等[4]运用虚拟样机对落棒过程进行模拟后，对收集到的数据进行拟合得到经验公式，经与试验对比得到相似的结果，获得了落棒历程的分析方法。在堆芯安全分析中，地震载荷是关键影响因素，地震影响下的受迫振动使堆芯内部的导向管产生径向弯曲。Huang 等[5]运用弯曲导向管进行了落棒过程模拟，分别得到了导向管呈"C"形和"S"形时棒体与导向管之间的作用力及弯曲对落棒时间的影响。

国内外对于安全棒的落棒行为研究普遍采用理论—模拟—试验相结合的方法计算安全棒紧急复位时的机械阻力及落棒时间。在模拟数据与试验数据拟合较好的情况下，得到外界因素影响落棒过程的机理。本文在安全棒与导向管之间的接触模拟计算中采用了与之前研究者类似的 Hertz 接触理论。主要介绍地面环境下苏联 TOPAZ 系列空间核反应堆安全棒系统导向管错对中量对落棒过程的影响。

1　系统原理及要求

安全棒系统以苏联 TOPAZ 系列空间核反应堆为原型进行研究，系统置于堆芯底部，紧急复位时

作者简介： 李经纬（1999—），男，硕士研究生。专业方向：反应堆系统与设备。研究方向：针对核反应堆反应性控制系统动力学及试验研究。

从底部进入堆芯内部。整个安全棒系统分为驱动机构、安全棒和卡锁组件。驱动机构的传动轴与分配体机构连接，分配体机构将传动轴的圆周运动通过齿轮系及齿轮齿条机构转换为3根安全棒的直线运动，从下方插入堆芯达到停堆的目的。需要紧急停堆时，驱动机构中的离合器使驱动机构齿轮系与弹簧齿条啮合，借助弹簧的弹力实现安全棒快速进入堆芯的设计目标（图1）。

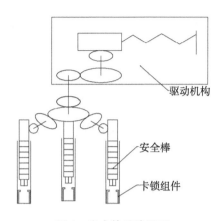

图 1　安全棒系统原理

在设计指标中要求安全棒在 1 s 内完成复位动作，且安全棒稳定停止在卡锁组件中不在堆内发生回弹。模拟计算中同样要求虚拟样机在不同的错对中量下 1 s 内完成复位动作，同时收集安全棒与导向管之间的碰撞力数据。对于错对中量的增大，可以改变驱动机构中弹簧预载荷大小，进而按照设计指标完成复位动作。

2　系统动力学模型

空间核反应堆在轨运行时只受微重力或不受重力，但在发射之前会进行地面调试，该阶段下空间堆整体会受到地表重力影响。本文主要针对地面调试阶段进行研究。重力与安全棒中齿条啮合力不在同一直线上，运动过程中不可避免存在径向位移。若径向位移量大于棒体与导向管内径间隙，则二者会产生接触，即棒体轴向运动受到导向管摩擦力。导向管摩擦力计算公式如下：

$$f = \mu N, \tag{1}$$

$$N = \sqrt{N_x^2 + N_y^2}。 \tag{2}$$

式中，f 为安全棒组件所受摩擦阻力；μ 为棒体与导向管摩擦系数；N_x 为 X 方向正压力；N_y 为 Y 方向正压力；N 为导向管受到安全棒的径向正压力。单根安全棒在地面环境下紧急复位时运动方程为

$$m_{CR}\frac{d^2 z}{dt^2} = \sum F = F_{CRDM} - m_{CR}g - f。 \tag{3}$$

式中，m_{CR} 为安全棒质量；z 为安全棒轴向位移；$F_{CRDM} = (F_1 - k\Delta l) \cdot i_{1n}$ 为驱动机构对安全棒的复位动力；g 为重力加速度；F_1 为弹簧齿条的预载荷；Δl 为弹簧运动距离；i_{1n} 为齿轮系总传动比。驱动机构的输出动力随着弹簧齿条的运动距离线性减小。在导向管末端设置有柔性钩爪，安全棒端头依靠最后的动能冲开末端卡锁被稳定锁死，避免安全棒在堆内回弹跳动导致紧急停堆功能失效。

在传动过程中存在较多的回转部件，考虑到传动效率影响，根据能量守恒定律，得到回转部件的运动计算公式：

$$(F_1 - k\Delta x) \cdot \Delta x - m_{CR}gz = \frac{1}{2}\sum_{i=1}^{n}J_i\omega_i^2\eta_i + \frac{1}{2}m_{CR}v^2。 \tag{4}$$

式中，Δx 为齿条工作行程；z 为安全棒上升距离；J_i 为回转部件转动惯量；ω_i 为回转部件的旋转角速度；η_i 为传动效率；v 为安全棒运动速度。

3 系统动力学分析

3.1 模型建立

导向管两端分别与堆芯容器两端的栅板焊接，内径大小在轴向分为两段。第一段与安全棒的最小间隙为0.2 mm；第二段与安全棒的最小间隙为0.25 mm。在实际加工制造及安装过程中，导向管与安全棒不可避免地存在一定的错对中量。这种错对中量会对安全棒紧急复位过程产生影响，如果错对中量大于等于棒体与管件的最小间隙，或许导致安全棒无法紧急复位。

通过三维动力学模拟软件ADAMS[6]搭建虚拟样机可以对不同错对中量下安全棒紧急复位行为进行模拟研究，得到的落棒时间、轴向摩擦力等数据可以作为后续试验样机参考（图2）。

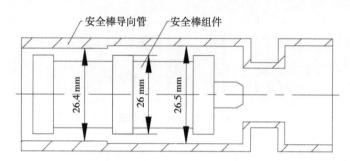

图2 安全棒与导向管几何关系示意

3.2 模拟试验内容

由于棒体紧急复位的最小间隙为0.2 mm，故可以设置7组错对中量模拟试验，每组的间隙为0.03 mm，错对中量试验范围为0~0.18 mm，对7组模拟试验的落棒时间、落棒位移、摩擦阻力、弹簧齿条预加载值进行采样分析。同时获得不同错对中量下完整的完成落棒动作需要弹簧齿条的最小预载荷值。

在ADAMS三维动力学模拟软件中可以进行刚柔耦合设置，为了实现导向管末端钩爪的功能目标，可以将钩爪进行柔性化处理，使安全棒末端的端头部件可以依靠动能冲开卡锁，避免安全棒在堆内发生多次较大距离回弹。

弹簧最初的预载荷设置为600 N，弹簧刚度设置为4.294 N/mm，添加预载荷后弹簧长度为10 mm。为了满足安全棒在堆内的工作行程，经过齿轮系传动比的换算，弹簧齿条的工作行程为87.52 mm，齿条行程末端设置阻挡块模拟驱动机构外部壳体。

考虑在高温条件下材料性质发生变化，将安全棒与导向管之间的静摩擦系数设置为0.36，动摩擦系数设置为0.35。安全棒导向管与安全棒定位壳材料均为321H，内部吸收体材料为B_4C，GH4169用于卡锁组件、1Cr17Ni2用于齿轮，安全棒系统所用材料如表1所示。

表1 材料参数

材料	弹性模量/GPa	泊松比	密度/（kg/m³)
321H	165	0.32	8030
GH4169	199.9	0.3	8240
1Cr17Ni2	175	0.3	7750
B_4C	326	0.194	2160

虚拟样机初步验证阶段采用了实际试验数据中的弹簧预载荷及刚度，得到的模拟数据与实际物理

样机试验数据误差约为 5.45%。证明了虚拟样机的可行性。

3.3 仿真结果

在错对中量为 0 和 0.03 mm 时，模拟过程中安全棒与导向管未发生碰撞，即安全棒受到的轴向阻力为 0。如图 3a 所示，但是当错对中量达到 0.06 mm 时，安全棒与导向管发生接触。由图 3 中数据可以看出，摩擦力的数值随着错对中量增加大幅上升，当安全棒进入卡锁后，由于错对中量导致棒体与导向管一直接触，动摩擦力转变为静摩擦力。

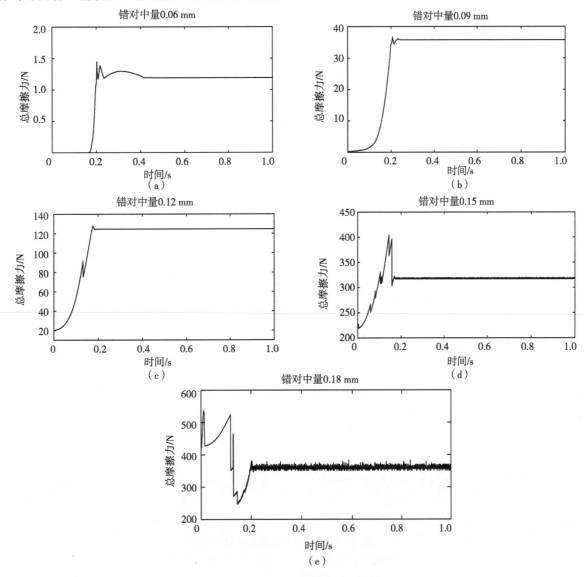

图 3   不同错对中量紧急复位摩擦力

由图 4 所示，随着错对中量的增加，摩擦力的瞬间变化更加剧烈。表明安全棒在导向管内发生了多次振荡碰撞，且碰撞力逐渐增大，频繁地碰撞可能会导致棒体部分零件产生失效现象。假设复位全程都存在恒定摩擦力，即平均摩擦力，通过计算得到如表 2 所示数据。由图 5 可见，不同的摩擦力大小也影响了落棒时间，同时，平均摩擦力的增加迫使弹簧齿条增大预载荷，否则无法完成完整的落棒动作。

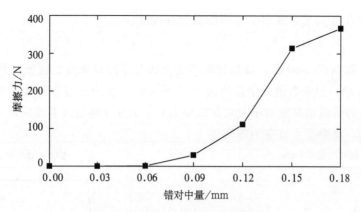

图4 不同错对中量轴向平均摩擦力

表2 不同错对中量落棒数据

错对中量/mm	平均摩擦力/N	落棒时间/s	落棒所需预载荷/N
0	0	0.4362	600
0.03	0	0.4478	600
0.06	0.982	0.4635	600
0.09	29.9	0.2452	600
0.12	112	0.195	900
0.15	314	0.178	1700
0.18	367	0.22	2200

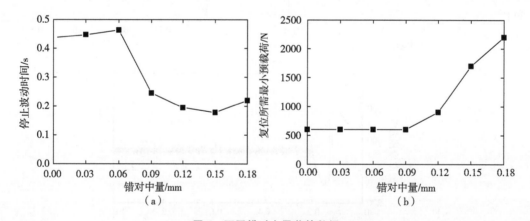

图5 不同错对中量落棒数据

(a)落棒停止波动时间；(b)弹簧齿条所需预载荷

3.4 结果分析

由图3可以看到当错对中量较小时，安全棒与导向管在一段时间内并无接触，而是在运动过程中逐渐向径向偏移。接触力也随着偏移逐渐增大，如果增大到一定的数值，安全棒与导向管则会弹开，与导向管的另一侧发生碰撞。这也就解释了为何在错对中量逐渐增加后，摩擦力图像出现多个突变波峰，而后又逐渐恢复。同时，当安全棒端头依靠动能冲击进入柔性卡锁时径向受力情况复杂，安全棒在径向会发生较小的不规则振荡，反映在摩擦力图像上则可看到在停止波动前存在较小的波峰突变。

随着错对中量的增加，安全棒与导向管的正压力增加，故平均摩擦力随之增加。但在0.09 mm之后大幅增加，弹簧齿条预载荷变化也对应该增长趋势。然而落棒时间却随着导向管错对中量的增加大幅减小，相较于以往的直观判断，应该错对中量越大落棒时间越长。实则是由于较大的错对中量导致安全棒在落棒过程中发生频繁的径向振荡，在振荡过程中存在与导向管正压力较小甚至不接触的状态，且齿条预载荷在 0.09 mm 之后增幅较大，远大于安全棒平均摩擦力的增幅，在这种振荡过程及较大的预载荷影响下缩短了安全棒落棒时间。

4 结论

（1）通过模拟分析，安全棒导向管错对中量对于安全棒落棒行为的影响较为明显。从最后的落棒时间角度来看，导向管错对中量的增加反而缩短了落棒时间，似乎更加满足了空间堆的核安全指标，但带来的影响则是安全棒对柔性卡锁的冲击应力增大。虽然安全棒端头与卡锁接触时间极短，但是过大的冲击力可能导致卡锁产生塑性变形甚至损坏（图 6），丧失卡锁的功能性。如果安全棒系统的设计目的是要多次使用，过大的冲击则可能导致安全棒系统失效。在设计指标中，只要落棒时间小于 1 s 即可，错对中量接近 0 时的落棒时间虽然相对较长，但也满足了设计指标，且与钩爪的相互作用比较柔和。

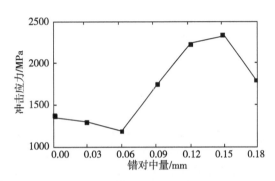

图 6　卡锁组件在不同错对中量下紧急复位所受冲击力

（2）在反应堆运行期间，由于地震载荷及反应堆内温度梯度等问题，导向管还可能存在轻微的径向变形。这种变形对安全棒落棒动作也存在影响，如果实际安装过程中还存在错对中量，或许导致安全棒落棒动作无法完成。故减小错对中量可以为其他落棒影响因素预留一定的裕量，确保落棒动作顺利完成。综合系统的稳定性，减小错对中量对于落棒动作是一个有利因素。

（3）通过虚拟样机模拟研究错对中量如何影响安全棒紧急复位的方法可以获得该过程较为直观的变化趋势。精细化处理虚拟样机模型得到的模拟数据与实际试验数据误差可以近似忽略。故可以将模拟数据作为参考，使物理样机试验数据与其对比，可以大概得知在加工制造安装过程中导向管与安全棒之间的错对中量。避免多次重复试验及对复杂结构的测量，降低研究成本。同时可以为导向管安装孔加工精度提供一定的指导意见，避免加工精度导致的错对中量对安全棒实际运行过程产生显著影响。

（4）接触计算中采用了 Hertz 接触理论计算导向管与安全棒之间的碰撞力，得到的模拟数据与试验数据误差较小，且模拟结果基本符合预期。证明在该类问题的计算中，Hertz 接触理论比较接近现实情况，在之后的研究中可以同样采用该理论进行计算。

（5）错对中量是安全棒紧急复位的影响因素之一，在对实际工况复位过程建立理论模型时可作为参数。在获得其他影响因素数据的情况下可以进行数据敏感性分析，识别出紧急复位过程中的主要影响因素。

参考文献：

[1] 孙磊，于建华. 控制棒组件落棒时间与历程计算 [J]. 核动力工程，2003，24（1）：59 - 62.
[2] 颜达鹏，杜华，刘佳，等. 控制棒驱动线缓冲结构碰撞缓冲过程分析方法 [J]. 核动力工程，2017，38（S2）：

64 – 69.

[3] 朱紫豪，彭航，罗英，等 . 海洋条件下控制棒驱动线落棒行为动力学仿真研究 [J] . 核动力工程，2017，38 (S2)：60 – 63.

[4] 杨方亮，杨晓晨，刘佳，等 . 控制棒驱动线落棒行为动力学仿真技术研究 [J] . 机械设计与制造工程，2017，46 (2)：27 – 29.

[5] HUANG H，WANG Z W，XU W，et al. Seismic analysis of PWR control rod drop with the CRDAC scram performance code (Article) [J] . Annals of nuclear energy，2018，114：624 – 633.

[6] 陈峰华 . ADAMS 2018 虚拟样机技术从入门到精通 [M] . 北京：清华大学出版社，2019.

Dynamic analysis of rod drop behavior of nuclear reactor safety rod system

LI Jing-wei，LIU Shi-hang，ZHANG Guan-hua，
PENG Zhao-hui，YAO Cheng-zhi*，GUO Zhi-jia

(China Institute of Atomic Energy，Beijing 102413，China)

Abstract：The safety rod system is the actuator for reactivity control and nuclear safety protection of nuclear reactor. Under ground conditions，the rod dropping behavior of the system is affected by gravity，system mechanical resistance，guide tube misalignment and other factors. Especially，the occurrence of misalignment during processing and manufacturing cannot be avoided. Excessive misalignment increases the friction resistance between the safety rod and the guide tube greatly，resulting in the change of rod dropping time. The dynamic model of the safety rod system is established based on ADAMS 3D simulation software. The rigid and flexible coupling and friction collision process of the safety rod emergency reset are accurately simulated. The relationship between the guide tube misalignment and the rod dropping time，friction resistance and theoretical model is calculated and analyzed. The calculation results show that the value of misalignment is basically positively correlated with the average friction resistance of safety rod. However，it has different influence on rod dropping time. Compared with the test data，the rationality of the method is verified，which can provide reference for the design improvement of the safety rod system.

Key words：Space nuclear reactor；Safety rod system；Kinetic analysis

ASG 汽动泵转速波动分析

张智星

（江苏核电有限公司，江苏　连云港　222000）

摘　要：辅助给水系统（ASG）汽动泵主要在机组失去正常给水时向蒸汽发生器二回路侧提供冷却水，从而冷却反应堆，而汽动泵转速调节性能对于汽动泵能否在紧急情况下发挥应有作用至关重要。本文主要介绍了辅助给水汽动泵的功能、结构及转速调节原理，分析了影响汽动泵转速调节的因素，并针对汽动泵转速调节的波动问题提供了优化思路和方法。

关键词：辅助给水汽动泵；转速调节；优化建议

1　辅助给水系统汽动泵功能

1.1　正常功能

辅助给水系统（ASG）作为失去主给水供应时向蒸汽发生器二回路侧供应给水的后备系统[1]，在下列情况下它可代替主给水系统（ARE）和启动给水系统（APD）：

（1）反应堆启动和反应堆冷却剂系统升温；

（2）热停堆；

（3）向冷停堆过渡时，将反应堆冷却到余热排出系统（RRA）能投入运行的状态。

在 APD 失效时，也可用 ASG 泵（电动或汽动）维持蒸汽发生器二次侧水位。

1.2　安全功能

辅助给水系统属于专设安全设施。在任一正常给水系统（ARE、APA、APD）发生事故时，辅助给水系统投入运行，导出堆芯余热，直到反应堆冷却剂系统达到余热排出系统（RRA）可投入的状态。反应堆冷却剂系统的热量通过由辅助给水系统供水的蒸汽发生器吸收产生蒸汽，蒸汽通过汽机旁路系统（GCT）排向凝汽器或大气。

2　辅助给水系统汽动泵结构简介

辅助给水系统汽动泵为卧式两级离心式结构，由汽轮机驱动，汽轮机和泵共轴并在同一个铸造壳体内。汽轮机为单列调节级，背压式。因汽、泵共轴，泵叶轮和汽轮机叶轮都装在公共轴上，该轴由两只水润滑轴承支撑。轴承安装在汽缸和泵壳之间的中央水室两侧，润滑水由泵第一级叶轮处引出，经节流孔板和滤水器后进入中央水室。整个泵组安装在一个公共底盘上，公共底盘中间支脚支撑着中央水室，并用螺栓紧固，泵端两侧的泵脚支撑在公共底盘相应的支脚上，同样用螺栓紧固。因汽、泵共轴，省去了汽轮机和泵之间的找中工作。辅助给水汽动泵结构如图 1 所示。

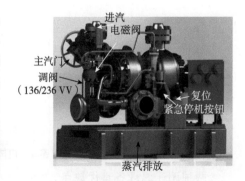

图 1　辅助给水汽动泵结构

作者简介：张智星（1994—），男，大学本科，工程师，主要从事核电运行方面研究。

3 转速调节系统简介

田湾5、6号机组项目的汽轮机调速原理和方家山核电工程项目汽动泵的调速原理不同，方家山核电工程项目汽动泵的转速调节是通过平衡杆驱动调节阀阀位，从而调节转速，泵出口安装了一个文丘里管，在文丘里管入口和咽部的压力差作用于调节活塞两端，活塞的移动驱使控制阀调节进汽量，从而调节泵的转速，减少进汽流量（图2）。

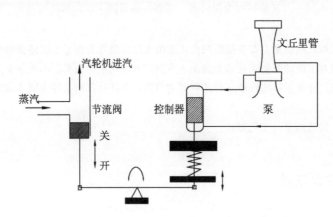

图2　方家山核电工程项目汽动泵转速调节示意

田湾5、6号机组采用杭州汽轮机厂的国产汽轮机，泵组的转速由转速调节系统控制，即505调速器接收安装在中央水室处转速探头的转速信号，并与设定转速做比较，输出差值信号至执行器，从而控制调节汽阀，改变汽轮机的进汽量以稳定转速运行。同时，泵组还配有超速保护系统，主要有电子跳闸和机械跳闸，当转速达到设定值时，超速保护系统动作并关闭主汽门停机，以保证泵组的安全运行[2]（图3）。

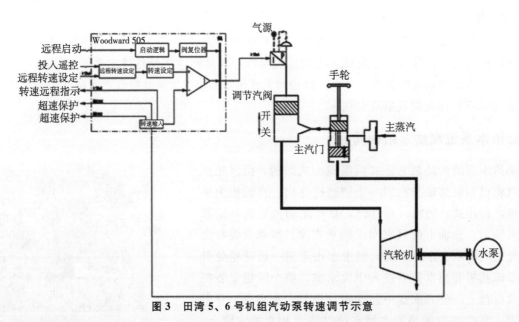

图3　田湾5、6号机组汽动泵转速调节示意

两种调速原理各具优缺点。

（1）平衡杆调速

优点：响应速度快、转速平稳。

缺点：超速试验对设备有一定损伤，根据转速控制原理，执行超速试验时需要调节文丘里管的压差，只能通过逐渐关小泵入口阀，降低泵出力，从而升高转速，但此时泵入口压力降低，已经接近泵需要的竞争吸入压头，可能造成泵汽蚀，工况恶劣，此工况下叶轮寿命急剧缩短。

（2）505 调速器调速

优点：转速控制原理简单，超速试验只需逐步提高转速设定值，调速器逐步开大调阀，增加进汽流量，对泵的安全运行和寿命影响小，更安全可靠。

缺点：通过转速控制器控制转速，超调量比平衡杆调速要大，另外受调节器和调节阀性能的限制，转速控制也没有平衡杆调速控制得平稳，转速波动较大，需要根据实际情况调整 PID 控制参数。

4 汽动泵转速波动问题分析

田湾 5 号机组汽动泵进行首次启动时，汽轮机首次达到额定转速后，发现转速波动在 7700～8100 rpm，超出允许值，从曲线上看，转速呈固定幅度的周期性波动，与厂家技术人员现场协商后，决定尝试调整 PID 参数。

初始 ASG 003PO 离线 PID 参数为 P：5，I：0.5，D：5；在线 PID 参数为 P：5，I：0.5，D：5，转速波动在 7700～8100 rpm。经多次调整 PID 参数，转速波动各有变化，相对较好的情况下类似一条直线上出现一个个深坑。PID 参数调整前汽动泵转速趋势如图 4 所示。PID 参数调整过程中汽动泵转速趋势如图 5 所示。

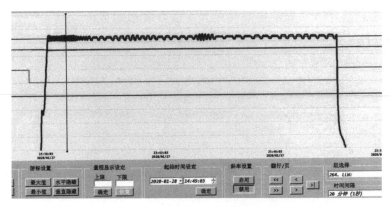

图 4　PID 参数调整前汽动泵转速趋势

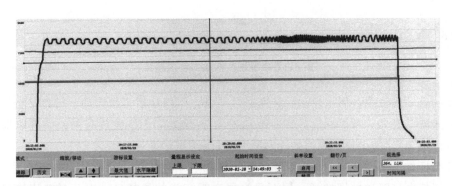

图 5　PID 参数调整过程中汽动泵转速趋势

经多次尝试后，发现 ASG 003PO 离线 PID 参数分别为 2.448、0.278、5，在线 PID 参数分别为 1.9、0.4、5 时，波动相对较小，ASG 004PO 离线 PID 参数分别为 2.553、0.349、5，在线 PID 参数分别为 1.913、0.407、5 时，波动相对较小，转速波动最小。最后稳定情况下转速波动变化如图 6 所示。

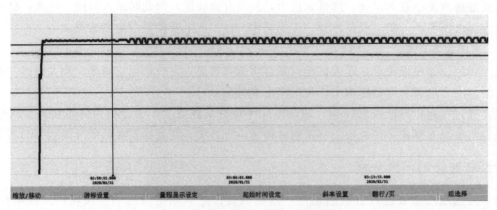

图 6 PID 参数调整后汽动泵转速趋势

根据福清核电的经验反馈，大修期间发现汽轮机转速波动大，通过对阀门诊断，发现调节阀 136/236VV 的特性较差，更换导杆后，调节精度可以达到 1‰，再次启动，转速波动在 30～50 rpm，结果满足要求（图 7）。

联系调节阀厂家，厂家安排人员带了一根新的导杆到场，试验期间找窗口更换后重新启动，发现转速波动更大，且有发散趋势。重新更换为原来的导杆，再次启动，转速波动恢复为原来的波动区间（图 8）。

图 7 调节阀 136/236VV 导杆

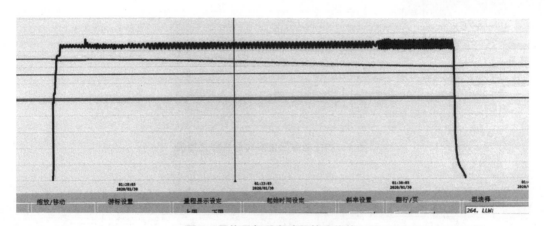

图 8 更换导杆后汽动泵转速趋势

另外在多次启动后发现，偶尔启动后转速非常平稳，但停运后再次启动，转速又会波动，结合更换导杆后的转速波动变大，可以看出，转速波动的大小不仅和 PID 参数有关，而且取决于导杆的控制精度（或者说加工精度）。原厂调速导杆如图 9 所示。

为了验证导杆加工精度对汽动泵转速调节的影响，后来在汽动泵再次进行试验时联系福清核电，更换了经过福清核电打磨过并增加了一层石墨涂层进行润滑的导杆后，汽动泵转速波动情况明显改善，将原厂家提供的导杆与福清核电提供的导杆进行比较发现，原厂家提供的导杆除没有石墨涂层润滑外，用手摸还能感觉到有明显的毛刺感（图 10）。

图 9　原厂调速导杆　　　　　　　图 10　此杆在原厂调速导杆内部也有明显的毛刺感

5　结论

　　PID 参数的优化空间已经不大，我们通过数次尝试最终得到的 PID 参数和福清核电调试出的 PID 参数非常接近，说明大家的方法和调整思路差不多。目前 PID 参数是比较合理的，而且最后几次 PID 参数微调时发现，微调 PID 参数对转速波动范围几乎没有影响，仅仅改变了波动的频率。

　　从上文中可以发现，目前可以采用的可以明显改善汽动泵转速调节波动的方法就是增加汽动泵转速调节导杆的加工精度，以及减小其在调节过程中的摩擦力。为此可以对汽动泵转速调节导杆采取如下方法进行处理：

　　（1）对转速调节导杆进行打磨处理；

　　（2）对转速调节导杆表面进行硬化处理；

　　（3）增加石墨润滑涂层；

　　（4）转速调节导杆在制作时采用耐磨金属材料；

　　（5）在汽动泵进行试验之前，可以对汽动泵调节阀进行阀门诊断，诊断结果具有非常好的参考价值，田湾 6 号机组的 ASG 004PO 调节阀的阀门诊断结果要好于 ASG 003PO，结果 ASG 004PO 的转速波动要明显好于 ASG 003PO。

参考文献：

[1]　李妍. 辅助给水系统手册［Z］. 中国核电工程有限公司，2015.

[2]　孟英. 辅助给水汽动泵设备运行维修手册［Z］. 上海阿波罗股份有限公司，2019.

Speed fluctuation analysis of ASG steam pump

ZHANG Zhi-xing

（Jiangsu Nuclear Power Corporation，Lianyungang，Jiangsu 222000，China）

Abstract： The auxiliary water supply pump mainly provides cooling water to the second circuit side of the steam generator when the unit loses normal water supply，so as to cool the reactor. The speed regulation performance of the steam pump is very important for the steam pump to play its due role in emergency. This paper mainly introduces the function, structure and speed regulation principle of auxiliary water pump, analyzes the factors affecting speed regulation of steam pump, and provides optimization ideas and methods for the fluctuation of speed regulation of steam pump.

Key words： Auxiliary water feed pump；Speed adjustment；Optimization suggestions

TA2 钛合金焊接质量控制的分析研究

洪　瑶，黄　婧，黄兴蓉

（国家国防科技工业局核技术支持中心，北京　100071）

摘　要： TA2 钛合金具有强度高、密度高、耐腐蚀等优点，又因其是一种比较活泼的金属，高温状态下极易氧化，因此在焊接过程中对熔池温度、保护气体及施焊环境等方面有严格的要求，否则将产生焊接缺陷，给产品带来严重的焊接质量问题。TA2 钛合金材料设备制造过程中，发现已完成的 TA2 钛合金氩弧自动焊接工艺评定试件出现焊缝氧化发黑、烧穿等缺陷，进而针对钛合金的焊接质量控制进行了较为深入的分析研究，并提出了预防和控制的措施。在重新开展的焊接工艺评定及模拟件制作过程中，经过多次试验，最终使焊接缺陷得到有效的控制，保证了 TA2 钛合金目标产品的焊接质量；同时，总结钛合金焊接质量控制的应用经验，可为后续钛合金材料焊接质量的有效控制提供借鉴参考。

关键词： 钛合金（TA2）；氩弧自动焊接力；焊接质量控制

TA2 是以钛为基体加入铁等合金元素组成的合金。其密度约为 $4.5~g/cm^3$，仅为钢的 60%，具有抗拉强度高、密度高、耐高温、抗酸碱性能好等优点。由于其比强度高等优异的综合性能，TA2 钛合金被广泛应用于各个领域，尤其是在需要承高温、耐蚀、动态载荷等工况下通常选用 TA2 钛合金材料。同时 TA2 钛合金是一种比较活泼的金属，高温状态下极易受到空气中氢气、氧气和氮气的影响氧化，因此在 TA2 钛合金焊接过程中，对熔池温度、保护气体及施焊环境等方面有严格的要求，否则将产生焊接缺陷，给产品带来严重的焊接质量问题。

本文结合某工程 TA2 钛合金波纹管膨胀节制造，对 TA2 钛合金材料的焊接质量控制进行分析研究。该设备膨胀节材料为 TA2，筒体采用钛合金板材由一条纵焊缝焊接而成，产品规格为 $\phi419~mm$，壁厚 2 mm，针对产品材质及拟定的焊接方法制作了焊接工艺评定，在此期间，工艺评定试件焊缝出现了发黑、烧穿等焊接缺陷。从 TA2 材料自身性能分析，与氢、氧、氮等气体有极强的亲和力，焊接过程中与上述气体发生反应后，使焊接接头性能降低，甚至产生气孔及裂纹。为有效预防和控制上述缺陷的发生，进一步分析缺陷产生的原因并制定质量控制措施，从而保证膨胀节的焊接质量，焊接质量合格也是进行后续刚度试验、疲劳寿命试验及稳定性试验等的前提，达到产品的设计和使用要求。

1　钛合金焊缝质量影响因素的分析

常温下的钛合金是比较稳定的，应主要关注原材料储存、试件加工和试件装配等环节的清洁度要求。但在高温下，钛合金是极易氧化的金属，在焊接过程中，焊缝中的熔池将与空气中的氢气、氧气、氮气发生反应，使其力学性能受到严重破坏，且随着温度升高反应愈加强烈。钛合金在 250 ℃左右开始与氢气发生反应，400 ℃开始与氧气发生反应，600 ℃开始与氮气发生反应。而焊枪内保护气体所形成的气体保护层所能保护的区域有限，只能保护焊接熔池不受空气中气体的影响，对处于高温状态且已凝固的焊缝区域无保护作用，但该区域极易受到空气中氢气、氧气和氮气的影响。根据氧化程度不同，钛合金焊缝颜色也随之呈现不同的颜色：银白色是无氧化，焊接效果最好；金黄色（TiO）是轻微氧化；蓝色（Ti_2O_3）是氧化稍严重；灰色（TiO_2）是氧化最严重，焊接效果最差[1]。

作者简介： 洪瑶（1986—），男，国家国防科技工业局核技术支持中心高级工程师，主要从事核安全设备审评。

按照验收要求,所有钛焊缝和热影响区的焊接完工原始状态的表面颜色呈蓝色或灰色均为不合格。所以气体是影响焊接接头的重要因素之一,另外碳、磷、硫对焊接接头质量也有着重要影响。验收同时要求焊缝不得有未填满、咬边、弧坑和夹渣等缺陷,所以也应采取相应质量控制措施预防上述缺陷的发生。

1.1 氢对焊接接头质量的影响

在焊接过程中,熔池温度大约为 250 ℃,即与空气中的氢气发生反应,焊缝中的氢含量对焊缝冲击性能的影响最显著。随着焊缝含氢量的增加,焊缝组织中的片状或针状的 TiH_2 随之增多,而这种片状或针状组织将导致焊缝的强度降低,因此焊缝的冲击韧性也相应降低。同时氢扩散至热影响区,还会造成热影响区脆性的增加。

另外氢化物析出体会造成较大的组织应力,形成裂纹。氢也是形成气孔的主要原因之一,是钛合金焊接中常见的缺陷,气孔会大幅降低焊缝的疲劳强度。所以氢是气体杂质中对钛合金焊缝机械性能影响最严重的因素。

1.2 氧对焊接接头质量的影响

焊缝的含氧量增多,其硬度和抗拉强度得到明显增加,但塑性显著降低。所以在焊接过程中应采取有效措施防止焊缝及热影响区发生氧化,以保证焊接接头性能。

1.3 氮对焊接接头质量的影响

钛合金焊接温度达到 700 ℃ 以上时,钛合金将与氮气发生反应,形成的氮化钛(TiN)是硬而脆的,另外氮与钛的间隙固溶体会造成晶格畸变,可以提高硬度和强度,但是会损失其塑性和韧性,严重的可导致裂纹。

1.4 碳对焊接接头质量的影响

碳是钛合金常见的杂质,当钛合金碳含量小于 0.13%,随着碳含量的增加,其焊缝强度提高,塑性降低,因此技术条件规定,钛合金母材的碳含量 ≤0.1%,焊缝中的碳含量不能超过母材的碳含量。当钛合金焊缝中的碳含量 ≥0.55% 时,其塑性几乎全部消失,从而变得很脆[2]。

1.5 磷、硫对焊接接头质量的影响

磷、硫是产生焊接裂纹的主要因素,对钛合金焊接的影响也不例外,只是在钛合金中磷、硫含量较低,所以产生裂纹的倾向较小。但也应注意焊接环境的影响,并避免快速加热和快速冷却导致的焊缝产生内应力,从而避免产生裂纹。

2 钛合金焊接质量控制的措施

为保证钛合金焊接质量得到有效控制,结合上述影响因素的分析,从材料、工艺和气体保护等方面提出相应的要求及预防、纠偏措施。

2.1 钛合金焊接质量控制的工艺措施

由于焊接位置及焊缝形式为平焊位置的长直焊缝,采用自动焊方式的焊接效率将得到极大的提高。试板厚度仅为 2 mm,且需要较好的惰性气体来保护熔池,综上所述,焊接方法采用自动钨极氩弧焊,并制定正确的焊接工艺参数,即保护气体为纯度高于 99.999% 的氩气,且露点不高于 −50 ℃[3]。

2.1.1 保护气体装置

钛合金的焊接过程应尽量避免焊接熔池及热影响区受到有害气体杂质的影响,使焊接接头达到理想的力学性能,否则焊缝将呈现灰色(图 1)。为达到良好的气体保护效果,首先钨极氩弧焊的焊枪应采用较大喷嘴,以扩大气体保护区域。为保证钛合金的焊接质量,除对焊缝正面及背面进行气体保

护外，还应增加焊接气体保护拖罩，使焊缝及热影响区在 400 ℃以上的冷却过程中，仍然能够处于惰性气体良好的保护之下，并且考虑适当扩大拖罩尺寸，采用铜合金制作长为 150 mm 的拖罩，可以有效对焊缝进行保护。

通过采取上述措施，焊缝在惰性气体充分的保护下呈现银白色和淡黄色（图 2）。说明焊缝得到了有效的气体保护，大大降低了空气中有害气体杂质的入侵，从而提高焊接接头的力学性能。

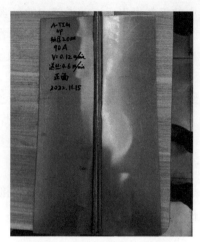 

图 1　焊缝气体保护不充分　　　　　图 2　焊缝气体保护较充分

2.1.2　焊接装备调试

采用自动钨极氩弧焊的方式进行焊接，需特别关注设备调试的精准程度，事先应做好调试的相应准备工作。由于试件厚度较薄，仅有 2 mm，极易发生烧穿等缺陷，因此首先应在组对阶段避免试件错边。另外在试件组对满足要求的基础上，还应避免对中不精准造成焊缝烧穿。图 3 为试验过程中发生的烧穿情况，为此经多次调试，采用对中辅助线的方式，使焊枪的行走轨迹精准对中于焊缝中心，自动焊焊接工装夹具如图 4 所示。

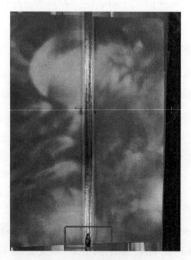 

图 3　焊缝收弧处烧穿　　　　　　　图 4　自动焊焊接工装夹具

2.1.3　层间温度控制

注意层间温度的控制，降低氢、氧、氮等元素与钛合金反应的可能性，合理控制焊接温度的变化。选择正确的焊接工艺参数与焊接顺序[4]。

2.2 钛合金焊接质量的材料管控措施

2.2.1 钛合金原材料的清洁度控制

钛合金材料应有单独的原材料库区，且核级原材料与非核级原材料也应使用单独的库区，并分类、分规格存放，标识清楚。

原材料存放时不得与地面直接接触，应使用木板材料衬垫。不允许不同类别的材料混放，存放地应干净整洁、无油污等。

2.2.2 钛合金加工环境的清洁度控制

用于钛材切割与成形的设备，在使用前应清除设备上有关部位的铁屑、氧化皮等杂物，成形加工模具与钛合金板材间宜进行保护，以免钛材受到划伤、污染、嵌入杂物等损伤。

2.2.3 钛合金焊接环境的要求

钛合金的焊接应在空气洁净、无尘、无铁离子的区域进行。

（1）风速大于 1.5 m/s；

（2）相对湿度大于 80%；

（3）焊件温度低于 5 ℃。

焊接所涉及的装配平台、自动焊的工装夹具及除污物用的钢丝刷均采用不锈钢材料制成。

装配及施焊人员均应穿戴洁净、无油污的劳动保护服和手套，手套选用白细纱布手套，禁止佩戴棉线手套。

2.2.4 钛合金试件及焊丝的清洁度控制

焊接坡口表面粗糙度最大允许值为 Ra12.5。待焊坡口及其两侧各 25 mm 处应当用机械方法去除表面氧化膜，施焊前用无水乙醇清洗脱脂，露出金属光泽，如清洗后 4 h 内未进行焊接，焊前应重新清洗。

钛合金焊接填充材料钛合金焊丝应保持清洁、干燥，施焊前应切除端部已被氧化的部分。焊丝表面如有氧化应进行化学清洗。

3 结论

在膨胀节焊接工艺评定制作过程中，通过采取上述措施，膨胀节的焊缝外观颜色为银白色，另外焊缝无裂纹、咬边、气孔和烧穿等焊接缺陷，直线度和焊缝增宽等尺寸均在规定范围内，符合设计要求。工艺评定后续的射线探伤及理化的拉伸和弯曲检测均合格。根据本文对 TA2 钛合金焊接质量控制的分析研究，可以得出以下结论。

（1）TA2 钛合金材料焊接应对氢、氧、氮等气体，以及碳、硫、磷等元素进行有效控制，进而提升焊缝的机械性能。

（2）TA2 钛合金材料焊接应严格控制焊接工艺参数，加强焊缝气体保护，控制层间及道间温度，避免焊缝氧化。

（3）TA2 钛合金材料焊接应在焊接工装夹具的调试上做到直线度和对中的精准性。

综上，由于影响 TA2 钛合金焊接质量的因素较多，在实际产品的焊接过程中，焊缝的尺寸更长，在控制焊接变形等方面仍需不断积累和总结控制焊接质量的经验，制定有效的钛合金焊接质量控制措施，从而提高钛合金焊接质量。本文通过对 TA2 钛合金焊接质量控制的分析研究，总结了钛合金焊接质量控制的应用经验，可为后续钛合金材料焊接质量的有效控制提供借鉴参考。

致谢

本论文在黄兴蓉老师的悉心指导和严格要求下业已完成，从课题选择、方案论证到具体设计和调试，无不凝聚着老师的心血和汗水，在工作和生活期间，也始终感受着导师的精心指导和无私的关怀，我受益匪浅。在此向黄老师表示深深的感谢和崇高的敬意。

参考文献：

[1] 张旭. 钛合金材料焊接工艺和质量控制的探讨 [J]. 化工设备与管道，2002，39（4）：59-61.

[2] 胡柱疆. 钛及钛合金焊接特点及焊接工艺 [J]. 新疆化工，2015（4）：4.

[3] 吴卫. 钛合金管道焊接质量控制 [J]. 焊接技术，2011（增刊1）：3.

[4] 陈倩清，唐永刚. TA2 钛合金焊接试验研究 [J]. 船舶工程，2007，29（2）：58-61.

Analysis and research on welding quality control of TA2 titanium alloy

HONG Yao，HUANG Jing，HUANG Xing-rong

(Nuclear Technology Support Center of State Administration of Soience,

Technology and Industry for National Defense，Beijing 100071，China)

Abstract：TA2 titanium alloy has the advantages such as high strength, high density, and corrosion resistance, because of it is a lively metal. It is very easy to be oxidized at high temperature because of the relatively actively，there are strict requirements on temperature, shielding gas and welding environment in the welding process. Otherwise, the welding defects will produce, which will bring serious welding quality problems to the products. In the manufacturing of TA2 titanium alloy material equipment，it was found that the completed automatic welding process evaluation test piece of TA2 titanium alloy had defects such as welding oxidation and burnthrough. The welding quality control of titanium alloy is deeply analyzed，and the prevention and control measures are put forward. In the welding process evaluation and the production process of simulation parts, after many tests, the welding defects are finally effectively controlled，and the welding quality of TA2 titanium alloy target products is guaranteed，At the same time, the application experience of titanium alloy welding quality control can provide reference for the effective control of welding quality of titanium alloy material.

Key words：Titanium alloy（TA2）；Automatic argon arc welding；Welding quality control

基于分析法的核级柴油发电机组抗震鉴定方法研究

黄　婧[1]，黄兴蓉[1]，张振兴[1]，万　力[2]

（1. CAEA 核技术支持中心，北京　100166；2. 清华大学，北京　100084）

摘　要： 作为核电站/核设施内部的备用电源，1E 级应急柴油发电机组可以在核电站/核设施的设计工况或应急工况下被紧急启动，为核电站/核设施的安全设备提供交流应急电源。按照法规标准的要求，1E 级的柴油发电机组应进行相应的抗震鉴定，按安全停堆地震动的要求进行设计和验证，并要求该设备能够承受安全停堆地震动和设计基准地震动两种地震工况，确保地震发生前后备用柴油发电机组的功能完整性和可运行性。由于柴油机较为复杂，相关分析评价工作存在不能完全满足标准规范评定的情况。本文以标准规范对安全级能动设备鉴定要求为依据，结合柴油发电机的结构特点和运行工况，梳理了采用分析法鉴定时应评定的具体对象，推荐采用的评定准则和变形准则，重点给出了柴油机整机和关键部件应力评定的方法，以及下一步需重点解决的问题及方向。

关键词： 应急柴油发电机组；抗震鉴定；分析法

　　核电厂应急柴油发电机组为 1E 级设备，其功能主要是在规定的环境条件和地震载荷下，核电厂事故期间和事故后按指定加载程序加载，为各类应急设备（主要是各类水泵、照明、消防和通风设备）提供相应的电力，确保核电厂反应堆安全地关闭、排除余热。

　　应急柴油发电机组是一个非常复杂的安全级设备，按照法规标准应进行相应的抗震鉴定。随着核电厂单机组功率的提高，柴油发电机组的规格和重量也大大增加，国内现有试验台架已无法满足要求。

　　近年来，很多单位分析法鉴定的相关尝试和探索，提升了安全质量，但由于柴油发电机组较为复杂，部分相关工作存在不能完全满足标准规范评定的情况，主要表现在部分确定缺少柴油机等部件的评定、部分未开展发电机的评定等。

　　本文以标准规范对安全级能动设备鉴定要求为依据，结合柴油发电机组的结构特点和运行工况，梳理了采用分析法鉴定时应评定的具体对象，推荐采用的评定准则和变形准则，重点给出了柴油发电机组应力评定和可运行性评定的方法，以及下一步需重点解决的问题及方向。

1　柴油发电机组的结构、运行载荷特点及部件类型划分

　　柴油发电机组主要由柴油机整机、发电机和支撑它们的公共底座 3 个部分组成，柴油机各部分（增压器、增压器托架、机架等）之间、柴油机和发电机之间，以及它们与底座之间都使用螺栓连接[1]，柴油发电机组示意如图 1 所示。

图 1　柴油发电机组示意

作者简介：黄婧（1992—），女，工程师，主要从事核设备审评监督研究。

根据以往分析的经验，100％负荷的柴油机振动速度会随着爆压升高而线性升高，平均每提高0.5 MPa爆压，振动速度增加0.25 mm/s，这是因为随着爆压的升高，燃烧室内冲击燃烧室壁面的压力载荷也会升高，振动能量通过柴油机结构由内部传至表面，导致整机振动增大[2]（表1）。

表1 柴油机部件类型按照《核电厂抗震设计标准》（GB 50267—2019）划分

设备名称	部件名称	部件类型	
		能动/非能动	承压/非承压 板壳/线性支承件
柴油机	曲柄连杆机构	能动	—
	气缸组件	能动	承压
	油底壳	非能动	—
	连杆-活塞组件	能动	—
	凸轮轴	能动	—
	机体	非能动	承压
	排进气管及各种辅助管道	非能动	承压
发电机	壳体	非能动	非承压
	转子轴	能动	非承压，支承连杆
公共底座	—	非能动	板壳支承杆
螺栓件	连接螺栓紧固件1	非能动	承压，线性支承
	连接螺栓紧固件2	非能动	非承压，线性支承

2 分析法评定准则的总体要求

我国发布的《核电厂抗震设计标准》（GB 50267—2019）适用于极限安全地震震动的峰值加速度不大于0.5 g的地区的压水堆核电厂中与核安全相关物项的抗震设计，其基本原则和抗震计算方法也适用于重水堆、气冷堆和快中子堆核电厂。GB 50267—2019基本上采用了美国机械工程师协会2004版 ASME Ⅲ和法国2007版 RCC-M 规范B篇、C篇和H篇的规定。表1给出了GB 50267—2019和 ASME Ⅲ针对安全2级和3级能动设备和部件载荷组合及应力限值对比，可以看到GB 50267—2019将部件分为能动部件和非能动部件，其中对于承压的非能动部件，在A、B、C、D级使用载荷下分别采用相应的使用限制，对于能动部件，除应保证其完整性之外，还必须保证其可运行性，在SL1和SL2地震动作用下均采用B级准则限制。再加上 ASME Ⅲ的 NC章、ND章用于能动设备验收的这些要求不意味着保证能动设备的可运行性，因此GB 50267—2019更适用于柴油机的相关评定。以下按照GB 50267—2019，只给出B、D级使用载荷下的应力情况（表2）。

表2 安全三级和三级泵的载荷组合和应力限值

载荷组合	应力	ASME Ⅲ	GB 50267—2019	
			能动部件	非能动部件
B级使用载荷	σ_M	1.10S	1.10S	1.10S
	$\sigma_M + \sigma_b$	1.65S	1.65S	1.65S
D级使用载荷	σ_M	2.0S	1.10S	2.0S
	$\sigma_M + \sigma_b$	2.4S	1.65S	2.4S

3 分析法鉴定的对象和评定内容

在分析计算中，机组整体结构及其中的柴油机壳、水箱和主要零部件（柴油机凸轮轴、曲轴、连杆、活塞、缸体等）在各工况下的应力及变形情况按照 GB 50267—2019 中规定的限值进行评定。通过分析，要求机组在各种荷载组合工况下，机组设备结构中的应力强度低于许用值，相应的变形不会导致机组静止部件与转动部件间产生摩擦，且相应的变形不影响运行，以保证机组在地震条件下的结构完整性及可运行性[3]。主要开展以下几个方面的工作：

（1）应急机组在自重及运行工况下的静力分析；

（2）应急机组整体及增压器的模态分析；

（3）应急机组结构及其构件的反应谱（或静态等效载荷）分析；

（4）应急机组主要部件（如增压器）和连接螺栓在地震载荷作用下的应力评定。

4 评定的方法

采用分析法来对应急机组进行抗震分析，总体采用评定方法是首先对应急机组进行模态分析，得到结构的前 10 阶固有频率及振型；其次采用静力等效法分析应急机组整机和主要零部件（如增压器等）的响应；最后校核机组主要连接螺栓和地脚螺栓的抗震性能。对于有间隙要求的能动部件，要求地震工况下的位移小于许用变形。而对于应力的评价，则要求设备在工作工况下的应力加地震工况下的应力小于材料的许用应力。

4.1 柴油发电机组的整体评定

机组整体抗震分析采用反应谱分析法，其步骤一般如下：

（1）模态分析，求得机组自振周期和振型特性并根据机组自振周期特性选择振型组合方法；

（2）输入 OBE 和 SSE 地震楼层反应谱，求出 3 个方向上的地震响应；

（3）将 3 个正交方向上的地震响应进行 SSRS 组合得到总地震响应；

（4）将 OBE 和 SSE 总地震响应与机组自重、运行载荷下的响应情况进行绝对值叠加，得到异常工况和事故工况下机组总体响应。

4.2 柴油机主要部件的评定

对柴油机主要部件的抗震分析，包括曲轴、凸轮轴、连杆-活塞组件、低温水系统、轴承供油管、燃油管道系统、启动空气系统、滑油过滤及冷却系统、高温水管系统、旁通管等。

柴油机在运行时承受的载荷较为复杂，以正常工况为例，承受的载荷主要为燃油燃烧时的爆压等，在异常工况和事故工况下还要叠加 SL1 和 SL2 地震载荷的影响，很难基于 GB 50267—2019、ASME Ⅲ、RCC-M 等核级标准规范中给定的常规方法进行相关评价。结合柴油机的行业设计经验和核级标准规范的相关规定可采取如下评定方法。

（1）对于正常工况，可按照制造商的设计标准和评价方法进行评定。制造商的评价方法应通过已经鉴定柴油机组进行了相关验证，且待鉴定柴油机组应具有成熟的使用经验、与已鉴定柴油机组具有相同或相近结构及设计条件。

（2）对于异常工况和事故工况，采用处理后的评定准则仅对地震载荷进行评定。由于柴油机主要零部件除了承受自身爆压、自重和地震载荷外，基本不承受其他载荷，且满功率运行时各种工况下承受爆压、自重载荷基本相同，若正常工况下各部件评定合格，且地震载荷增加的应力小于异常工况和事故工况与正常工况使用限制的差值，则可认为异常工况和事故工况评定通过。正常、异常和事故工况下评定载荷和准则如表 3 所示。

表 3 正常、异常和事故工况下评定载荷和准则

工况	评定载荷	应力	使用限制	
			能动部件	非能动部件
正常工况	自重、爆压	制造商专用软件或对比试验		
异常工况	SL1	σ_M	0.10S	0.10S
		$\sigma_M + \sigma_b$	0.15S	0.15S
事故工况	SL2	σ_M	0.10S	1.0S
		$\sigma_M + \sigma_b$	0.15S	0.9S

对于表 2，以能动部件为例，正常工况下，薄膜应力 σ_M 的评定限制为 $1.0S$，薄膜应力 σ_M 加弯曲应力 σ_b 的评定限制为 $1.5S$；异常工况下，薄膜应力 σ_M 的评定限制为 $1.1S$，薄膜应力 σ_M 加弯曲应力 σ_b 的评定限制为 $1.65S$；由于与正常工况相比，异常工况下的载荷仅增加了 SL1 载荷，因此只考虑地震载荷的作用下，异常工况的评定准则可以处理为薄膜应力 σ_M 的评定限制为 $1.1S - 1.0S = 0.1S$，薄膜应力 σ_M 加弯曲应力 σ_b 的评定限制为 $1.65S - 1.5S = 0.15S$。

评价设计基准地震动载荷下的应力时，采用 B 级工况许用应力与 A 级工况许用应力的差值；评价安全停堆地震动载荷下的应力时，采用 D 级工况许用应力与 A 级工况许用应力的差值。

针对变形评定，柴油发电机组整体主要采用实体单元、壳单元和梁单元，根据 ASME Ⅲ，各个部件在使用等级下的变形限值如下。

使用等级 B：$d_{all} \leqslant 0.6d_{max}$；

使用等级 D：$d_{all} \leqslant 0.9d_{max}$。

其中，d_{all} 为载荷组合作用下设备的变形值；d_{max} 为不被损坏时所能承受的最大变形和公差。机组设备规格书中规定最大间隙值为 10 mm。

4.3 发电机的评定

对于发电机部分，由于 SSE 地震载荷条件对发电机运行的影响最为严酷，因此可仅对发电机进行运行载荷叠加 SSE 地震载荷的抗震分析。在分析中，所有的应力和变形限值均采用正常工况极限值，保证能够包络所有工况下的载荷组合，包括 OBE 地震时的载荷组合。在分析中应对轴、轴承、绕组等关键部件和其余部分进行评定。通过分析，证明发电机在正常运行载荷和 SSE 地震载荷的组合情况下，其薄弱部位所受应力均小于允许值，保证地震条件下样机的结构完整性，保证转子和轴承的形变及承载能力在许可范围内，以确保发电机在 SSE 地震条件下的可运行性[4]。

4.4 公共底座的评定

对于安全二级、三级部件板壳型支承件，GB 50267—2019 根据 RCC-M 规范给出了一次应力限值，参考 ASME 给出了稳定性限制要求和 D 级准则下的剪应力限制。对于线性支承件的应力限值，GB 50267—2019 根据 ASME 给出。

4.5 螺栓的评定

应急机组的主要连接螺栓可视为设备支承件，GB 50267—2019 的做法如下：

（1）对于受内压部件的连接螺栓紧固件的应力限值根据 ASME Ⅲ 给出，并增加了 D 级使用载荷下对剪切应力的规定。

（2）对于非受内压部件的连接螺栓紧固件的应力限值按照 ASME Ⅲ 给出，并增加了 D 级使用载荷下对拉伸应力的限制。

5 结论及建议

本研究有以下结论。

针对柴油机抗震计算中不考虑柴油机组各部件的运行载荷，仅对地震载荷产生的应力和位移进行分析的方法是现行可行的通用做法，可以基本分析出柴油机整机及零部件的抗震鉴定情况。

上述分析法尚存在以下几部分问题：一是应急柴油发电机组结构复杂，针对内部零部件无法一一识别及采用合适的方法进行分析；二是目前假设前提为应急柴油发电机组在 A 类工况下是能正常运行的，以此为基础开展后续分析，这点尚需深入分析和研究；三是考虑到机组结构的复杂性，许多研发人员对机组结构进行了大量的简化，通常的做法是只保留机组外形结构，采用壳单元和梁单元对结构进行描述，这会导致结构固有频率及振型出现偏差，机组被判断为刚性，采用等效静力法进行计算，这就导致了计算结果过于保守，影响最终评估的准确性，且对于螺栓校核仅仅只是判断其是否满足 ASME 而没有考虑设计的预紧力是否满足要求。

参考文献：

[1] 张建，刘焱，王奎，等. 某核电站柴油发电机组抗震分析 [J]. 机械设计与制造，2018，2 (2)：36 – 39.

[2] 王鑫，胡亮，王明阳，等. 大缸径柴油机爆压和预喷对 NVH 性能的影响研究 [J]. 内燃机，2022，6 (3)：44 – 48.

[3] 国家能源局. 核电厂安全级柴油发电机组鉴定规程：NB/T 20170—2012 [S]. 北京：核工业标准化研究所，2013.

[4] 国家能源局. 核电厂安全级柴油发电机鉴定规程：NB/T 20082—2012 [S]. 北京：核工业标准化研究所，2012.

Study on seismic identification of
nuclear grade emergency diesel generator set analysis method

HUANG Jing[1], HUANG Xing-rong[1],
ZHANG Zhen-xing[1], WAN Li[2]

(1. Nuclear Technology Support Center of CAEA, Beijing 100166, China;
2. Tsinghua University, Beijing 100084, China)

Abstract: As a backup power source inside the nuclear power plant/nuclear facility, class 1E emergency diesel generator set can be urgently activated under the design or emergency conditions of the nuclear power plant/nuclear facility to provide AC emergency power for the safety equipment of the nuclear power plant/nuclear facility. According to the requirements of the regulations and standards, the diesel generator of Class 1E shall be subjected to the corresponding seismic evaluation, and shall be designed and verified in accordance with the requirements of the ground motion for safe shutdown, the equipment is required to be able to withstand both safe shutdown and design reference ground motions so as to ensure the functional integrity and operability of the standby diesel generator set before and after the earthquake. However, the complexity of emergency diesel generator set, existing that can not fully meet the standard specification assessment. Based on the standard specification for safety level dynamic equipment appraisal requirements, this paper combined with the structural characteristics and operating condition of diesel generator, the concrete objects that should be evaluated by analytical method are given, recommend the assessment criteria and deformation criteria, gives the stress assessment method of emergency diesel generator set complete machine and key components as well as the next step to focus on solving the problem and direction.

Key words: Corresponding seismic identification; Emergency diesel generator set; Analytical method

基于 VMD－SVD 的滑动轴承-转子系统故障诊断方法研究

冉文豪，夏　虹，赵纯洁，尹文哲，黄学颖

（哈尔滨工程大学核安全与先进核能技术工信部重点实验室，黑龙江　哈尔滨　150001）

摘　要： 核主泵作为主冷却剂系统压力边界的一部分，长期在高温、高压、高辐射的恶劣环境中高速旋转，可能会出现振动过高等故障。作为核主泵的核心部件，滑动轴承-转子系统的状态检测与故障诊断是提升核电厂安全性和工作效率的关键。通常，有效的信号处理算法能够显著提高状态检测和故障诊断方法的性能。传统的 EMD 方法在处理滑动轴承-转子系统振动信号时迭代次数过多，分解速度过慢，且 EMD 方法受模态混叠和虚假分量现象影响较大。针对这一问题，本文提出一种基于 VMD－SVD 的故障诊断方法对滑动轴承-转子系统的正常、不平衡、碰摩、不对中状态进行状态识别。实验结果表明，VMD－SVD 方法分解速度较快且状态识别能够达到较高的准确率。针对单一传感器可能导致故障的漏判和误判这一问题，本文提出了一种基于多传感器信息融合的故障诊断策略。实验结果表明，相比单一传感器，基于多传感器信息融合的故障诊断方法能取得更优的诊断结果，并且本文提出的故障诊断方法在不同转速下的转子系统故障诊断过程中均具有良好的适用性。

关键词： 主泵；滑动轴承-转子系统；变分模态分解；奇异值分解 ；多源信息融合

由于核主泵长期以高转速运行在高温、高压、高辐射的恶劣环境中，所以可能会出现振动过高等故障。作为核主泵的核心部件，滑动轴承-转子系统的正常运行是核主泵安全高效运行的基础[1]。因此，针对滑动轴承-转子系统开发一套有效的故障诊断方法可以大幅提高设备的生产效率和降低由于故障而导致灾难性后果的概率[2]，对于提高核主泵安全性和经济性具有重要的意义。

近年来，滑动轴承-转子系统的故障诊断与健康管理等问题引起了研究者的广泛关注。丁强等[3]通过滑动轴承双转子试验台对转子系统碰摩故障进行研究，分析了不同材料与不同进口油压对转子系统振幅的影响。Wang 等[4]基于 Hertz 接触理论和弹性碰撞理论，建立了一种新的摩擦碰撞模型来研究旋转机械的摩擦碰撞机理。同时，利用试验台采集到的加速度信号进行综合频谱分析和倒谱分析，提取碰摩特征。Prabith 等[5]对转子与定子摩擦现象进行了全面的综述，并对摩擦现象数值模拟的发展做了详细介绍。李成功等[6]对椭圆轴承不对中转子系统的动力学特性进行分析，对比发现实验验证的不对中早期故障特性与仿真结论相符，可为早期故障诊断和系统优化提供基础的理论依据。

目前，对于滑动轴承-转子系统的研究多为对系统的动力学特性进行分析，对于利用智能方法对振动信号进行处理分析的研究相对较少。通常，有效的信号处理算法能够显著提高状态检测和故障诊断方法的性能。传统的 EMD 方法在处理滑动轴承-转子系统振动信号时迭代次数过多，分解速度过慢，且 EMD 方法受模态混叠和虚假分量现象影响较大。针对 EMD 分解方法在处理滑动轴承-转子系统振动信号时性能低下这一问题，本文提出了一种基于 VMD－SVD 的故障诊断方法。该方法将转子振动信号进行 VMD 分解得到若干模态分量，利用皮尔逊相关系数法剔除虚假分量，将剩余模态分量组成特征向量矩阵进行 SVD 分解得到若干奇异值。滑动轴承-转子系统在不同工况下不同频带上的奇异值有较大差异，奇异值会随着不同故障的转子振动信号发生改变[7]。因此将特征向量矩阵分解所得的奇异值组成特征向量导入支持向量机（SVM）中进行模型训练与故障分类。

由于故障的发生位置和程度具有多样性，使用单一传感器获取的数据可能会导致关键信息缺失，因此本文提出了一种基于多传感器信息融合的 VMD－SVD 故障诊断方法，实验研究表明，基于多传

作者简介： 冉文豪（1998—），男，河南周口人，硕士研究生，主要从事核动力装置故障诊断研究。

感器信息融合的故障诊断方法能够取得更优的诊断结果，且经过实验验证，该方法对于不同转速下转子的振动信号均具有良好的适用性。

1　改进变分模态分解原理

变分模态分解可以根据设置的模态分量个数将信号分解为 K 个模态分量，VMD 分解的 K 个模态分量 $\mu_k(t)$（$k=1$，2，…，K）和中心频率 ω_k 可以通过求解以下约束变分问题获得：

$$\begin{cases} \min_{\{\mu_k\},\ \{\omega_k\}} & \left\{ \sum_{k=1}^{K} \parallel \partial_t \left[\left(\delta(t) + \dfrac{j}{\pi t} \right) * \mu_k \leqslant (t) \right] \mathrm{e}^{-j\omega_k t} \parallel_2^2 \right\} \\ \mathrm{s.\,t.} & \sum_{k=1}^{K} \mu_k(t) = f(t) \end{cases} 。 \tag{1}$$

式中，$\partial(\cdot)$ 表示对时间 t 进行求偏导运算；$\delta(t)$ 为狄拉克 δ 函数；$*$ 为卷积运算符；$\parallel \cdot \parallel_2^2$ 为 L$_2$ 范数的平方；$f(t)$ 为原始信号。求解最终获得 K 个具有独立中心频率和有限带宽的模态分量：

$$\sum_{k=1}^{K} \frac{\parallel \hat{\mu}_k^{n+1} - \hat{\mu}_k^n \parallel_2^2}{\parallel \hat{\mu}_k^n \parallel_2^2} < \varepsilon 。 \tag{2}$$

式中，ε 为收敛误差。

改进变分模态分解方法的主要步骤如下。

（1）对原始信号 $f(t)$ 进行 VMD 分解得到 K 个模态分量 μ_k。

（2）计算每个模态分量 μ_k 与原始信号 $f(t)$ 之间的皮尔逊相关系数 $p(\mu_k, f)$。

（3）根据皮尔逊相关系数相关性程度度量标准，如果 $|p(\mu_k, f)|$ 的最小值大于 0.2，则表示信号处于欠分解状态，此时需要增加 K 的数值，然后重复步骤（1）。当首次出现 $|p(\mu_k, f)|$ 小于 0.2 的情况，则表示此时信号中的信息已经被充分分解出来，与最小 $|p(\mu_k, f)|$ 相对应的模态分量被视为无效分量，其余分量被当作改进 VMD 分解方法分解出来的正常模态分量，具有原始信号的特征信息。

2　实验内容

2.1　故障模拟实验台介绍

本实验采用旋转机械故障模拟实验台来对滑动轴承-转子系统的正常状态、质量不平衡状态、转子碰摩状态、转子角度不对中状态进行模拟，如图 1 所示。

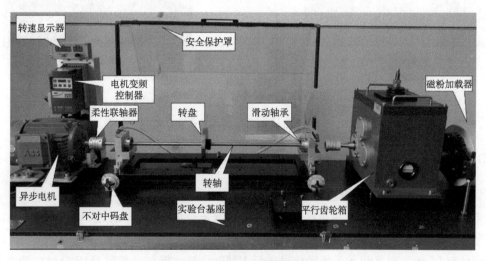

图 1　旋转机械故障模拟实验台

2.2 故障模拟与信号采集

本实验通过在转盘上安装螺丝钉来模拟转子质量不平衡故障;通过使用铝质探头与转子紧密临近来模拟转子系统局部碰摩故障;通过调节故障模拟实验台右侧不对中码盘模拟不对中故障;故障模拟实验如图 2 所示。

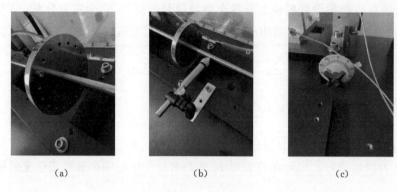

(a)　　　　　　　　　　(b)　　　　　　　　　　(c)

图 2　故障模拟实验

(a) 不平衡故障;(b) 碰摩故障;(c) 不对中故障

本实验采用 CMSONE - TES001V - 004V 型工业振动加速度传感器,单传感器布置状态如图 3a 所示。

传感器与转子之间的距离对于采集的信号有着关键性的影响。传感器与转子距离过大,可能会导致探测器接收不到转子的振动信号,从而导致信号信息缺失。而传感器与转子距离过小,可能导致转子在旋转过程中与传感器探头发生局部碰摩,导致传感器损坏。因此在实验过程中,为了避免由于单个传感器造成部分信号信息缺失,在水平方向和垂直方向各布置一个传感器进行信号采集,从而有效降低信息缺失的概率。双传感器布置状态如图 3b 所示。

(a)　　　　　　　　　　　　　　　　　　　　(b)

图 3　振动加速度传感器布置状态

(a) 单传感器;(b) 双传感器

3　VMD - SVD - SVM 故障诊断方法研究与验证

3.1　基于 VMD - SVD 的特征提取方法

本文采用旋转机械故障模拟实验台采集的振动信号对算法进行验证,实验转速为 2000 r/min,采样频率设置为 1280 Hz,采样时间为 25.6 s。分别截取正常状态、不平衡状态、转子碰摩状态、不对中状态的振动信号各 25 组,对各组转子振动信号进行 VMD 分解,得到一系列 IMF 分量,计算各 IMF 分量与原始信号的皮尔逊相关系数。以不平衡状态下转子振动信号为例,各 IMF 分量与原信号相关系数如表 1 所示，不平衡状态下转子振动信号 VMD 分解结果如图 4 所示。

表 1　各 IMF 分量与原信号相关系数

IMF 阶数	IMF$_1$	IMF$_2$	IMF$_3$	IMF$_4$
相关系数	0.440 665	0.958 272	0.208 115	0.124 264

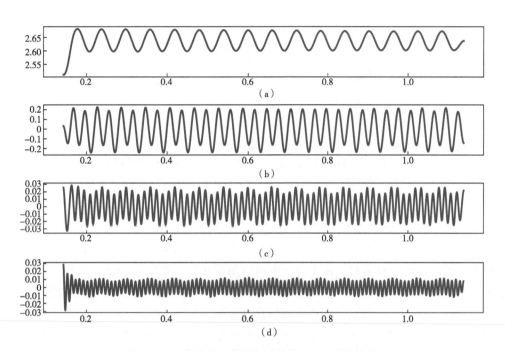

图 4　不平衡状态下转子振动信号 VMD 分解结果

(a) IMF$_1$ 结果；(b) IMF$_2$ 结果；(c) IMF$_3$ 结果；(d) IMF$_4$ 结果

　　基于改进 VMD 信号分解方法原理，根据表 1 数据可知，模态分量 IMF$_4$ 与原信号之间的相关系数首次小于 0.2，因此将 IMF$_4$ 判定为故障特征不明显的无效分量。IMF$_1$、IMF$_2$、IMF$_3$ 与原信号的相关系数皆大于 0.2，因此可认为 IMF$_1$、IMF$_2$、IMF$_3$ 包含了故障特征的主要信息。

　　将 VMD 信号分解方法分解出的前 3 阶模态分量组成特征向量矩阵，对其进行奇异值分解，可以得到一系列奇异值。不同状态下转子振动信号提取出的奇异值具有较为明显的差异，因此可将不同状态下的奇异值组成特征向量导入支持向量机（SVM）中训练并进行分类。

3.2　基于 VMD - SVD 的故障诊断方法

　　实验测得正常状态、不平衡状态、碰摩状态、不对中状态的振动信号样本各 25 组，共 100 组。按照 3.1 节 VMD - SVD 特征提取方法提取奇异值之后，组成特征向量，导入 SVM 训练与分类，其中 60 组作为训练样本，40 组作为测试样本。故障分类正确率为 95%。总体分类效果较为理想。VMD - SVD 特征提取方法下故障分类混淆矩阵如图 5a 所示。其中，在主对角线上的数据表示被成功识别的样本数。出现错误的原因可能是由于采样时间限制导致样本较少，或者是因为故障状态转子振幅过大，导致传感器信息部分缺失。

　　利用时域特征提取方法与 EMD - SVD 特征提取方法提取转子振动信号奇异值，导入 SVM 进行分类。实验结果表明，基于时域特征提取的故障诊断方法的正确率能够达到 65%，基于 EMD - SVD 特征提取的故障诊断方法的正确率能够达到 87.5%，其故障分类混淆矩阵如图 5b、图 5c 所示。由此可见，滑动轴承-转子系统故障特征大多隐藏在频域中，仅采取时域特征提取方法进行故障诊断时诊断效率低下。EMD方法虽然对转子系统振动信号进行分析，但是由于算法本身的限制，导致基于EMD算法特征提取的故障诊断方法难以取得较为理想的正确率。对比分析可知，基于VMD - SVD特征提取的故障诊断方法对滑动轴承-转子系统振动信号的故障分类具有良好的适用性。

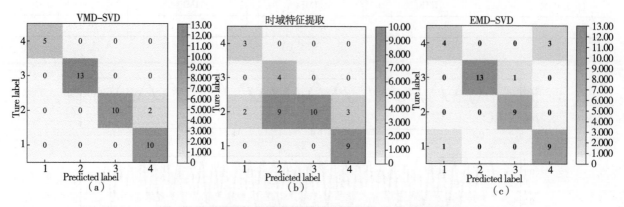

图5　不同特征提取方法下转子振动信号故障分类混淆矩阵

(a) VMD - SVD特征提取方法；(b) 时域特征提取方法；(c) EMD - SVD特征提取方法

3.3　基于多传感器信息融合的VMD - SVD - SVM故障诊断方法

由于故障发生的位置和程度具有多样性，单一传感器获取的信息往往无法准确表征转子系统的工作状态，如传感器距离转子较远时，由于转子振动的随机性与不确定性，由故障导致的特征信息可能会部分缺失，并且由于滑动轴承-转子系统的自重，导致转子在水平方向和垂直方向的振动存在差异。针对这一问题，本文提出了一种基于多传感器信息融合的VMD - SVD - SVM故障诊断方法，即在转子的水平和垂直方向安装两个传感器，测量转子系统的振动信号。对水平方向和垂直方向上转子的振幅进行加权平均，然后按照3.2节故障诊断方法进行故障分类，故障分类混淆矩阵如图6a所示，故障分类正确率为100%。故障分类准确性得到很大提升，体现了多传感器信息融合技术在处理滑动轴承-转子系统振动信号时的合理性。

滑动轴承-转子系统在启动与运行过程中必然伴随着转速的改变，为了检测基于VMD - SVD特征提取与信息融合的故障诊断模型对于不同转速下转子系统的适用性。本文在1000 r/min、1900 r/min、2000 r/min、2100 r/min、3000 r/min 5个转速下，分别测取正常状态、不平衡状态、碰摩状态、不对中状态各25组样本，共500组样本，将300组样本作为训练集导入SVM进行训练，将200组样本作为测试集对模型进行检验。故障分类混淆矩阵如图6b所示，故障分类正确率为97.5%，总体正确率较为理想。由此表明该故障诊断模型对不同转速下的滑动轴承-转子系统均具有良好的适用性。

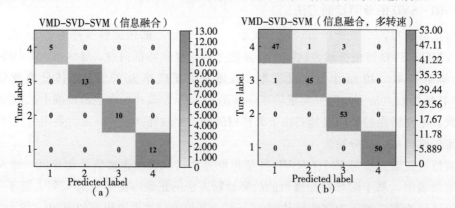

图6　基于VMD - SVD特征提取方法下转子振动信号故障分类混淆矩阵

(a) VMD - SVD - SVM（信息融合）；(b) VMD - SVD - SVM（信息融合，多转速）

4 总结

针对传统时域特征提取方法与 EMD 方法在处理滑动轴承-转子系统振动信号时性能低下等问题，本文提出了一种基于 VMD－SVD 特征提取方法的滑动轴承-转子系统故障诊断方法。通过旋转机械故障模拟实验台测得的不同状态下的转子振动信号，对不同故障诊断方法进行检验，故障分类正确率如表 2 所示。对比分析可知，基于 VMD－SVD 特征提取方法的故障诊断方法对滑动轴承-转子系统振动信号的故障分类具有良好的适用性。

表 2 不同故障诊断方法正确率

故障诊断方法	正确率
时域特征＋SVM	65.0％
EMD＋SVD＋SVM	87.5％
VMD＋SVD＋SVM	95.0％
VMD＋SVD＋SVM（信息融合）	100.0％
VMD＋SVD＋SVM（信息融合，多转速）	97.5％

针对单传感器可能造成部分故障特征信息丢失这一问题，本文提出了一种基于信息融合技术的 VMD－SVD 转子系统故障诊断方法。将不同传感器获取的转子振动信号进行加权平均，然后进行 VMD－SVD 故障诊断，实验结果表明，故障诊断正确率高达 100％。由此可以体现信息融合理念处理转子振动信号的合理性。

为了检测基于 VMD－SVD 特征提取与信息融合故障诊断模型对于不同转速下转子系统的适用性。本文选取 1000 r/min、1900 r/min、2000 r/min、2100 r/min、3000 r/min 5 个转速下的转子振动信号对模型进行检验，实验结果表明，诊断正确率为 97.5％。实验结果较为理想，体现本文所提出的故障诊断方法对于不同转速下转子振动信号具有良好的适用性。

参考文献：

[1] 丁孔星．船用滑动轴承-转子试验平台设计及摇摆试验研究 [D]．舟山：浙江海洋大学，2022.

[2] 韩东江，陈策，杨金福．气体轴承-转子系统的动力学特性 [J]．轴承，2022（10）：111－116.

[3] 丁强，冯治国，杨桃，等．滑动轴承进口油压对双转子系统碰摩影响的试验 [J]．机械设计与研究，2023，39（1）：96－101.

[4] WANG N, JIANG D, HAN T. Dynamic characteristics aracteristics of rotor system and rub－impact fault feature research based on casing acceleration [J]．Journal of vibro engineering，2016，18（3）：1525－1539.

[5] PRABITH K, KRISHNA I. The numerical modeling of rotor－stator rubbing in rotating machinery：a comprehensive review [J]．Nonlinear dynamics，2020，101（2）：1317－1363.

[6] 李成功，赵道利，江玉森，等．椭圆轴承-不对中转子系统的动力学特性分析 [J]．机械设计与研究，2023，39（1）：36－41，47.

[7] 刘复秋宣．希尔伯特-黄变换方法在转子系统故障诊断中的应用与研究 [D]．长春：长春工业大学，2019.

Research on fault diagnosis method of sliding bearing - rotor system based on VMD - SVD

RAN Wen-hao, XIA Hong, ZHAO Chun-jie,
YIN Wen-zhe, HUANG Xue-ying

(Key Laboratory of Nuclear Safety and Advanced Nuclear Energy Technology,
Ministry of Industry and Information Technology, Harbin Engineering University, Harbin, Heilongjiang 150001, China)

Abstract: As a part of the pressure boundary of the main coolant system, the nuclear main pump rotates at high speed in the harsh environment of high temperature, high pressure and high radiation for a long time, and may have faults such as excessive vibration. As the core component of nuclear main pump, the state detection and fault diagnosis of sliding bearing - rotor system is the key to improve the safety and efficiency of nuclear power plant. Generally, effective signal processing algorithms can significantly improve the performance of state detection and fault diagnosis methods. The traditional EMD method has too many iterations and slow decomposition speed when dealing with the vibration signal of sliding bearing—rotor system, and the EMD method is greatly affected by modal aliasing and false component phenomenon. Aiming at this problem, this paper proposes a fault diagnosis method based on VMD—SVD to identify the normal, unbalanced, rubbing and misalignment states of the sliding bearing—rotor system. The experimental results show that the VMD method has faster decomposition speed and higher accuracy of state recognition. Aiming at the problem that a single sensor may lead to missed and misjudged faults, this paper proposes a fault diagnosis strategy based on multi - sensor information fusion. The experimental results show that the fault diagnosis method based on multi - sensor information fusion can achieve better diagnosis results than single sensor. Moreover, the fault diagnosis method proposed in this paper has high applicability in the fault diagnosis process of rotor system at different speeds.

Key words: Main pump; Sliding bearing - rotor system; Variational mode decomposition; Singular value decomposition; Multi - source information fusion

基于 NSGA 算法的槽道型钠热管优化设计

张建松[1,2]，梅华平[2,*]，李桃生[1,2]

(1. 中国科学技术大学，安徽　合肥　230027；2. 中国科学院合肥物质科学研究院，安徽　合肥　2300031)

摘　要：碱金属钠热管由于具有工作温度高、传热性能好的特点，在高超声速飞行器、微型核反应堆及太阳能利用等领域应用前景广阔。本文针对某热管冷却空间核反应堆需要，设计了一种梯形槽道钠热管，并基于 NSGA - Ⅲ的遗传学算法，研究了不同工作温度、蒸汽腔直径和槽道数对钠热管传热极限的影响，提出了在热管冷却空间核反应堆服役条件下钠热管传热能力的最优解方案。设计的梯形槽道钠热管符合马赫数要求和有效毛细半径要求。

关键词：钠热管；传热极限；遗传学算法；NSGA - Ⅲ

热管是利用工质运动及相变传热的装置，其内部填充的工质可以随温度变化产生相变，在蒸发段汽化吸收热量，在冷凝端液化放出热量，冷凝后产生的液体利用吸液芯的毛细压头返回蒸发段再次吸收热量汽化，如此循环往复实现热量的传递。热管的性能主要取决于内部工质的物性参数及吸液芯的种类。

槽道型吸液芯热管是利用轴向槽道界面张力使液相工质回流的热管。这种热管以管内轴向开出的微槽道来提供毛细压头，与金属烧结吸液芯相比，槽道型吸液芯具有更大的空隙率，从而可增加液体的渗透率，同时减小了蒸汽和冷凝液的流动阻力。其中梯形槽道热管沟槽的边缘和棱角可以充当毛细芯，促进工作流体的流动。在热管领域具有广阔的前景。

Suh 等[1]以氨为工质，对梯形槽道热管进行了建模分析，发现工作温度在 200～350 K，热管的最大传热量先升高后降低，在 230 K 时传热量达到峰值。Anand[2]建立了轴向梯形槽道式铝-甲烷热管传热能力的分析模型，在工作温度低于标称工作温度和高于标称工作温度的情况下，分别研究了工质欠充和过充对热管性能的影响，发现随工作温度的升高，热管的传热极限先升高后降低，在标称温度时传热能力最大，工质欠充会导致传热能力下降，过充会导致传热能力上升。朱旺法等[3]以氨为工质，研究了工作温度对梯形槽道热管的影响，对于所设计的热管，最大传热能力随温度升高先升高后降低，高温条件下，热管的传热性能恶化。颜吟雪等[4]设计并验证了以氨为工质的梯形槽道热管，发现沟槽比为 0.4 的梯形槽道热管在极限负载下轴向温度均匀性较好，满足实用要求。Gomaa 等[5]分别以蒸馏水、甲醇和乙醇为工质，对不同沟槽比的梯形槽道热管进行实验研究，发现沟槽比为 0.4 时，热管的传热能力最强。

综上，国内外对于梯形槽道热管的研究主要集中于低温热管，对槽道型高温热管研究较少，主要研究内容为工作温度和沟槽比，对于蒸汽腔直径和槽道数研究较少，针对以上问题，本文开展了梯形槽道高温钠热管的相关研究，初步探讨了利用优化算法来实现高温热管结构参数最优化设计，为高载热热管设计提供思路。

作者简介：张建松（1994—），男，硕士生，初级助理工程师，现主要从事反应堆高温热管、反应堆机械工程等方面的研究。

基金项目：合肥市自然科学基金项目（No. 2022032）；安徽省重点研究与开发计划项目（No. 2022107020018）；中国科学院合肥研究院院长基金（YZJJ202305 - TS）。

1 钠热管初始模型和参数

1.1 钠热管模型

本设计中主要涉及的钠热管壳体结构参数包括：壳体材料，壳体内、外径，蒸发段长度，绝热段长度，冷凝段长度等；设计采用梯形槽吸液芯，根据颜吟雪等[4]、Gomaa 等[5] 对不同梯形槽道热管传热效率比较的试验结果，梯形槽沟槽比（即 d_u/d_l）设为 0.4，具体参数如表 1、图 1 所示。

表 1 热管基本参数

壳体材料	壳体外径 d_o/mm	壳体内径 d_i/mm	蒸发段长度 l_e/mm	绝热段长度 l_a/mm	冷凝段长度 l_c/mm	沟槽比
因科镍–600	25	20	300	300	400	0.4

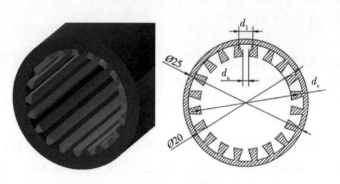

图 1 热管截面示意

1.2 工质物性参数

高温热管内填充的工质为金属钠，相关物性参数如表 2 所示。

表 2 钠的物性参数

物性参数	描述
气体常数 R_v	361.6355
饱和蒸汽压 p /Pa	$p = 2.09 \times 10^{11} \times T_w^{-0.5} \times 10^{-5576/T_w}$
液体动力黏度 μ_l /（Pa·s）	$\mu_l = 6.083 \times 10^{-9} \times T_w + 1.2606 \times 10^{-5}$
液体密度 ρ_l /（kg/m³）	$\rho_l = 950.05 - 0.2298 \times T_w$
表面张力 δ /（N/m）	$\delta = 0.232 - 10^{-4} \times T_w$
汽化潜热 h /（J/kg）	$h = 4.636\,44 \times 10^6 - 180.817 \times T_w$
气体密度 ρ_v /（kg/m³）	$\rho_v = (p \times M)/(R_u \times T_w)$
气体动力黏度 μ_v /（Pa·s）	$\mu_v = 6.083 \times 10^{-9} \times T_w + 1.2606 \times 10^{-5}$
工质导热系数 λ_l /［W/（m·K）］	$\lambda_l = 92.95 - 0.0581 \times T_w + 1.172\,74 \times 10^{-5} \times T_w^2$

2 梯形槽道钠热管传热极限的影响因素

影响热管传热极限服役和结构参数较多，本文主要研究了工作温度、蒸汽腔直径及槽道数对各类传热极限的影响。各类传热极限计算公式采用文献［6–8］中公认的关系式。

2.1 工作温度

由钠工质的物性参数及高温热管传热极限的计算模型可知，工作温度对热管传热极限的影响较为复杂，高温钠热管各传热极限与工作温度的关系如图 2 所示。

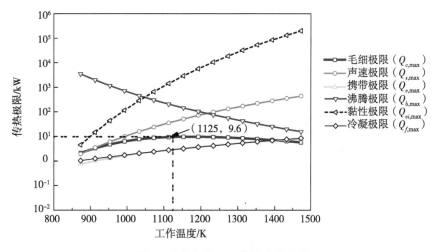

图 2 传热极限与工作温度的关系

由图 2 可以看出，对于高温钠热管，毛细极限随工作温度的上升先增大后减小，这是由于钠工质的表面张力与工作温度负相关，当工作温度过高，会由于表面张力不足使得毛细压头不足，进而导致毛细极限下降。本设计中钠热管在工作温度 1000～1270 K 时毛细极限出现峰值，在工作温度低于 1400 K 时，携带极限和冷凝极限均可能为所设计热管的传热极限。

2.2 蒸汽腔直径

蒸汽在高温钠热管蒸汽腔中流动时，蒸汽腔直径过小会使得蒸汽流速过大而导致蒸气压缩，使蒸汽具有较大的轴向温度梯度，蒸汽腔直径过大又会使得吸液芯性能下降，导致传热极限降低。蒸汽腔直径对传热极限的影响如图 3 所示。

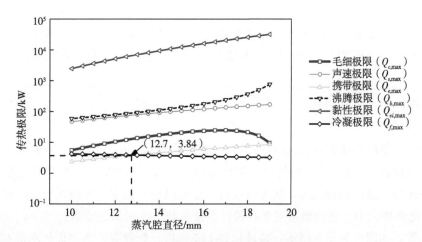

图 3 传热极限与蒸汽腔直径的关系

由图 3 可以看出，对于高温钠热管，随蒸汽腔直径的增加，冷凝极限逐渐降低，原因为当蒸汽腔直径增大时，吸液芯渗透率降低，使得冷凝极限下降；毛细极限随蒸汽腔直径的增大先增大后减小，原因为蒸汽腔直径增大，使得腔内蒸汽阻力降低，但同时也使得吸液芯毛细压头下降，当蒸汽腔直径过大时，使得吸液芯提供的毛细压头严重不足，进而导致毛细极限快速下降。当蒸汽腔直径约为 12.7 mm 时，传热极限达到最大。

2.3 槽道数

槽道数会通过影响吸液芯毛细压头影响传热极限，当槽道数约为 17 个时，传热极限达到最大（图 4）。

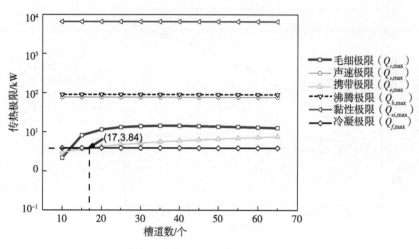

图 4　传热极限与槽道数的关系

由图 4 可以看出，对于高温钠热管，随槽道数增加，声速极限、沸腾极限、黏性极限和冷凝极限基本不变，而携带极限逐渐上升，毛细极限先快速上升后缓慢下降，原因为：槽道数增加使得吸液芯表面孔的水力半径减小，进而导致携带极限增加；槽道数增加也使得吸液芯毛细半径降低，导致毛细压头增大，所以毛细极限先快速上升，随着槽道数继续增加，槽道的流体阻力明显增大，使得毛细极限有降低的趋势。

3　高温钠热管优化设计

3.1　NSGA-Ⅲ算法介绍

NSGA-Ⅲ主要针对优化目标超过两个的情况，该算法利用良好分布的参考点来保持种群的多样性。在选择过程中，算法运用分布参考点与预先制定的参考线的垂直距离对个体进行选择，以实现在高维目标下维持种群的多样性[9]。NSGA-Ⅲ算法在实现高维多目标优化方面的收敛性和多样性都比较好。

3.2　优化问题设计

3.2.1　算法影响因素

（1）种群数量：空间评价方法（Spacing Metric）[10] 表示 Pareto 最优解的所有成员接近等距分布的程度，该数值越接近 0，表示非支配解的均匀性越好。超体积（HV）[10] 是评估近似解集的收敛性和多样性的综合指标，超体积值越大，认为该解集广泛性越好。如图 5 和图 6 所示，根据热管模型优化的 Spacing 进化轨迹和 HV 进化轨迹可知，种群数量取值 100 可满足要求。

（2）进化代数：如图 5 和图 6 所示，在进化约 150 代后开始收敛，本次优化取值 500。

（3）交叉概率：一般取值在 0.6~0.9[11]。如果取值过大会导致新个体出现得太快，一些希望保留下来的优秀个体过早被淘汰；如果取值过小，会使得优秀个体出现少，收敛比较慢。因此本次交叉概率取值 0.7。

（4）变异概率：一般取值在 0.001~0.1[11]。如果取值过大，会使得新个体数增大，优秀个体出现的稳定性被破坏，好的个体尚未保留就被破坏，导致优化结果和收敛性都比较差。因此本次变异概率取值 0.01。

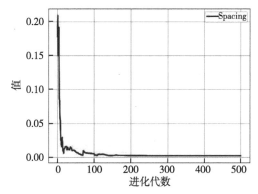

图 5 热管模型优化的 Spacing 进化轨迹

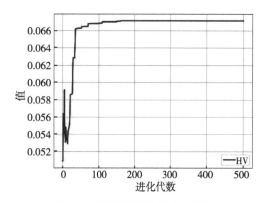

图 6 热管模型优化的 HV 进化轨迹

3.2.2 决策变量

本文旨在设计钠热管最佳槽道数和蒸汽腔直径，并寻找使热管达到最大传热极限的工作温度，所以，决策变量包括：工作温度 T_w、蒸汽腔直径 d_v 和槽道数 n。根据第 2 节研究结果，为保证热管可提供足够大的毛细压头，并受热管材料工作温度限制，设计程序中：$T_w \in [1000, 1270]$ K，$d_v \in [10, 15]$ mm，$n \in [15, 20]$ 个。

3.2.3 目标函数

根据第 2 节研究结果，毛细极限 $Q_{c,\max}$、携带极限 $Q_{e,\max}$ 和冷凝极限 $Q_{f,\max}$ 影响钠热管的整体传热性能，因此目标函数为这 3 种传热极限，如式（1）所示：

$$OBJV = \max(Q_{c,\max}(T_w, d_v, n), Q_{e,\max}(T_w, d_v, n), Q_{f,\max}(T_w, d_v, n))。 \tag{1}$$

3.2.4 罚函数

要求所设计热管的传热极限值不低于 4 kW，所以罚函数如式（2）所示：

$$CV：\begin{cases} \dfrac{\dfrac{2\delta}{r_c} - \rho_l g(d_v\cos\varphi \pm L\sin\varphi)}{(F_l + F_v) \times l_{eff}} - 4 > 0 \\[4mm] A_v h\left(\dfrac{\rho v \delta}{2r_{hs}}\right)^{\frac{1}{2}} - 4 > 0 \\[4mm] \pi d_o l_c \varepsilon\sigma(T_w^4 - T_\infty^4) - 4 > 0 \end{cases} 。 \tag{2}$$

3.2.5 优化过程及结果

高温钠热管具体优化流程如下。

（1）初始化：在求解空间内随机生成一组由槽道数 n 和工作温度 T_w 组成的父代种群 F，种群规模为设定值 N，根据设定参数值对父代进行交叉和变异等生物遗传操作，产生相同数量的子代 S，并将父代与子代合并为新的种群。

（2）非支配排序：采用快速非支配机制对新种群进行排序，即以上文中的 3 个目标函数的最优值为参考，将新的种群分为等级不同的非支配层 F_1、F_2、$F_3 \cdots$，将等级较高的层级保留至下一代，当 $|F_1 \cup F_2 \cup \cdots \cup F_{l-1}| < N \leqslant |F_1 \cup F_2 \cup \cdots \cup F_{l-1} \cup F_l|$ 时，将 F_l 定义为临界层，使用临界层选择法选择个体进入下一代，直到下一代种群 Y 的数量为 N。

（3）选择操作：通过罚函数选择适应度较高的染色体。

（4）迭代进化：通过精英策略选择适应度高的解构成新的解集，以形成同样规模的新的父代，重复步骤（1）直至进化代数达到设定值。

具体优化步骤如图 7 所示。由于目标值之间相互冲突[12]，优化结果生成的 Pareto 图呈三维曲线分布，如图 8 所示。

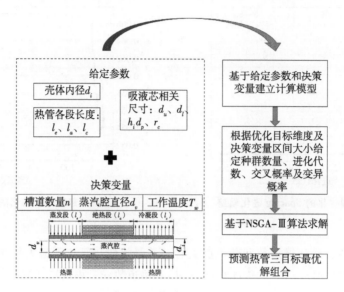

图 7 槽道型高温钠热管优化步骤

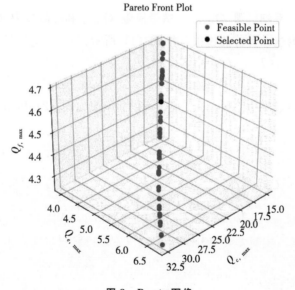

图 8 Pareto 图像

根据优化结果，当工作温度为 1256 K，蒸汽腔直径为 12.8 mm，槽道数为 20 个时，冷凝极限是所设计热管的传热极限。此时，各传热极限值如表 3 所示。

表 3 各传热极限值

传热极限	毛细极限	声速极限	携带极限	沸腾极限	黏性极限	冷凝极限
数值/kW	19.62	107.21	4.66	58.33	12 601.76	4.56

4 校核

4.1 蒸汽腔直径校核

蒸汽在钠热管蒸汽腔中流动时，过大的流速会引起蒸汽压缩效应，从而产生较大的轴向温度梯度。为了防止这种情况发生，应该控制蒸汽腔直径使得蒸汽马赫数（Ma）不超过 0.2[13]。本节对设计的蒸汽腔直径进行校核。

当钠热管传热极限为 4.56 kW，工作温度为 1256 K 时，Ma 与蒸汽腔直径的关系如图 9 所示，随着蒸汽腔直径增大，Ma 不断降低；当蒸汽腔直径较小时，Ma 下降速度较快，随着直径增加，Ma 下降速度逐渐降低并趋于平稳。要保证 Ma 小于 0.2，蒸汽腔直径应不小于 3.7 mm，该数值远小于本方案设计值，因此可不考虑蒸汽压缩效应。

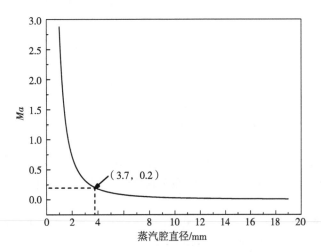

图 9　热管 **Ma** 与蒸汽腔直径的变化关系

4.2 有效毛细半径校核

根据文献［6］，热管中的静压力 P_g 为

$$P_g = \rho_l g(d_v \cos\varphi + L\sin\varphi)。 \tag{3}$$

式中，L 为热管长度；g 为重力加速度，取 9.8 N/kg；φ 为热管与水平面的夹角，本次设计中取值为 0°。

设计计算中，一般将最大毛细压头 $P_{cap,\,max}$ 按静压力两倍取值，即

$$P_{cap,\,max} = 2 \times P_g。 \tag{4}$$

吸液芯的最大有效毛细半径 $[r_c]$ 为：

$$[r_c] = \frac{2\delta}{P_{cap,\,max}}。 \tag{5}$$

在工作温度 $T_w = 1256$ K 时，$[r_c] = 1.28$ mm，同时根据已知结构参数算得 $r_c = 0.75$ mm，满足 $r_c \leqslant [r_c]$，即毛细管可提供足够的毛细压头。

5 结论

研究了梯形槽道高温钠热管的 6 类传热极限与工作温度、蒸汽腔直径、槽道数的关系，得到以下结论：

（1）高温钠热管声速极限、黏性极限和沸腾极限数值较高，在工作温度范围内，一般不易达到；

（2）受液态工质表面张力的影响，毛细极限随温度升高先升高后降低；

（3）携带极限和冷凝极限数值较低且较接近，当工作温度在一定范围内波动时，二者均可能成为高温钠热管的传热极限。

基于 NSGA-Ⅲ算法，以碱金属钠热管工作温度、蒸汽腔直径和槽道数为决策变量，以毛细极限、携带极限和冷凝极限为目标函数进行求解，得到以下结论：

（1）当工作温度为 1256 K，蒸汽腔直径为 12.8 mm，槽道数为 20 个时，冷凝极限为 4.56 kW，是本文所设计热管的传热极限；

（2）经校核，优化方案的蒸汽腔直径远大于引起蒸汽压缩效应的蒸汽腔直径，同时吸液芯也可提供足够的毛细压头。

致谢

感谢刘健师兄对我高温热管方面知识的指导，感谢孙国民老师和缪新宇同学对程序编写方面的答疑！

参考文献：

[1] SUH J, PARK Y. Analysis of thermal performance in a micro flat heat pipe with axially trapezoidal groove [J]. Tamkang journal of science and engineering, 2003, 6 (4)：201-206.

[2] ANAND A. R. Investigations on effect of evaporator length on heat transport of axially grooved ammonia heat pipe [J]. Applied thermal engineering, 2019, 150：1233-1242.

[3] 朱旺法，陈永平，张程宾，等. 燕尾形轴向微槽热管的流动和传热特性 [J]. 宇航学报，2009, 30 (6)：2380-2386.

[4] 颜吟雪，李春林，赵振明，等. 一种微型槽道热管的性能分析与试验研究 [J]. 航天返回与遥感，2013, 34 (5)：56-62.

[5] GOMAA A, RADY W, YOUSSEF A Z, et al. Thermal performance of heat pipe at different internal groove ratios and working fluids：an experimental investigation [J]. Thermal science and engineering progress, 2023, 41：101827.

[6] 庄骏，张红. 热管技术及其工程应用 [M]. 北京：化学工业出版社，2001：31-64.

[7] 冯踏青. 液态金属高温热管的理论和试验研究 [D]. 杭州：浙江大学，1998.

[8] CHI S W. 热管理论与实用 [M]. 蒋章焰，译. 北京：科学出版社，1981：186-214.

[9] LIU Y, YOU K, JIANG Y T. Multi-objective optimal scheduling of automated construction equipment using non-dominated sorting genetic algorithm (NSGA-Ⅲ) [J]. Automation in construction, 2022, 143：104587.

[10] 周文. 基于改进 NSGA-Ⅲ和 BP 神经网络的聚变堆包层优化方法研究 [D]. 合肥：中国科学技术大学，2022.

[11] 张斌. 参数对简单遗传算法性能的影响 [J]. 榆林学院学报，2008 (4)：48-49.

[12] LI X M, SONG Y M, MAO J, et al. Many-objective rapid optimization of reactor shielding design based on NSGA-Ⅲ [J]. Annals of nuclear energy, 2022, 177：109322.

[13] 胡崇举，余大利，何梅生，等. 超高温锂热管设计与热输运性能分析 [J]. 核动力工程，2022, 43 (3)：21-27.

Optimization design of sodium heat pipe with channel based on NSGA algorithm

ZHANG Jian-song[1,2], MEI Hua-ping[2,*], LI Tao-sheng[1,2]

(1. University of Science and Technology of China, Hefei, Anhui 230027, China;

2. Hefei Institutes of Physical Science, Chinese Academy of Sciences, Hefei, Anhui 230031, China)

Abstract: Alkali metal sodium heat pipe has broad application prospects in hypersonic aircraft, micro nuclear reactor and utilization of solar energy because of its high operating temperature and great heat transfer performance. In this paper, according to the requirement of a heat pipe cooling space nuclear reactor project, a trapezoidal grooved wick type sodium heat pipe was designed. Based on the genetic algorithm of NSGA-Ⅲ, the effects of different working temperature, diameter of steam chamber and number of channels on heat transfer limit of sodium heat pipe were studied, and the optimal solution of heat transfer capacity of sodium heat pipe under the service condition of heat pipe cooled space nuclear reactor was proposed. After checking, the design of trapezoidal groove type high temperature sodium heat pipe met the Mach number requirements and effective capillary radius.

Key words: Sodium heat pipe; Heat transfer limits; Genetic Algorithm; NSGA-Ⅲ

基于 CWT 和 CNN 的核电厂滑动轴承-转子系统多传感器故障诊断方法

赵纯洁，夏　虹，冉文豪，尹文哲，黄学颖

（哈尔滨工程大学核安全与先进核能技术工信部重点实验室，黑龙江　哈尔滨　150001）

摘　要： 针对滑动轴承-转子系统传统故障诊断方法依赖人工特征提取和工程经验的问题，以及单个传感器获取信息不充分问题，本文提出一种基于连续小波变换（CWT）和卷积神经网络（CNN）的多传感器智能故障诊断方法。通过在机械故障模拟平台上设置模拟了不同类型的故障，由传感器采集轴承原始振动信号，并对原始振动信号进行连续小波变换得到二维时频特征图像，在此基础上，利用卷积神经网络自适应学习特征和分类的能力，实现故障诊断。研究结果表明基于连续小波变换的卷积神经网络可以准确识别滑动轴承-转子系统的故障类型，且故障识别率可以达到99％以上。

关键字： 滑动轴承-转子系统；故障诊断；卷积神经网络；深度学习模型；连续小波变换；振动信号

　　核电厂中有诸多旋转设备，如汽轮机、发电机、主泵、循环水泵等，它们对于核电厂的正常运行起着至关重要的作用。滑动轴承-转子系统作为这些旋转设备的核心部件，其运行状态直接影响机械设备的整体性能。因此，对滑动轴承-转子系统进行有效的故障诊断，以降低旋转设备故障风险，对于确保核电厂的安全稳定运行具有十分重要的意义。

　　随着先进传感器技术和人工智能在数字时代的快速发展，数据驱动方法被广泛研究并应用于故障诊断，虽然传统智能故障诊断方法已取得一定的效果，但其诊断模型表达能力有限，且较依赖人工进行特征提取，难以保证被提取的特征具有识别机械故障的最佳信息。

　　深度学习模型具有强大的表达能力，且可以自适应地学习和提取原始信号的特征，从而能够克服传统智能故障诊断方法中过于依赖专家经验的缺点。在深度学习领域，CNN 是最著名、最常用的算法，使用 CNN 的主要好处是权重共享功能，它减少了可训练网络参数的数量，进而有助于网络增强泛化能力并避免过度拟合。近年来，CNN 在滚动轴承诊断领域得到广泛应用，如聂勇军等[1]将原始信号分解重构后作为一维 CNN 的输入，再进行分类的智能故障诊断方法。周云成等[2]将振动信号通过改进变分模态分解和降噪后，输入一维 CNN 训练，完成故障识别。杜文辽等[3]将振动信号通过小波变换进行多尺度分解重构后得到的频谱表示的一维特征向量输入一维 CNN，完成故障识别。然而，一维振动信号仅包含了信号的时域信息，其包含的特征信息有限，相比之下时频域能包含更多的特征信息，且这些研究是基于单个传感器的信息进行的，单个传感器所能观察到的信息有限，容易受到外界干扰，导致诊断性能下降。

　　针对上述问题，本文提出一种基于多传感器的 CWT 和 CNN 智能故障诊断方法应用于滑动轴承-转子系统。首先，通过多传感器对滑动轴承-转子系统的振动信号进行监测。然后，对不同位置的时频域信息进行分析，将不同位置传感器的时频图进行融合成为双通道灰度图像。最后，将处理后的图像输入二维 CNN 模型中，对滑动轴承-转子系统的不同故障类型进行诊断识别。结果表明，该方法能准确识别滑动轴承-转子系统不同转速工况下的不同类型故障。

作者简介： 赵纯洁（1999—），女，硕士研究生，主要从事旋转设备故障诊断研究。

基金项目： 国家自然科学基金项目（U21B2083）。

1 基础理论

1.1 连续小波变换

对于任意时域信号 $f(t) \in L^2(\mathbf{R})$，其 CWT 表达式为

$$CWT_f(a, b) = [f(t), \varphi_{a, b}(t)] = \frac{1}{\sqrt{a}} \int_{-\infty}^{+\infty} f(t) \overline{\varphi}\left(\frac{t-b}{a}\right) dt. \tag{1}$$

式中，$\varphi(t)$ 是母小波函数；$\overline{\varphi}$ 是 $\varphi(t)$ 的共轭；$\varphi_{a, b}(t)$ 是由 $\varphi(t)$ 经过尺度伸缩和平移后生成的小波基函数，其表达式为

$$\varphi_{a, b}(t) = \frac{1}{\sqrt{|a|}} \varphi\left(\frac{t-b}{a}\right), \ a, b \in \mathbf{R}, a > 0. \tag{2}$$

式中，a 为尺度因子；b 为平移因子。CWT 的关键在于对小波基函数的选取，当小波基函数与信号的故障特征相似时，诊断往往能够取得较好的效果。

1.2 多传感器数据融合

时频域信息通常能有效地反映旋转机械的运行状态，因此本文采用 CWT 将传感器数据从时域转换到时频域，从而获得时频域信息。在本研究中，多传感器数据融合过程如图 1 所示。

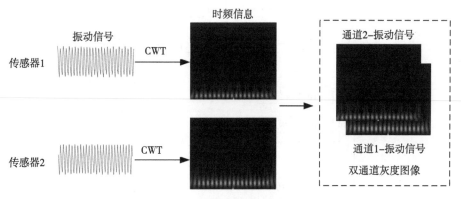

图 1　多传感器数据融合

1.3 卷积神经网络

CNN 一般由卷积层、池化层和分类层组成。卷积层的主要作用是通过卷积核与输入特征图的卷积计算来提取特征，卷积层过程可以定义为

$$X_j^k = f\left(\sum_{i \in M_i} X_i^{k-1} \times W_{ij}^k + b_j^k\right). \tag{3}$$

式中，X_j^k 和 X_i^{k-1} 分别表示第 k 层网络的输出和输入的特征图；M_i 表示特征图合集；W_{ij}^k 表示卷积核的权重矩阵；b_j^k 表示偏置项；$f(\cdot)$ 表示激活函数。激活函数的目的是将原本线性不可分的多维特征变换到另一个空间，增强这些特征的线性可分性。本文采用的激活函数是 Relu 函数：

$$f(x) = \begin{cases} x, & x > 0 \\ 0, & x \leqslant 0 \end{cases}. \tag{4}$$

池化层以减少神经网络的参数为主要目的，通过下采样对特征图做进一步压缩。常见的池化方式有平均池化和最大池化，它们分别是将感知域中的平均值和最大值作为输出。本文采取最大池化方法，原因在于观察不同特征的最大值而不是平均值，往往能够给出更多的信息。

2 二维 CNN 故障诊断方法

2.1 故障诊断流程

本文的故障诊断流程如图 2 所示。首先采用多传感器对滑动轴承-转子系统的原始振动信号进行采集,将数据归一化后采用连续小波变换,得到其时频图,将各传感器的时频图按照 1.2 节多传感器数据融合技术进行图像融合,再将这些样本按一定比例随机划分成训练集、验证集和测试集;然后采用交叉熵函数作为损失函数,并使用 Adam 方法对二维 CNN 模型进行训练;最后使用训练好的二维 CNN 模型对测试集时频图进行故障识别,即可得到诊断结果。

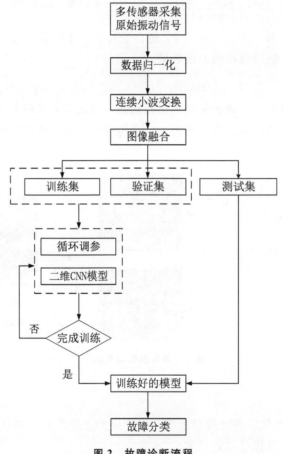

图 2 故障诊断流程

2.2 二维 CNN 模型

本文是将多传感器信息在输入层进行融合,在数据预处理阶段,将由 2 个传感器振动信号分别得到的时频图像进行信息融合,每个传感器信号的时频图谱占用一个通道,融合为双通道灰度图像,并将该图像作为一个输入样本送入 CNN 网络中,经过多层卷积、池化操作对双通道图像进行特征学习。本文采用的二维 CNN 网络结构如表 1 所示,模型为 7 层结构,包含 4 个交替出现的卷积层、最大池化层,其中每层卷积层和池化层之间都包含激活层,2 个全连接层,其他参数设置如下:批量大小为 128、损失函数采用交叉熵损失函数,迭代次数为 400 次。

表 1 二维 CNN 网络结构

网络层	卷积核数量及大小	网络层输出
卷积层 1	32@5×5	32@28×28
最大池化层 1	2×2	32@14×14
卷积层 2	64@3×3	64@14×14
最大池化层 2	2×2	64@7×7
卷积层 3	128@3×3	128@7×7
最大池化层 3	2×2	128@3×3
卷积层 4	256@3×3	256@3×3
最大池化层 4	2×2	256@1×1
全连接层 1	256	256
全连接层 2	128	128
Softmax	8	8

注：@表示卷积核数量与卷积核大小的连接；×表示卷积核大小的连接。

3 滑动轴承-转子系统实验分析

3.1 实验及数据分析

实验装置主要由电机、联轴器、滑动轴承、转子、传感器等部件组成（图3）。利用该实验装置模拟了 1000 r/min 和 2000 r/min 下的 4 种转子系统类型的运行，分别为正常、不平衡故障、不对中故障和碰摩故障。实验中模拟的故障类型有不平衡、不对中及碰摩故障。通过在圆盘上添加配重螺钉模拟不平衡故障[4]；通过调节轴承座下方的定位盘模拟不对中故障[5]；通过添加简易碰摩设备模拟碰摩故障[6]。8 种分类标签依次被标记为 0～7。在数据采集中，在转轴的 X 方向和 Y 方向上安装了相互垂直的加速度传感器，进而实现多传感器的数据采集。每个样本包含 2 个通道的振动信号，共 784 个数据点。因此，每个样本的长度为 784×2。实验样本信息如表 2 所示。

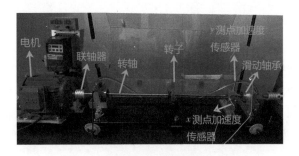

图 3 滑动轴承-转子系统实验台架

表 2 实验样本信息

转速工况	故障类型	样本个数	样本长度	标签
1000 r/min	正常	200	784×2	0
	不对中故障	200	784×2	1
	不平衡故障	200	784×2	2
	碰摩故障	200	784×2	3
2000 r/min	正常	200	784×2	4
	不对中故障	200	784×2	5
	不平衡故障	200	784×2	6
	碰摩故障	200	784×2	7

3.2 故障诊断结果

根据第 2 节的故障诊断方法流程，将所有样本重构成 28×28×2 的双通道灰度图像后使用训练集对模型进行训练，训练完成后对测试集进行了诊断分类。实验重复 5 次，以减少随机影响，5 次实验结果取平均值即为最终结果，实验结果如表 3 所示。

表 3　5 次实验结果

方法	训练集准确率	测试集准确率
本文方法	100%	99.312%

分析实验结果可知，将融合后的样本输入本文设计的 CNN 中可得到良好的诊断效果，测试集平均准确率为 99.312%。图 4 展示了第 5 次训练过程。使用模型对测试样本进行故障分类，结果达到了 99.37% 的准确率，损失函数为 0.0110，模型诊断精度较高。

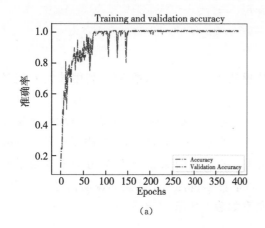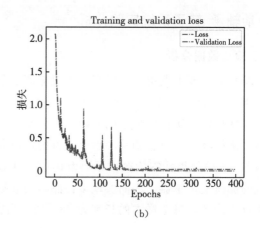

(a)　　　　　　　　　　　　　　　　　(b)

图 4　某次训练过程

(a) 训练准确率；(b) 训练损失

图 5 展示了该次测试结果的模糊矩阵。其更好地展示该模型对各个故障类别的诊断效果，可以看出：对于共计 320 个样本的测试集，在第 5 次测试时，仅有 2 个样本属于类别 2 的 1000 r/min 转速下不对中故障样本被错误识别为类别 4，其余样本均得到了准确识别，总体来看，诊断错误个数少，诊断准确率高达 99.37%，诊断效果优良。

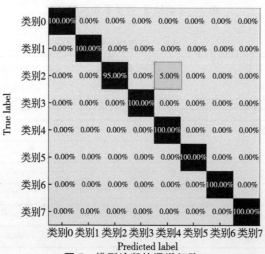

图 5　模型诊断的混淆矩阵

3.3 对比分析

针对本文算法的输入是由多个传感器测得的振动信号构成的特点，本节主要利用以下几种方法进行对比分析，对比时本文提出的算法如下。

（1）分别利用单一传感器（X 方向测点和 Y 方向测点）测得的信号经过 CWT 变换后作为 CNN 的输入，CNN 网络结构与上述结构一致，仅有输入的改变，将其命名为 CWT - CNN 共得到两组对比结果。

（2）基于 SVM 的故障诊断方法。将多 X、Y 传感器信息融合，本次对比构造特征向量所采用的几个常见的信号为均值、方差、偏度、峭度、脉冲因子 6 个时域特征参数。以径向基函数为核函数，用蝴蝶算法来寻找 SVM 的最佳 c、g 参数。

表 4 列出本文提出的故障诊断方法与 4 种对比方法的比较结果，所有的实验结果都是减少随机影响的 5 次实验的平均值。

表 4　故障诊断算法对比

方法	训练集准确率	测试集准确率
X - CWT - CNN	99.96%	99.184%
Y - CWT - CNN	98.13%	97.124%
SVM	100%	96.97%
本文方法	100%	99.37%

由表 4 可知，本文所提方法与利用 X、Y 单传感器诊断方法的正确率高；提取时域特征进行分类的准确率不是很高，可能是文本构造的 6 项特征向量所用参数不够合适导致识别准确率偏低，而较优特征向量的获得依赖于复杂的信号处理技术和人为经验进行预先的信号分析。

4　结论

针对滑动轴承-转子系统的故障诊断，本文提出了一种基于多传感器的 CTW 和 CNN 的诊断方法，利用该方法对滑动轴承-转子系统进行了故障诊断，结论如下。

（1）相较于传统故障诊断方法，本文提出的故障诊断方法不需要人工提取特征，且能够准确识别出不同转速工况下滑动轴承-转子系统的多种故障类型。

（2）本文所提基于多传感器融合的故障诊断方法诊断效果优于单个传感器，多传感器的特征融合为故障信号深度挖掘提供了更为有效的手段。

致谢

在相关实验的进行中，得到了夏虹教授的大力支持和尹文哲师兄、黄学颖师兄的耐心教导，在此向夏虹教授和师兄们的帮助表示衷心的感谢。

参考文献：

[1]　聂勇军，孟金，肖英楠 . 基于 ALIF 和 1DCNN 的滚动轴承故障诊断方法 [J] . 机电工程，2022，39（10）：1390 - 1397.

[2]　周云成，王东方 . 基于改进 VMD 和 1DCNN 的泵注系统轴承故障诊断 [J] . 轴承，2023，519（2）：105 - 112.

[3]　杜文辽，侯绪坤，王宏超，等 . 基于多尺度 1DCNN 的滚动轴承故障诊断 [J] . 机床与液压，2022，50（19）：173 - 178.

[4]　王宇飞，谢永鹏 . 旋转机械转子不平衡故障的诊断与分析 [J] . 湖南工业职业技术学院学报，2009，9（5）：6 - 7.

[5]　孙攀龙 . 转子轴承系统油膜失稳状态分析及辨识 [D] . 西安：西安工业大学，2018.

[6]　刘江炜 . 聚类算法在转子故障诊断中的应用 [D] . 西安：西安工业大学，2015.

A multi – sensor fault diagnosis of nuclear power journal bearing rotor system based on CWT and CNN

ZHAO Chun-jie, XIA Hong, RAN Wen-hao,
YIN Wen-zhe, HUANG Xue-ying

(Key Laboratory of Nuclear Safety and Advanced Nuclear Energy Technology, Ministry of Industry and Information Technology, Harbin Engineering University, Harbin, Heilongjiang 150001, China)

Abstract: Aiming at the problem that traditional fault diagnosis methods of sliding bearing – rotor system rely on artificial feature extraction and engineering experience, as well as the problem that the information obtained by a single sensor is insufficient, this paper proposes a multi – sensor intelligent fault diagnosis method based on continuous wavelet transform (CWT) and convolutional neural network (CNN). By setting different types of faults on the mechanical fault simulation platform, the original vibration signals of bearings are collected by sensors, and the original signals are transformed by continuous wavelet to obtain two – dimensional time – frequency feature images. On this basis, the convolutional neural network is used to achieve fault diagnosis. The results show that the convolution neural network based on the continuous wavelet transform can accurately identify the fault type of the sliding bearing – rotor system, and the fault recognition rate can reach more than 99%.

Key words: Journal bearing – rotor system; Fault diagnosis; Convolutional neural network; Deep learning model; Continuous wavelet transform; Vibration signal

核电厂主给水泵突发振动异常的数值分析与测试

胡晓东[1]，王启超[2]，周　强[1]，帅志昂[1]，何　超[1]

(1. 成都核总核动力研究设计工程有限公司，四川　成都　610213；

2. 海南核电有限公司，海南　海口　572700)

摘　要：为了研究主给水泵突发振动异常的根本原因，采用数值模拟方法计算了过滤器滤网框架断裂前后主给水泵进口管路及不同小流量阀开度下主给水泵出口管路内部流场，并结合现场振动测试进一步分析了导致主给水泵振动异常的因素。结果表明：滤网框架断裂前后管道内液体流动状态变化不大，对泵入口液流流动状态影响不大；不同小流量阀开度时，出口母管上的速度分布大致相同，小流量阀的开度对主给水泵出口附近流动状态影响不大；测试表明滤网堵塞主给水泵进口管路、增大主给水泵的转速、调节主给水泵出口管路阀门开度均能改变主给水泵的运行工况。当泵偏离最优工况时，内部流动不稳定性增加，出现振动异常问题。研究为主给水泵现场振动治理提供依据。

关键词：主给水泵；振动异常；数值模拟；多孔介质；振动测试

主给水泵组是核电站二回路系统（主给水系统）的重要组成部分。作为二回路的动力源，在电站启动、运行、备用、调试和停运期间，主给水泵组将除氧器的水抽出，升压后通过高压加热器、超声波流量计、流量装置和给水调节阀将给水送至热量交换设备，并将其水位维持在规定范围内。主给水泵组系统通常由前置泵、驱动电机、增速齿轮箱（液力耦合器）、主给水泵及稀油站组成。可见，主给水泵组安全、稳定运行对反应堆二回路工作稳定性和电厂经济性具有决定性影响[1-4]。

1　前言

某核电厂 2APA102PO 主给水泵突发流量下降，主给水泵与液力耦合器驱动端和非驱动端振动出现阶跃式上涨，现场测振为 12 mm/s，已超过限值 7.1 mm/s，并且基础振动偏大。经查，驱动电机电流、转速无变化，泵组地脚螺栓、滑销系统无松动，管道支吊架无松动；打开入口过滤器发现滤网框架脱落损坏、滤布破损严重，内窥镜检查叶轮出口叶片无异常（图 1）。更换过滤器后，小流量启动主给水泵 2APA102PO，振动正常，切换至全流量后振动接近报警值 7.1 mm/s，随着流量增加振动上升的现象更为明显。

当主给水泵出口小流量管线上的小流量阀 2APA106VL 开度由 8.76% 变化至 9% 时，压力级泵两端振动由 6.85 mm/s 上升至 7.11 mm/s，随即停泵处理阀门。再次启泵振动恢复正常，约为 2.5 mm/s，整体仍然是流量上升对振动的影响更大。

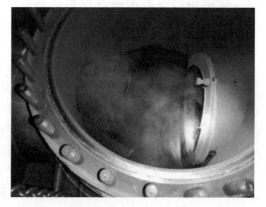

图 1　过滤器滤网框架断裂后内部情况

针对核电厂 2 号机组主给水泵出现的流量下降、振动异常问题，通过建立包括过滤器在内的进口管路系统的水力模型，采用数值模拟的技术手段，利用多孔介质数学物理模型，仿真分析过滤器滤网破坏对主给水泵进口管路内部流场的影响，进而分析滤网破损堵塞能否造成主给水泵振动异常；对于

作者简介：胡晓东（1993—），男，硕士，工程师，现从事核电厂管道与设备振动治理研究。

小流量阀开度增大造成的主给水泵振动异常现象，建立了包括出口母管、小流量管、小流量阀在内的出口管路系统水力模型，通过对不同阀门开度下的出口管路模型进行仿真计算，分析小流量阀开度对主给水泵出口管路内部流场的影响，进一步分析小流量阀开度如何直接影响主给水泵的振动。通过测试滤网堵塞主给水泵进口管路、增大主给水泵的转速、调节主给水泵出口管路阀门开度3种工况下泵组振动，进一步分析了导致泵组振动异常的原因。电动泵主给水系统流程如图2所示。

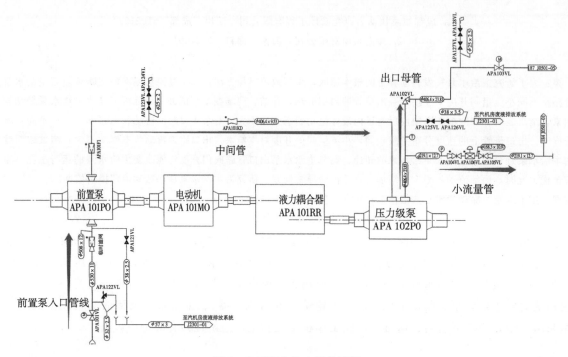

图 2　电动泵主给水系统流程

2　泵进出口管路流场计算与分析

2.1　基本物理问题分析

　　通过对实际物理过程的分析，过滤器滤网网孔极其细微，即使已知滤网网孔的等效流通截面积，但由于尺寸过小，也很难直接进行网格建模。之所以不同滤网和滤布结构形式会引起不同的管道内流态，是因为在同样的压差作用下，不同滤网和滤布结构形式对介质流动过程的阻力不一样，滤网和滤布结构形式越复杂，流动阻力越大，下游管道内流动损失越大、流态越紊乱。既然不同滤网和滤布结构形式主要表现为不同的阻力特性，那么可以利用滤网和滤布结构形式对流动阻力的不同这一特性来模拟实际滤网和滤布状态，从而避免对不规则微小过流通道进行直接建模。因此，可以将无数微流道视为多孔介质区域，只需针对该多孔介质区域建立合适的阻力模型，通过反复计算并与流动边界进行对比分析，确定合适的阻力系数，从而获得合适的阻力模型来表征由滤网和滤布构成微小流道的阻力特性。

2.2　主给水泵进出口管路系统建模

　　根据管道施工图及过滤器结构尺寸，建立了主给水泵进出口管路内部流场计算域（图3、图4）。考虑到过滤器内部滤网及滤布形成的微小流道，会给计算域建模造成困难，特别是过滤器内滤网框架断裂后形成的流体区域更加复杂（图1），根据前述的基本物理问题分析结论，采用整体建模的方法，将过滤器内部处理成多孔介质区域，从而避免对细小流道直接建模。位于小流量管上的小流量阀距离主给水泵出口较远（图2），建模时用挡板来代替小流量阀，用其通流面积与总过流面积之比代表阀门开度。

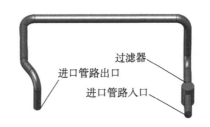

图3 主给水泵进口管路内部流场计算域

图4 主给水泵出口管路内部流场计算域

2.3 模型网格划分及边界条件设置

在进行主给水泵进出口管路系统网格划分时，采用适应性更强的四面体网格单元，对过滤器、小流量阀等流场变化剧烈的部件进行网格局部加密，管道其余部分可给较大尺寸。考虑到 SST k - ω 湍流模型对近壁面网格尺度要求很高，其要求近壁面第一层网格高度 $y^+ \approx 1$，因此划分边界层网格时，第一层网格到壁面距离取 0.5 mm，网格增长率为 1.2，边界层共 20 层。经过网格无关性验证，主给水泵进出口管路计算域网格单元总体数量分别为 1500 万个和 3000 万个时能保证计算精度和计算效率，最终网格平均正交质量为 0.15，满足流场计算需求，管道流场网格划分结果如图 5 所示。

(a)   (b)

图5 主给水泵进出口管道流场网格划分

(a) 进口管路网格；(b) 出口管路网格

在数值算法方面，采用有限体积法离散控制方程，选用耦合式求解器求解代数方程；选取 SST k - ω 湍流模型，以尽量考虑弯曲壁面对流动的影响；扩散项的离散采用二阶中心差分格式，对流项、湍动能与耗散率输运方程的离散均采用二阶迎风格式。各控制方程采用二阶离散格式可以减小数值计算截断误差的影响，提高计算精度[5]。

进口管路系统流场边界采用质量流量入口、静压出口，各壁面处采用无滑移壁面条件，计算时监测管路入口压力，当入口静压趋于平稳时认为计算收敛；出口管路系统流场边界采用总压入口、速度出口，假定壁面流动无滑移，计算时监测管路出口压力，当计算的出口压力趋于稳定时认为计算收敛。

2.4 多孔介质模型参数

本项目中由滤网和滤布构成无数细小通道的过滤器上、下游管段之间的阻力，主要是形状阻力，摩擦阻力的影响非常小。本计算主要考虑惯性阻力损失，局部压降为当地流速平方的函数，为了兼顾一定程度的黏性损失，将整个过滤器滤网的损失表示成当地速度的二次多项式。过滤器内单位长度上的阻力损失可表示为

$$\Delta P = \frac{1}{L}\left(K_{\text{loss}, i} \cdot \frac{1}{2}\rho v^2 + \frac{\mu}{LK_{\text{loss}, v}} \cdot v\right)。 \tag{1}$$

式中，$K_{\text{loss},i}$ 为局部惯性损失系数；$K_{\text{loss},v}$ 为黏性引起的摩擦损失系数；v 为当地流速；μ 为流体动力黏度；L 为过滤器所代表的多孔介质区域的长度。本计算基于 Fluent 求解器，该求解器中阻力损失系数分黏性部分与惯性部分，给定的阻力系数与速度之间具有以下关系[6-9]：

$$\Delta P = \frac{1}{L}\left(\frac{C^{R1}}{L}v + C^{R2}v^2\right)。 \tag{2}$$

式中，C^{R1} 为线性损失系数，代表黏性阻力部分；C^{R2} 为平方损失系数，代表惯性阻力部分。线性损失系数、平方损失系数与实际黏性阻力系数及惯性阻力系数之间的关系为

$$\begin{cases} C^{R1} = \dfrac{\mu}{K_{\text{loss}, v}\gamma} \\ C^{R2} = K_{\text{loss}, i} \dfrac{\rho}{2\gamma^2}。 \end{cases} \tag{3}$$

式中，γ 为体积孔隙率，当计算中使用表观流速时，需要考虑体积孔隙率的影响。

根据上述给出的多孔介质区域阻力数学模型，理论上需要确定多个值，包括体积孔隙率、黏性阻力系数和惯性阻力系数。由于本数值模拟的主要目的是确定一个综合的阻力模型来表征过滤器滤网的阻力特性，且针对过滤器滤网的上述 3 个多孔介质模型参数均未知，因此在后续分析时将采用单一变量原则来确定主导参数值，将上述 3 个参数中的黏性阻力系数和体积孔隙率固定为某个值，对惯性阻力系数取不同的值，主要考虑过滤器滤网的惯性阻力，通过对比实验与数值模拟主给水泵进口管路的入口压力来确定最终的惯性阻力系数。

滤网框架断裂前，前置泵出口压力为 2.9 MPa，主给水泵进口压力为 2.66 MPa，滤网框架断裂之后，前置泵出口压力具体数值未知，以此试验结果为基准进行过滤器滤网阻力系数的多次试算。试算过程中，孔隙率、黏性阻力系数分别取 0.01 和 1，主要通过对比不同惯性阻力系数下进口管路入口压力的试验与数值模拟结果来确定合适的惯性阻力系数，如表 1 所示。

表 1 过滤器滤网多孔介质模型参数取值及试算结果

序号	体积孔隙率	黏性阻力系数（3 个方向）	惯性阻力系数（3 个方向）	进口管路入口压力模拟结果/Pa	相对误差
1	0.01	1、1、1	10、5、5	2 699 409	6.9%
2	0.01	1、1、1	100、10、10	2 809 838.3	3.1%
3	0.01	1、1、1	1000、100、100	3 819 077.8	31.7%
4	0.01	1、1、1	1000、10、10	3 727 977.8	28.6%
5	0.01	1、1、1	200、10、10	2 917 190.5	0.59%

从表中可以看出，在速度入口、静压出口边界条件下，不同惯性阻力系数对进口管路入口压力数值模拟结果影响很大，基本规律是惯性阻力系数越大，计算的进口管路入口压力值越大，是因为要达

到相同的出口压力，管路中过滤器部分流动阻力越大、所需的进口压力也越大。综合来看，当惯性阻力系数 3 个方向分别取 200、10、10 时，计算的主给水泵进口管路入口压力与试验结果相对误差最小，因此后续以该惯性阻力系数下的流场计算结果来分析。

2.5 进口管路内部流场分析

图 6 为过滤器滤网堵塞前后主给水泵进口管路压力场分布。由图可知，滤网框架断裂堵塞前后进口管路压力分布趋势大致相同，前置泵出口（进口管路入口）压力最高，经过过滤器时存在局部压降，而后进入主给水泵入口压力略微降低。压力等值线在过滤器内分布较密，相比于进口管路的沿程水力损失，液体压力损失主要发生在过滤器内部，可见过滤器滤网本身的几何形态对流体的流动影响很大。滤网框架断裂后滤布堵塞在进口管路内，进口管路的阻力特性曲线发生改变，根据离心泵运行原理可知，泵运行工况点向小流量方向偏移，这跟仪控上显示的 2APA102PO 主给水泵流量由 1909 t/h 降低至 1892 t/h 的现象符合。滤网堵塞了进口管路之后，主给水泵运行流量减小，前置泵与主给水泵串联，前置泵运行流量也减小，从前置泵出口的液体压力会增大，但考虑到过滤器内流动损失同样增大，因此主给水泵进口压力在滤网框架断裂前后相差不大，这与观察到的结果吻合。

图 7、图 8 分别给出了滤网堵塞前后主给水泵进口管路的入口和出口位置速度场分布情况。由图可知，管道内的液体流态较好，速度分布比较均匀，整体上无强旋流流动，局部位置也未出现漩涡和回流现象。液体在过滤器内部流动较为紊乱，液体流入过滤器时过流面积突然增大，产生局部的漩涡和回流区域，液体再次流入管道内时，流道收缩过流面积减小，会出现局部速度增大的情形（图 7），因此液流流过过滤器时会产生较大的局部水力损失。总体来讲，滤网框架断裂前后，管道内液体流态变化不大，对进口管路出口位置（主给水泵入口）液流流动状态影响不大。

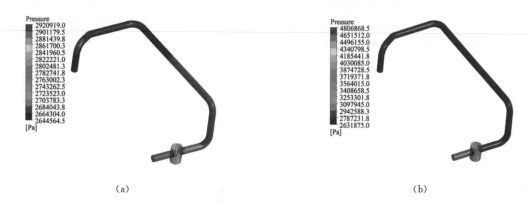

(a)   (b)

图 6　滤网堵塞前后主给水泵进口管路压力场分布

（a）滤网堵塞前进口管路压力场；（b）滤网堵塞后进口管路压力场

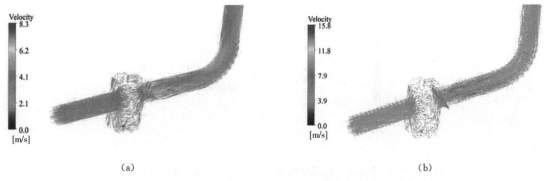

(a)   (b)

图 7　滤网堵塞前后主给水泵进口管路入口位置速度场分布

（a）滤网堵塞前进口管路入口位置速度场；（b）滤网堵塞后进口管路入口位置速度场

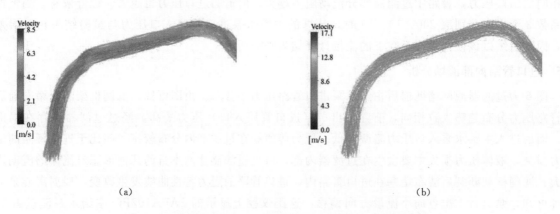

(a)

(b)

图 8　滤网堵塞前后主给水泵进口管路出口位置速度场分布

（a）滤网堵塞前进口管路出口位置速度场；（b）滤网堵塞后进口管路出口位置速度场

2.6　出口管路内部流场分析

　　图 9 给出了小流量阀关闭、9％开度、12％开度时主给水泵出口管路入口位置处的速度矢量分布。可以看出，不同小流量阀开度时出口母管上的速度大小及分布趋势大致相同，速度矢量图显示主给水泵出口管路入口位置附近流动整体平顺，无旋流流动，说明小流量阀的开度对出口管路入口位置附近流动状态影响不大。

　　用湍动能表征出口管路管道内液流湍流脉动值的大小。图 10 为不同小流量阀开度时主给水泵出口管路湍动能分布。由图可知，出口母管内的液流流动是主要的湍流脉动区域，小流量管内湍流脉动值极小。随着小流量阀开度的增加，出口母管内的等值线逐渐变密，特别是主给水泵出口处（出口管路进口位置）等值线变化较大，说明增加小流量阀开度能增大出口管路进口位置的局部湍流脉动强度。

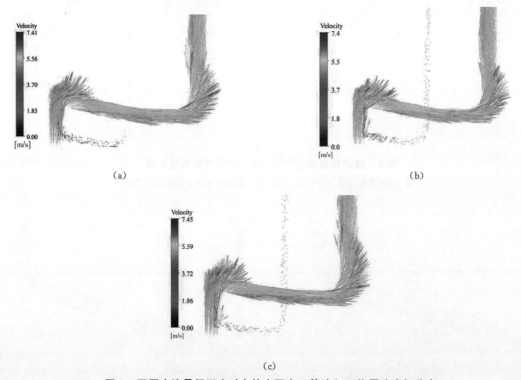

(a)

(b)

(c)

图 9　不同小流量阀开度时主给水泵出口管路入口位置速度场分布

（a）小流量阀关闭时出口管路入口位置速度场；（b）小流量阀 9％开度时出口管路入口位置速度场；

（c）小流量阀 12％开度时出口管路入口位置速度场

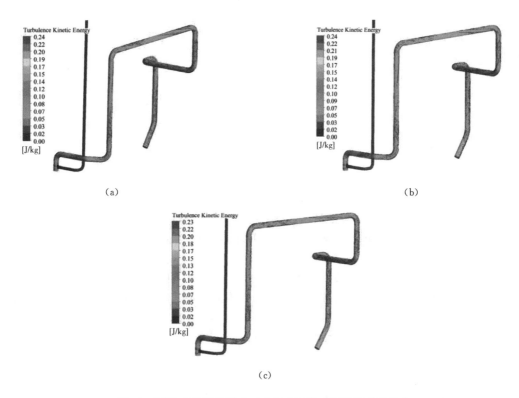

(a)

(b)

(c)

图 10　不同小流量阀开度时主给水泵出口管路湍动能分布

(a) 小流量阀关闭时出口管路湍动能；(b) 小流量阀 9%开度时出口管路湍动能；(c) 小流量阀 12%开度时出口管路湍动能

3　泵组振动异常现场测试与分析

图 11 为滤网框架断裂后现场振动测试结果，2APA101PO 液力耦合器和主给水泵基础振动测试均未超标，2APA101PO 主给水泵泵体 4 个测点水平振动均超过限定值 7.1 mm/s。据此，可以排除因泵组地脚螺栓松动、滑销系统松动、管道支吊架松动等引起的机械振动。振动测试频谱图显示振动信号主频为主给水泵转子轴频（图 12），说明泵体振动主要由转子旋转引起，滤网框架断裂后滤布堵塞流道，泵运行工况点向小流量偏移，导致主给水泵泵体出现振动异常。

2APA101PO液力耦合器基础振动测量

测点	各方向幅值RMS (mm/s)			备注
	H	V	A	
1	2.35	0.53	3.27	测点存储于路径1500*001 M1 M2 P1 P2 时间 00:24
2	2.79	0.61	3.28	
3	1.93	0.60	3.42	
4	1.14	0.54	0.75	
位置	2MX			
测量			时间	

2APA101PO主给水泵基础振动测量

测点	各方向幅值RMS (mm/s)			备注
	H	V	A	
1	2.26	0.51	2.96	测点存储于路径1500*002 M1 M2 P1 P2 时间 00:29
2	2.67	1.24	2.72	
3	1.93	0.62	1.56	
4	1.13	0.76	0.52	
位置	2MX			
测量			时间	

2APA101PO主给水泵泵体振动测量

测点	各方向幅值RMS (mm/s)			备注
	H	V	A	
1	7.99	1.17	2.19	测点存储于路径1500*002 M1 M2 P1 P2 时间 02:19
2	8.80	2.01	1.83	
3	9.77	1.98	1.22	
4	10.59	2.70	1.84	
位置	2MX			
测量			时间	

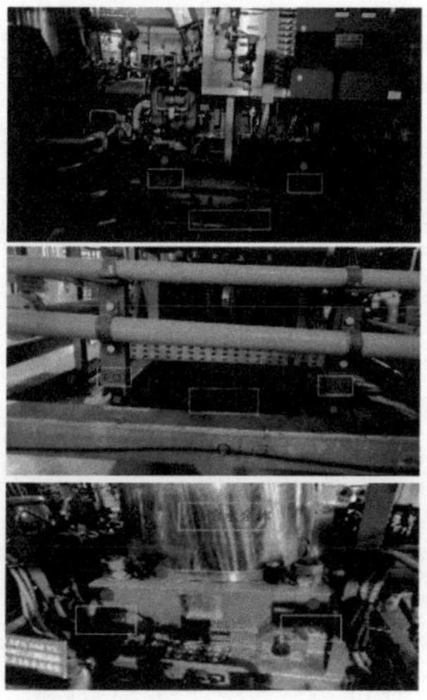

图 11　2APA101PO 主给水泵振动现场测试

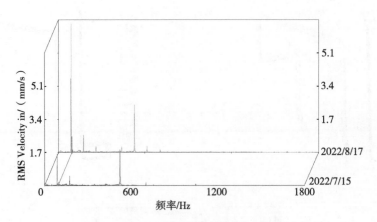

图 12   滤网框架断裂后泵体振动测试频谱

运行结果显示，主给水泵泵体振动与转速和流量有关，转速在升速到 4920 rpm 左右时，主给水泵振动随着转速升高逐渐增加到 4.0 mm/s 左右，随后转速从 4920 rpm 升速到 5200 rpm 左右，流量升到全流量，振动增大到 6.00 mm/s。现场振动测试结果表明，小流量阀开启时，主给水泵泵体振动以工频增长为主，修后振动下降，也是工频分量下降（图 13）。说明增加主给水泵的转速、提升主给水泵的流量，使主给水泵的运行工况点向大流量偏移，导致主给水泵泵体振动异常。

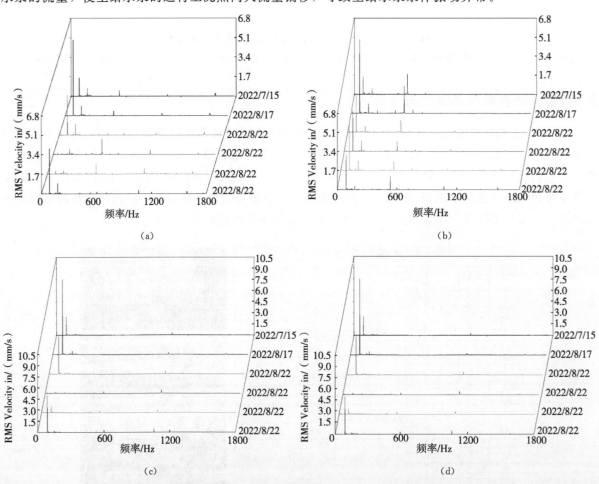

图 13   小流量阀开启泵体振动测试频谱
（a）3 测点 H 方向；（b）3 测点 V 方向；（c）4 测点 H 方向；（d）4 测点 V 方向

图 14 给出了普通离心泵运行时流量与振动的关系曲线（曲线 6）。当离心泵在最优工况点（点 5）运行时，泵的效率最高，泵内部流动稳定，整体上振动最小；当离心泵偏离最优工况点运行时，存在回流、漩涡、分离流等复杂流动结构，致使泵内部流态变差、效率降低，同时作用在离心泵转子上的轴向力、径向力也变大，泵整体表现为振动加剧。为避免这种偏工况运行时引起的振动异常，一般标准或厂家都会给出优先工作区和允许工作区，不允许泵长时间在过大或者过小流量下运行，如图中 1 区、2 区所示。

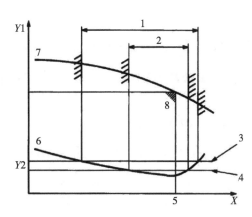

X—流量；Y1—扬程；Y2—振动；1—流量的允许工作区；2—流量的优化工作区；3—流量限定的最大允许振动限定；
4—基本振动限定；5—流量最佳效率点；6—示出最大允许振动的典型振动和流量曲线；
7—扬程-流量曲线；8—扬程与流量的最佳效率点

图 14 普通离心泵运行时流量与振动关系曲线

4 结论

采用数值模拟方法，计算了过滤器滤网框架断裂前后主给水泵进口管路及不同小流量阀开度下主给水泵出口管路内部流场，并结合现场振动测试结果进一步分析了导致主给水泵振动异常的原因，得到如下结论。

（1）主给水泵进口管路内部流场计算结果表明，滤网框架断裂前后管道内液体流态变化不大，对主给水泵入口（进口管路出口位置）液流流动状态影响不大；

（2）不同小流量阀开度时出口母管上的速度大小及分布趋势大致相同，出口管路进口位置附近流动整体平顺、无旋流流动，说明小流量阀的开度对主给水泵出口（出口管路入口位置）附近流动状态影响不大；

（3）现场振动测试结果显示，滤网堵塞主给水泵进口管路、增大主给水泵的转速、调节主给水泵出口管路阀门开度均能改变主给水泵的运行工况，泵偏离最优工况时内部流动不稳定性增加，出现振动异常问题。

参考文献：

[1] 何超. 某核级小支管焊缝开裂分析及减振改造实现 [J]. 核科学与工程，2019（39）：457 - 461.

[2] 李明. 1000 MW 核电厂配套主给水泵振动的处理 [J]. 水泵技术，2020（6）：41 - 44.

[3] 王成飞. 某电站多级主给水泵振动治理 [J]. 水泵技术，2019（增刊）：57 - 61.

[4] 高二玲. 常规岛主给水泵的研究 [D]. 镇江：江苏大学，2019.

[5] Fluent Inc. FLUENT user's guide [Z]. Fluent Inc.，2003.

[6] LISBOA K, PINHEIRO I F, COTTA R M. Integral transform solution of porous medium models for heat sinks subject to periodic heat loads [J]. J Heat Transfer, 2022, 145：1 - 11.

[7] SU T Y, ZHANG Z J, HAN J X. Sensitivity analysis of intermittent microwave convective drying based on multi-phase porous media models [J]. International journal of thermal sciences, 2020, 153 (7): 106344.

[8] SWAYAMDIPTA B, CARLO M. Sporosarcina pasteurii can clog and strengthen a porous medium mimic [J]. PloS one, 2018, 13 (11): e0207489.

[9] NARASIMHAN A, VISHNAMPET R. Effect of choroidal blood flow on transscleral retinal drug delivery using a porous medium model [J]. International journal of heat and mass transfer, 2012, 55 (21/22): 5665—5672.

Numerical analysis and testing of sudden abnormal vibration of the main feedwater pump in nuclear power plants

HU Xiao-dong[1], WANG Qi-chao[2], ZHOU Qiang[1], SHUAI Zhi-ang[1], HE Chao[1]

(1. Chengdu Hezong Nuclear Power Research and Design Engineering Co., Ltd., Chengdu, Sichuan 610213, China;
2. Hainan Nuclear Power Co., Ltd., Haikou, Hainan 572700, China)

Abstract: In order to investigate the root cause of sudden abnormal vibration of the main feedwater pump, numerical simulation methods were used to calculate the internal flow field of the inlet pipeline of the main feedwater pump before and after the filter screen frame was broken, as well as the outlet pipeline of the main feedwater pump under different small flow valve openings. Furthermore, combined with on-site vibration testing, the factors causing abnormal vibration of the main feedwater pump were further analyzed. The results show that there is little change in the liquid flow state in the pipeline before and after the fracture of the filter frame, and the impact on the liquid flow state at the pump inlet is not significant; The velocity distribution on the outlet main pipe is approximately the same when the opening of the small flow valve is different, and the opening of the small flow valve has little effect on the flow pattern near the outlet of the main feed pump; Tests have shown that clogging the inlet pipeline of the main feedwater pump, increasing the speed of the main feedwater pump, and adjusting the valve opening of the outlet pipeline of the main feedwater pump can all change the operating conditions of the main feedwater pump. When the pump deviates from the optimal operating condition, internal flow instability increases, leading to abnormal vibration problems. Research provides a basis for on-site vibration control of water supply pumps.

Key words: Main feedwater pump; Abnormal vibration; Numerical simulation; Porous medium; Vibration testing

核电设备供应链精益管理理论实践分析

顾观宝，李晓菊

（中广核工程有限公司，广东　深圳　518000）

摘　要：随着全球能源需求的增长和全球气候变化问题的加剧，核电作为一种低碳清洁能源在全球范围内备受关注。作为核电建设的关键部分，核电设备的供应链管理对于核电行业的发展至关重要。核电设备供应链涉及多个环节，包括采购商、设备制造商、原材料供应商、零部件制造商、物流公司和运营企业等。核电设备供应链的精益管理对于提高供应链的效率、降低成本及确保质量具有重要意义。优化核电设备供应链精益管理，将有助于提高核电设备的质量和可靠性，降低成本和风险，促进核电行业的可持续发展。本文将对核电设备供应链精益管理进行研究和探讨，分析现状，提出管理策略和行动措施，旨在为核电设备供应链管理提供参考。

关键词：核电设备；供应链；精益管理；供应商；策略；措施；协同；创新

1　核电设备供应链现状

随着全球经济的发展和能源需求的不断增长，核电作为清洁、安全、可靠的能源形式受到了越来越多的关注。在核电站建设过程中，核电设备供应链包括核电设备制造商、零部件供应商、物流公司，安装、调试及运维公司等多个环节。然而，由于核电设备的高技术含量、高风险性和长周期性，核电设备供应链管理存在着许多问题与挑战，主要表现在：

（1）市场竞争激烈。目前全球核电设备市场主要由中国、美国、俄罗斯、日本、欧洲等国家和地区占据，各个厂商在市场上的竞争异常激烈，价格战和技术战时常上演。

（2）透明度不足。核电设备供应链中涉及的核心技术和专有信息的保护，使得供应链透明度不足，难以有效地掌控供应链各环节的情况。这导致了企业在做出决策时缺乏全面的数据支持。另外由于核电设备供应链中涉及多个环节和多个企业，在核电设备产业链供应链企业中信息纵向横向未能有效贯通，导致整个供应链的透明度不高，难以实现对整个供应链的有效管理。

（3）风险管理不足。核电设备供应链管理中存在着诸多风险，如供应商风险、生产运营风险、市场风险等。但目前在供应链风险管理方面，缺乏足够的专业人员和有效的管理体系，使得风险难以得到有效的预测和防范。

（4）协同不足。核电设备供应链中的各个环节之间存在相互依赖和协同的关系。但是，由于核电采购商、设备制造商、零部件供应商等环节之间相互独立，难以协同作战，以及企业间存在相互竞争和信息不对称等问题，导致供应链协同不足，难以实现资源优化和效益最大化，导致整个供应链的效率和协同度不高。

（5）研发和创新缺乏可持续性。由于核电设备的研发和创新需要庞大的资金支持，而核电设备研发回报周期长，当前市场上的大部分核电设备制造商和零部件供应商缺乏足够的资金和技术实力，持续推进核电设备的研发和创新。

（6）质量管理问题严峻。核电设备作为高风险、高技术含量的产品，其制造和零部件的质量至关重要，然而目前存在一些制造商和供应商的质量管理体系不完善，管理力度仍需加强，导致产品质量

作者简介：顾观宝（1986—），男，核电站运行与设备管理硕士，工程师，现任中广核工程有限公司设备采购与成套中心供应链管理高级主管，拥有 10 余年供应链管理专业经验，主要研究方向为核电设备供应链管理。

不稳定。

（7）制造成本高昂。核电设备的高标准、高要求，导致其制造和运营成本都非常高昂，给整个供应链带来了很大的压力。核电设备制造各个环节的成本控制都极为重要。然而，供应链中存在着供需不平衡、价格不透明等问题，难以实现成本的有效控制，进一步提升了设备制造成本。

（8）安全问题。核电设备的安全问题是全球关注的焦点，供应链管理中需要对核电设备的安全性进行全面考虑和管理，以确保核电站的安全运营。

（9）供应商选择问题。由于核电设备具有较高的技术含量和安全性要求，供应商选择是一个重要的环节。然而，现有的供应商数量有限，供应商的技术能力和质量管理水平参差不齐，大幅增加了选择优质供应商的难度。

核电设备供应链管理面临各类问题，包括市场竞争激烈、透明度不足、风险管理不足、协同不足、研发和创新缺乏可持续性、质量管理问题严峻、制造成本高昂、安全问题及供应商选择问题。为应对这些问题，企业需要加强供应链透明度与风险管理，促进供应链协同与创新，强化质量管理与安全管理，同时加强供应商选择与评估。此外，还需加大对研发和创新的支持，提高制造成本控制能力。通过合作与协调，提高核电设备供应链的效率、协同度和可持续发展，以满足全球经济发展和能源需求的要求。

2 核电设备供应链管理面临的挑战

在核电设备供应链管理中，我们面临着诸多挑战。从激烈的市场竞争到供应链透明度不足，再到风险管理、协同合作、研发创新及质量管理等方面的困难，这些挑战使得核电设备供应链管理愈发复杂且具有挑战性。了解和应对这些挑战，对于确保核电设备供应链的高效运行和可持续发展至关重要。以下为核电设备供应链还面临的一些挑战：

（1）技术变革与升级的挑战。核电设备的生产技术和应用技术都在不断变革，需要不断更新和升级生产设备和生产工艺，以满足新的技术要求。核电设备的技术和创新水平对供应链管理至关重要，随着科技的不断发展，核电设备的技术和创新水平也在不断提高，这对供应链管理提出了更高的要求。另外随着科技的发展，一些新材料、新工艺、新技术的应用，可能会对核电设备的制造和运营产生影响，让核电设备供应链面临着新的挑战，核电设备制造企业需要加强技术研发和创新，不断提高自身的核心竞争力，以应对技术变革与升级。

（2）成本压力挑战。核电设备的制造需要庞大的资金支持，而目前核电设备的制造商和零部件供应商面临着融资难题，限制了核电设备供应链的发展。另外随着竞争的加剧和市场的饱和，供应链成本的压力也不断加大。核电设备生产的成本较高，随着市场竞争的加剧和环保要求的提高，成本压力不断增加，需要采取措施降低生产成本。

（3）核电人才短缺的挑战。核电设备的生产和运营需要高水平的技术和人才支持，核电设备供应链管理需要专业的人才支持，包括物流管理、供应链管理、质量管理等方面的专业人才，而目前全球的核电技术和人才存在一定的短缺，限制了核电设备供应链的发展。人才培养和管理成为供应链管理的难点。

（4）关键设备"卡脖子"挑战。目前，核电关键设备资源主要由少数几家大型企业垄断，国际上的竞争也极其激烈，尤其当前国际贸易摩擦加剧，保护主义思潮抬头，涉美、涉欧企业对于核心设备对华出口管制加剧，关键设备面临断供风险，给核电设备供应链稳定带来了巨大不确定性。

（5）环保与可持续发展的挑战。全球对环境污染问题的关注程度不断提高，各国和地区也不断加强环境法规和标准的制定，这对核电设备供应链的环保等提出了更高的要求。随着环保和能源政策的不断升级，核电设备的供应链管理需要适应政策的变化，增加环保和能源政策的考虑和管理，以保证核电设备的可持续发展。随着全球环保和可持续发展意识的不断提高，核电设备供应链管理也面临着越来越高的环保和可持续发展要求。如何在满足环保和可持续发展要求的前提下，实现供应链的高效运作，是当前供应链管理面临的一大挑战。

3 核电设备供应链精益管理特点

核电设备供应链精益管理具有一些其他行业设备没有的特点，这些特点对于确保供应链的高效和效益至关重要，企业要充分认识核电设备供应链管理特点，根据不同特点采取差异化管理策略，以实现高质量精益管理。以下是核电设备供应链精益管理的一些显著特点：

（1）高度复杂性。供应链结构复杂，核电设备的生产需要大量的原材料和零部件，来自不同的国家和地区。供应链的参与方包括原材料供应商、零部件制造商、设备装配商、物流公司、施工单位等多个环节，涉及大量的管理技能、专业技术知识，管理这样的供应链难度极大。

（2）高度规范性。核电设备供应链要求严格的合规性和规范性，因为涉及核能安全和环境保护等重要问题。供应链管理必须符合相关法规和标准的要求，确保在供应链各个环节中的合规性和质量控制。

（3）长周期和高价值。由于核电设备的安全性要求非常高，原材料和零部件的质量和可靠性要求也很高，因此在采购和制造过程中需要严格的质量控制和质量保证程序，这些程序的执行需要耗费大量的时间和资源，导致成本较高，因此核电设备具有长周期和高价值的特点。供应链管理需要有效协调各个环节的活动和资源，以确保按时交付高质量的设备，同时降低生产成本和风险。

（4）高度可靠性和安全性。核电设备供应链的可靠性和安全性是至关重要的。由于核能领域的特殊性和风险性，供应链管理必须注重安全性和风险管理，确保设备的可靠性和安全性。

（5）高效协同合作。核电设备供应链中的各个环节必须高效协同合作，确保信息的流畅和有效沟通。供应商、制造商和运输商之间的紧密合作和协调是实现供应链高效运作的关键。

（6）透明度和可追溯性。核电设备供应链要求有良好的透明度和可追溯性，以确保各个环节的可视化和可监控。这有助于提高供应链的可管理性和可控性，及时识别和解决潜在问题。

（7）持续改进和创新。核电设备供应链需要不断改进和创新，以提高效率和降低成本。精益管理的核心理念之一就是持续改进，包括提高质量、优化流程、减少浪费和寻求创新解决方案。

核电设备供应链精益管理需要充分考虑复杂性、规范性、可靠性、安全性和协同合作等特点和要求，以实现供应链的高效性、可靠性和创新性。通过精益管理的原则和方法，核电设备供应链可以优化流程、降低成本、提高交付能力，并持续改进和创新，以满足核电设备供应链的特殊需求和挑战。此外，透明度和可追溯性的要求确保供应链的可视化和可监控，有助于及时发现和解决问题，提高供应链的可管理性和可控性。核电设备供应链精益管理的成功实践需要跨部门合作、技术创新和有效的沟通与协调，以确保核电设备供应链的高效运作和持续发展。

4 核电设备供应链精益管理策略

在核电设备供应链管理中，存在着诸多问题和挑战，包括市场竞争激烈、透明度不足、风险管理不足、协同不足、研发和创新缺乏可持续性、质量管理问题严峻、制造成本高昂、安全问题及供应商选择问题。这些问题和挑战给核电设备供应链带来了许多困难和限制。为了应对这些挑战，企业可以结合核电设备供应链精益管理的特点，采取以下管理策略：

（1）增强供应链透明度。通过加强信息共享和合作，促进供应链各环节间的沟通与协调，提高供应链透明度。同时，建立合适的技术保护机制，确保核心技术和专有信息的安全，以平衡透明度和保密性之间的关系。

（2）加强供应链风险管理。建立完善的供应链风险管理体系，包括风险评估、预警机制和风险应对计划等，以及培养专业人员来负责供应链风险管理工作。通过有效的风险管理，能够提前预测和应对潜在风险，保障供应链的稳定运行。

（3）促进供应链协同。通过建立合作伙伴关系，加强供应链各环节间的合作和协同，实现资源共享、信息共享和协同决策。同时，改善供应链中企业间的竞争和信息不对称问题，以促进供应链协同作战，提高整个供应链的效率和协同度。

（4）鼓励研发和创新。加大对核电设备研发和创新的投入，引导企业加强技术研究和开发，推动核电设备的技术进步和创新。同时，加强与科研机构和高等院校的合作，促进技术转移和人才培养，提高核电设备的研发和创新能力。

（5）加强质量管理。建立健全的质量管理体系，包括制定严格的质量标准、加强供应商的质量管理要求、进行质量监督和检测等，确保核电设备的质量稳定和可靠。

（6）提高制造成本控制。通过供应链的协调和优化，加强供需平衡和价格透明度，以降低核电设备的制造成本。可以采取一些措施，如与供应商进行长期合作，以获得更有竞争力的价格和优惠条件。此外，优化生产流程和提高生产效率也是降低制造成本的关键因素。

（7）强化核电设备安全管理。在供应链管理中，安全是一个重要的方面。需要确保核电设备的设计、制造、运输和安装等环节符合严格的安全标准和规范。同时，建立全面的安全管理体系，包括培训员工、定期检查和评估，以及加强事故预防和应急响应能力等，确保核电站的安全运营。

（8）加强供应商选择和评估。在供应链管理中，选择合适的供应商对于核电设备的质量和技术水平至关重要。可以建立供应商评估体系，对供应商的技术能力、质量管理水平、交货能力、合规性和可持续性等因素进行评估后选择，确保选择优质的供应商。

（9）实施数字化转型战略。核电设备供应链管理的数字化转型可以利用信息技术和数字化工具实现实时监测、数据分析、智能预警、协同工作和自动化管理，以提高供应链的效率、可靠性和创新性，从而适应严格的监管要求和快速变化的市场挑战。

要解决核电设备供应链管理中的问题和挑战，需要核电设备产业链供应链各个环节的合作与协调，加强透明度、风险管理、协同和质量管理等。同时，需要企业加大对研发和创新的支持，提高制造成本控制和安全管理水平，以及加强供应商选择和评估等措施，推行数字化转型战略，以提升核电设备供应链精益管理水平，提升供应链韧性与确保安全，促进可持续发展。

5 核电设备供应链精益管理实施措施

核电项目的建设离不开高效的设备供应链管理。通过优化供应链管理流程、提高供应商管理技能，降低库存和准确预测需求，可以在提高核电设备交付的质量、准时性的同时节约成本，避免项目延误和成本增加，确保项目进展顺利。精益供应链管理可以实现资源最大化利用和浪费最小化，提高核电设备供应商的生产效率和成本效益。通过精准的管理、计划和协调，避免出现重大质量问题、过度生产和过剩库存的情况，降低了不必要的损失和资源浪费。此外，精益供应链管理还有助于提高核电设备供应商与各个环节合作伙伴的协同效率，通过信息共享、合作协调，以及拥有共同目标追求，提升整个供应链的综合性能和竞争力。以下是核电设备供应链精益管理的一些实施措施：

（1）供应商审核和选择。供应商审核是核电设备供应链管理的重要环节，用于评估供应商的技术能力、生产能力和质量管理体系。供应商需要通过审核来证明其具备制造高质量核电设备的能力。这种审核通常包括对供应商的设备、生产工艺、技术人员的资质和培训情况等方面的评估。通过审核，可以选择合适的供应商，并确保所采购的设备符合质量要求，提高核电项目的可靠性和安全性。企业需要建立合适的供应商评估体系，评估潜在供应商的能力和资质，以选择与最合适的供应商合作。

（2）供应链规划管理。供应链规划管理在核电设备供应链管理中起着关键作用。它涵盖了对供应商交付能力和物流运作的管理。核电设备供应链的稳定和高效对项目进展至关重要。供应链规划管理涉及与供应商的合作关系、物流规划、库存管理和交付期限等方面。通过建立紧密的合作关系、制订适当的物流计划和有效的库存管理方案，核电设备供应商可以确保所需设备按时到达施工现场，避免项目延误和成本增加。

（3）全面质量控制。全面质量控制是核电设备供应链管理的关键环节之一。它涉及监督和控制供应商的生产过程，确保供应商提供符合质量要求的核电设备。供应商应建立和执行严格的质量管理体系，包括从原材料采购到生产过程的各个环节的质量控制和检验。通过有效的质量控制，核电设备供应商可以提高产品质量、减少质量问题和产品缺陷，确保核电设备的可靠性和安全性。

（4）成本管理。核电设备供应商的成本管理旨在确保供应商提供的设备价格合理且符合预算。供应商需要提供详细的成本结构和成本估算，包括原材料、生产工艺、加工制造、劳动力和运输等方面的成本。通过对供应商成本的审查和比较，可以选择成本合理的供应商，并在项目预算范围内控制成本。此举有助于项目的经济可行性和可持续性。

（5）供应商绩效评估。供应商绩效评估是核电设备供应链管理的重要环节，用于评估供应商的绩效和业务表现。评估标准可以包括交货准时率、产品质量、服务响应能力和合作态度等方面。通过定期对供应商进行绩效评估，可以识别出表现优秀的供应商，并与其保持良好的合作关系，同时也可以发现存在问题的供应商并及时采取纠正措施。

（6）风险管理。核电设备供应链的风险管理旨在识别、评估和应对潜在的风险。这些风险可能包括供应商的财务稳定性、技术能力、交付延迟、质量问题等。通过建立风险管理机制，核电设备供应商可以制定相应的风险应对策略，减轻不可预见的风险对项目的影响，确保项目的顺利进行。

（7）合同管理。合同管理在核电设备供应链管理中是至关重要的一环。合同应明确规定双方的权责和义务，包括设备规格、交付时间、价格、保修期限等。供应商应遵守合同的约定，并及时履行合同义务。合同管理确保了供应商的责任和承诺，并提供了法律保障，使双方能够在公平和透明的框架内开展合作。

（8）可持续发展管理。核电设备供应链管理的可持续发展管理考虑了供应商的社会和环境责任。供应商应遵守环境保护法规，采取措施降低生产过程对环境的影响。此外，供应商还应关注员工的福利和安全，遵守劳动法规，提供良好的工作环境。通过可持续发展管理，可以减少对环境的负面影响，提升企业形象，获得可持续发展的竞争优势。

6 结论

在核电设备供应链中，精益管理可以提升设备质量水平、保证交付准时性、降低库存成本、优化供应商选择和协作、提高管理质量，从而确保核电项目的顺利建设和运营。精益供应链管理除了上文所列的措施外，还强调员工参与、持续改进和学习，激发团队创新和协作精神。因此企业需要建立合适的实施策略和培训计划，提升员工的技能，并与供应商建立紧密的合作关系，以确保精益供应链管理的成功。

核电设备供应链是一个复杂的生态系统，包括原材料采购、零部件制造、装配、运输、安装、调试和运营等多个环节。本文重点分析了核电设备供应链管理的现状、存在问题和面临的挑战，并提出了相应的精益供应链管理策略和行动措施，以提高核电设备供应链精益管理的效率、降低成本、提升管理质量，助力核电项目顺利建设与投产，保障国家能源安全。

Analysis of lean management theory and practice in nuclear power equipment supply chain

GU Guan-bao, LI Xiao-ju

(China Nuclear Power Engineering Co., Ltd., Shenzhen, Guangdong 518000, China)

Abstract: With the growing global energy demand and escalating concerns over climate change, nuclear power has gained significant attention as a low-carbon clean energy source worldwide. As a critical component of nuclear power construction, supply chain management of nuclear power equipment is crucial for the development of the nuclear power industry. The nuclear power equipment supply chain involves multiple stakeholders, including purchasers, equipment manufacturers, raw material suppliers, component manufacturers, logistics companies, and operating enterprises. Lean management of the nuclear power equipment supply chain holds great significance in enhancing supply chain efficiency, reducing costs, and ensuring quality. Optimizing lean management in the nuclear power equipment supply chain will contribute to improving the quality and reliability of nuclear power equipment, reducing costs and risks, and promoting the sustainable development of the nuclear power industry. This article aims to study and explore lean management in the nuclear power equipment supply chain, analyze the current situation, and propose management strategies and action measures, providing insights for the management of nuclear power equipment supply chains.

Key words: Nuclear power equipment; Supply chain; Lean management; Suppliers; Strategies; Measures; Collaboration; Innovation

设冷泵泵轴商品级物项转化研究

王美英[1]，赵旭东[1]，王建军[2]，杨　成[2]

[1. 中机生产力促进中心有限公司，北京　100044；2. 核电运行研究（上海）有限公司，上海　310000]

摘　要：面对核级供货商退出核电市场、出口限制等情况，商品级物项转化能否作为保障核设备零部件供应的手段成为行业关注热点。商品级物项转化制度研究认为，商品级物项转化可以与目前核设备监督管理体系相匹配；其核心是关键特性识别和质量保证过程管理。本文在通用技术路线和管理要求研究的基础上，以设冷泵泵轴商品级物项为试点，探索商品级物项转化如何在技术和质量保证方面确保转化过程的有效实施，认为商品级物项转化的关键是确定关键特性及转化过程质量保证要求的策划与落实；识别关键特性并应用 FMEA 是必要手段；结合关键特性的质量控制措施及转化文件体系，是有效保证商品级物项转化的重要途径。

关键词：商品级物项转化；核安全功能；关键特性；验收方法；质量保证

美国从 20 世纪 70 年代中期开始，不再大规模新建核电项目，采购模式从支持新核电站建设设备的大型采购过渡到支持运行和维修的备用零件和替代物项的小型采购；部分核级设备供货商不再维持美国联邦法规 10CFR50 附录 B 要求的质量保证体系[1]，导致核电厂业主不得不采购商品级设备、材料、零部件、系统以及软件。为维持核电厂零部件供应链稳定，美国提出商品级物项（Commercial Grade Item，CGI）和商品级物项转化（Commercial Grade Dedication，CGD）概念，通过行业组织、行业相关单位和监管方 40 多年来的实践和完善，形成了一套相对完整的包含法律法规、标准、监督管理、执行细则等方面内容的管理体系。2000 年后，欧洲一些国家，如比利时、法国、瑞士、西班牙等也逐步开展了商品级物项转化工作，在运机组使用经转化的商品级物项。捷克、芬兰、匈牙利、瑞典、罗马尼亚、乌克兰等国家也计划使用经转化的商品级物项。

目前我国核电仍处于高速建设期，所面临的商品级物项转化需求主要在检/维修期间替换的用于核安全设备的零部件（如紧固件、垫片、滚珠轴承、阀杆、弹簧等），存在不在核安全设备监管目录范围内的情况，这些需要替换的零部件多为市售标准化产品，假冒伪劣产品时有出现，对核电厂安全稳定运行造成了一定的影响。国内有关单位也对商品级物项转化进行了研究分析和应用，如田湾 5 号和 6 号机组安全级 DCS 的设计与供货使用了经转化的商品级物项[2]。AP1000 依托项目环吊的机械和电气部件使用了商品级物项[3]。大亚湾、岭澳机组也使用了经转化的商品级中间继电器等零部件[4]。我中心在前期调研中分析认为，商品级物项转化可以作为目前核安全设备许可制度的补充；商品级物项转化的核心是确定核安全功能、识别关键特性，以及确定验收方法和验收准则；转化单位必须按照符合 HAF003 要求的质量保证体系开展转化工作等[5]。针对商品级物项转化移交记录不完整、难追溯，技术要求的理解与落实不清等问题需要重点关注。因此，本文在前期研究的基础上，以设冷泵（设备冷却水泵）泵轴商品级物项为试点，探索如何有效实施商品级物项转化，分析在转化过程中技术分析与质量保证的关注点，为更好地开展商品级物项转化提供良好的实践参考。

1　商品级物项转化实施方案

商品级物项转化是由转化单位执行的，其根本要求是执行满足 HAF003 要求的质量保证体系。为了有效开展转化工作，转化单位需建立商品级物项转化的文件体系，包括转化实施方案、质量计划

作者简介：王美英（1985—），女，学士，工程师，现主要从事质量管理及民用核安全设备政策研究工作。

等。在编制商品级物项转化实施方案时，重点关注以下 3 个方面的内容。

1.1 物项的选取

2020 年 12 月，生态环境部发布《核动力厂管理体系安全规定》，其中第二十八条第 3 款规定"对相关单位工作进行验证，监控相关单位的外包行为，对相关单位提交的物项或者服务进行验收，对安全相关商品级物项进行关键性能验证"。目前运行的大部分核电厂都会面临采购商品级物项来维持核电厂正常运转的情况。在开展商品级物项转化时，针对物项的选取，需要重点考虑两个方面的情况：

（1）符合商品级物项的定义，由 ISO9001 或等效质量体系的制造商生产，属于市售标准化产品，并且执行核安全功能或参与执行核安全功能；

（2）物项获得的便利性及关键特性的可验证。

此外，还需要考虑国外是否有转化实例，以及一些其他因素考量，如经济性、急迫性、安全级别、需求量等。

1.2 关键特性的识别

商品级物项转化技术分析的核心是识别关键特性。10CFR21 中将"关键特性"描述为"商品级物项的重要设计、材料和性能特性，即一旦得到验证，将能合理地确保物项能履行其预期安全功能[6]"。识别关键特性有两个方面的核心要求：

（1）包括全部关键特性。若所选关键特性不完整，即使验收满足要求，也不能代表待转化物项是合格的。

（2）所选关键特性与执行安全功能的能力直接相关，且均能进行验证。

识别关键特性的前提是准确、完整确认商品级物项的核安全功能。故障模式与影响分析（Failure Mode and Effect Analysis，FMEA）是一种已经验证的、有效确定核安全功能的方法和手段。此外，还可以参考 NRC 在一般函告（Generic Letter）89-02 和一般函告 91-05 总结的有效采购和转化的特征，如工程技术人员参与产品采购和验收过程等[7-8]。

1.3 质量保证的落实

质量保证工作是商品级物项转化的过程和结果能否被需方及监管方认可的唯一方法和途径。质量保证工作如何开展，也是商品级物项转化工作必须重点思考的。基于商品级物项的设计和制造执行 ISO9001 或等效质量体系的实际，为了确保转化工作有效，实施商品级物项转化的单位必须执行满足 HAF003 要求的核质保体系，对转化活动进行有效的管理。基于此，转化单位需要重点做两个方面的工作：

（1）建立商品级物项转化的质保体系及商品级物项转化的文件体系，如质保大纲、工作程序、实施方案、质量计划、验收大纲等，用以指导与规范转化工作，使转化的技术评价和质量验收活动便于管理、有据可查。

（2）质量保证工作策划，需要抓住 ISO9001 与 HAF003 的核心差异，并借助与供应商关于制造与管理的充分沟通信息有重点地开展工作，如针对供应商的责任落实、关键特性的制造过程管理、文件记录管理等进行合理的策划与节点控制，确保转化过程符合转化单位核质保体系的要求。

2 泵轴试点转化

商品级物项转化技术路线总体上包括技术评价和质量验收活动两个部分。技术评价目的是确保对物项进行了正确的分类和规定。验收活动可以合理地保证所采购的物项符合规定要求，能够执行其预期的安全相关功能。在设冷泵泵轴商品级物项试点转化中，重点关注了如何确定关键特性、怎样结合关键特性合理选择验收方法、怎样将质量保证要求融入转化过程控制这几个方面。下面将以上述的关注重点为切入点进行介绍。

2.1 泵轴基本情况

为了分析泵轴是否可以作为商品级物项转化的试点物项，对收集的设冷泵采购技术条件、马氏体不锈钢锻件技术条件、性能试验大纲、检验规程、质量计划、图纸等进行整理，梳理出设冷泵的主要分级信息，如安全等级为 3 级、抗震等级为 1A、质保等级为 Q1 等，其他主要分级信息如表 1 所示。在此基础之上，从上述资料中梳理出设冷泵主要功能包括：

（1）冷却核岛中的各种热交换器；

（2）经过由重要厂用水系统冷却的热交换器将热负荷传递至最终热阱（海水）；

（3）在核岛热交换器和海水之间形成屏障，防止放射性流体不可控制地释放到海水中。

表 1 设冷泵主要分级信息

项目	内容
安全等级	RCC－P3
规范等级	RCC－M3
抗震等级	1A
质保等级	Q1
清洁度等级	B
在役检查	是

泵轴是转子组件的主要组成部分（图 1）。结合设冷泵为单级卧式离心泵的工作原理，可分析得出泵轴主要的作用是向叶轮传送动力，并借助轴承将叶轮支撑在正常位置上，对设冷泵安全功能实现具有重要作用。因此泵轴属于承担核安全功能的零件。

泵轴的加工制造主要包括锻造和机加工两大部分。其结构简单、技术成熟，锻造和机加工均由国内工厂完成，具备便利的检/试验条件，且制造厂执行的是 ISO9001 质量体系，综合前述分析设冷泵泵轴符合并具备开展商品级物项转化试点研究工作的条件。

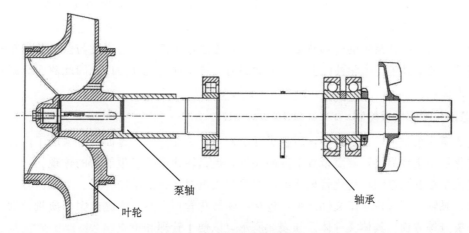

图 1 设冷泵转子组件示意

2.2 关键特性的分析和识别

安全功能分析是关键特性识别的基础。初步安全功能分析，确定了泵轴主要承担着向叶轮传送动力，并借助轴承将叶轮支撑在正常的位置上。为进一步确定泵轴的安全功能，应用 FMEA 对设冷泵从设计上进行约定层次分析,如图2所示,分为压力边界组件(包括泵体、泵盖)、转子组件(包括泵轴、叶轮等)、电机组件(包括联轴器、电机、电气附件等),从设备故障、性能故障等失效故障机制来分析设冷泵本体及其主要零部件的安全功能,识别出设冷泵的主要功能是保持压力边界的完整性和提供余热导出,泵轴的安全功能是为完成热量导出提供支持,主要体现在提供足够的刚性和质量分布及保持一定的尺寸,能够承受足够的载荷。

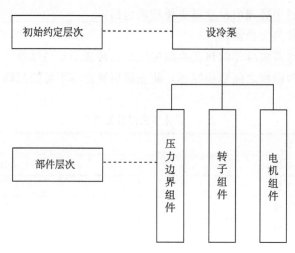

图2　FMEA 约定层次示意

　　关键特性不等于所有的设计特性,除了合理保证物项实现其预期的安全功能外,还要考虑是否可以得到验证。在泵轴的关键特性识别上,结合了 FMEA 的分析结果,识别哪些特性能够保证泵轴的刚性和载荷,如不会造成泵轴断裂、变形及与叶轮连接超差等。从设计要求、原材料的性能、锻造、热处理、机加工等几个方面分析,最终确定可以合理保证泵轴实现预期安全功能的特性,如材料的化学成分、锻件内部和外部质量、力学性能等,这些特性包含了泵轴的全部质量要求。

　　需要注意的是,在有限条件下进行的技术评价会尽可能识别更多的关键特性,也就要求对更多的关键特性进行试验验证,以合理保证被转化的物项在既定的条件下执行其核安全功能。

　　关于泵轴的验收方法,重点考虑了关键特性的形成与验收时机的有序衔接及验收方法的适用性,如为确认泵轴的内部质量,在机加工前,选择专项试验与检查方法,对泵轴进行超声检验。如错过检验时机,后续则无法验证泵轴的内部质量。对于验收方法适用性方面,通过与供应商的充分沟通了解到其不会对泵轴的锻件进行力学性能复验,未做到对关键特性的充分验证,因此商业级调查不能作为泵轴的验收方法。

2.3　质量保证与验收质量控制

　　在泵轴的商品级物项转化过程中,质量保证工作重点关注了哪些方面,并采取了何种措施,是商品级物项转化从始至终提供足够质量置信度的关键,也是转化单位管理能力的体现。

　　为了规范泵轴商品级物项转化管理活动,使参与人员对转化活动的开展、工作内容、管理要求有清晰的认识,泵轴的转化建立了文件体系,包括泵轴转化管理方案、实施方案、质量计划、技术分析报告、审查要点等方面,具体文件体系如表2所示,以便于管理和检查。

表 2　泵轴商品级物项转化文件体系

文件名称	主要内容
泵轴转化管理方案	基本情况、组织机构、项目策划、质量保证措施、工作计划等
泵轴转化实施方案	项目组人员职责、主要工作内容、进度计划、质量控制要求、质量验证文件体系等
质量计划	工作内容、制造工序、实施依据、控制点含义等
泵轴安全功能分析报告	技术信息、初始信息、所属系统和设备用途、功能分析过程、FMEA 分析过程及结论等
泵轴关键特性分析报告	技术信息、安全功能分析结果、制造工艺分析、关键特性结论等
泵轴验收方法分析报告	技术信息、关键特性分析结果、验收方法分析过程及结论等
技术审查点检单	基本技术分析、等效性评价、验收方法所选内容的适用性等
泵轴技术审查报告	技术分析依据、初始信息、所属系统和设备用途、功能分析、FMEA 分析、经验反馈/历史性能信息等
泵轴验收大纲	引用文件、定义、验收内容、检验方法和验收准则、记录要求等
质量验收活动资料	专项试验与检查见证记录、源地验证见证记录等
泵轴转化完工文件	质保大纲及程序、转化文件体系、制造完工文件等
泵轴转化总结报告	基本情况、组织机构、工作计划、执行过程概述、技术分析、质量控制、质量验收、完工文件、总结等

在关键特性的确定环节，质量保证重点关注了关键特性选择的合理性，采取的措施除了安排经验丰富的技术工程师进行分析之外，还通过同专业复核、技术专家审核及召开外部专家会再确认等方式，从技术上对安全功能的确定、关键特性的选择、验收方法选择的分析依据及分析过程、形成的分析报告等进行了专业把控，确保技术分析结果充分合理且可追溯。

在泵轴制造过程控制环节，质量保证重点关注了关键特性形成过程涉及的主要节点的管理与确认。基于制造商执行 ISO9001 与 HAF003 的差异分析，以及在商品级调查阶段与供应商充分沟通了解到的信息，有重点地实施了如下措施。

（1）供应商的责任落实。重点核查了供应商对次级供应商的管理，如资格评价、资格有效期内的能力确认，技术和质量要求交底、对我方质量计划中验收时机的落实、理化试料取样要求等。

（2）信息的传递与沟通的有效性。除建立正式的沟通渠道外，重点对我方技术和质量要求的变更在次级供应商的传递与掌握情况。

（3）与关键特性形成相关要素的复核。重点关注了生产设备的维护、计量器具的标定、人员资格、生产与检/试验材料验收等方面的有效性。

（4）转化记录的追溯与符合性。如泵轴锻造及机加工完工文件、不符合项处理记录等。

在泵轴的关键特性质量验收环节，采取的措施除制订了质量计划与验收大纲外，还重点对关键特性质量验收的操作过程及人、机、料条件进行了确认，形成验证记录与影像记录，确保质量验收过程的有效性及有据可查。

3　结论

商品级物项转化的关键是确定关键特性及在整个转化实施过程中对质量保证要求的策划与落实。通过泵轴商品级物项转化实践，识别关键特性应用 FMEA 是必要手段；结合关键特性的质量控制措施及转化文件体系，是有效保证商品级物项转化的重要途径。

致谢

在相关技术分析当中，得到了项目组成员的大力支持，在此向项目组成员的帮助表示衷心的感谢。

参考文献：

［1］ 10CFR50 附录 B，Notices of nonconformance and notices of violation ［Z］. NRC，2007.

［2］ 宋祉霖，杨洋，曲昌明，等. 商品级物项转化在中国核电领域中的应用 ［J］. 中国新技术新产品，2021（4上）：131 – 133.

［3］ 张营，蒋中朋. 商品级物项转化在 AP1000 环吊中的运用 ［J］. 发电设备，2016（3）：160 – 163.

［4］ 胡振华，任涛，赵军. 商品化关键特性的识别方法研究 ［J］. 电气技术与经济管理，2021（5）：68 – 71.

［5］ 赵旭东，杨成，王美英，等. 商品级物项转化管理要求研究与建议 ［J］. 核安全，2022，21（6）：80 – 87.

［6］ 10CFR21，Reporting of defects and noncompliance（Revision 2）［Z］. NRC，1995.

［7］ Actions to improve the detection of counterfeit and fraudulently marketed products，Generic Letter 89 – 02 ［R］. Washington，DC：U. S. NRC，1989.

［8］ Licensee commercial – grade procurement and dedication programs，Generic Letter 91 – 05 ［R］. Washington，DC：U. S. NRC，1991.

Research on commercial grade dedication of equipment cooling pump shaft

WANG Mei-ying[1]，ZHAO Xu-dong[1]，
WANG Jian-jun[1]，YANG Cheng[2]

(1. China Machinery Productivity Promotion Center Co. , Ltd. , Beijing 100044, China；

2. Nuclear Power Operations Research Institute Co. , Ltd. , Shanghai 310000, China)

Abstract： In the face of situations such as the withdrawal of nuclear grade suppliers from the nuclear power market and export restrictions, whether commercial grade dedication can be used as a means to ensure the supply of nuclear equipment components has become a hot topic of industry attention. The research on commercial grade dedication system suggests that commercial grade dedication can be matched with the current nuclear equipment supervision and management system；Its core is critical characteristics identification and quality assurance process management. On the basis of the research on the General – purpose technology route and management requirements, this article explores how to ensure the effective implementation of the dedication process in terms of technology and quality assurance for the commercial grade dedication by taking the commercial grade items with equipment cooling pump shaft as the pilot. It is believed that the key to the commercial grade dedication is to determine the critical characteristics and implement quality assurance requirements for the the dedication process；Identifying critical characteristics and applying FMEA is a necessary means；Combining quality control measures and dedication document systems with critical characteristics is an important way to effectively ensure the commercial grade dedication.

Key words： Commercial grade dedication；Nuclear safety function；Critical characteristics；Acceptance methods；Quality assurance

基于 θ 投影参数法的 950 ℃ 下 GH3128 镍基合金蠕变本构模型研究

何思翾[1]，汪子杨[1]，彭　恒[1,*]，王计辉[2]，侯冬冬[2]，史　力[1]

（1. 清华大学核能与新能源技术研究院，先进核能技术协同创新中心，

先进反应堆工程与安全教育部重点实验室，北京　100084；2. 上海电气核电设备有限公司，上海　201306）

摘　要： 超高温气冷堆（VHTR）作为下一代高温气冷堆，能够广泛运用在核能发电、核能供热、核能制氢等领域。中间换热器承担一、二次侧能量交换功能，其设计温度为 950 ℃，针对金属材料在高温下蠕变性能的研究显得非常重要。本文旨在研究 GH3128 高温镍基合金材料在 950 ℃ 下的蠕变特性，对比不同蠕变方程对该温度下金属材料蠕变特性的适用性，并通过改进 θ 参数模型进行拟合，获得了更优的拟合结果。通过与试验结果和理论结果的比对，有效证明了该本构模型对于 950 ℃ 下高温镍基合金的适用性。本研究对超高温气冷堆中间换热器的材料选择和设计提供了重要的参考依据，同时也为其他高温应用领域的材料研究提供了借鉴。

关键词： 中间热交换器（IHX）；超高温气冷堆（VHTR）；高温金属；GH3128；蠕变本构模型；θ 投影参数法

高温气冷堆采用惰性气体氦气作为冷却剂，使其具有固有安全、热效率高、灵活性强等优点[1]。超高温气冷堆氦气的设计温度可达 950 ℃，中间换热器作为实现一、二回路氦气热交换的重要部件，其结构完整性直接决定反应堆能否长期稳定运行，因此合理地选用设备材料至关重要。目前，按照美国 ASME 规范高温篇[2] 中要求，仅有 5 类材料可以用作高温部件制造，且其设计温度均不能达到 950 ℃。在反应堆的超高温环境下金属材料的损伤及金属构件的失效往往是由蠕变引起的，国外针对这一温度下的服役条件主要考虑采用镍基合金 In617 作为高温候选材料[3-4]，并已起草规范案例。其主要含有 Ni、Cr、Co、Mo 等元素，具有耐高温、耐腐蚀等优点，但其含 Co 元素导致成本过高，并且伴有活化问题。同样作为镍基合金的国产材料 GH3128 生产成本较 In617 更低，且具有接近的高温力学性能与蠕变持久性能，成为目前超高温气冷堆高温材料国产化路线中的重点考察对象。其与 In617 合金化学成分对比如表 1 所示。

表 1　GH3128 与 In617 化学成分对比　　　　　　　　单位：wt％

元素	材料				元素	材料			
	In617		GH3128			In617		GH3128	
	Min.	Max.	Min.	Max.		Min.	Max.	Min.	Max.
Ni	44.5	余量	余量	余量	Mo	8.0	10.0	7.5	9.0
Cr	20.0	24.0	19.0	22.0	Al	0.8	1.5	0.4	0.8
Co	10.0	15.0	—	—	Ti	—	0.6	0.4	0.8
W	—	—	7.5	9.0					

影响材料蠕变行为的主要因素为温度、应力、时间。前人根据以上影响因素提出了一系列蠕变本

作者简介： 何思翾（1989—），男，博士研究生，工程师，现主要从事反应堆高温结构分析研究。

基金项目： 科技部国家重点研发计划（2020YFB1901605）；国家自然科学基金青年科学基金项目（12202230）。

构模型，以此对材料的蠕变寿命进行合理预测。1929 年诺顿（Norton）提出的幂律方程[5]因其较易用于应力分析而得到推广，Larson 等[6]在 1952 年基于试验蠕变断裂时间发展了外推法，此法成为目前普遍使用的高温部件寿命预测方法。以上方法均只能进行蠕变第一、第二阶段的定义。1982 年，Evans 等[7]发展的 θ 投影参数法（以下简称"经典法"）能够模拟应变硬化和应变软化行为，涵盖了从蠕变开始经历第一、第二、第三阶段直至断裂的全过程。Kumar 等[8]在 Evans 的基础上将应力屈服对于应变硬化速率的影响加入方程，形成修正的 θ 投影参数法（以下简称"修正法"），其能更好地表述金属材料蠕变过程。

镍基合金本身微观组织特点使其蠕变特性与普通耐热钢表现不尽相同，如具有不明显的蠕变第二阶段、较强的加载速率敏感性等，这些因素的加入使得原有蠕变方程对镍基合金的适用性尚需讨论。低应力状态下的蠕变试验由于高成本、长耗时等现实因素常常难以实现，面对超高温气冷堆中间换热器"高温不承压、承压不高温"的设计原则，处于高温环境下的结构部件在设计时尽量控制其处于低应力水平，因此研究高温材料和部件在低载荷条件下是否符合中高载荷条件下的蠕变规律对中间换热器的设计及寿命预测具有重要影响。前人开展了使用经典法建立 650 ℃下 P92 等耐热钢蠕变模型的诸多研究，但这些研究对象的主要使用场景都在 600～700 ℃，而超高温气冷堆候选材料长期服役的目标温度为 950 ℃，对于经典法在此温度区间下的适用性并不明确。

基于以上原因，进行 950 ℃下 GH3128 材料低应力条件的蠕变本构模型研究具有重要意义。

1　蠕变本构模型

1.1　θ 投影参数法

金属材料在应力作用下的蠕变行为可以分为在应变硬化机制作用下的第一阶段、微观损伤造成的材料软化作用下的第三阶段和两种机制相互平衡作用的第二阶段。经典法在能够较好地体现整个蠕变过程中的蠕变应变-时间曲线，其如式（1）所示。

$$\varepsilon = \theta_1(1 - e^{-\theta_2 t}) + \theta_3(e^{\theta_4 t} - 1)。 \tag{1}$$

其中

$$\log\theta_i = a_i + b_i T + c_i \sigma + d_i \sigma T。 \tag{2}$$

式中，ε 为蠕变应变；T 为工作温度；σ 为工作应力；t 为蠕变时间。

式（1）中，θ_i 是由金属工作温度与工作应力强度所决定的参数，$\theta_1(1 - e^{-\theta_2 t})$ 被用于描述蠕变曲线第一阶段，$\theta_3(e^{\theta_4 t} - 1)$ 被用于描述蠕变曲线第三阶段，θ_1、θ_3 决定了蠕变第一、第三阶段的最大应变水平，θ_2、θ_4 决定第一、第三阶段应变变化率大小，即材料硬化和材料软化特征，其中 a_i、b_i、c_i 和 d_i 为材料蠕变曲线通过拟合后所得常数。

对于定温蠕变过程，θ 投影参数法的拟合常数简化为 K_i 与 b_i：

$$\log\theta_i = K_i \sigma + b_i。 \tag{3}$$

1.2　θ 投影参数-修正法

Kumar 等指出 θ 包含了屈服强度的影响[8]，然而屈服强度对于应变硬化率也有影响，因此他在应变硬化项上考虑了应力与屈服应力比值的影响，在经典法上发展了修正法模型，公式如式（4）所示。

$$\varepsilon = \theta_1\left[1 - e^{-\theta_2 t\left(1 - \frac{\sigma}{\sigma_y}\right)}\right] + \theta_3(e^{\theta_4 t} - 1)。 \tag{4}$$

对于参数 θ_i 的拟合方式，根据 Liu 等[9]的研究，可以同样采用式（3）进行拟合。

1.3　θ 投影参数-改进法

Wang 等[10]在对 In617 高温镍基合金的研究中发现不同应力水平下镍基合金的蠕变机理均不同，在低应力下损伤机理主要以沉淀粗化为主，而随着应力升高损伤机理逐渐转变为蠕变空洞和再结晶占主导。由于损伤机理的不同导致原先线性拟合方法在低应力下拟合准确性需要重新评估。式（3）的线性关系并不能很好体现应力与参数 θ_i 在低应力水平下的非线性关系，因此本研究提出了对低应力下的 θ_i 参数拟合方法的改进，使用二次多项式进行低应力条件下的拟合，表达式为

$$\log\theta_i = a_i\sigma^2 + b_i\sigma + c_i. \tag{5}$$

考虑到二次多项式拟合在高应力水平下会发生单调性的转变，为避免此情况发生，综合考虑镍基合金在不同应力条件下损伤机理不同，采用分段拟合方式，即位于低应力水平时，采用式（5）的多项式拟合，达到高应力水平后，采用线性拟合方式，即式（3）。

2　试验设计与试验结果

本研究在 950 ℃下开展了 GH3128 材料的高温蠕变试验。高温蠕变试验参数及试验数量如表 2 所示。设置 4 组应力水平，试验采用标准蠕变试样，标距段 50 mm，其试验试样形式如图 1 所示。试验遵循国标 GB/T 2039—2012。

表 2　950 ℃下高温蠕变试验方案

序号	应力/MPa	温度/℃	试验数量
1	19	950	3
2	24	950	3
3	27	950	3
4	38	950	3

注：19 MPa 下试验获得 2 组有效数据。

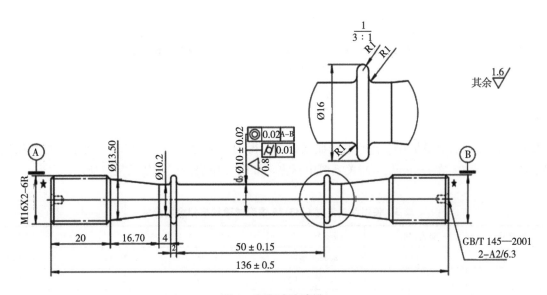

图 1　蠕变试验试样

根据试验结果可以观察到在 4 组不同应力下 GH3128 材料的蠕变特性曲线，在蠕变初期，曲线发生一定程度的应变硬化，在第一阶段变化率先减小至恒定水平，进入第二阶段，随后由于微观损伤应变率逐渐增大，直至断裂。随着应力水平的增加，蠕变至断裂时间逐渐缩短，断裂时延伸率逐渐增加。

值得注意的是，在 19 MPa 条件下（图 2a），材料并未在第一阶段表现出明显的应变硬化过程，这与镍基合金不同载荷下不同的损伤机理相关。

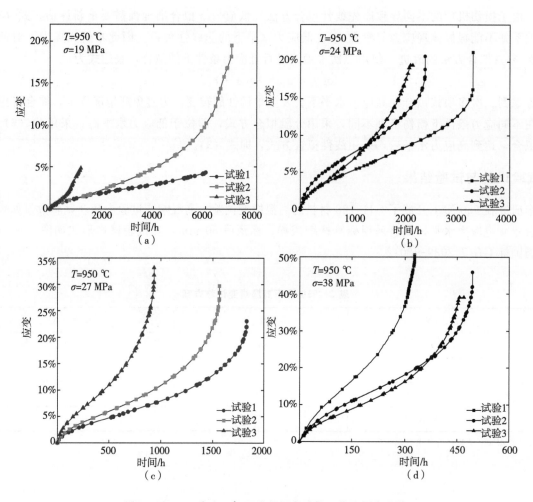

图 2   GH3128 在 950 ℃下进行蠕变试验，获取蠕变曲线

（a）19 MPa 条件下；（b）24 MPa 条件下；（c）27 MPa 条件下；（d）38 MPa 条件下

3   结果讨论

使用经典法对所有试验结果进行蠕变曲线拟合，得到各试验的参数 θ_i 如表 3 所示。将每项试验数据拟合得到的参数 θ_i 在 $\sigma - \log(\theta_i)$ 关系图中标出，如图 3 中表示试验值的散点所示。

表 3   使用经典法对 GH3128 蠕变试验结果拟合的参数 θ_i

试验序号	应力/MPa	θ_1	θ_2	θ_3	θ_4
1	19	2.811 064	0.000 595	0.019 415	0.000 748
2	19	1.125 264	0.002 734	1.023 768	0.000 377
1	24	6.560 39	0.001 668	0.215 754	0.001 139
2	24	7.612 107	0.002 584	0.228 863	0.001 595
3	24	3.924 762	0.004 331	0.980 448	0.001 352
1	27	7.043 691	0.002 382	0.136 446	0.002 519
2	27	7.997 386	0.002 78	0.159 687	0.003 01
3	27	9.811 178	0.004 746	0.201 852	0.004 889

试验序号	应力/MPa	θ_1	θ_2	θ_3	θ_4
1	38	20.869 42	0.008 995	0.051 94	0.019 392
2	38	16.073 85	0.007 896	0.154 806	0.010 174
3	38	10.125 73	0.011 569	0.380 57	0.0094

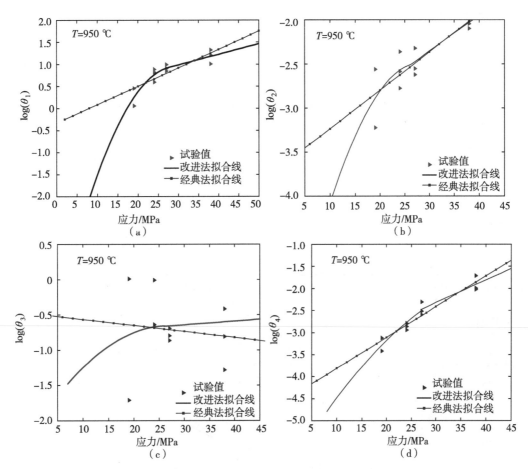

图 3　使用改进法对参数 θ_i 拟合结果与经典法拟合进行对比

(a) θ_1 拟合；(b) θ_2 拟合；(c) θ_3 拟合；(d) θ_4 拟合

　　根据试验结果可以观察到，参数 θ_1、θ_2、θ_4 随应力水平的关系基本呈单调增加，参数点相对集中，对数条件下比较符合线性关系。θ_3 是对蠕变第三阶段的应变幅值的表现，根据试验数据可以观察到这一特性的分散性较大，因此也导致 θ_3 的线性度较差。

　　根据式（3）进行参数 θ_i 拟合，如图 3 中经典法拟合线所示，拟合常数如表 4 所示。可以观察到根据线性方法对参数 θ 进行拟合时，其在低应力区间的偏差相较高应力区间更大。本研究考虑低应变非线性关系的 θ 投影参数-改进法（以下简称"改进法"）得到的拟合曲线，结果如图 3 中改进法拟合线所示。改进法对参数 θ_i 拟合常数如表 5 所示。可以从图中看到，改进法相较经典法在低应力区间的拟合度更好，能够较好地反映低应力情况下蠕变曲线特性。

表 4　经典法拟合常数

序号	K	B
θ_1	0.023 896 576	0.292 684 913
θ_2	0.042 949 838	− 3.630 014 274
θ_3	− 0.004 773 822	− 0.492 598 341
θ_4	0.051 493 391	− 3.927 155 573

表 5　改进法拟合常数

序号	a	b	c	K	B
θ_1	− 0.003 309 932	0.236 689 647	− 3.039 787 612	0.023 896 576	0.292 684 913
θ_2	− 0.000 582 658	0.077 800 22	− 4.146 216 609	0.042 949 838	− 3.630 014 274
θ_3	− 0.002 053 522	0.112 442 129	− 2.160 411 704	− 0.004 773 822	− 0.492 598 341
θ_4	− 0.002 038 378	0.189 916 779	− 6.178 609 838	0.051 493 391	− 3.927 155 573

　　修正法拟合流程与经典法相同，此处不重复。根据经典法、修正法和本研究中改进法对试验结果进行蠕变曲线拟合，结果如图 4 所示，3 种方法对于 24 MPa、27 MPa、38 MPa 应力条件下的蠕变实验均能进行较好的拟合，而本研究的改进法对于 19 MPa 低应力条件下的拟合结果更好。

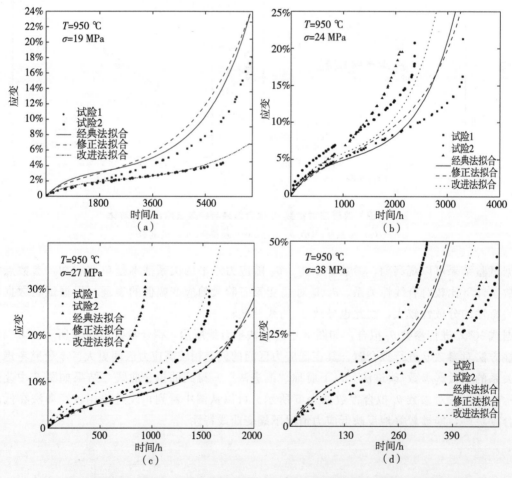

图 4　使用经典法、修正法及本研究提出的改进法对试验数据进行蠕变方程的拟合效果

（a）19 MPa 条件下；（b）24 MPa 条件下；（c）27MPa 条件下；（d）38 MPa 条件下

4 总结

本研究对国产高温镍基合金 GH3128 在超高温气冷堆中间换热器设计温度 950 ℃条件下的蠕变行为进行了详细研究，开展了不同载荷水平下的蠕变试验，得到了以下结论。

（1）由于不同载荷下镍基合金的微观损伤机理不同，材料蠕变特性随应力载荷变化在低应力条件下存在非线性。

（2）低应力条件下，本研究提出的改进法拟合能够有效改善蠕变方程拟合效果，相较于经典法及修正法有着较为明显的优势。

参考文献：

[1] 史力，赵加清，刘兵，等．高温气冷堆关键材料技术发展战略［J］．清华大学学报（自然科学版），2021，61（4）：270－278．

[2] American Society of Mechanical Engineers（ASME）．ASME boiler and pressure vessel code, Section III, 2021 Edition, Division 5, High Temperature Reactors［S］. New York：ASME, 2021.

[3] WRIGHT J K. Draft ASME boiler and pressure vessel case for Alloy 617 for class a elevated temperature service construction［R］. United States：Idaho National Laboratory, 2015.

[4] WRIGHT R N. Updated Draft ASME boiler and pressure vessel code case for use of Alloy 617 for construction of nuclear components for section III division 5［R］. United States：Idaho National Laboratory, 2018.

[5] NORTON F H. The creep of steel at high temperatures［M］. New York：McGraw－Hill Book Co. , 1929.

[6] LARSON F R, MILLER J. A time－temperature relationship for rupture and creep stresses［J］. Transactions of the american society of mechanical engineers, American society of mechanical engineers, 1952, 74（5）：765－771.

[7] EVANS R W, WILSHIRE B. Creep of metals and alloys［J］. Itschrift far matall kundle, 1985, 96（6）：101069, 1985.

[8] KUMAR M, SINGH I V, MISHRA B K, et al. A modified theta projection model for creep behavior of metals and alloys［J］. Journal of materials engineering and performance, 2016, 25（9）：3985－3992.

[9] LIU H, PENG F, ZHANG Y, et al. A new modified theta projection model for creep property at high temperature［J］. Journal of materials engineering and performance, 2020, 29（7）：4779－4785.

[10] WANG Y, SHI L, HAN C, et al. Creep rupture mechanisms and life prediction of IN617 for VHTR applications［J］. Materials science and engineering a－structural materials properties microstructure and processing, 2021, 812：141151.

Improved creep constitutive model study of nickel – based alloy GH3128 at 950 ℃ based on the Theta projection model

HE Si-xuan[1], WANG Zi-yang[1], PENG Heng[1,*],
WANG Ji-hui[2], HOU Dong-dong[2], SHI Li[1]

(1. Key Laboratory of Advanced Reactor Engineering and Safety of Ministry of Education,
Collaborative Innovation Center of Advanced Nuclear Energy Technology,
Institute of Nuclear and New Energy Technology, Tsinghua University, Beijing 100084, China;
2. Shanghai Electric Nuclear Power Equipment Co. , Ltd. , Shanghai 201306, China)

Abstract: The very high temperature reactor (VHTR), as the next generation of high – temperature gas – cooled reactors (HTGR), has advantages such as inherent safety, high efficiency, flexibility and can be widely used in fields as power generation, heating and hydrogen production. The intermediate heat exchanger (IHX) plays a crucial role in energy exchange between primary and secondary circuits, with the design temperature of 950 ℃, making the study of the creep behavior of metallic materials at elevated temperature important. This study aims to investigate the creep behavior of the high – temperature nickel – based alloy GH3128 at 950 ℃. The suitability of various creep equations for predicting the creep behavior of the material at 950 ℃ is compared, and an improved θ –parameter model is proposed to establish the creep constitutive equation, which provides better fitting results. By comparing the experimental and theoretical results, the applicability of the constitutive model to the high – temperature nickel – based alloy GH3128 at 950 ℃ is effectively demonstrated. This study provides firm reference for the material selection and design of the IHX in VHTR, while also offering insights for materials research in other applications at elevated temperature.

Key words: IHX; VHTR; High – temperature materials; GH3128; Creep constitutive model; Theta – projection method

高温气冷堆螺旋管蒸汽发生器出口段流致振动分析

王钰淇，邬益东，王晓欣，史　力

（清华大学核能与新能源技术研究院，先进核能技术协同创新中心，

先进反应堆工程与安全教育部重点实验室，北京　100084）

摘　要： 高温气冷堆作为第四代先进核反应堆，具有固有安全性高、用途广泛等优点。其中，螺旋管蒸汽发生器作为连接一二回路的换热设备，其结构完整性对于核电厂的安全运行是不可忽视的。为了探究螺旋管蒸汽发生器出口段可能存在的流致振动问题，本文搭建了螺旋管蒸汽发生器出口段管束 1∶1 的试验模型，测试了入口段不同管束的前三阶自振频率与阻尼比，并根据模拟得到的流场信息与试验得到的振动特性，对出口连接管束进行涡激振动和驰振分析。结果表明，对于出口段不同管束均不会发生涡激振动与驰振，为其结构完整性分析提供依据。

关键词： 螺旋管蒸汽发生器；涡激振动；驰振；振动特性

球床模块式高温气冷堆（HTR-PM）蒸汽发生器内部有 19 个换热组件，每个组件由 5 层反向缠绕的螺旋管束组成，如图 1a 所示。其中，换热组件分为三部分：出口连接管段（出口段）、进口连接管段（进口段）及螺旋管段。高温高压的氦气（图 1a 中箭头代表着氦气的流动方向）从反应堆堆芯以较快的流速从出口连接管段的喇叭口进入，撞击到遮流板后向下流动，流经螺旋管段换热之后，从进口连接管段流出。当流体流经管束时会使传热管发生流致振动[1]。

图 1　HTR-PM 蒸汽发生器及出口段示意

（a）HTR-PM 蒸汽发生器示意；（b）出口连接管束示意

如图 1b 所示蒸汽发生器的出口段管束工作在 750 ℃ 的氦气环境中，为了方便布置，将这些管束通过管夹牢牢地捆扎成 14 捆（图中仅显示 7 捆），每捆管束采用中空的双层钢板包裹着，使其形成方形截面柱（简称"方柱"）。同时为减小管束的热膨胀应力，出口段管束设计了大量 Ⅱ 弯，然而这种设计导致管束刚度较小、自振频率较低，不利于结构的抗振动性能。在反应堆运行期间，反应堆冷却剂氦气以较大的流速流经蒸汽发生器换热组件，出口段管束会首先受到氦气的冲刷。由于其较低的刚度，可能发生过大的振动而导致结构的损伤。

作者简介： 王钰淇（1997—），男，博士研究生，现主要从事螺旋管束流致振动研究。

基金项目： 国家科技重大专项资助项目（2018ZX06901028）。

1 出口段流致振动模型简化

由于对于整体管束阵列的研究较困难，因此需要对 14 捆管束进行简化，简化的主要思路为增加保守性与易分析性。如图 2 所示，本文中仅考虑处于遮流板下方方框所示的管束的流致振动问题，此时，这些管束受到横流（沿 Z 轴方向）冲刷，由于 1♯、3♯、4♯、6♯ 管束所受到横流流速较大，而管束 2♯、7♯ 在遮流板前方（X 轴负方向）的部分较少，管束 5♯ 则被其他管束包围着，未遭受来流的直接冲刷，因此本文对 1♯、3♯、4♯、6♯ 4 根管束进行研究分析。本文采用简化的二维模型对出口连接管束进行流致振动分析，各管束与距离其最近的管束组成双柱系统，进而分析两管束的流致振动行为，如图 2 b 所示，管束之间的位置关系如表 1 所示。其中，两个双柱系统最小的柱间距为管束 3♯、4♯ 的柱间距，其位置关系为 $T^* \approx 2.5$，$L^* \approx 1.2$（$T^* = T/D$，$L^* = L/D$，T 为两方柱纵向间距，L 为两方柱横向间距，D 为方柱边长），由图 3 可知此时双柱最大 VIV 振幅均小于其在单柱状态下的最大 VIV 振幅。图 3 显示，更大柱间距（$T^* > 2.5$，$L^* > 1.2$）下，双柱 VIV 振幅均处于受抑制状态，由此可知，图 2 b 显示的两个双柱系统彼此之间相互抑制其 VIV 振动。本文采用保守的假设，忽略两个双柱系统之间的相互抑制作用，将图 2b 中的双柱系统视为独立的双柱系统进行研究（表 1）。

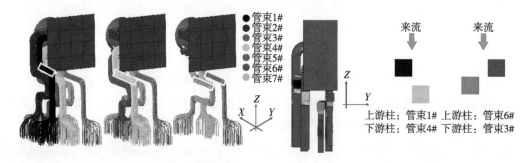

图 2　出口连接管束流致振动分析段及其简化模型
（a）出口连接管束流致振动分析段（方框）；（b）管束分析简化模型

表 1　出口连接管束流致振动分析段之间的位置关系

上游柱	下游柱	L^*	T^*
管束1♯	管束4♯	1.5	1.05
管束6♯	管束3♯	1.02	1.55

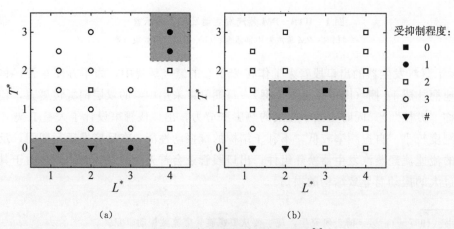

图 3　双柱涡激振动受抑制程度[5]
（a）上游柱；（b）下游柱

2 出口段管束振动特性试验

2.1 试验方法

试验模型选取实际模型的一半来进行试验，其中共包括 7 组出口连接管束，每组管束均需要测量其自振频率、阻尼和振型。为获得管束结构的振型，在管束 4 个以上的不同位置布置加速度传感器，这些传感器安装在管夹上，管夹的具体位置如图 4 所示，管束的编号详见图 2b。

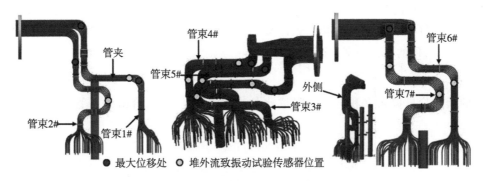

图 4 管束各类信息示意

敲击激励法利用力锤敲击管束，给予管束一个脉冲力，再对输出的响应信号及输入的力信号进行传函分析，得到管束响应和脉冲力之间的关系如式（1）所示：

$$Y = \frac{1/k}{\sqrt{\left[1 - \left(\frac{\omega}{\omega_n}\right)^2\right]^2 + \left(2\zeta\frac{\omega}{\omega_n}\right)^2}} e^{j\varphi}, \tag{1}$$

其中

$$\varphi = \tan^{-1}\frac{-2\zeta\frac{\omega}{\omega_n}}{1 - \left(\frac{\omega}{\omega_n}\right)^2}. \tag{2}$$

式中，Y 表示幅值为 1 的脉冲力所产生的响应，研究 Y 与脉冲力之间的关系，即可得到管束的频响特性曲线。频响特性曲线中，共振频率下的幅值会迅速增大，从而得到管束的各阶共振频率，对应的阻尼则可通过半功率带宽法获得。

下面介绍半功率带宽法，ω_a 和 ω_b 分别是动力放大系数 R_d 上振幅等于 $1/\sqrt{2}$ 倍最大振幅所对应的两个频率点，称为半功率点。当阻尼较小时，半功率点与阻尼比 ζ 的关系如下

$$\zeta = \frac{\omega_b - \omega_a}{\omega_b + \omega_a} = \frac{\omega_b - \omega_a}{2\omega_n}. \tag{3}$$

2.2 测试设备

管束振动信号通过 PCB 系列高性能三向加速度传感器（356A71 型号）测量得到（图 5a），该传感器能承受 250 ℃ 的高温，可在来流为高温高压氦气的堆外流致振动试验中使用。传感器测量范围为 0～500g（g 为重力加速度），其尺寸为 24.4 mm×25.4 mm×12.7 mm，质量仅有 22.7 g。采用 INV3060V2 型采集仪采集并处理加速度信号，该采集仪自带数据采集及分析软件，敲击所采用的力锤为 MSC 系列实验力锤（图 5b）。

图 5   PCB 系列加速度传感器及力锤

为获得合适的采样频率,在前期预试验中采用了不同的采样频率(1024~16 384 Hz)进行信号采集,将采集到的加速度信号经二次积分处理后得到位移幅值。经比较,上述不同的采样频率采集的信号经处理后得到的位移幅值基本一致,最终振动特性测试试验及堆外流致振动试验分别选取 1024 Hz、4096 Hz 的采样频率进行。

2.3   测试结果

各管束的前三阶自振频率和对应的阻尼比如表 2 所示,图 4 给出了各管束主振型位移最大的位置。

表 2   各管束前三阶自振频率及对应的阻尼比

管束编号	f_{n1}/Hz	ζ_1	f_{n2}/Hz	ζ_2	f_{n3}/Hz	ζ_3
1#	9.43	4.24%	14.33	5.09%	15.45	0.68%
2#	9.15	1.42%	9.83	1.64%	11.76	0.93%
3#	12.33	1.86%	20.90	2.35%	24.70	2.41%
4#	9.95	3.15%	11.95	2.49%	15.45	1.88%
5#	9.84	2.87%	12.26	3.48%	21.17	0.85%
6#	7.96	3.80%	11.82	1.48%	14.42	1.15%
7#	10.98	1.44%	11.79	1.75%	14.4	1.22%

获得各管束实际的振动特性后,可以通过双方柱流致振动规律和 ASME 标准进行流致振动分析。

3   出口段流致振动分析

前期的工作中[2],通过数值模拟得到了蒸汽发生器 100% 功率下各管束周围的流场,其中受到较大来流冲刷的管束危险段如图 6 所示,其余管束来流均较小。管束危险段结构参数及周围流场信息如表 3 所示,各危险段来流流速 U 取其来流方向上距管束迎风面不同距离截面速度均值的最大值,经计算与比较,发现这种非均匀流的处理方法比 ASME 给出的处理方法更为保守[4]。表 3 中的折合流速及质量阻尼比均是结合中管束的一阶自振频率及其对应的阻尼比计算得到的。

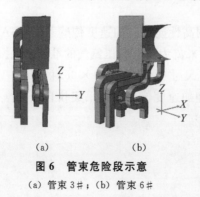

图 6   管束危险段示意

(a) 管束 3#;(b) 管束 6#

表 3　管束危险段结构参数及流场信息

管束	$U/$（m/s）	$D/$m	m^*	U^*	$m^*\zeta$
3#	11.96	0.125	781	7.76	12.82
6#	7.94	0.125	781	7.98	26.19

3.1　涡激振动分析

首先评估各管束涡激振动发生的 U^* 范围，双方柱涡激振动试验研究的结果表明，除 VIV 类别 V 的双柱排列（$L^* \geqslant 3$）外，其他排列的双柱均在 $f_s = f_n$ 时才发生涡激振动，此时 $U^* = 1/St$。因此，各管束涡激振动发生的 U^* 范围可通过固定双方柱的 St 计算得到。结合图 7 及表 1 给出各管束的 St 范围，如表 4 所示，由各管束 St 的最大值保守地计算出临界折合流速 U_c，当 $U^* < U_c$ 时，管束不发生涡激振动。

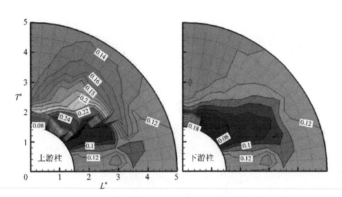

图 7　错列双方柱 St[6]

表 4　各管束涡激振动相关参数

管束编号	St	U_c
1#	0.078～0.092	10.87
3#	0.16～0.26	3.85
4#	0.078～0.092	10.87
6#	0.06～0.08	12.5

从表 4 中可以看出 3# 管束发生涡激振动的可能性最大，根据 ASME 规范[4]建议的单柱涡激振动的最大无量纲振幅 $A^*_{\max}$ 计算公式进行计算：

$$A^*_{\max} = \frac{y_{\max}}{D} = \frac{1.29\gamma}{[1 + 0.43(2\pi St^2 Sc)]^{3.35}}，\tag{4}$$

式中，$y_{\max}$ 为管束振动最大位移；γ 为模态形状因子，其值保守取 1.3。计算得到 3# 管束的涡激振动最大无量纲振幅（图 8），其一阶自振频率对应的 $m^*\zeta$ 为 12.82，由图 8 可知，此时 $A^*_{\max}$ 为 0.0004。该振幅过小，可认为管束 3# 不振动。

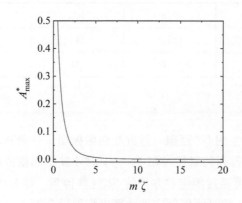

图 8   3♯ 管束涡激振动最大无量纲振幅

3.2   出口段驰振分析

评估各管束驰振发生的起始流速，方柱在周围柱体的影响下不会比其在单柱状态下更容易发生驰振，其单柱状态下的驰振行为分析结果足够保守。肖乾坤[3]在其论文中已完成管束单柱状态下的驰振分析工作，得到如下结论：

当 $U_g/U_r < 1.66h_2$（h_2 为安全系数，其值取 2）时，结构可能发生 VIV＋驰振完全耦合振动，此时应保证来流折合流速 $U^* < U_r(1-h_1)$（h_1 为安全系数，其值取 20%），才能避免驰振失稳。将 $Sc = 4\pi m^* \zeta$、$U_r = 1/S_t$ 及 $U_g = 2S_c/a_g$ 代入不等式 $U_g/U_r < 1.66h_2$ 中，可得不等式

$$\frac{8\pi m^* \zeta}{a_g} / \frac{1}{St} < 1.66h_2 。 \tag{5}$$

当 $U_g/U_r > 1.66h_2$ 时，结构不发生驰振的折合流速要求为 $U^* < U_g(1-h_1)$，即

$$U^* < \frac{8\pi m^* \zeta}{a_g}(1-h_1) 。 \tag{6}$$

各管束的质量比 m^* 均不小于 781，其一阶频率对应的阻尼比 ζ 最小值为 1.42%，将 $m^* = 781$，$\zeta = 1.42\%$，$St = 0.06$（取表 4 中的最小值）代入式（5），式（5）不成立，此时应按照式（6）判断管束是否发生驰振。将 $m^* = 781$，$\zeta = 1.42\%$ 代入式（6），得到不发生驰振的条件为 $U^* < 47$。前面的分析中已计算出，各管束的最大 U^* 为 7.98，远小于 47，由此判断管束不发生驰振。

4   结论

本文对高温气冷堆蒸汽发生器出口连接管束的流致振动问题进行研究。基于前人单方柱的研究成果及本文双方柱流致振动研究得到的结论，通过已有的出口连接管束的结构及流场参数，对出口连接管束的涡激振动及驰振情况进行分析。得出以下结论：

（1）所有管束中，3♯ 管束可能发生涡激振动，但是其振幅很小，可以忽略不计；其余管束不可能发生涡激振动。

（2）所有管束都不会发生驰振。

参考文献：

[1]   MACDONALD P E, SHAH V N, WARD L W, et al. Steam generator tube failures [S]. Iowa Nuclear Regulatory Commission, 1996.

[2]   邬益东. 高温气冷堆蒸汽发生器出口连接管束流致振动的数值研究 [D]. 北京：清华大学，2019.

[3]   肖乾坤. 矩形截面柱的流致振动试验研究 [D]. 北京：清华大学，2018.

[4]　CODE P V. Rules for construction of pressure vessels [S]. New York: American Society of Mechanical Engineers, 2013.

[5]　邹益东. 单自由度错列双方柱流致振动研究 [D]. 北京：清华大学，2022.

[6]　ALAM M M, BAI H, ZHOU Y. The wake of two staggered square cylinders [J]. Journal of fluid mechanics, 2016，801：475 - 507.

Analysis of flow induced vibration in the outlet section of the helical coil steam generator of high temperature gas cooled reactor

WANG Yu-qi, WU Yi-dong, WANG Xiao-xin, SHI Li

(Key Laboratory of Advanced Reactor Engineering and Safety of Ministry of Education, Collaborative Innovation Center of Advanced Nuclear Energy Technology, Institute of Nuclear and New Energy Technology, Tsinghua University, Beijing 100084, China)

Abstract: The high - temperature gas - cooled reactor, as a fourth - generation advanced nuclear reactor, has advantages such as inherent safety and wide applications. Among them, the helical coil steam generator, as a heat exchange device connecting the primary and secondary loops, plays a crucial role in the safe operation of nuclear power plants. In order to investigate the potential flow - induced vibration issues in the outlet section of the helical coil steam generator, this study constructed a 1：1 experimental model of the tube bundle in the outlet section and tested the first three natural frequencies and damping ratios of different tube bundles at the inlet section. Based on the simulated flow field information and the experimental vibration characteristics, vortex - induced vibration and galloping analysis were performed on the outlet connection tube bundle. The results show that neither vortex - induced vibration nor galloping occurs in different tube bundles in the outlet section, providing a basis for the analysis of their structural integrity.

Key words: Helical coil steam generator; Vortex - induced vibration; Galloping; Vibration characteristics

国内外压水堆核电厂老化管理体系研究

陈子溪，刘景宾，张　奇，孔　静，张　菊

（生态环境部核与辐射安全中心，北京　102400）

摘　要：核电厂老化管理是指通过一系列技术和行政的手段来监测、控制核电厂构筑物、系统和部件的老化，防止它们发生由老化引起的失效，从而提高核电厂的安全性和可靠性的活动。早期，核电厂的寿期管理只涉及一般意义上的核电厂延寿，主要通过审查核电厂的服役状况和老化现象，采取维修措施来延长核电厂的服役年限。近年来，核电厂寿期管理涉及的范围逐渐扩大，除了从技术角度确保核电厂能够延长服役年限外，还采取适当的措施降低核泄漏和核废料，并提高电力容量。

关键词：老化；延寿；管理体系

老化是指构筑物、系统和部件（Structures，Systems and Components，SSCs）的物理特征随时间流逝或因使用而发生的、可能包含一种或多种老化机理的变化过程。随着核电厂运行时间的增加，核电厂所有设备和材料都有不同程度的老化，这种老化将导致设备性能的下降，这个过程可能涉及一种或多种老化机理单独或综合的作用，老化严重影响了 SSCs 执行功能的能力，对核电厂的安全造成极大的威胁，引起许多国家核电厂业主、研究机构和监管机构的重视。老化管理是防止核安全相关设备失效、确保核安全的重要手段。

以下将分别对国际原子能机构（IAEA）、美国、法国、中国等核电厂的老化管理技术体系进行介绍。

1　IAEA 老化管理技术体系

1.1　老化管理现状

IAEA 应成员国的要求，从 1985 年开始组织成员国开展老化管理的研究，先后开展了以下几个方面的工作。

1985 年开始与各成员国交流核电厂老化问题。

1987 年第一次举办了关于核电厂老化安全问题的国际会议。

1989 年专门成立了两个技术小组，组织和协调各国在老化机理和老化管理及延寿方面的研究，每年举行几次老化管理方面的专题研讨会，发表了不少这方面的专题技术报告，并组织编写了较完整的核电厂老化管理导则。

1990 年出版了 *IAEA - TECDOC - 540 Safety Aspects of Nuclear Power Plant Ageing*（《核电厂老化安全问题》）。

1991 年开始开发以下指导文件。

老化管理共性指导文件：包括数据收集和记录保存、安全重要部件的老化管理方法、老化管理大纲的实施与审查、运行核电厂设备质量鉴定大纲、核电厂在役检查的改善等。

安全重要设备专项指导文件：制订和实施了合作研究计划，并完成了一系列安全重要 SSCs 专项老化研究报告，包括蒸汽发生器、混凝土安全壳厂房、反应堆压力容器、PWR 堆内构件、安全壳内仪表和控制电缆、一回路管道、水化学的高温在线监测和腐蚀控制等。

作者简介：陈子溪（1989—），男，工程师，现主要从事核电厂电气系统安全审评方面研究。

2002 年 8 月发表题为《核电厂老化管理导则》的文集，将历年发表的重要技术报告和导则编辑在一起，形成了老化管理方面较为全面的导则。

2009 年颁布了《核电厂老化管理核安全导则》（*NS-G-2.12 Ageing Management for Nuclear Power Plants*），该导则与以往各老化管理相关要求最大的不同是将核电厂老化管理的理念拓宽，覆盖核电厂从设计、建造、调试，直到运行、延寿和退役的全生命周期，对核电厂各阶段需要开展的工作提出了要求。

为了协助各成员国有效地开展核电厂的老化与寿命管理，IAEA 已经发布了一系列的标准、导则和技术文件，文件体系如图 1 所示，文件可以分为 3 个层次：安全导则（Safety Guide）、纲要性导则及部件专用导则。

图 1 IAEA 关于老化管理的主要文件体系

IAEA 安全报告系列 15《核电厂老化管理大纲的实施和审查》指出，为了有效管理安全重要 SSCs 的老化，电厂业主/运营者需要制定能保证及时探测和缓解老化劣化的管理大纲，以使得能维持所要求的 SSCs 安全裕度（即完整性和执行功能的能力）。核安全当局有责任验证老化是否得到有效管理，以及有效的老化管理大纲与电厂连续安全运行是否相适应。

有效的 SSCs 老化管理最好能通过在一个系统的"伞形"大纲下整合现有的与老化管理有关的活动来实现。系统的老化管理过程如图 2 所示。

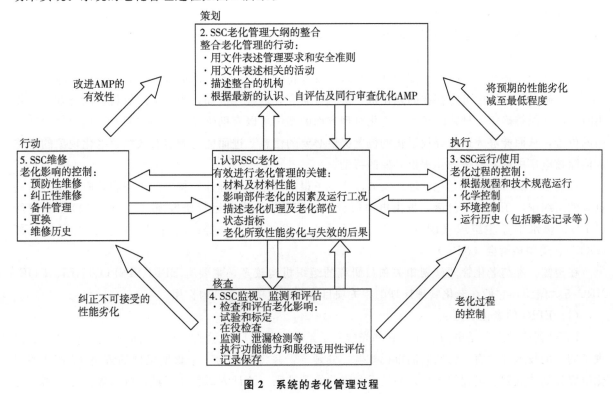

图 2 系统的老化管理过程

从图2可以看出，IAEA老化管理过程的流程主要是：老化的认知—计划—老化过程的控制—监测和评估—老化影响的控制再反馈到认知和计划的改进这样的一个闭式循环中。

1.2 老化管理存在的问题

IAEA在核电厂老化管理方面进行了长期有效的工作，形成的老化管理法规、导则和技术文件是系统的、全面的。这些法规、导则和技术文件具有以下一些特点。

（1）IAEA的《老化与寿命管理导则》指导性强、可操作性弱。

（2）IAEA的《老化与寿命管理导则》能够把握住重点，将有限的资源更有效地利用，从而使老化管理的效果更加明显。

（3）IAEA的《老化与寿命管理导则》所述的老化管理方法和措施能够进行自我更新、完善，保证这些方法和措施的持续有效性。

（4）IAEA的《老化与寿命管理导则》给出的方法非常注重审查，以确保自身的有效性。

2 美国老化管理技术体系

2.1 老化管理现状

美国是开展核电厂老化管理研究，并且实施核电厂老化管理和延长运行寿命较早的国家。早在1982年，美国NRC就提出了核电厂老化效应研究的一揽子计划[1]。经过近十年的研究，NRC在1991年12月颁布了10 CFR Part54，针对核电厂执照更新建立了程序、准则和标准。此法规颁布后，NRC和工业界又开展了大量相关研究，在1995年5月，对这个法规做了重大修改，重点就是核电厂结构和设备的老化和延长运行寿命方面的考虑。之后陆续又有一些小的修改。与之相配套，NRC发布了管理导则RG1.188（《核电厂运营执照更新申请的标准格式和内容》）和相应的NUREG－1800（《核电厂执照更新申请的标准审查大纲》），2001年这两个文件还进行了升版。另外NRC对执照更新申请建立了一整套申请程序文件要求、时间要求、现场检查及听证等制度。

美国核电工业界和核电管理部门在核电厂建设运营初期就执行了以下3条基本准则，以确保核电厂在其使用期内能够安全运营。

（1）确保核电厂在运行期限内的安全裕量不能降低。

（2）确保核电厂中的SSCs不会失效。核电厂的可靠性由最坏运行SSCs的情况来决定。为了避免失效，必须具备相应的技巧、知识和经验来发现即将到来的失效，从而采取及时的纠正措施。

（3）确保核电厂中可能存在的老化机理被充分研究并理解。例如，当核电厂材料显示受到应力作用时，应该能够确定此材料的行为。老化机理方面的知识可以有助于在适当的时间将注意力集中在适当的位置，从而能够为正确寻找退化的位置提供必要的信息，进而能为制定有效缓解老化现象的措施或消除核电厂中的不安全操作提供必要的帮助。

在美国，随着核电厂老化管理的发展，产生了很多与老化管理计划相关的工业和政府组织。这些重要的组织中，工业组织包括：美国电力研究院（EPRI）、核电运行研究所（INPO）、核能研究所（NEI）、沸水堆业主组织（BWROG）、西屋业主组织（WOG）等；政府组织包括：美国能源部（DOE）、美国核管会（NRC）。

在美国，参与老化管理计划相关项目研究的组织机构较多，主要有EPRI、INPO、NEI、DOE、NRC五大组织，它们在老化管理计划的相关项目研究中发挥了各自的作用。

（1）EPRI的老化研究

EPRI研究的对象是电力工业，它率先建立了延寿试验工厂和示范项目。它的研究为核电企业提供了初步的技术和动力，促使它们重视核电厂的延寿，并将其作为一个长期发展的策略。EPRI的老化研究计划建立起了基础的老化评估技术和老化管理准则。该计划涵盖了机械、电力等行业中需要评估老化效应的结构部件。

EPRI 和各个核电工业组织合作出台了设备老化的相关产业报告，提出了机械、电力及结构部件等方面的老化管理计划，并将其提供给核电企业使用。同时，对核电厂非安全相关的部件的老化管理也开展了类似的研究工作。EPRI 发起了一项预防性的基础维修工程，这项工程在如何最优地执行维修和老化管理计划方面提供了行业参考。

（2）INPO 维修管理指南的制定

INPO 对非安全相关的 SSCs 的老化管理计划进行了研究，制订了统一的维修管理实施程序和维修可靠性计划，编修了名称为《设备可靠性描述》（AP-913）的维修管理指南，其内容包括预防性维修基础、寿命周期管理计划以及维修可靠性计划。

（3）NEI 老化指南的制定

NEI 的老化指南，即《执行许可证更新条例的工业指南》（NEI-95-10）是用来帮助核电企业进行执照更新申请的指导性文件，为核电企业提供了可行的方案来满足 NRC 的许可证更新条例的要求。这个文件是动态的，持续进行更新，其更新的依据为 NEI 对核电企业在许可证更新过程中的经验做的总结。NEI 一直是核电工业组织和 NRC 合作的焦点，当新的延寿或老化管理事件出现时，NEI 总是充当核电工业界的发言人。

（4）DOE 的老化研究

DOE 负责国家的长期能源计划，DOE 支持了很多 EPRI 计划，包括机械、电力及结构设备退化老化方面的内容。DOE 所做的工作还包括制定主要系统、结构和部件的老化管理指南及资助美国的橡树岭国家实验室进行的老化研究。

（5）NRC 的执照更新研究

20 世纪 80 年代早期，NRC 开展了一个题为"核电厂老化管理计划"的研究项目，该项目主要是研究与安全相关设备的老化降级，其中涉及的对象包括主动和被动系统、结构和部件，这个数百亿美元的计划，经历了将近 10 年，对 100 多个老化问题进行了研究，最终形成了 150 份技术报告。"核电厂老化管理计划"的研究结果为核电厂的验收提供了基本而具体的参照，也为许可证更新规则的制定，以及许可证更新活动的开展提供了依据。1991 年，NRC 采用了名为《核电厂操作许可证更新要求》的许可证更新规则，其中包含了若干程序、标准及核电厂操作许可证更新管理准则。这些内容都已被收录到美国联邦法规 10 CFR part54 中。此外，NRC 与核电工业界合作将这些规则应用到试验核电厂中，以评估这些规则的适用性及这些规则在执行过程中的有效性。

NRC 不仅制定许可证更新规则，而且做了很多与规则执行相关的事情，包括：①起草调整指南；②起草执照更新计划。

一般工业的技术老化情况综述根据核电工业界对《核电厂执照更新要求》的试用结果，NRC 对《核电厂执照更新要求》进行了修订，因为在核电厂运行初期就有许多老化效应要进行处理，同时，在制定的核电厂执照更新规则中并没有为现存的老化管理计划提供足够的支持，尤其是已应用于核电厂-老化管理的检修规则。修改后规则中的方法相对于最初版本更加简单、稳定，也更加具有可预测性。新规则将执照更新评估的焦点放在对被动的长寿命系统、结构和部件的老化管理上；强调的重点是控制老化的负面作用，而不是分析其老化效应。

经过核电厂数十年的商业运营，美国在核电厂老化管理方面获得了很多经验，并形成了一些有效的、被广泛认同的老化管理计划。NRC NUREG-1801《GALL 报告》对核电厂中成熟的老化管理计划进行了说明和评估，被视为有效的老化管理报告，可指导许可证更新规则所规定的 SSCs 的老化管理。

2.2 老化管理存在的问题

美国没有建立核电厂老化管理方面的标准体系，目前主要采取执照更新的方式进行核电厂许可证有效性的判定。NRC 最初颁发给核电厂 40 年的运营执照，但是根据美国《原子能法》的规定，允许核电厂业主申请执照更新，但一般为不晚于 20 年。在 1992 年 NRC 发布执照更新安全规定 10 CFR part54，后为建立具体的可执行导则，NRC 选择示范电站进行了执照更新申请审查工作的演练，根据演练的结果和经验，于 1995 年修订了 10 CFR part54。与核电厂的安全审查工作同步进行，根据《国家环境政策法案》的要求，NRC 制定了针对环境问题的审查规定 10 CFR part51。对于核电厂运营执照更新申请的安全审查，NRC 现已建立了一套完整的执照更新标准，主要文件包括：

(1) 10 CFR part54：《核电厂运营执照更新要求》；

(2) 10 CFR part51：《核电厂运营执照相关环境保护要求》；

(3) NRC NUREG－1800：《执照更新标准审查计划》；

(4) NRC RG1.188：《核电厂运营执照更新申请的标准格式和内容》；

(5) NEI 95－10：《执行执照更新法规 10 CFR part54 要求的行业导则》；

(6) NRC NUREG－1801：《GALL 报告》；

(7) NRC NUREG－1437：《核电厂执照更新环境影响声明》；

(8) NRC NUREG－1555：《核电厂环境审查标准审查计划》；

(9) NRC RG 4.2S1：《核电厂执照更新申请中环境报告补充要求》；

(10) NRC MCs：《检查手册》；

(11) NRC IPs：《检查程序》。

3 法国老化管理技术体系

3.1 老化管理现状

目前法国在老化管理方面还没有专门的法规，但在 10 年定期安全评审中要求对核电厂的老化情况做出评价。经 10 年定期安全评价，至 1997 年底，法国电力集团（EDF）已经更换了 7 个机组的蒸汽发生器和 24 个反应堆压力容器顶盖。另外 EDF 有一个寿命研究计划，其中最主要的就是核电厂的老化研究，已发表了不少有关材料老化的研究文章。

EDF 在 1986 年成立了一个部门，专门负责统筹、规划法国核电厂的老化和寿命问题，老化管理（包括专项报告等）结果需要定期由 EDF 向法国安全当局汇报，并进行审查。

法国核电厂的老化管理主要分为以下 3 个阶段：

(1) 老化敏感的 SSCs 的选择；

(2) 对专家判断、综合分析得出的 SSCs/老化降级机理进行审查，编写老化分析单；

(3) 制定重要敏感部件的老化管理专项报告。

截至 2009 年 2 月，已经出版 12 项 SSCs 的报告，这些 SSCs 包括：

(1) 反应堆压力容器；

(2) 堆内构件；

(3) 蒸汽发生器；

(4) 稳压器；

(5) 一回路冷却剂管道；

(6) 与一回路连接的辅助管道；

(7) 反应堆冷却剂泵；

(8) 反应堆厂房；

(9) 其他重要的厂房构筑物；

(10) 反应堆厂房电气贯穿件；

(11) 电缆；

（12）I&C 部件。

法国核电厂对于电厂的老化和寿命管理包括：

（1）定期安全审查（每 10 年一次），并提交审查结果给法国安全当局，内容包括期间的大修及关键 SSCs 的安全评估等；

（2）每 10 年对电厂进行一次全面检查，如水压试验、泄漏率试验、全面解体检查等；

（3）常规的运行和维护，定期收集重要的运行反馈，以及设备与构件的工艺老化检测等，实现高质量运行。

法国电厂通过维修、更换，改进核电厂安全水平、提高竞争力、进行老化管理。对于重大设备，如蒸汽发生器、主泵等，如何保证其在预期寿期内甚至延寿期内能够安全可靠经济地运行是电厂寿命管理中重点关注的问题。

3.2 老化管理存在的问题

法国没有核电厂老化管理相关的法规标准体系，也没有相关法规规定电厂的寿命，主要采用定期安全审查的方式重新判定运行许可证的有效性。

4 中国老化管理技术体系

4.1 老化管理现状

我国核电老化管理标准体系分为国家核安全局颁布的法规、导则及各行业的标准，包括国标、核工业标准和国家能源局推荐性计划标准[2]。通过图 3 可以看出，我国核电老化管理导则主要借鉴了 IAEA 核电老化管理框架。

我国还结合了其他国家老化管理和审查标准的方法，如核电厂每 10 年进行定期安全审查，其中包括老化要素。到目前为止，包括秦山一期、大亚湾、岭澳、田湾等核电站分别组织了定期安全审查，并向国家核安全局提交相关报告。

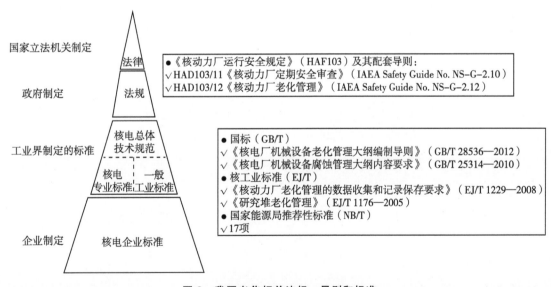

图 3　我国老化相关法规、导则和标准

4.2 老化管理存在的问题

我国于 2012 年颁布的《核动力厂老化管理》（HAD103/12）是我国核电厂老化管理纲领性的规范文件，但是该导则只是纲领性的导则，HAD103/12 的实施还需要更多的技术文件来补充完善，以指导运营单位进行有效的老化管理，指导监管单位进行有效的老化审查。

我国的核电标准形成基本是采取将国外标准转化的路线，并且由于我国堆型较多，形成了几套标准并存，但现有标准不统一的局面。所以对于老化管理标准和后续技术文件的制定存在一定的困难。

参考文献：

［1］ U. S. NRC. Status of license renewal applications and industry activities ［R］. Washington DC：U. S. NRC，2019.

［2］ 申森. 核电厂老化管理和延寿的现状 ［J］. 核安全，2003（2）：45－47.

Study on aging management system of pressurized water reactor nuclear power plant in the domestic and overseas

CHEN Zi-xi，LIU Jing-bin，ZHANG Qi，KONG Jing，ZHANG Ju

（Nuclear and Radiation Safety Center，Beijing 102400，China）

Abstract：Nuclear power plant aging management refers to a series of technical and administrative means to monitor and control the aging of nuclear power plant structures, systems and components to prevent their failure caused by aging, so as to improve the safety and reliability of nuclear power plants. Early stage, life management of nuclear power plants was only concerned with prolonging the life of nuclear power plants in a general sense, mainly through reviewing the service status and aging of nuclear power plants, and taking maintenance measures to extend the service life of nuclear power plants. In recent years, the scope of life management of nuclear power plants has gradually expanded. In addition to ensuring that the service life of nuclear power plants can be extended from a technical point of view, appropriate measures should be taken to reduce nuclear leakage and nuclear waste, and improve the power capacity.

Key words：Aging；Life extension；Management system

编码器疲劳考核用烘箱的设计

吴海峰

（核工业第八研究所，上海　201800）

摘　要：编码器被广泛应用于需要精准确定位置及速度的场合，如机床、机器人、电机反馈系统及测量和控制设备等。然而它也存在焊点易失效的问题，起因主要有热功率循环、PCB 弯曲振动、冲击。由于热疲劳失效是焊点失效的主要因素，所以关于焊点可靠性的很多研究都发生在热疲劳失效上，故需使用烘箱来对编码器进行热疲劳考核。在对编码器疲劳考核过程中，由于编码器体积小、数量大，使用普通烘箱不能准确而快速地对一批编码器疲劳考核做出判断，给编码器疲劳考核带来很大的不便，因此需要设计一种特殊的加热烘箱来满足需求。

关键词：编码器；热疲劳；失效；考核

编码器[1]（Encoder）是一种用于运动控制的传感器。它利用光电、电磁、电容或电感等感应原理，检测物体的机械位置及其变化，并将此信息转换为电信号后输出，作为运动控制的反馈，传递给各种运动控制装置。编码器运用十分便利、广泛，它不容易受停电的干扰及影响，设备运行效率十分高，它是一款高效、操作简单的设备。其中光电编码器在现代电机控制系统中常用以检测转轴的位置与速度，是通过光电转换将输出轴上的机械几何位移量转换成脉冲或数字量的高精度角位置测量传感器[2]。南钢炼铁厂 5 座高炉采用料车上料，单圈绝对型编码器替换料车主令控制器，实现了高炉上料料车整个行程的数字化[3]。

从各种编码工具的分析中可知，应在编码效率和实现复杂度之间做出好的选择[4]。往往实际信源输出的消息是时间或空间上的一系列符号，如电报系统，发出的是一串有无脉冲的信号，可分别用 0 和 1 两个数字来表示[5]。编码器是一个精密的测量元件，本身密封很好，但在使用环境要求上和拆装时要与光栅尺一样注意防震和防污[6]。判断编码器是否损坏最简单的方法就是按正确的接线接好，如果 AB 没有脉冲输出就证明坏了。但要知道编码器的疲劳寿命需要对编码器进行热疲劳考核。

1　总体设计要求

1.1　烘箱的设计要求

（1）温度控制 70 ℃±5 ℃，满足 24 小时加热使用要求；

（2）炉膛尺寸满足一个移动小车放置 20 盘（600 件）编码器的要求；

（3）烘箱具备两重温度保护功能，运行时间结束后可自动断电；

（4）为满足小车移动，烘箱结构为落地式，加热系统置于顶部，双开门；

（5）烘箱外形简洁，控制部分选用行业评价高的元器件，布置相应的快速接头接口，使用简便，容易维护。

1.2　配套移动小车的设计要求

（1）小车结构为 10 层的隔架，每层隔架高度约 150 mm，每层放置两个托盘；

（2）移动小车安装脚轮，可自由移动，小车选材需能满足烘箱环境中使用。

作者简介：吴海峰（1977—），男，大学本科，工程师，现主要从事装备研发、工装夹具等科研工作。

1.3　接插件的使用要求

（1）在每个编码器的托盘边上设置一个快速接头，快速接头与托盘内的编码器进行可靠有效的连接，能耐烘箱长时间加热；

（2）将每个快速接头引线至烘箱侧面的控制系统接线端子处，并且连接线能耐烘箱长时间加热；

（3）烘箱内布置接插件，一端与测试的编码器连接，另一端与检测仪器连接。

1.4　其他零件要求

每个编码器的电流为 0.06 A，每个托盘放置 30 件编码器，即每个接插件满足 1.8 A 电流使用要求，所有编码器共有电流 36 A，接线端子和连接线必须满足使用要求。

2　具体设计方案

2.1　烘箱的设计

如图 1 至图 4 所示，烘箱采用落地式结构，外形尺寸为 880 mm×1780 mm×2095 mm（具体尺寸以实物为准，顶部的鼓风电机高度未包括，可拆卸），考虑到合理利用有效空间，烘箱加热系统安排在上部，烘箱内部两侧面一侧进风，另一侧回风，保证烘箱内部均匀受热，温度均匀性好。在炉膛内部布置 20 个快速接头，每个快速接头对应一盘编码器，便于使用。所有的连接线均用铁氟龙耐高温电源线，可耐温 200 ℃，并通过金属的穿线管，做到连接线不外露，既美观整洁，也可以提高安全性与实用性。在烘箱左侧布置观测窗口，用于观测保险丝是否正常，将 20 组连接线集中在这一区域，与检测设备连接后，便于日常使用时观测检测结果。工作人员只需要通过观测窗口查看信号灯的变化情况。如有变化，烘箱会发出报警信号，提醒工作人员按照规程采取相应的措施。

烘箱的电源要求三相 380 V，总功率为 3 kW，从室温加热到 70 ℃工作温度时间约为 30 min，顶部布置两台鼓风电机，与外界的换风口布置在顶部和右侧，烘箱左侧为控制系统，采用逻辑电路控制，元器件选用行业评价高的品牌产品，单一温度设置加热，烘箱仅可设置控制温度与加热时间，无程序自动控制功能，完成加热后自动切断设备电源。烘箱内的电源线和连接线需按照功率和电流的使用要求选择相应型号（图 1）。

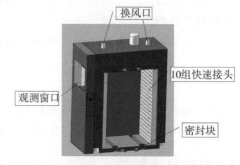

图 1　烘箱示意

在烘箱的背部布置电源插座，提供 220 V 电源，按照通用插座配置（如有特殊要求需提前说明）提供给外部检测设备使用（插座电源是否和烘箱电源同时开关，可根据用户要求配置）。

图 2　烘箱示意（烘箱正面）

图 3　烘箱示意（烘箱背面）

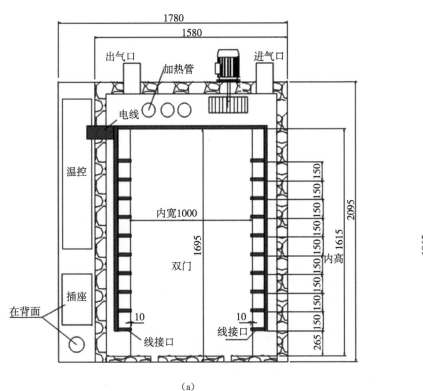
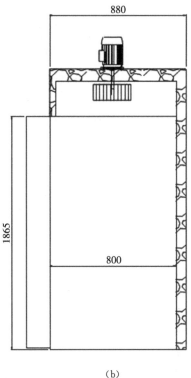

（a）   （b）

图 4　烘箱尺寸简图

（a）正面结构图；（b）侧面结构图

烘箱的主要元器件品牌清单如表 1 所示。

表 1　主要元器件品牌清单

序号	名称	品牌
1	温度控制器	RKC 或同等品牌
2	超温保护器	RKC 或同等品牌
3	温度传感器	AZBIL 或同等品牌
4	断路器	Scheider 或同等品牌
5	交流接触器	Scheider 或同等品牌
6	电加热管	SAKAGUCHI 或同等品牌
7	快速接头	NITTO 或同等品牌
8	按钮	omron 或同等品牌

2.2　移动小车的设计

如图 5、图 6 所示，小车均布 10 层隔架，总高约 1556 mm，每层高度 150 mm，每层放置两个托盘，托盘从正面放入小车的隔层中，增加防止托盘坠落的机构，每层隔架采用网孔板。小车安装脚轮，可自由移动，在平地上能正常推行，把手设计为脱卸式，小车选材能满足烘箱环境中使用。

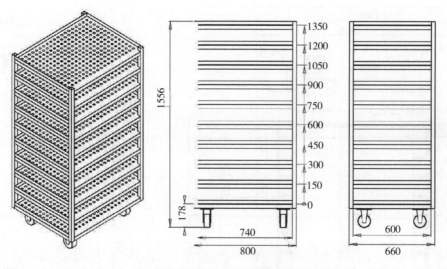

图5　移动小车尺寸

图6　移动小车示意

2.3　烘箱使用模拟

操作人员将每个托盘的编码器安装好后，依次放在小车上，20个托盘放满后，将小车推入烘箱内（图7），操作人员将小车上连接编码器的接头与烘箱上的接头连接，启动烘箱加热，打开检测设备，开始编码器的检测。

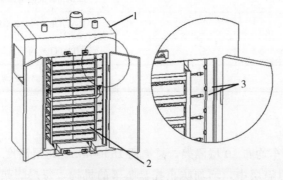

1—烘箱；2—小车；3—接头

图7　烘箱使用效果

在检测过程中，工作人员只需要通过左侧的观测窗口（图 8）查看信号灯的变化情况，如有变化则按照规程采取相应的措施。

图 8　烘箱使用效果

完成检测后，烘箱自动切断电源，工作人员打开烘箱大门，解开小车上连接编码器与烘箱连接的快速接头，拉出小车，完成一批编码器的检测。

以此往复，开展下一批产品的检测，便能高效、便捷、可靠地开展编码器质量检验。

3　结论

编码器作为传感器的一种，在控制系统中起着信号采集的作用，特别是在测量速度、角度、位置等方面，其准确性和稳定性大大提高了系统运行质量。但是编码器在运行时会产生一定故障，焊点失效是导致编码器在运行时产生一定故障的重要因素，故在安装编码器之前需要对制造完成的编码器进行疲劳考核，确定编码器能有一定的使用寿命。本文设计的编码器疲劳考核烘箱的结构和功能非常适合对编码器做疲劳考核测试。

参考文献：

[1] 樊昌信，曹丽娜. 通信原理 [M]. 6 版. 北京：国防工业出版社，2009.
[2] 郭帅，栾一秀. 测井中光电编码器原理及常见故障分析 [J]. 内江科技，2011，6：107 - 176.
[3] 王春江，周政. 双编码器控制炼铁高炉料车运行 [J]. 自动化技术与应用，2011，30 (7)：89 - 106.
[4] 刘进锋，王居川，徐虹. H. 264 编码器复杂度分析 [J]. 宁夏工程技术，2005，4 (4)：337 - 342.
[5] 陈运. 信息论与编码 [M]. 北京：电子工业出版社，2012.
[6] 云刚，董永东，李磊. 关于设备编码器的作用 [J]. 城市建设理论研究，2014 (22)：5993.

Design of oven for fatigue assessment of encoder

WU Hai-feng

(The Eighth Research Institute of Nuclear Industry, Shanghai 201800, China)

Abstract: Encoders are widely used in situation requiring precise positioning and speed, Such as machine tools, robots, motor feedback systems and measurement and control equipment, etc. However, it also has the problem of easy failure of solder joints. The main causes are thermal power cycle, PCB bending vibration and impact. Because thermal fatigue failure is the main factor of solder joint failure, so a lot of research on solder joint reliability occurs in thermal fatigue failure. Therefore, it is necessary to use oven to evaluate thermal fatigue of encoder. In the process of fatigue assessment of encoder, because of the small volume and large quantity of encoder, Fatigue assessment of a batch of coders cannot be accurately and quickly judged by using ordinary ovens. It brings great inconvenience to the fatigue assessment of encoder, so it is necessary to design a special heating oven to meet the needs.

Key words: Encoder; Thermal fatigue; Failure; Assessment

核电厂蒸汽发生器管子支撑板方孔对流场分布的影响

邱桂辉，任红兵，朱　勇，姜　峰，周　鹏，张凯歌，段远刚

（深圳中广核工程设计有限公司，广东　深圳　518172）

摘　要： 管子支撑板管廊方形开孔的设置将会影响蒸汽发生器管束区的局部流场分布，从而对传热管的流致振动及微振磨损行为产生影响。本研究针对某型号蒸汽发生器管子支撑板管廊分别采用方形开孔和圆形通孔设计的管束区进行了两相流热工水力数值分析，分析了方形开孔和圆形通孔设计对局部流场的影响，并针对方形开孔条件下的典型传热管流致振动行为进行了分析评价。分析结果表明，管子支撑板下表面可能存在较大的横向冲刷速度，方形开孔的存在使得管子支撑板下表面出现较大的横流动能。因此，本研究形成的方法可用于带方形开孔周边传热管的设计和服役行为评价及预测。

关键词： 蒸汽发生器；管子支撑板；管廊开孔；三维热工水力；流致振动

蒸汽发生器作为一二回路的枢纽，在核反应堆系统中起着重要的作用。它的主要功能是把一回路的热量传递给二回路给水，同时承担一回路的承压边界。由于蒸汽发生器二次侧发生沸腾换热和两相流动，在长时间运行过程中容易出现传热管的振动、磨损、疲劳、腐蚀、结垢以至破裂，影响蒸汽发生器的安全可靠性。实际运行经验也表明，与蒸汽发生器有关的事故在核电厂事故中居首要地位[1]。

为方便对核电厂蒸汽发生器二次侧传热管束进行在役检查和泥渣冲洗，在早期的蒸汽发生器设计中，通常在管板二次侧表面上方设置检查孔和手孔，但第一块管子支撑板到管束弯管区之间的承压壳体上未设置检查孔，在役期间对该区域的管束及管子支撑板进行检查和清洁的难度较大[2]。在一些三代核电堆型的蒸汽发生器设计中，在第一块管子支撑板和管束弯管区之间的承压壳体设置了若干检查孔，并且在管子支撑板管廊设置了方形开孔[3]，以方便在役期间检查管束表面清洁状态和泥渣冲洗，并取出可能存在的外来物，有利于改善传热管的服役状态。

管子支撑板管廊方形开孔的设置将会影响蒸汽发生器管束区的局部流场分布，从而对传热管的流致振动及微振磨损行为产生影响。本文针对某型号蒸汽发生器管子支撑板管廊分别采用方形开孔和圆形通孔设计的管束区进行了两相流热工水力数值分析，分析了方形开孔和圆形通孔设计对局部流场的影响，并针对方形开孔条件下的典型传热管流致振动行为进行了分析评价。

1　计算方法

本文针对的模拟区域如图 1 所示，包括管板上表面、管束套筒内壁和套筒顶部围合成的区域。管束区内有传热管束、管子支撑板、防振条、管板、管束套筒等部件[4]。蒸汽发生器具有轴对称性，因而在本数值模拟中只需要对半个蒸汽发生器进行建模。

本文采用 GENEPI 软件对管束区的三维两相流动和沸腾传热进行数值模拟[5]。GENEPI 是由法国原子能委员会（CEA）开发的一款蒸汽发生器管束区三维热工水力计算软件。GENEPI 软件将传热管束、管子支撑板、防振条等内部结构对蒸汽发生器的影响考虑在内，在结构所在的位置定义一个和结构形状相同的几何区域，在这个几何区域内赋予相应的物理参数来模拟结构对周围流体的影响，实现对这些结构的建模。管子直径、壁厚、节距等几何参数用于管束区域孔隙率的计算。管子支撑板三叶梅花孔的流通区域面积和周长用于等效水力直径和流通面积比的计算，并进一步用于计算该区域的局部阻力系数。

作者简介：邱桂辉（1984—），男，大学本科，高级工程师，现主要从事核电厂蒸汽发生器研发设计工作。

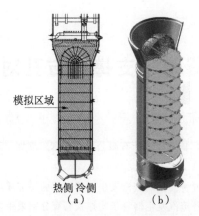

图1 管子支撑板管廊带方孔的管束区

(a) 模拟区域示意；(b) 管束区模拟区域三维示意

在蒸汽发生器管子支撑板设计中，管廊区设置了通孔，以降低支撑板对两相流体流动的阻力。图2为管廊区域设置圆形通孔和方形开孔的管子支撑板结构对比。本文为方便设计分析对比，使管廊区方形开孔和圆形通孔的流通面积相同，只是开孔方式不同。

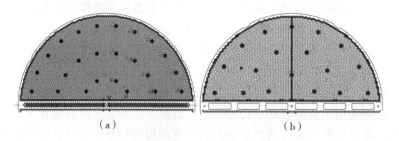

图2 管子支撑板管廊圆形通孔和方形开孔

(a) 圆形通孔；(b) 方形开孔

图3是GENEPI软件建立的半个管子支撑板几何结构模型。中间为管束的管廊区域；边缘区域为管子支撑板的金属密封区，该处没有水流通过；其他区域为管束区，传热管从该区域穿过管子支撑板。通过定义管子支撑板的方形开孔或圆形通孔的几何位置、等效水力直径、流通面积比、厚度等重要参数，可使用半经验公式计算管廊区域的局部阻力系数。

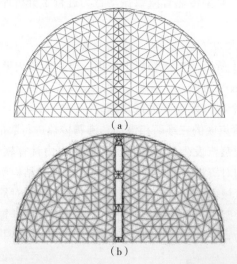

图3 管廊圆形通孔和方形开孔的半个管子支撑板模型

(a) 圆形通孔；(b) 方形开孔

图 4 为防振条、管束和管子支撑板的组合，在计算模型设置中需对各几何区域赋予相应参数，以表征几何结构的阻力系数、换热面积等。

（a）　　　　（b）

图 4　管束及支撑组件建模

（a）9 块管廊方形开孔管子支撑板组合；（b）防振条、管束和支撑板的组合

对管板、管束套筒围合的几何区域进行三维六面体网格划分（图 5），在管子支撑板、管廊边缘和套筒边缘的位置进行了适当网格加密，以便在这些区域得到更好的模拟结果。

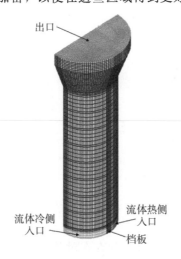

图 5　分析区域网格划分和边界条件

在网格的不同表面设置边界条件，如套筒顶部为压力出口边界、套筒和管板表面之间的开口为二回路流体进口边界、管板二次侧表面及管束套筒的内表面为壁面边界条件。

将图 4b 的几何结构建模和图 5 的网格划分进行组合，形成了图 6 所示的结构模型，并完成多孔介质模型孔隙率的计算。

图 6　内部结构和网格的结合

2 计算结果与分析

2.1 管束区流场分布对比

带方形开孔和圆形通孔的管子支撑板的管束区二次侧流场分布如图7和图8所示。从图7可以看到，纵向截面上管子支撑板的3个方形开孔结构对流体流速分布产生了明显的影响，方形开孔的中心处流速较大，开孔边缘的非流通区域流速较小，圆形通孔的模型流速分布呈现逐渐变化现象。从图8可以看到，管廊金属区域、支撑板周边金属区域的流体速度明显低于支撑板管子开孔区域、方形开孔区域，而圆形通孔结构的整个管廊区域的流体速度呈均匀分布。

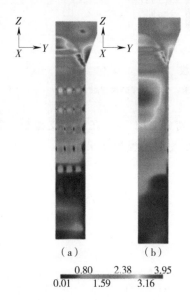

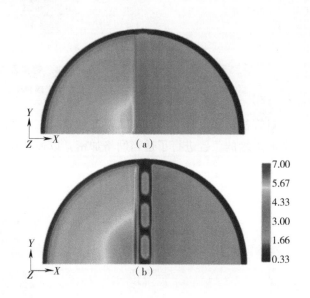

图7　纵向截面速度场
(a) 方形开孔；(b) 圆形通孔

图8　$z=6.62$ m 处横向截面速度场
(a) 圆形通孔；(b) 方形开孔

2.2 管廊区周边管子的流速对比分析

根据上述流场分布，可见管廊区方形开孔的存在对其附近的管子流速分布产生影响，从而影响传热管的流致振动行为。本文提取了靠近管廊方孔处的5根管子进行对比分析，分别为C1R2、C1R34、C1R42、C1R58（C表示列，R表示行），管子位置示意如图9所示。

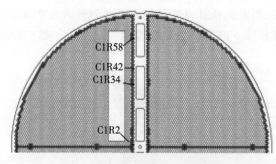

图9　管廊区周边管子位置示意

从图10可以初步看到，在传热管热端（0～9 m），两个模型沿管子长度方向上的横向流速分布及变化规律相近。在传热管弯管区（9 m附近），传热管弯曲到水平方向，流体横向冲刷弯管区域，横向流速急速增大。在传热管冷端（9～18 m），在管子支撑板位置上方形开孔模型的横向流速都比圆形通孔模型大许多，且呈现比较规律的分布。仔细观察速度分布图，还可以看到方形开孔模型中冷端的横向流速峰值都在管子支撑板的下表面，这说明管子支撑板下表面可能存在较大的横向冲刷速度，方形开孔的存在使得管子支撑板下表面出现较大的横流动能，需要重点关注该横向速度对传热管流致振动的影响。

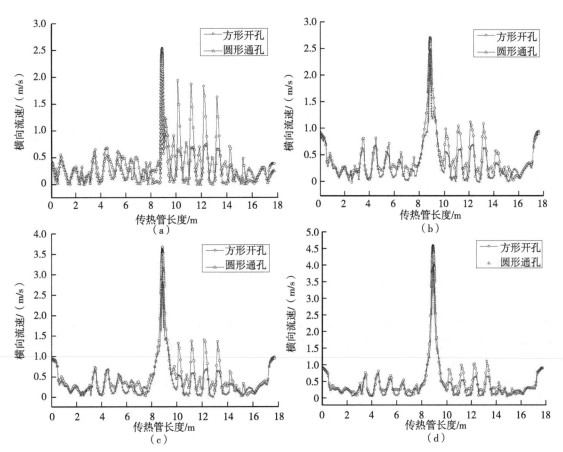

图 10　管廊区周边管子沿长度方向上的横向流速分布

(a) C1R2；(b) C1R34；(c) C1R42；(d) C1R58

2.3　传热管流致振动及微动磨损分析

为防止流致振动对传热管造成破坏，本文针对方形开孔周围的 C1R2、C1R34、C1R42、C1R58 传热管的流弹失稳、湍流振幅、微振磨损行为进行了分析[6]。

根据管廊区附近传热管提取的热工水力数据，分析得到了流弹不稳定率、湍流振幅、微振磨损行为计算结果（表1）。

表 1　方形开孔周围传热管流致振动计算结果

管子编号	最大流弹不稳定率	湍流均方根振幅/μm	最大磨损壁厚百分比	最大振动应力幅值/MPa
C1R2	0.194	1.08	<1%	5.06
C1R34	0.235	1.61	<1%	5.65
C1R42	0.219	1.20	<1%	7.60
C1R58	0.251	2.77	<1%	13.08

由表1可知，蒸汽发生器管廊区附近传热管最大流弹失稳率为 0.251，小于设计限值（0.75），

传热管无发生流弹失稳的风险且具有较大安全裕量；各个传热管直管段最大磨损壁厚百分比均小于1％，远小于设计限值（40％），说明支撑板位置开方形孔仅对轴向流速产生影响，而影响传热管磨损的主要因素是横向管间流速，传热管在直管段不会发生过量磨损且具有较大的安全裕量；传热管的最大振动应力幅值是 13.08 MPa，远小于传热管 690 合金材料对应的高周疲劳极限（100 MPa），所分析的传热管不会发生因流致振动导致的高周疲劳破坏。

3　结论

（1）本文分别开展了管子支撑板采用方形开孔和圆形通孔设计的管束区三维两相流热工水力数值分析，分析了方形开孔和圆形通孔设计对局部流场的影响。

（2）在传热管冷端，管子支撑板方形开孔周边传热管的横向流速高于圆形通孔对应的传热管，且传热管横向流速峰值在管子支撑板的下表面，管子支撑板下表面可能存在较大的横向冲刷速度，方形开孔的存在使得管子支撑板下表面出现较大的横流动能。

（3）根据管廊区附近传热管提取的热工水力数据，进行了传热管流致振动分析，分析结果表明，管廊区附近传热管的流弹不稳定率、湍流振幅、微振磨损行为在设计允许范围内。

参考文献：

[1] Steam generator reference book，Revision1 [Z]．Electric Power Research Institute，1994.

[2] 刘一博，张高剑，杨津瑞，等．蒸汽发生器流量分配板至第一支撑板泥渣冲洗技术研究及应用 [J]．中国核电，2018，4：498-500

[3] 孟剑，徐金康．AP1000 反应堆蒸汽发生器的设计特点 [J]．发电设备，2015，29（1）：35-39.

[4] 莫少嘉，盛朝阳，任红兵，等．CPR1000 蒸汽发生器二次侧三维稳态热工水力分析 [J]．原子能技术，2015，49（7）：1227-1231.

[5] BELLIARD M．Multigrid preconditioning of steam generator two-phase mixture balance equations in the GENEPI software [J]．Progress in computional fluid dynamics，2006，8：459-474.

[6] 朱勇，秦加明，任红兵．基于 ANSYS 的蒸汽发生器传热管流致振动分析程序 [J]．核动力工程，2014（4）：17-20.

Impacts of square hole of tube support plate on flow field distribution of steam generator in nuclear power plant

QIU Gui-hui, REN Hong-bing, ZHU Yong, JIANG Feng,
ZHOU Peng, ZHANG Kai-ge, DUAN Yuan-gang

[China Nuclear Power Design Co., Ltd. (Shenzhen), Shenzhen Guangdong 518172, China]

Abstract: The local flow filed distribution in the Steam Generator (SG) tube bundle will be affected by square hole setting in the tube-lane of tube support plate (TSP), and the flow-induced vibration and fretting wear behavior of tubes are affected. Thermal hydraulic analysis of two-phase flow in the tube bundle are of a certain type of SG TSP with square hole and small round hole design respectively is carried out in this paper, Influence of square hole and small round hole design on local flow filed distribution is analyzed, the flow-induced vibration analysis and evaluation of typical tubes are carried out. The analysis results show that, the lower surface of the tube support plate may have a large transverse velocity, and the existence of square holes makes the lower surface of the tube support plate have a large transverse flow kinetic energy. Therefore, the method developed in this study can be used for the design and in-service behavior evaluation and prediction of heat transfer tubes with square openings.

Key words: Steam generator; Tube support plate; Tube lane opening hole; Three-dimensional thermal hydraulic; Flow-induced vibration

Impacts of square hole of tube support plate on flow
field distribution of steam generator in nuclear power plant

核反应堆热工流体力学
Thermal Hydrodynamics of
Nuclear Reactors

目　　录

基于 CFD 方法的钠冷快堆绕丝组件的
流动传热特性数值研究

肖延宾，吴明宇，吴宗芸，关则钏

（中国原子能科学研究院，北京　102413）

摘　要：液态金属冷却快堆常使用螺旋绕丝作为燃料棒束的定位部件，螺旋绕丝除了固定作用外还具有加强子通道扰动、强化换热等作用，这些特性对于燃料组件内部流动温度特性和堆芯系统的安全性有十分重要的影响，因而有必要对带绕丝燃料棒束通道的流场分布，边缘通道及其内部通道的横、轴向流动，环流及涡流等流动特征，局部温度场，出口温度分布特征进行深入研究。在实际研究中，直接开展热工水力特性实验存在成本高、难度大且危险性高等问题。本文采用 CFD 精细化仿真技术对带绕丝的 7 根棒束进行研究，使用 Fluent Meshing 划分高质量多面体非结构化网格，利用 ANSYS Fluent 进行数值模拟，研究带绕丝棒束的存在对于流场和局部温度场分布的影响，形成成熟可靠的模拟实验方案，对 CFD 模拟得到的温度变化曲线与横向交混现象进行了研究，探究了边通道、内通道、角通道的出口温度差异，以及由于绕丝存在产生的通道间的对流换热特性。

关键词：绕丝棒束；CFD；燃料棒束；钠冷快堆；热工水力

1　研究现状

钠冷快增殖堆（简称"钠冷快堆"）具有较好的固有安全性和可靠性，是未来可以代替热中子反应堆、满足人类长期能源需求的重要堆型。钠冷快堆可以使得铀资源利用率达到 $60\%\sim70\%$。钠冷快堆中经常使用螺旋绕丝缠绕在燃料棒包壳外部，螺旋绕丝对于燃料棒束具有加强子通道搅浑、强化换热等作用，这些特性对于组件内部温度场和流场的分布具有很大的影响作用，进而影响到堆芯系统的安全性和经济性。因此，许多研究人员开展了对于带绕丝钠冷快堆燃料棒束的流场分布及其在不同种类通道中的横、轴向流动特征，绕丝局部温度场，棒束热点分布的研究。燃料棒束绕丝组件的研究方法主要有实验、子通道计算分析和三维数值模拟。由于液态金属钠不透明，与水会发生剧烈反应、造价高昂，所以实验存在成本高、难以观测且危险性高等问题。二维子通道程序计算速度快、计算范围大，可实现全堆芯计算，但是子通道程序将计算的最小尺度控制在由燃料棒间隔开的许多单个子通道中，将子通道径向分为几十段，每一个子通道中的温度、压力、流量都取平均值，无法显示更为细节的微小扰动影响。同时，子通道程序需要大量的依靠实验得到的经验公式，针对实验数据不够丰富的堆芯无法保证计算精度。

针对上述问题，同时随着近些年计算机以及超算技术的快速发展，三维 CFD 技术利用大量高质量网格对于钠冷快堆燃料棒束绕丝组件模拟计算便成为可能。CFD 计算技术可以提供更为精细的三维组件内热工水力数据，对于减少和避免使用经验公式、半经验公式、大安全裕度的保守假设，以及降低实验成本等起到了重要的作用。

Ahmad 等[1]使用雷诺时间平均模型（Reynolds Averaged Navier Stokes，RANS）分析了绕丝对冷却剂流动的影响，发现绕丝能使冷却剂的交混更加充分。Merzaria 等[2]对 7 燃料棒束绕丝组件开展了大涡模拟（Large Eddy Simulation，LES）和 RANS 研究，发现 $K-\omega$ SST 湍流模型的计算结果与

作者简介：肖延宾（1999—），男，硕士研究生，现主要从事反应堆热工水力等科研工作。

LES 的结果最接近。Jeong 等[3] 将 CFD 模拟结果与粒子图像测速法（Particle Image Velocimetry, PIV）的实验数据进行了对比，为 CFD 提供了横向速度基准验证数据。Liu 等[4] 研究了流道结构对流量分配的影响，发现采用更小外圈内径的绕丝和减小对边距可以对不同子通道中的流量进行重新分配，能使出口温度分布更加均匀。范旭凯[5] 基于非结构化网格对 CiADS 燃料组件进行 CFD 模拟，发现了子通道间隙横向速度特性的周期性。

本文将基于 Fluent Meshing 的非结构化多面体网格技术和三维高精度 CFD 方法对钠冷快堆 7 燃料棒束绕丝组件开展研究，分析绕丝结构的存在对流动特性的影响，基于更为准确的计算结果对带绕丝燃料棒束特性进行分析，同时可为钠冷快堆燃料组件热工水力设计与分析提供参考。

2 绕丝燃料棒束通道数值模拟

本文计算对象为中国实验快堆（CEFR）的堆芯组件，CEFR 中共有 81 盒燃料组件，每盒燃料组件有 61 根三角形排列的燃料棒，组件盒为正六边体，绕丝顺时针缠绕在燃料棒束上。对单组件 CFD 计算而言，单组件棒束的网格划分数量达到千万级别，参考相关文献，许多研究者[6] 的实验证明，7 根燃料棒束的组件可以基本代表完整燃料组件盒内的流动和传热特性，同时又能把网格数目控制在可以接受的百万级别，这样可以兼顾计算速度和计算精度。由于绕丝结构产生的流场和温度场变化随着绕丝发展存在周期性变化，单个绕丝螺距即可显示绝大部分的绕丝干扰规律，因而针对燃料组件活性区单螺距范围内开展计算即可达到模拟目的[7]。因此为了节省计算成本，加快实验模拟速度，本文仅对于实验快堆 7 根带绕丝燃料棒束进行模拟。

2.1 燃料棒束流道模型建模

本文的几何模型采用 7 根棒束组成的快堆组件，模型基本几何参数：①燃料棒束直径 6 mm；②绕丝直径 0.95 mm；③绕丝螺距 100 mm；④CEFR 绕丝与燃料棒包壳为线接触，网格处理软件无法处理线接触，所以将绕丝嵌入燃料棒表面，以保证在不影响模拟结果的情况下进行有效建模与网格划分。

参考之前研究者[8] 的研究经验，我们选用绕丝与棒束外壳嵌入模型进行计算，模拟中将绕丝嵌入燃料棒表面 0.05 mm，选取的嵌入深度经过大量的不同深度嵌入程度分析实验得到。图 1、图 2 为绕丝棒束横截面、纵向示意，图 3 为绕丝实际模型与建模简化处理，图 4 为钠冷快堆单个螺距 7 根棒束绕丝组件抽取的流体域。

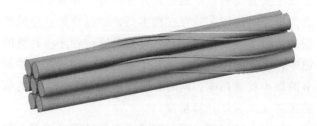

图 1　绕丝棒束横截面示意　　　　　　　　图 2　绕丝棒束纵向示意

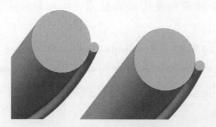

图 3　绕丝实际模型与建模模型

图 4   钠冷快堆单个螺距 7 根棒束绕丝组件抽取的流体域

2.2   网格划分

在 CFD 软件计算求解前，需要花费大量时间进行网格划分工作，对计算域进行的网格划分尺度与网格质量的好坏直接影响了计算精度与收敛速度。由于快堆燃料棒表面与绕丝之间存在狭长且不规则的流域，因而利用多面体网格可以生成针对该复杂结构的高质量网格划分。

本研究中采用 Fluent Meshing 软件进行非结构化多面体网格划分，实际模型中绕丝与燃料棒束存在线接触，为了便于网格划分，将绕丝嵌入燃料棒表面 0.05 mm。分成以下步骤进行网格划分：

（1）添加边界层，因为绕丝与相邻燃料棒之间存在毫米级别的间隙，因而采用增强壁面处理技术，在黏性底层即内包壳壁面和绕丝边界处添加精细网格，边界层第一层厚度 y^+ 需要在 1 左右，在本研究中雷诺数为 60 875.5，控制壁面 y^+ 满足条件，在边界层适用范围内，边界层厚度合理。

（2）设置网格质量参数：最大网格控制在 0.001 m，网格增长率为 1.2。

（3）划分流体域网格；Fluent Meshing 中网格质量监测显示整体网格质量满足计算要求，局部网格分布展示如图 5 和图 6 所示。

图 5   入口面网格分布

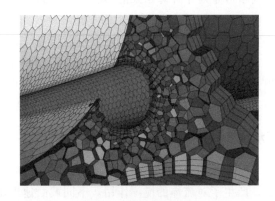

图 6   局部网格分布

2.3   边界条件和求解方法

数值模拟通常有直接模拟法（DNS）、大涡模拟法（LES）和雷诺时间平均模型（RANS），直接模拟法和大涡模拟法计算过程中需要强大的计算资源支撑。因而在实际模拟中通常使用网格数和计算量要求较低的 RANS 模拟，进而节约计算成本、提高计算速度。

在正常工况下钠冷快堆组件内的冷却剂流动呈现强迫流动、湍流状态，RANS 模拟中发现 Standard K-ω 模型计算结果与实验对比结果吻合性较好，因为 Standard K-ω 对于剪切应力具有较强的捕捉能力，也可以对充分发展流动进行较好的预测，因而本文选择 Standard K-ω 模型进行计算。Fluent 中默认的湍流普朗特数为 0.85，但是对于液态金属钠而言，热导率很高，普朗特数通常在 0.001~0.01 的范围内，而且湍流普朗特数是一个随着流场变化的函数，后续将开展工作完善这一步假设。

本文采用 RANS 进行模拟，采用确定的质量流量作为边界条件，采用 SIMPLE 算法进行求解。

Qin 等[9]和 Ranjan 等[10]经过相关实验表明，相对于燃料棒表面的热流密度。绕丝壁面换热量不到总体换热量的 5%，因而绕丝壁面设置为绝热壁面，外部套管边界设置为绝热壁面。

边界条件设置入口钠质量流量为 1.0 kg/s，入口液态金属钠温度 633.15 K，默认湍流强度 5%，出口边界固定表压 0 Pa。燃料棒束内置均匀加热棒，稳定工况下通过对流传给钠，固体壁面设置为无滑移壁面边界条件，模拟过程中只模拟燃料棒活性段部分，在参照实验数据的基础上合理假设燃料棒表面热流密度恒定为 1 800 000 W/m²，工作条件选择指定操作密度以考虑流体流动压力。

本文研究绕丝组件内的流动传热特性，选取的收敛误差为 10⁻³，模拟能够达到稳定收敛。

2.4 金属钠物性

选取文献公开发表的热物性参数如表 1 所示。

表 1 液态金属钠物性参数

液态金属钠物性参数（熔点 371 K，沸点 1155 K）	单位	参数值（适用范围为 371~1155 K）
密度 ρ	kg/m³	$945.3 - 0.2247\,t$
动力黏度 η	Pa.s	$0.1235 \times 10^{-4} \times \rho \times 1/3 \times e^{0.697 \times \rho/T}$
比定压热容 Cp	kJ/(kg·℃)	$1.4371 - 5.8063 \times 10^{-4}\,t + 4.6239 \times 10^{-7}\,t^2$
热导率 k	W/(m·℃)	$0.0918 - 4.9 \times 10^{-5}\,t$

注：式子中，t 单位为摄氏度；T 单位为开尔文温度。

2.5 网格敏感性分析

网格数量对于计算结果的影响很大，为了避免由于网格数量不足对结果准确性产生影响，针对不同网格数量开展网格数量无关系分析。

实验中，划分 3 种不同网格数量的网格，其中 case1 网格数量为 180 万个，case2 网格数量为 280 万个，case3 网格数量为 500 万个，比较 3 种不同网格数量的结果。模拟结果表明，case1 与 case2 结果相差较大，特别是相对于横向交混效应、横向速度变化规律差距较大，case2 与 case3 的结果分布趋势基本一致，因而可以认为 case2 情况下可以达到网格无关解。

3 水力特性研究

带有绕丝棒束通道内各截面处的速度、温度、云图如图 7 至图 11 所示。结果表明，由于绕丝的存在，产生了对流体的搅浑作用，不同截面速度出现非对称现象，并且沿着轴向方向出现剧烈变化。

观察温度云图（图 12 至图 16）可以看出，不均匀的速度分布引起了不对称温度的分布影响。观察横流速度矢量图（图 8、图 9），由于绕丝交混，横流速度出现旋转特点。

燃料组件横截面速度流线可以清晰地描述横向速度的分布情况，图 7 展示了 7 棒束 50 mm 处截面上的横向速度流线分布，图 8 展示了进口截面附近速度分布。①中间截面的轴向速度可以达到7.52 m/s。②边通道、角通道中的横向速度涡流形态、速度大小存在差异，存在明显的不均匀性。说明绕丝对速度分布影响明显，绕丝旋转侧的边通道存在最大速度，其相对侧存在速度最小值。③模拟显示结构网格划分精度较高，相对于非结构化网格可以更好地捕捉到边通道、角通道处由于绕丝结构造成的速度变化。④横流特性在中间通道中具有较好的周期性分布，并且受到外套管壁面的影响较小，在边通道受到外套管的影响较大。⑤边通道内的涡流影响范围大于中心通道，绕丝附近的横向速度变化更剧烈。

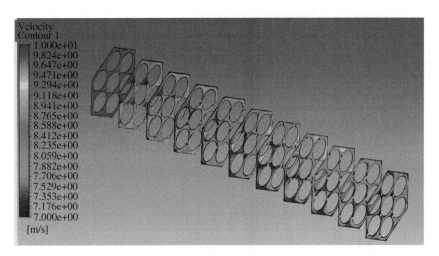

图 7 全局截面速度分布示意

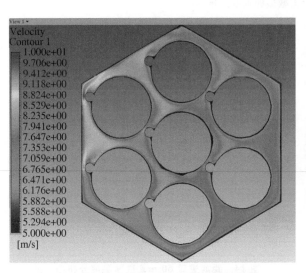

图 8 距离进口截面 10 mm 速度分布示意

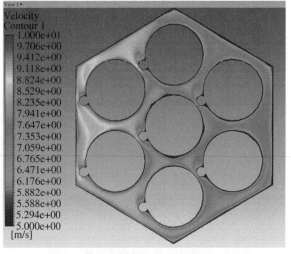

图 9 距离进口截面 30 mm 速度分布示意

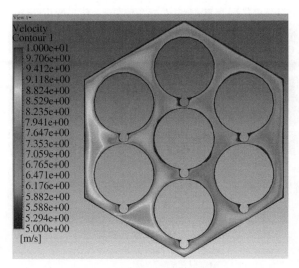

图 10 中间截面速度分布示意

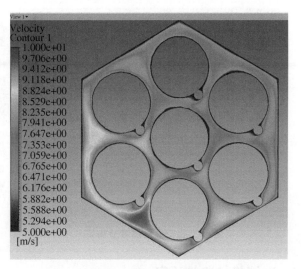

图 11 距离进口截面 60 mm 速度分布示意

图 12　径向 10 个等距离截面的温度分布场

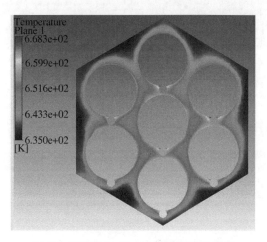

图 13　距离进口 50 mm 截面温度分布场

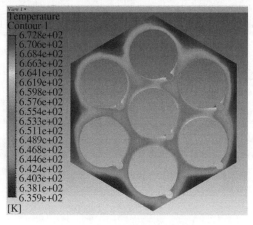

图 14　距离进口 60 mm 截面温度分布场

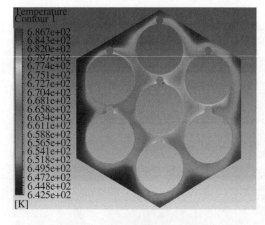

图 15　出口截面温度分布场

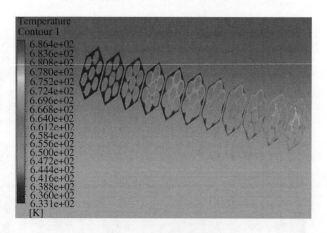

图 16　全局温度分布场

4　对流换热特性研究

下面进行结果后处理，其中径向 10 个等距离截面的温度分布如图 12 所示，距离进口 50 mm、60 mm 截面温度分布如图 13 和图 14 所示，出口截面温度分布如图 15 所示。

通常使用的传热经验公式针对的是整盒组件的实验工况，因为整体热流密度大，绝热壁面相对面积较小，因而对于整体的温度场变化影响较小，但是 7 棒束工况下绝热外壁面对于整体流场尤其是外子通道场的影响较大。分析出口截面温度，中心子通道温度明显高于边缘通道，顺绕丝螺旋方向的绕丝结构对于温度场的强化作用相对于对侧的绕丝影响较为显著，但是没有出现像速度场一样明显的不均匀分布。通过模拟结果可以看出，绕丝与燃料棒束的接触点处容易出现热点情况，在出口部分的热点效应尤其显著，在出现冷却剂流量减少或者堵流事故时应重点关注这些部位。

5 结论

本文针对 7 根燃料棒组成的快堆组件进行了数值模拟，探讨了不同结构和模型对于组件热工水力的影响，并研究了 7 棒束通道的横流特性，得出以下几个结论：

（1）实验模拟结果可得，100 mm 长度的 7 根绕丝加热棒束，进口温度 633.15 K，出口温度 679.84 K，轴向温升沿 Y 轴呈现线性变化。总结相关模拟经验，形成一套规范可靠的绕丝棒束数值模拟方案，可以为今后新型的快堆绕丝燃料组件热工水力设计提供方案和支撑。

（2）子通道细节流场中的外通道顺绕丝方向的绕丝诱发二次流强化换热现象高于对面的绕丝结构，3 种通道中的横向交混现象都存在周期性变化。

（3）绕流较强的区域流场温升幅度最大，绕丝与棒束接触的狭窄区域存在最大的冷却剂温升，因而应该重点关注该部位在堵流、冷却剂缺失时的温度变化，保证堆芯温度场的可控与安全。

参考文献：

[1] AHMAD A，KIM K Y. Three‐dimensional analysis of flow and heat transfer in a wire‐wrapped fuel assembly [C] // Proceedings of the Proc of ICAPP，2005.

[2] MERZARIA E，POINTERA D W. Numerical simulation of the flow in wire‐wrapped pin bundles：effect of pin‐wire contact modeling [J]. Nuclear engineering and design，2012，253：374‐386.

[3] JEONG J H，SONG M S，LEE K L. CFD investigation of three‐dimensional flow phenomena in a JAEA 127‐pin wire‐wrapped fuel assembly [J]. Nuclear engineering and design，2017，323：166‐184.

[4] LIU L，WANG S，BAI B F. Thermal‐hydraulic comparisons of 19‐pin rod bundles with four circular and trapezoid shaped wire wraps [J]. Nuclear engineering and design，2017，318：213‐230.

[5] 范旭凯. 加速器驱动嬗变研究装置燃料组件热工水力学分析 [D]. 北京：中国科学院大学（中国科学院近代物理研究所），2018.

[6] HAMMAN D K，BERRY A R. A CFD simulation process for fast reactor fuel assemblies [J]. Nuclear engineering and design，2010，240：2304‐2312.

[7] CHEN J，ZHANG D L，SONG P，et al. CFD investigation on thermal‐hydraulic behaviors of a wire‐wrapped fuel assembly for sodium‐cooled fast reactor [J]. Annals of nuclear energy，2018，113：256‐269.

[8] 李淞，杨红义，周志伟，等. 快堆组件稠密棒束数值模拟 [J]. 原子能科学技术，2018，52（4）：612‐616.

[9] QIN H，WANG C，WANG M，et al. Numerical investigation on thermal‐hydraulic characteristicsof NaK in a helical wire wrapped annulusf [J]. International journal of heat and mass transfer，2019，145：118689.

[10] RANJAN R，PANTANO C，FISCHER P. Direct simulation of turbulent heat transfer in swept flowover a wire in a channel [J]. International journal of heat and mass transfer，2011，54（21‐22）：4636‐4654.

Core – winding of sodium cold fast reactor based on CFD method numerical study of flow characteristics

XIAO Yan-bin, WU Ming-yu, WU Zong-yun, GUAN Ze-chuan

(China Institute of Atomic Energy, Beijing 102413, China)

Abstract: Liquid metal cooled fast reactor often uses spiral winding wire as the positioning component of fuel rod bundle. Besides fixing, spiral winding has the functions of strengthening subchannel mixing and heat transfer. These characteristics have a very important impact on the internal flow temperature characteristics of the fuel assembly and the safety of the core system, so it is necessary to conduct in – depth research on the flow field distribution of the fuel rod bundle channel with wire wound, the transverse and axial flow characteristics of the edge channel and its internal channel, the flow characteristics of the circulation and eddy current, the local temperature field, and the outlet temperature distribution characteristics. In the actual research, there are some problems such as high cost, difficulty and high risk to carry out thermal hydraulic characteristic experiment directly. This paper uses CFD fine simulation technology to study 7 rod bundles with wire winding, uses Fluent meshing to partition high – quality polyhedral unstructured mesh, uses ANSYS Fluent to conduct numerical simulation, studies the influence of the presence of rod bundles with wire winding on the distribution of flow field and local temperature field, and forms a mature and reliable simulation experiment scheme. The temperature change curve and lateral mixing phenomenon obtained by CFD simulation were investigated. The outlet temperature differences of side channel, inner channel and corner channel were investigated, and the convective heat transfer characteristics between channels were investigated due to the existence of wire winding.

Key words: Wire rod bundle; CFD; Fuel rod bundle; Sodium – cooled fast reactor; Thermohydraulic

严重事故下压力容器下封头动态烧蚀过程数值模拟研究

张　雷[1,2]，董晓朦[3]，徐俊英[2]，张会勇[2]，负相羽[2]，孙　鹏[2]

（1. 西安交通大学能源与动力工程学院，热流科学与工程教育部重点实验室，陕西　西安　710049；

2. 中广核研究院有限公司，广东省核电安全重点实验室，广东　深圳　518000；

3. 深圳大学物理与光电工程学院，中国核能与安全高等研究院，广东　深圳　518060）

摘　要： 堆芯熔融物堆内滞留-压力容器外部冷却（IVR - ERVC）是核电厂重要的严重事故预防和缓解措施。在核反应堆严重事故发生后，IVR - ERVC 策略实施期间，反应堆压力容器（RPV）下封头在堆内熔融物的多种类型换热作用下，会发生烧蚀、蠕变等现象。在压力容器外部冷却水的带热作用下，有必要对熔融物滞留条件下压力容器下封头的烧蚀过程开展研究，对 IVR - ERVC 策略的可行性及敏感性进行分析。本文针对 IVR 过程中，堆内熔池与压力容器之间的热量传递，以及由此引发的压力容器烧蚀过程开展数值模拟研究，综合考虑辐射传热、堆内自然对流、压力容器壁面热传导及对外冷却水对流传热等多种换热类型，开展多类型传热模式耦合的动态压力容器烧蚀过程模拟。研究中熔池划分为金属层、氧化层，区分沿下封头角方向上热流密度的差异性。计算中考虑金属层对压力容器内壁面辐射传热方式，与实际过程更加吻合。堆内熔池采用熔化凝固模型，在加热过程中体现由固相受热变为液相的动态过程。压力容器下封头也采用熔化凝固模型，根据熔点判断此时压力容器的烧蚀状态，动态显示剩余壁面厚度。堆外冷却水采用强迫单相流动方式，对压力容器外壁面进行冷却，文中也对比分析了不同冷却水流量对于动态烧蚀过程的影响。计算采用 Ansys Fluent 软件实现，结合 VOF（Volume of Fraction）模型，捕捉压力容器下封头的动态烧蚀边界，分析最小剩余壁面厚度和发生位置。结果显示，使用 VOF 模型，叠加熔化凝固模型计算壁面烧蚀具有可行性，多种传热类型影响下，IVR - ERVC 策略具有较高的可靠性。

关键词： RPV 烧蚀；辐射传热；动态过程；壁面烧蚀边界

核反应堆发生严重事故后，堆芯达到极高的温度并发生熔化，电厂风险急剧升高。现有严重事故研究中，对该现象的预防和缓解措施一直是核安全领域的研究热点之一。堆芯熔融物堆内滞留-压力容器外部冷却（IVR - ERVC）策略是应对反应堆严重事故的重要措施之一[1]，已被成功应用在华龙一号、AP1000、VVER - 440 等先进压水反应堆堆型中。

在严重事故发生后，堆芯余热未能正常排出，堆芯熔化后形成的熔融物逐渐烧穿下支撑板等堆内结构。堆芯熔融物跌落到压力容器底部，与下封头残存的冷却水发生剧烈反应，形成多孔碎片床。在堆内余热的作用下，若仍不能采取措施，维持堆芯冷却，碎片床也会再次发生熔化，形成多层熔池。熔池与压力容器底部内壁面直接接触，其高温将对内壁面产生持续的烧蚀作用，有可能破坏压力容器底部的结构完整性，削弱其承压能力和支撑作用。因此，研究堆芯熔融物对压力容器的烧蚀现象，对于预测反应堆严重事故进展以及研究事故缓解措施成功与否都有重要的参考意义。

现有研究压力容器烧蚀现象的方法主要有两种：一类是采用集总参数法，建立熔池下封头壁面传热模型，结合多层熔池演变，计算非稳态条件下壁面烧蚀对于压力容器厚度的影响[2-4]；另一类则使用 CFD 计算方法，直接针对压力容器固体区域进行计算，在下封头内壁面上设置非均匀周向热流密度，求解长期运行条件下压力容器周向壁厚的变化趋势[5-6]。上述两种计算方案均对实际现象有一定的

作者简介： 张雷（1987—），男，高级工程师，博士研究生（在读），现主要从事液态金属反应堆热工水力及安全实验、轻水堆严重事故研究工作。

基金项目： 广东省基础与应用基础研究基金"严重事故后堆内熔池烧蚀反应堆压力容器固壁的动态耦合数值模拟研究"（2021A1515011675）。

简化，对于其中存在全部流动传热现象未能做到深度耦合，所得到的计算结果也与实际情况略有偏差。

为此，本文基于 Ansys Fluent 计算平台，以 CPR1000 反应堆压力容器为原型，建立了包含堆内熔池、蒸汽、压力容器和堆外冷却水等空间域的二维轴对称分析几何模型，以 VOF 模型和熔化凝固模型为基础，构建了压力容器烧蚀计算的求解方案，获得了一段时间内高功率水平、多种传热关系耦合作用下压力容器内壁面的动态烧蚀过程，并对其中最小剩余壁面厚度和发生位置进行了分析，对 IVR - ERVC 策略进行了初步评估。

1 物理模型与网格

1.1 物理模型与简化几何

CFD 计算以 CPR1000 反应堆压力容器为原型，建立包含多个空间域的简化二维轴对称几何体，如图 1 所示。区域内包含两层熔池、压力容器壁面、水蒸气区、冷却水区，其中压力容器半径约为 2.0 m，壁厚约为 0.2 m，底部设置有冷却水注入口，宽度约为 0.3 m，压力容器中设置有双层熔池，分别设置含不同组分的熔融物结构。熔池上部设置水蒸气区，用于模拟严重事故后期压力容器内的蒸汽空间。

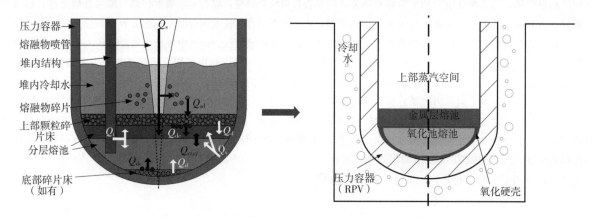

图 1　简化二维轴对称几何结构示意

1.2 网格划分

在上述几何体的基础上，尽可能采用结构化的网格划分方式，具体如图 2 所示。其中对于压力容器固体区域，采用更加精细的网格划分方式，来保证对压力容器内壁烧蚀现象的精确模拟。压力容器区域网格单元尺寸最大不超过 0.01 m，其余区域最大不超过 0.02 m，网格总数约 5.4 万个。压力容器烧蚀主要取决于堆内熔池与压力容器的相互作用，受外壁面流动传热总体效应影响，该网格数量基本可满足计算要求。网格最小单元已基本满足标准壁面函数下近壁面 $y^+ > 30$ 的要求，因而无须进行边界层加密处理。

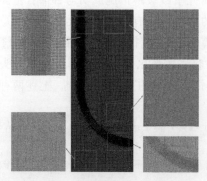

图 2　几何网格划分示意

2 压力容器壁面动态烧蚀计算方案

本文以 VOF 模型与熔化凝固模型为基础，耦合了堆内熔池向上部的辐射传热、堆内熔池向压力容器的对流传热和压力容器外壁面的流动水冷却传热等多个传热模型，形成了动态烧蚀计算方案。计算涉及气、液、固三相，以压力容器材料熔点作为判据，以熔化凝固模型来模拟压力容器内壁的烧蚀现象，具体描述如下。

2.1 多相流模型及相间传递

现有计算软件中，描述多相流的 Euler 两流体模型与描述固液转变的熔化凝固模型二者互不兼容。因此，本文采用 VOF 模型对烧蚀现象中各个区域内不同相态结构进行全面模拟，所涉及的相态包括气态水、固态熔融物、液态熔融物、固态压力容器壁面、液态压力容器壁面、液态水等 6 种。固液之间相态转化使用熔化凝固模型计算，气液相态之间的转换主要发生在压力容器外围的冷却水中，使用 VOF 模型叠加质量交换模型，可以有效地模拟外壁面汽泡生成过程，并具备汽泡形态描述能力。

湍流模型采用标准 k-epsilon 模型，以及标准壁面函数，各模型基本方程可见 Ansys Fluent 帮助文档，受篇幅限制，本文不再赘述。

2.2 耦合传热模型

由于本文所开展的压力容器壁面动态烧蚀计算覆盖多个计算域，各区域间传热关系复杂，涉及热传导、对流传热和辐射传热等，具体如图 3 所示。

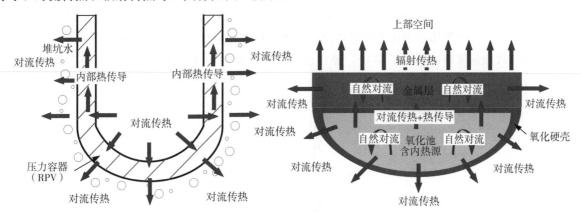

图 3 计算区域内传热类型示意

双层熔池中氧化池以含铀氧化物为主，是衰变热的主要发生区域，本文在该区域设置有对应功率水平的内热源。金属层熔池以铁、锆等合金物质为主，对中子的吸收能力较弱，不会发生核裂变反应，也不存在内部热源。

氧化层熔池与金属层熔池和压力容器均接触，各个方向均具有良好的热量传递效果，致使在氧化层熔池内温度分布较为均匀。而在金属层熔池内，收到来自氧化层熔池的热量传递，向上部蒸汽空间以辐射传热和较弱的蒸汽对流传热为主，热量传递并不明显。而金属层熔池侧面与压力容器接触，但由于金属层熔池较薄，侧面传热面积有限，呈现热聚集效应，在此处具有较高的传热热流密度，现有研究中也普遍认为金属层熔池与压力容器接触的位置是压力容器壁面烧蚀的发生点。在本文研究中，采用离散坐标法对其中存在的辐射传热进行计算。

在两层熔池中，由于温度空间分布存在差异，会在重力的作用下形成自然对流，但受熔融物黏性所限，该自然对流需经过长时间运行才能形成较为明显的流动现象。在压力容器外围，冷却水在动力源的作用下也会与压力容器壁面发生对流传热。当压力容器尚能保持形态时，热传导在其内部较为客观，该效应可以将堆芯熔融物传递来的热量以更大的换热面积向冷却水中传递，提高了安全性。

2.3 动态烧蚀模型

烧蚀模型是本文研究的重点模型，现有 CFD 计算软件中并未设置能够直接用于计算的烧蚀模型。张越等[6]针对压力容器壁面烧蚀问题，采用自定义 UDF 函数进行处理，在当前时间步，依据压力容器温度是否超过熔点判断是否达到烧蚀条件，当压力容器网格达到烧蚀条件，确定金属熔化后，则将该部分网格删除，并将边界网格向外壁面移动，在形成的新固体域中进行网格重构，在原有热流密度设置的基础上，开启下一时间步的计算。现有研究中多直接针对压力容器建模，不考虑熔池在该过程中的传热变化，而是以稳态热流密度边界形式将其作用反馈到压力容器中。本文研究由于覆盖熔池与压力容器及其他区域等多个几何体，对于发生于熔池与压力容器交界面处的烧蚀现象，再使用上述方案就存在问题，当内部界面发生移动时，会造成内部几何区域缺失，进而使计算发生错误。

在上述计算方案中，判断烧蚀发生与否的核心在于压力容器壁面温度与熔点的大小关系。因此，本文对熔池和压力容器使用熔化凝固模型进行模拟，当这两部分区域温度在熔点上下变化时，对应的相态也会出现熔化与凝固两种情形。并且该方法应用过程中，不需修改内部界面，不需移除超温网格，熔池和压力容器会保持良好的接触，烧蚀后的压力容器也会在重力作用下呈现新的分布，上述计算方案更符合实际情况。在上述烧蚀计算中，熔池与压力容器内壁直接接触，因此，也不需要设置额外的热流密度边界，各传热量均由软件依据初始设置自动计算，与真实情况更加吻合。

3 计算边界设置

根据严重事故进程及管理程序，在严重事故发生后，堆坑内注水立即启动。本文假定的初始状态为堆坑内已注满冷却水，压力容器内部也已形成具有较高温度和一定功率水平的熔池。热量从氧化层熔池中产生，并向金属层熔池和压力容器传递，压力容器被外围堆坑水冷却，预期形成稳定的 IVR-ERVC 严重事故缓解策略。CFD 计算中，简化边界条件设置如图 4 所示，其中压力容器壁面材料的熔点设置为 1440 ℃。

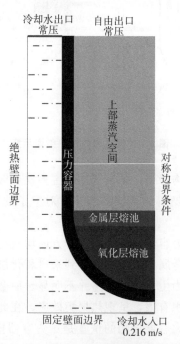

图 4   计算边界设置

4   计算结果与分析

由于几何体及网格在计算过程中不做改变和额外的光顺处理，依据本文计算方案所得压力容器烧蚀边界并不规则,烧蚀熔化的部分压力容器结构会发生位移,混入熔池中。该部分针对区域内温度分布、组分分布、速度分布等参数进行分析。

4.1 温度分布

图 5 给出了当冷却水流量充足和不足时,空间区域内的温度分布情况。可以看出,在金属层熔池与压力容器交界面出现了烧蚀现象,这与前述理论分析中金属层熔池的热聚集效应相符。从压力容器壁面温度分布可以看出,在与金属层熔池相接触的位置具有更高的温度分布,结论与公开文献相符。当冷却水不足时,空间区域内温度更高,向上部蒸汽空间辐射传热能力更强。

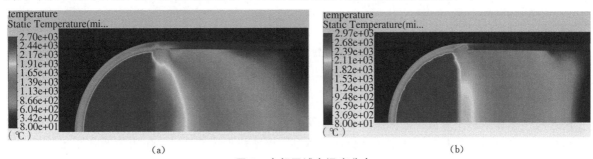

(a)　　　　　　　　　　　　　　　　　　　(b)

图 5　全部区域内温度分布
(a) 冷却水充足;(b) 冷却水不足

图 6 给出了压力容器壁面的温度分布情况,并且给出了壁面烧蚀边界,可以评估现有 IVR 策略中冷却水量设计能够较好地维持压力容器的完整性,当冷却水量出现大幅缩减(设计水量的一半)时,压力容器在高温熔池的作用下出现较为严重的烧蚀现象,接近蚀穿。

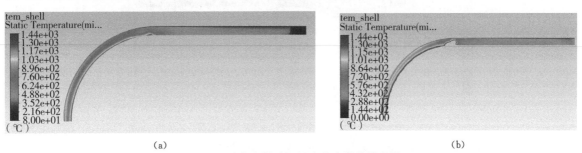

(a)　　　　　　　　　　　　　　　　　　　(b)

图 6　压力容器壁面温度分布及烧蚀边界
(a) 冷却水充足;(b) 冷却水不足

除压力容器烧蚀边界外,本计算方案还能以较为清晰的方式展示氧化层熔池中形成的氧化硬壳形貌,具体如图 7 所示。在冷却过程中,氧化层熔池在外围形成了较为均匀的氧化硬壳。同时,通过对比不同冷却水量条件下的氧化硬壳,可以看出在冷却水不足时,氧化硬壳优先出现在氧化层熔池与压力容器壁面接触的位置,氧化层与金属层熔池之间则保持熔融状态,未能形成氧化硬壳。

(a)　　　　　　　　　　　　　　　　　　　(b)

图 7　氧化硬壳形貌及其中的温度分布
(a) 冷却水充足;(b) 冷却水不足

4.2 组分分布

相比于公开文献中已有计算方法,本方案能够清晰地显示烧蚀后的压力容器材料去向,具体如图 8

所示。在重力的影响下，被烧蚀熔化的不锈钢向氧化层熔池与金属层熔池之间迁移。当冷却水不足时，压力容器下封头侧面位置极易被烧蚀穿透，产生极大的危险性。

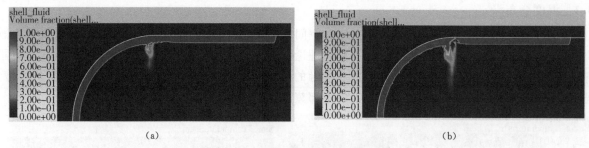

图 8　压力容器壁面不锈钢组分再分布
(a) 冷却水充足；(b) 冷却水不足

4.3　速度分布

图 9 给出了区域内主要流体的速度分布矢量图。可以看出，当冷却水流量充足时，上部蒸汽空间能够形成较为良好的自然对流，并带走部分堆芯热量。而冷却水量不足时，压力容器外壁面有蒸汽产生，进而产生较高的速度矢量，但蒸汽冷却压力容器外壁面能力不足。而压力容器内蒸汽空间自然对流现象就较为混乱，带热能力不强，进一步降低堆芯的散热效率。

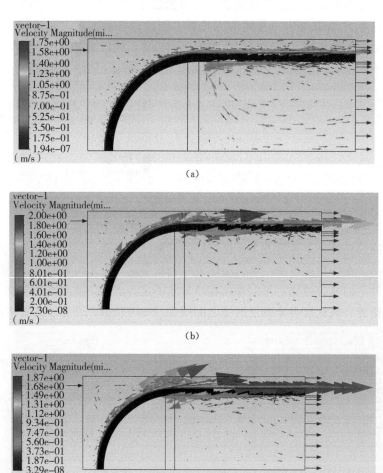

图 9　区域内速度矢量分布
(a) 冷却水充足；(b) 冷却水不足；(c) 冷却水完全丧失

5 结论

本文针对 IVR 策略中压力容器内壁面烧蚀现象进行了研究，基于 VOF 模型和熔化凝固模型，构建了烧蚀过程的动态模拟方案，方案中耦合计算了严重事故进程中存在的多种传热方式，所得温度分布和相组分分布结果与理论分析相符，并对壁面烧蚀位置与烧蚀熔化的不锈钢材料再分布进行了验证。下一步，将针对压力容器烧蚀过程中周向热流密度与壁厚变化开展更精确的量化分析。

致谢

感谢深圳大学在本文研究中提供的帮助。

参考文献：

[1] MA W M, YUAN Y D, SEHGAL R B, et al. In‐vessel melt retention of pressurized water reactors：historical review and future research needs [J]. Engineering, 2016 (2)：103‐111.

[2] 张小英，姚婷婷，李志威，等. 堆芯熔融物对压力容器壁面烧蚀过程的数值模拟 [J]. 核技术, 2015, 38 (2)：1‐6.

[3] 傅孝良，杨燕华，周卫华，等. CPR1000 的 IVR 有效性评价中堆芯熔化及熔池形成过程分析 [J]. 核动力工程, 2010, 31 (5)：102‐107.

[4] 金越，鲍晗，刘晓晶，等. 大功率先进压水堆 IVR 有效性评价分析 [J]. 核动力工程, 2015, 36 (3)：135‐141.

[5] 张越，负相羽，陆雨洲，等. 基于耦合 CFD‐FEM 方法的严重事故下 RPV 蠕变失效风险评估 [J]. 原子能科学技术, 2020, 54 (12)：2431‐2438.

[6] 张越，负相羽，张会勇，等. 严重事故下反应堆压力容器下封头耦合烧蚀传热分析 [J]. 原子能科学技术, 2020, 54 (10)：1825‐1833.

Numerical simulation of dynamic ablation process on low plenum of RPV under severe accident

ZHANG Lei[1,2], DONG Xiao-meng[3], XU Jun-ying[2],
ZHANG Hui-yong[2], YUN Xiang-yu[2], SUN Peng[2]

(1. Key laboratory of Thermo – Fluid Science and Engineering, Ministry of Education,
School of Energy and Power Engineering, Xi'an Jiaotong University, Xi'an, Shaanxi 710049, China;
2. China Nuclear Power Technology Research Institute Co. , Ltd. Guangdong Provincial Key Laboratory of
Nuclear Power Safety, Shenzhen, Guangdong 518000, China;
3. Institute for Advanced Study in Nuclear Energy and Safety, College of Physics and Optoelectronic
Engineering, Shenzhen University, Shenzhen, Guangdong 518060, China)

Abstract: In – Vessel Retention – External Reactors Vessels Cooling (IVR ERVC) is an important method for preventing and mitigating serious accidents in nuclear power plants. During the implementation of the IVR – ERVC strategy after a serious nuclear reactor accident, the lower head of the reactor pressure vessel may experience erosion, creep, and other phenomena under various types of heat exchange inside the reactor. Under the heating effect of the external cooling water of the pressure vessel, it is necessary to research on the ablation process of the RPV lower head under the condition of molten retention and analyze the feasibility and sensitivity of the IVR – ERVC strategy. Numerical simulation is conducted on the heat transfer between the reactor melt pool and RPV during the IVR – ERVC process, as well as the resulting RPV ablation process. Various heat transfer types are taken into account, such as radiation heat transfer, natural convection inside the reactor, pressure vessel wall heat transfer, and external convection heat transfer of cooling water. Including all these heating types, a dynamic RPV ablation process simulation is carried out. In the study, the molten pool was divided into a metal layer and an oxide layer to distinguish the differences in heat flux density along the corner direction of the lower head. The radiation heat transfer mode of the metal layer is considered on the inner wall of the RPV, which is more consistent with the actual process. The molten pool in the reactor adopts a melting – solidification model, which reflects the dynamic process from solid phase heating to liquid phase during the heating process. The lower head of the pressure vessel also adopts a melting – solidification model, which judges the ablation state of the pressure vessel based on the melting point. Furthermore, it dynamically displays the remaining wall thickness. The forced single – phase flow method is used to cool the outer wall of the RPV for external cooling water. The article also compares the influence of different cooling water flow rates on the dynamic ablation process. The calculation is carried out using ANSYS FLUENT software, combined with VOF model, to capture the dynamic ablation boundary under RPV, and analyze the minimum remaining wall thickness and location of occurrence. The results show that using the VOF model and the melting – solidification model to calculate wall erosion is feasible, and the IVR – ERVC strategy has high reliability under the influence of various heat transfer types.

Key words: RPV ablation; Radiation heat transfer; Dynamic process; Boundary of ablation

有限空间下热管外空气非能动排热数值分析

廖亚萍，江晨曦，刘倩茹，景瑞涵，叶子翔，边浩志*

（哈尔滨工程大学，黑龙江 哈尔滨 150001）

摘 要： 移动小型核反应堆可采用车载或船载方式实现移动式部署，在极地、偏远地区具有广阔的应用前景。典型的热管冷却小型堆具有排热性能高、安全性好的固有属性。在采用热管高效排出堆芯热量的同时，外部需配置高效紧凑的非能动空气冷却系统。针对非能动空气冷却系统所涉及的自然对流和排热能力的问题，本文基于三维精细化 CFD 软件建立了计算分析模型，用于模拟空气在车厢等有限空间内的自然对流排热过程。在热管温度 500 ℃、入口空气温度 20 ℃的环境下，针对不同传热管束的排布方式开展了系列数值模拟研究。结果表明，在中心距小于 1.7 倍管径时，传热管间距的增加均有助于提高管外传热系数，通过合理布置传热管的管径、管间距，可以使系统自然对流换热能力和排热能力达到最优。

关键词： 热管冷却反应堆；强化换热；空气冷却；自然对流换热；数值模拟

随着现代科技发展，未来对电力的需求越来越高。所以，简单高效的电能补给系统尤其重要。叫移动式微型核反应堆（微堆）的开发可以为我们带来源源不断的便携的电力。美国国防部已经通过了美军"可移动式微型核反应堆"设想，使用该装备的目的就是能让核能可以通过车辆或者运输机跟上美军的脚步，做到随时随地为美军提供能源输出[1]。

目前，西屋公司已经成功研制出 eVinci™，该装置是热管冷却反应堆，它允许使用标准军用运输车辆和集装箱进行移动操作；发电机尺寸小，易于运输和现场快速安装；活动部件少，坚硬的堆芯，安全性高；可实现被动芯热抽取，从而实现自主操作和固有的负载跟随功能。而典型的热管冷却小型堆具有排热性能高、安全性好的固有属性。在采用热管高效排出堆芯热量的同时，外部需配置高效紧凑的非能动空气冷却系统[2]。

本文针对非能动空气冷却系统所涉及的自然对流和排热能力的问题，模拟空气在车厢等有限空间内的自然对流排热过程。在热管温度 500 ℃、入口空气温度 20 ℃[3] 的环境下，针对不同传热管束的排布方式开展了系列数值模拟研究。

1 数值模型

1.1 几何模型

为了进行自然对流的模拟验证，所创建的几何模型如图 1 所示，尺寸为 4 m× 1 m×0.5 m。所有边界围成的区域可视为大空间流体计算域。通过模拟验证，已经排除了边界对该结构尺寸下计算域内自然对流过程的影响。将表面 1 和 6 设置为压力出口，空气由表面 1 流向表面 6，入口温度恒定 20 ℃，将管道设置为壁面，恒定温度 500 ℃，通过改变管子直径和排布来进行探究。

图 1 几何模型

作者简介：廖亚萍（2002—），女，本科生，哈尔滨工程大学核科学与技术学院，主要从事核反应堆热工流体力学研究。

基金项目：中核集团"青年英才"项目；国家自然科学基金（52106236）。

1.2 流体力学控制方程

（1）质量守恒方程

$$\frac{\partial \rho}{\partial t} + \nabla \cdot (\rho v) = 0^{[4]} 。 \tag{1}$$

式中，ρ 为流体的密度；t 为时间；v 为流体的速度矢量；$\dfrac{\partial}{\partial t}$ 表示时间的偏导数；∇ 表示散度运算符。

（2）动量守恒方程

$$\frac{\partial \rho v}{\partial t} + \nabla \cdot (\rho v v) = -\nabla P + \nabla \cdot \tau + \rho g^{[4]} 。 \tag{2}$$

式中，P 为流体的压力；τ 为应力张量，g 为重力加速度矢量。

（3）能量方程

$$\rho c \left(\frac{\partial T}{\partial t} + v \cdot \nabla T \right) = \nabla \cdot (k \nabla T) + Q^{[5]} 。 \tag{3}$$

式中，T 为流体的温度；c 为流体的比热容；k 为热导率；Q 为单位体积的热源项。

1.3 基本假设

考虑到数值模拟同实验研究、工程实际之间存在一定的差异，这些差异来源于诸多方面，如数值计算对于纳维-斯托克斯方程的简化处理、边界条件在实际工况下不定常、实际通道表面粗糙度的影响、浮力不稳定性的影响等。为了简化计算提出以下假设：

（1）定常的湍流模型；

（2）通过设置合理的边界层厚度，忽略黏性的影响；

（3）忽略辐射换热的影响[6]；

（4）忽略浮力振型、无黏性振型和黏性振型引起的不稳定性[7]；

（5）网格、求解器等设置差异导致结果相对变化 5% 以内，则不再考虑其影响。

2 数值模型的验证

网格无关性验证如下。

为了使所使用的热管模型具有良好的准确性和较快的运行速度，必须进行网格无关性验证。以管径 $D=4$ cm，中心距为 $2.7D$ 的运行工况作为计算条件，以其作为建模参考。

进行验证的有限空间热管模型横截面网格如图 2 所示，采用多面体网格生成器和棱柱层网格生成器，棱柱层厚度为 0.06 mm、棱柱层延伸设置为 1.5、棱柱层层数设置为 3，改变基础尺寸以改变网格数量。在本次模拟中，首先将模型网格数目划分为 26 万个，然后进一步加密至 37 万个、46 万个和 63 万个。对在本实验规定的工况下得到的结果进行比较，如图 3 所示。由图 3 中数据可知，网格数目为 37 万个、46 万个和 63 万个下对流换热系数 $h^{[8]}$ 和总换热量 Q 相差很小，因而最终选择网格数目 461 642 个进行接下来的计算，此时基础网格尺寸为 0.05 mm[9]。

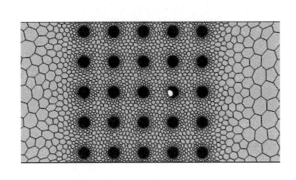

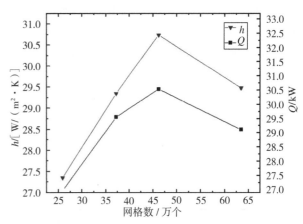

图 2　热管模型横截面网格示意　　　　　　　　图 3　热管网格无关性验证

3　计算结果分析

3.1　中心距影响

以表 1 的热工参数为参照,根据相应参考有限空间热管几何模型。分别取 A1、A2、A3,…,A9 工况下流道长为 4 m,宽为 1 m,高为 0.5 m,热管长为 1 m。以 A6 工况为例,热管几何示意如图 4 所示。其中心距为 2.6D,管径 D 为 5 cm,管子数 z 为 16 根。

表 1　中心距变化工况主要参数

编号	管径 D/cm	中心距	管数 z/根
A1	5	1.2D	64
A2	5	1.5D	36
A3	5	2.0D	25
A4	5	2.3D	16
A5	5	2.5D	16
A6	5	2.6D	16
A7	5	2.7D	16
A8	5	2.8D	16
A9	5	3.0D	9

图 4　热管几何示意

在不同中心距的热管上取截面计算沿热管表面的对流换热系数和各工况总换热量，结果如图 5 所示，图 6 显示了气体流动方向温度场的变化。可以发现对流换热系数的总体趋势为：在中心距小于 1.7 倍管径时，对流换热系数随中心距的增大而增大，直至一个峰值，之后随中心距的增大而减小。中心距较小时，在这个流动过程中，由于管壁过近，空气不可忽略黏性底层，其空气流速度较小，致使管子与管子之间的气体被"堵"在中间，形成流动停滞区，也称"死区"[10]。停滞区内的流动特性较差，所以对流换热系数较小，而且流体滞留提高了对箱体承压能力的要求。中心距过大时，管子间扰动过小，空气流还没有经过充分的热量交换便流过管壁，导致换热系数较小。

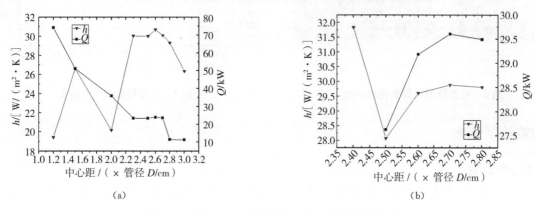

(a) (b)

图 5　不同中心距下对流换热系数和总换热量曲线

（a）管径为 5 cm；（b）管径为 4 cm

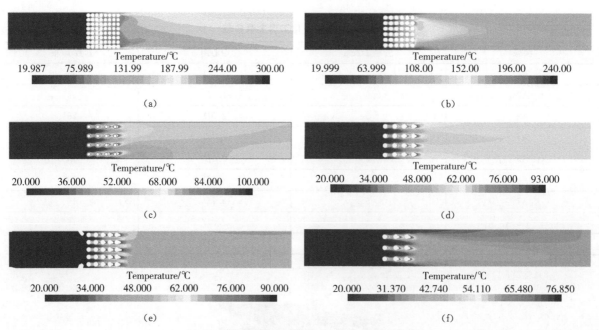

图 6　中心距变化时气体流动方向温度场变化

（a）中心距为 1.2D；（b）中心距为 1.5D；（c）中心距为 2.0D；（d）中心距为 2.5D；（e）中心距为 2.6D；（f）中心距为 3.0D

3.2　管径影响

以表 2 的热工参数为参照，根据相应参考有限空间热管几何模型。分别取 B1、B2、…、B5 工况下流道长为 4 m，宽为 1 m，高为 0.5 m，热管长为 1 m。选取上一节中在管径 $D=5$ cm 时换热效果最好的中心距 2.6D，在此基础上改变管径大小，在不同管径的热管上截取截面计算沿热管表面的对流换热系数与各工况的总换热量，结果如图 7 所示。由图 7 可以观察到对流换热系数随管径的增大而增大，总换热量随管径的增大而减小，图8显示了气体流动方向温度场的变化。管径较大的热管单位长度的换热面积大，所以对流换热系数高，但会造成管子数量减少，所以总换热量较小。管径较小热管的对流换热系数低，但布置的管子数较多，所以总的换热量大大增加，但管子数有近100根，大大增加了制造成本。综合考虑选取中间换热量较高的4 cm管径继续进行中心距计算，再次找到换热量的峰值。循环多次，即可使系统通过管径和中心距的改变达到最优的排热效果。

表2 管径变化工况主要参数

编号	管径 D/cm	中心距	管数 z/根
B1	2	2.6D	100
B2	3	2.6D	36
B3	4	2.6D	25
B4	5	2.6D	16
B5	6	2.6D	9

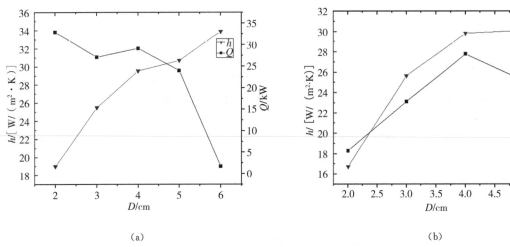

(a)   (b)

图7 不同管径下对流换热系数和总换热量曲线

(a) 中心距为2.6D；(b) 中心距为2.7D

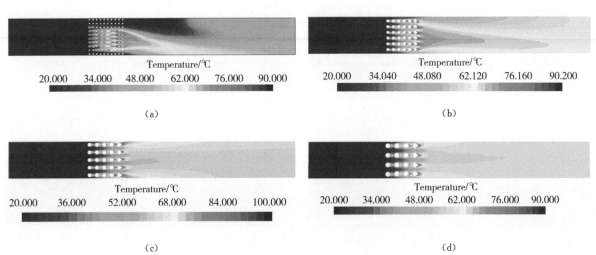

(a)   (b)

(c)   (d)

图8 管径变化时气体流动方向温度场变化

(a) 管径为2 cm；(b) 管径为3 cm；(c) 管径为4 cm；(d) 管径为5 cm

4 结论

本文采用数值模拟的方法研究了管束间的中心距以及管径对有限空间下热管外空气非能动换热特性的影响,系统性分析了以上的几个影响趋势,得到了以下结论:

(1) 热管在中心距较小时,对流换热系数较小,但温差大,仍能导出较大热量,但空气流会滞止在流道内,降低了反应堆的安全可靠性。中心距较大时,空气流扰动小,换热能力低。所以存在一个峰值,使对流换热系数达到最佳,结合经济与安全考虑后,有较大的总换热量。

(2) 热管在管径较大时,由于管壁单位长度上的面积较大,对流换热系数高,但由于管数的限制,总换热量低。管径较小时,对流换热系数低,即使总换热量高,但由于成本的增加和换热效率较低的原因,不能作为最佳的自然换热能力的管径。

(3) 综合热管中心距与管径的变化规律,经反复计算,选取最佳的热管换热直径 $D=4\ cm$,管子中心距为 $2.7D$。

参考文献:

[1] 蓝海星智库. 美国军用移动式微型核反应堆分析 [EB/OL]. [2023 - 06 - 30]. http://shangyexinzhi.com.

[2] 刘叶,周磊,昝元峰,等. 热管技术在先进反应堆中的应用现状 [J]. 核动力工程,2016,37 (6):121 - 124.

[3] 王政,苟军利,徐世浩,等. 一种简化的高温热管启动模型 [EB/OL]. [2023 - 06 - 30]. http://kns.cnki.net/kcms/detail/11.2044.TL.20230629.1030.004.html.

[4] 邓豪放,王安庆,吕续舰. 基于 CFD 的安全壳内浮力驱动自然对流特性分析 [J]. 核技术,2022,45 (9):79 - 88.

[5] 刘霏霏,鲍荣清,程贤福,等. 翅片参数对热管式动力电池模组散热性能的影响 [J]. 湖南大学学报(自然科学版),2022,49 (12):39 - 48.

[6] 马誉高,刘旻昀,周典卓,等. 热管冷却反应堆气隙传热数值模拟研究 [C] //中国核学会. 中国核科学技术进展报告(第六卷)——中国核学会 2019 年学术年会论文集第 10 册(核安全分卷、核安保分卷). 北京:中国原子能出版社,2019:7.

[7] 颜大椿,张汉勋. 自然对流边界层的分层结构和浮力不稳定性的实验研究 [J]. 自然科学进展,2001 (2):121 - 127.

[8] 杨世铭,陶文铨. 传热学 [M]. 3 版. 北京:高等教育出版社,1998:166 - 167.

[9] 陈浩. 自然冷却型热管散热器的性能研究 [D]. 南京:南京理工大学,2021.

[10] 王洪远,纪律,孟繁旭,等. 基于动态双重网格下喷动床滞止区流动特性 CFD - DEM 数值模拟 [J]. 化工学报,2021 (11):5563 - 5572.

Numerical analysis of passive heat rejection of air outside heat pipe in limited space

LIAO Ya-ping, JIANG Chen-xi, LIU Qian-ru,
JING Rui-han, YE Zi-xiang, BIAN Hao-zhi*

(Harbin Engineering University, Harbin, Heilongjiang 150001, China)

Abstract: Mobile small nuclear reactors can be deployed by vehicle or shipboard, and have broad application prospects in polar and remote areas. Typical heat pipe cooled small reactors have the inherent properties of high heat rejection performance and good safety. While heat pipes are used to efficiently discharge the heat of the core, an efficient and compact passive air cooling system is required externally. Aiming at the problems of natural circulation and heat rejection capacity involved in passive air cooling system, this paper establishes a computational analysis model based on three-dimensional refined CFD software to simulate the natural circulation heat rejection process of air in limited spaces such as car boxes. In the environment of heat pipe temperature of 500 ℃ and inlet air temperature of 20 ℃, a series of numerical simulation studies were carried out for the arrangement of different heat transfer tube bundles. The results show that when the center distance is less than 1.7 times the pipe diameter, the increase of the heat transfer pipe spacing is helpful to improve the heat transfer coefficient outside the tube, and the natural convective heat transfer capacity and heat dissipation capacity of the system can be optimized by reasonable arrangement of the pipe diameter and pipe spacing of the heat transfer tube.

Key words: Heat pipe cooling reactor; Enhanced heat exchange; Air cooling; Natural convective heat transfer; Numerical simulation

海洋条件下螺旋管内流动沸腾数值模拟

叶子翔[1]，沈昕祎[1]，程　坤[2]，张　旭[1]，朱晨昕[1]，唐靖雨[1]，边浩志[1,*]

（1. 哈尔滨工程大学核科学与技术学院，黑龙江　哈尔滨　150001；2. 中国核动力研究设计院，四川　成都　610213）

摘　要： 在海洋条件下，核动力系统产生的摇摆、起伏等运动会对反应堆热工水力特性产生影响。为研究螺旋管式直流蒸汽发生器在摇摆、起伏及摇摆-起伏复合条件下的沸腾换热特性，本研究基于三维精细化 CFD 软件，采用 VOF 多相方法和 Rohsenow 沸腾模型，在摇摆辐角为 30°、周期为 7 s 的摇摆工况下，起伏加速度为 0.5g、周期为 4 s 的典型起伏工况下开展了单一海洋条件的影响研究，同时耦合分析了摇摆-起伏复合条件下的流动与传热特性。研究表明，海洋条件下设备的时均换热性能增强，螺旋管内对流换热系数瞬态特性出现波动，摇摆条件下最大增幅达 12.509%；摇摆-起伏复合条件下，随着起伏加速度的增加，最大增幅可达 20.392%。

关键词： 海洋条件；螺旋管；流动沸腾；数值模拟

相较于 U 型管，螺旋管式直流蒸汽发生器内部的对流换热系数更高、结构更加紧凑。同时，在离心力和重力作用下，管内流体产生的二次流动能实现对管壁的润湿效果。目前该技术已广泛应用于多个铅基冷却反应堆中[1-3]。然而，在复杂海洋环境下，螺旋管在瞬变外力场的作用下会出现附加运动，导致内部流体受到额外惯性力影响，并改变气液分布规律以及螺旋管内的流动沸腾换热特性。本文主要研究摇摆、起伏和摇摆-起伏复合条件下螺旋管内气液两相段的流动沸腾换热特性，并分析不同工况下流动沸腾换热系数的变化情况，总结海洋环境下螺旋管内流动沸腾换热特性变化的一般规律。

1　螺旋管内两相流动特性

1.1　螺旋管内的流动

螺旋管的独特结构特征使得内部流体在离心力和浮升力的共同作用下形成二次流动，从而对流体流动造成剧烈扰动，并导致气液两相不均匀分布（图 1）。在螺旋管的不同位置可能会出现气液两相分布差异引起传热性能差异的情况，甚至可能导致局部传热恶化，进而影响设备运行安全。

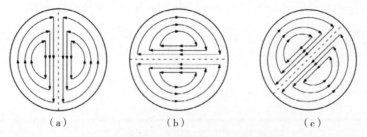

（a）　　　　　　　　（b）　　　　　　　　（c）

图 1　不同情况下螺旋管内二次流流型[4]

（a）仅受浮升力影响；（b）仅受离心力影响；（c）同时受浮升力和离心力影响

作者简介： 叶子翔（2000—），男，博士在读，理学学士，现就读于哈尔滨工程大学，主要研究方向为核动力装置热工水力。

基金项目： 国家自然科学基金（12005215）。

1.2 螺旋管传热性能的影响因素

螺旋管传热性能受到多个因素的影响，并且不同结构螺旋管的临界工况不同，设备热工条件、结构参数等因素均会对螺旋管换热系数及临界工况产生影响，但在不同工况下影响程度各异。许多学者基于自身实验结果提出了与螺旋通道沸腾换热系数相关联的公式，然而大部分关联公式适用范围较为有限[5]。螺旋管内二次流动状态与其管径、流体流速以及流体种类密切相关，对于这方面已经有了相当数量的研究[5]。

1.3 海洋条件模型

在海洋环境中，系统将受到变速运动所带来的惯性力影响，从而导致螺旋通道中液体流动状态发生变化，并进一步改变内部流场情况，最终对气液两相分布和传热性能造成影响。海洋条件主要包括倾斜、摇摆和起伏 3 种海洋条件的单一工况以及各种海洋条件的组合工况。本文将重点研究摇摆条件、起伏条件以及摇摆-起伏复合条件对螺旋管流动沸腾特性的影响，研究选用管径为 9 mm、螺距为 127 mm、螺旋半径为 125 mm、总长 5 m、圈数为 6.285 圈的螺旋管作为研究海洋条件对其对流换热系数影响的对象。

1.3.1 摇摆条件

海洋条件中摇摆运动函数关系如式（1）至式（3）所示，摇摆轴沿 x 轴方向，摇摆中心位于螺旋管中轴线正下方的基准线上，运动示意如图 2 所示。

$$x = \theta_0 + \theta_m \sin\left(\frac{2\pi t}{T_r}\right), \tag{1}$$

$$\omega = \theta_m \frac{2\pi}{T_r} \cos\left(\frac{2\pi t}{T_r}\right), \tag{2}$$

$$\beta = -\theta_m \frac{4\pi^2}{T_r^2} \sin\left(\frac{2\pi t}{T_r}\right). \tag{3}$$

式中，x、ω 和 β 分别为位移、角速度和角加速度，θ_0、θ_m 为摇摆角初始值和最大值，T_r 为摇摆周期。

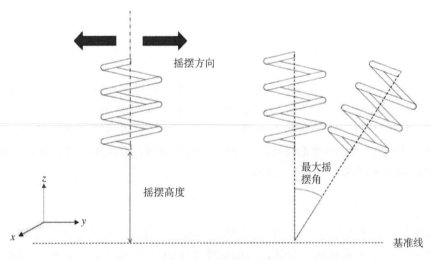

图 2 螺旋管摇摆运动示意

1.3.2 起伏条件

起伏工况下螺旋管在 z 轴方向上运动，系统在 z 轴做周期运动的平移速度函数为

$$\nu = \frac{T_h}{2\pi} a_0 \cos\left(\frac{2\pi t}{T_h}\right). \tag{4}$$

式中，a_0 为起伏加速度，m/s²；T_h 为起伏周期，s。z 轴方向与图 2 中相同。

本文将各选取一组典型的摇摆、起伏工况及其复合工况进行数值模拟研究。

2 计算模型和无关性验证

2.1 计算模型

2.1.1 控制方程

有限控制体积分的控制方程如下。

连续性方程：

$$\frac{\partial}{\partial t}\int_V \rho \mathrm{d}V + \oint_A \rho v \cdot \mathrm{d}a = \int_V S_u \mathrm{d}V。 \tag{5}$$

式中，t 为时间，s；V 为体积，m^3；a 为面向量；ρ 为密度，kg/m^3；v 为速度，m/s；S_u 为源项，$kg/(m^3 \cdot s)$。

动量方程：

$$\frac{\partial}{\partial t}\int_V \rho v \mathrm{d}V + \oint_A \rho v \otimes v \cdot \mathrm{d}a = -\oint_A pI \cdot \mathrm{d}a + \oint_A T \cdot \mathrm{d}a + \int_V f_b \mathrm{d}V + \int_V S_u \mathrm{d}V。 \tag{6}$$

式中，p 为压力，Pa；T 为黏性应力张量，$kg/(m \cdot s^2)$；f_b 为体积力，$kg/(m \cdot s^2)$；S_u 为源项，$kg/(m \cdot s^2)$。

能量方程：

$$\frac{\partial}{\partial t}\int_V \rho E \mathrm{d}V + \oint_A \rho H v \cdot \mathrm{d}a = -\oint_A q \cdot \mathrm{d}a + \oint_A T \cdot v\mathrm{d}a + \int_V f_b \cdot v\mathrm{d}V + \int_V S_u \mathrm{d}V。 \tag{7}$$

式中，E 为总能量，J/kg；H 为总焓，J/kg；S_u 为源项，$J/(kg \cdot m^3)$。

2.1.2 湍流模型和沸腾模型

本文采用 VOF 模型实现对流体的模拟[6]。k-ε 模型拥有可靠、收敛性好、内存需求低等优点。Realizable k-ε 模型可以精确预测平板和圆柱射流的传播。考虑到螺旋管内的流动为湍流工况且伴有二次流的发生，因此选择此模型为数值模拟中采用的湍流模型[7]。

研究中采用 Rohsenow 沸腾模型对管内流动沸腾进行模拟[8]，其经验关系式为

$$q_{bw} = \mu_1 h_{lat}\sqrt{\frac{g(\rho_1 - \rho_v)}{\sigma}}\left(\frac{C_{pl}(T_w - T_{sat})}{C_{qw}h_{lat}\mathrm{Pr}_1^{n_p}}\right)^{3.03}。 \tag{8}$$

式中，q_{bw} 为沸腾传热中的壁面热通量，W/m^2；μ_1 为液体动力黏度，$Pa \cdot s$；h_{lat} 为汽化潜热，J/kg；ρ_1 为液体密度，kg/m^3；ρ_v 为蒸汽密度，kg/m^3；σ 为液体表面张力，N/m；C_{pl} 为液体比热，$J/(kg \cdot K)$；T_w 为壁温，K；T_{sat} 为饱和温度，K；C_{qw} 为由液体种类与壁面组合而决定的经验系数，本研究取 0.008；Pr_1 为液体普朗特数；n_p 为普朗特数指数，取决于工作流体，本研究取 1。

成核点覆盖区域上方的蒸汽质量生成率为

$$\dot{m}_{ew} = \frac{C_{ew}q_{bw}}{h_{lat}}。 \tag{9}$$

式中，C_{ew} 为创建气泡的沸腾热通量大小的模型常数。由于 Rohsenow 关系式不依赖于流体温度，所以当超出适用范围时可能出现高热通量值，从而导致流体温度 T 高于壁面温度。为了防止这种情况出现，需将计算得到的热通量乘以下列项：

$$\max\left[0, \min\left(\frac{T_w - T}{T_w - T_{sat}}\right)\right]。 \tag{10}$$

2.2 网格无关性及模型验证

选用一种新型小型铅铋快堆的实验数据作为初始值对研究中的主要参数进行网格无关性验证，系统压力为 5 MPa，热流密度为 0.5 MW/m^2，入口温度为 483.15 K，进口速度为 0.665 m/s[9]。在不

同网格参数下的计算结果如图 3a 所示。在网格数较小的情况下，计算结果呈现较大的波动和误差。当网格数目进一步细化时，计算结果趋于稳定值。截面含气率随网格数的增加而增加，而对流换热系数则随网格数的增加而降低，最终两者都在 277 万个网格数附近趋于稳定。而之后随着网格数的增多，空泡份额和对流换热系数不再有明显的变化，网格数量对精确度不再有决定性的影响，因此选择此时的网格参数作为数值模拟的基础，基础尺寸为 0.7 mm。建立竖直圆管模型，选用相近尺寸的网格，将结果与 Bartolomei[10] 所做的圆管沸腾实验数据进行对比，结果如图 3b 所示。0.7 m 前的误差较小，0.86 m 处以后误差较大，总体上考虑到目前管内沸腾流动经验公式存在较大误差问题，在比较分析之后认为该沸腾模型可信地应用于螺旋管内部流动沸腾仿真。

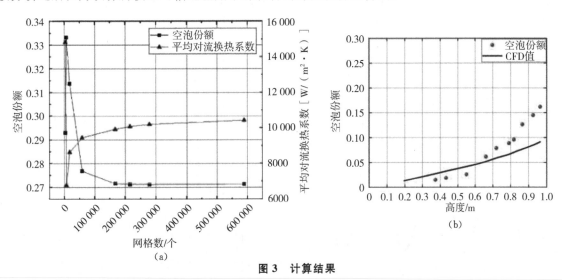

图 3　计算结果

（a）网格无关性验证结果；（b）沸腾模型验证结果

3　单一海洋条件下螺旋管对流换热特性

3.1　静止工况

首先研究螺旋管在静止工况下的竖直放置以及倾斜情况下的对流换热特性。通过网格无关性验证中选用的边界条件进行数值模拟，得到结果如图 4a 所示。静止条件下，螺旋管 0.8 m 处气液两相段的对流换热系数 h_0 为 13 987.5 W/（m² · K），倾斜条件下 h'_0 为 15 689.6 W/（m² · K）。从图 4b 可以看出，由于倾斜条件下重力、浮升力和离心力的夹角发生改变，进而影响了两相分布和二次流的强度改变，最终使得对流换热系数发生改变，其中气相（H2OG）主要分布在螺旋管内侧偏上位置。

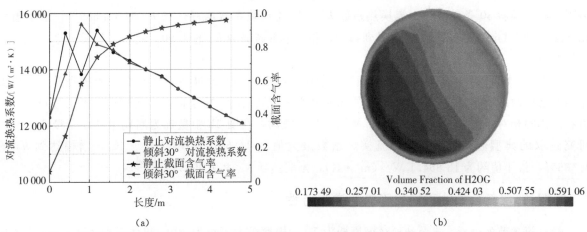

（a）　　　　　　　　　　　　　　　　（b）

图 4　静止工况下螺旋管对流换热系数和螺旋管 0.8 m 处截面含气率分布情况（位于中心线左侧）

（a）对流换热系数；（b）截面含气率分布

结果表明，倾斜条件对截面含气率的影响较小。如图 4a 所示，在倾斜条件下，管长 0.4 m、0.8 m、1.2 m 处由于截面含气率的快速变化和重力的作用，在同一区域处的二次流动受到影响，0.8 m 处由于重力分量的促进作用，二次流动得到增强，相反，其他两处二次流动被削弱，而往后的点由于含气率较高，受到二次流动影响较小，因此无明显变化。

3.2 单一海洋条件工况

在 3.1 静止工况的基础上，为模型添加刚体运动条件，在转轴高度为 5 m 的情况下，摇摆角度为 30°，摇摆周期为 7 s，取管长 0.8 m 处进行分析，数值模拟结果如图 5a 所示，h_r 为摇摆条件下对流换热系数；起伏工况下，设置螺旋管沿着 z 轴方向做平移运动，运动加速度大小为 0.5g，周期为 4 s，数值模拟结果如图 5b 所示，h_h 为起伏条件下对流换热系数。

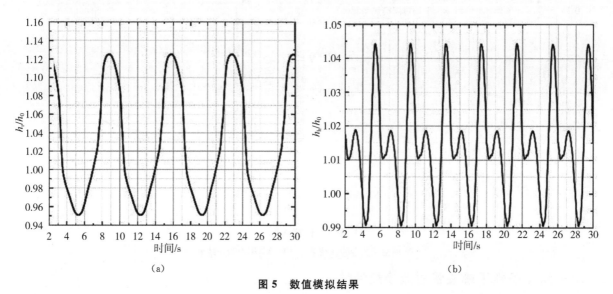

图 5　数值模拟结果

（a）摇摆条件下对流换热系数随时间的变化；（b）起伏条件下对流换热系数随时间的变化

3.2.1　摇摆工况结果分析

如图 5a 所示，螺旋管的运动增强了气液两相扰动，提高了管道与流体的相对速度，从而使整体对流换热系数升高。在摇摆工况下，由于惯性力的影响，截面气液两相占比发生变化，惯性力与离心力夹角小于 90°时，截面气相占比增加，热阻增大，对流换热系数减小；反之，液体占比增加，气相成分减少，对流换热系数升高。在研究选取的摇摆工况下，对流换热系数最大幅值为 15 737.2 W/（m² · K），略高于静止倾斜 30°条件下的对流换热系数 h'_0，对流换热系数增幅达到 h_0 的 12.509%，最小值为 13 301.1 W/（m² · K），对流换热受到抑制，换热系数减弱到 h_0 的 4.907%。

3.2.2　起伏工况结果分析

从图 5b 中可以看出，同摇摆工况相同，起伏工况下时均对流换热系数也有一定的提升。管内流体的运动略微滞后于壁面。在起伏运动的每四分之一个周期内，由于惯性力的变化，不同时间段内管道和流体间相对速度存在差异，造成了换热系数的波动，在图 5b 中呈现为周期中的 4 个极值点。在研究选取的典型起伏工况下，对流换热系数最大值为 14 607.9 W/（m² · K），增幅达到 h_0 的 4.435%，最小值约为 13 854.1 W/（m² · K），削弱达到 h_0 的 0.954%。

4　摇摆-起伏复合条件下螺旋管流动沸腾特性

经过第 3 节的分析，本节选取摇摆周期为 7 s、摇摆最大辐角为 30°、起伏周期为 4 s、起伏加速度为 0.5g 的复合工况进行分析，h_c 为复合条件下对流换热系数。复合工况下，运动所施加的惯性力不再简单地沿着或垂直于螺旋管中心轴的方向。在图6a中可以观察到，在选取的工况下，摇摆引起的对流换热系数波动幅值较起伏更大，对比摇摆和复合工况，复合工况下对流换热系数的变化并非摇摆和起伏运动相应变化简单的线性叠加或线性平均。经过单一海洋条件的结果对比发现，起伏导致的波动较摇摆更为复杂。因此，为进一步研究起伏运动对复合工况的影响，保持其他条件不变，增加分析了起伏加速度为1g和1.5g的工况。复合工况下的 h_c/h_0 瞬态变化如图6b所示。

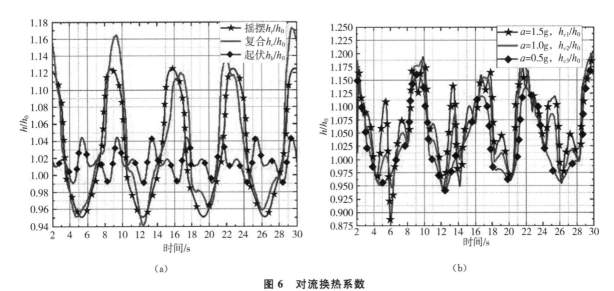

图6 对流换热系数

(a) 单一工况和复合工况对比；(b) 不同起伏加速度下复合工况的对流换热系数

从图6a中可以看出，在复合工况下，由于摇摆和起伏运动的周期不一致，导致实际设备的运动周期变长，因此在两者周期的最小公倍数的时间内，复合工况下的对流换热系数变化不单一服从摇摆或起伏运动的规律。可以观察到，若同时处在纯摇摆和纯起伏工况瞬态对流换热系数的波动的波峰或波谷处时，复合工况下的对流换热系数与静止工况相比的增强或削弱效应也更强。

从图6b中可以看出，在摇摆-起伏的共同作用下，螺旋管内整体的对流换热系数有所提高，设备的时均对流换热系数要大于静止工况下的平均对流换热系数。随着起伏加速度的增加，对流换热系数波动幅值相应提高。当 $a=0.5g$ 时，最大 h_{c3} 为 16 401.8 W/（m²·K），相比 h_0 增强约 17.260%，最小值约为 13 160.7 W/（m²·K），减弱达到 h_0 的 0.954%，平均 h_{c3} 为 14 561.522 39 W/（m²·K），增幅达到 4.104%；当起伏加速度达到 1.5 g 时，复合工况下最大对流换热系数为 16 839.8 W/（m²·K），增幅达到 h_0 的 20.392%，最小对流换热系数为 12 410.6 W/（m²·K），削弱达到 h_0 的 11.274%。

5 结论

研究对静止及海洋条件下螺旋管内流动沸腾换热特性进行了数值模拟和分析，得到以下结论：

（1）在研究给定的单一海洋条件下，惯性力对对流换热系数产生波动影响。总体而言，运动引起的流体-管道相对速度增幅和气液两相扰动的增强使得两相段的时均对流换热系数有所提高。在研究给定的条件下，纯摇摆导致的对流换热系数最大值高于静止工况约 12.509%，最小对流换热系数低于静止工况约 4.907%；在起伏加速度为 0.5g 的纯起伏工况下，对流换热系数最大值高于静止工况约 4.435%，最小值低于静止工况约 0.954%。

（2）与摇摆工况相比，由于流体-管道相对流速变化较大，起伏的波动更为复杂，在一个周期内会出现多个极值点。对流换热系数的升高或降低取决于惯性力大小和管道内流体运动情况。

（3）在研究选定的摇摆-起伏复合工况下，对流换热系数的波动幅值大于单一海洋条件工况，随着起伏加速度的增加，曲线形状逐渐趋近于起伏工况，并出现更多的极值点。

（4）摇摆、起伏以及两者耦合的海洋条件下，螺旋管的时均换热能力得到增强，但瞬态特性中对流换热系数存在波动，部分时段换热能力会被削弱。因此，反应堆的功率可能随蒸汽发生器的换热能力改变而变化，在此状态下长期运行可能对反应堆堆芯造成不利影响，海洋条件下的堆芯材料疲劳和功率控制等问题还有待进一步研究解决。

参考文献：

[1] 王政. 国际能源机构发布新版《世界能源展望》报告 [J]. 国外核新闻，2013（12）：2.

[2] 陈钊. 小型自然循环铅冷快堆 SNCLFR - 100 热工水力设计与安全分析研究 [D]. 合肥：中国科学技术大学，2015.

[3] 李宗洋，郭慧芳，赵畅，等. 国外铅铋堆发展及军事应用 [J]. 国外核新闻，2020（7）：29 - 31.

[4] CHANG F，LIU Y，LOU J，et al. Experimental investigation on flow boiling heat transfer characteristics of water and circumferential wall temperature inhomogeneity in a helically coiled tube [J]. Chemical engineering science，2023，272：118592.

[5] 林清宇，吴佩霖，冯振飞，等. 螺旋通道内流动沸腾传热研究进展 [J]. 化工进展，2020，39（7）：2521 - 2533.

[6] 吴田田. PEM 燃料电池气体扩散层微观结构中交叉流的数值模拟研究 [D]. 天津：天津大学，2014.

[7] SHIH T H，LIOU W W，SHABBIR A，et al. Anew k - eddy viscosity model for high reynolds number turbulent flows [J]. Computers & fluids，1995，24（3）：227 - 238.

[8] ROHSENOW W M. A method of correlating heat transfer data for surface boiling of liquids [R]. Cambridge，Mass.：MIT Division of Industrial Coporation，1951.

[9] 丁雪友，文青龙，阮神辉，等. 铅铋快堆螺旋管直流蒸汽发生器热工水力模型研究 [C] //第十六届全国反应堆热工流体学术会议暨中核核反应堆热工水力技术重点实验室 2019 年学术年会，惠州，2019.

[10] USTINENKO V，SAMIGULIN M，LOILEV A，et al. Validation of CFD - BWR，a new two - phase computational fluid dynamics model for boiling water reactor analysis [J]. Nuclear engineering and design，2008，238（3）：660-670.

Numerical simulation of flow boiling in helically coiled tubes under ocean conditions

YE Zi-xiang[1], SHEN Xin-yi[1], CHENG Kun[2], ZHANG Xu[1], ZHU Chen-xin[1], TANG Jing-yu[1], BIAN Hao-zhi[1,*]

(1. College of Nuclear Science and Technology, Harbin Engineering University,
Harbin, Heilongjiang 150001, China;
2. Nuclear Power Institute of China, Chengdu, Sichuan 610213, China)

Abstract: Under ocean conditions, the rolling and heaving motion of the nuclear power system will affect the thermal and hydraulic characteristics of the reactor. In order to study the boiling heat transfer characteristics of helical tube direct current steam generator under rolling, heaving and compound conditions, this study is based on three-dimensional refined CFD software, adopts VOF multiphase method and Rohsenow boiling model, the impact of a single ocean condition was studied under typical rolling conditions with a rolling angle of 30°, a period of 7 seconds, typical heaving conditions with a heaving acceleration of 0.5g, and a period of 4 seconds, and the flow and heat transfer characteristics under the combined rolling and heaving condition are coupled. The results show that the time-uniform heat transfer performance of the equipment is enhanced under ocean conditions, and the convective heat transfer coefficient in the spiral tube fluctuates, and the maximum increase is 12.509% under rolling conditions. Under the rolling and heaving compound condition, with the increase of the heaving acceleration, the variation law of convective heat transfer coefficient deviates from the periodic fluctuation under the pure rolling condition, and the maximum increase can reach 20.392%.

Key words: Ocean conditions; Spiral tube; Flow boiling; Numerical simulation

格栅导流挡板对管束式换热器冷凝传热特性影响研究

牛泽圣[1]，李鹏拯[1]，范广铭[2]，刘少有[1]

（1. 武汉第二船舶设计研究所，湖北　武汉　430200；2. 哈尔滨工程大学核科学与技术学院，黑龙江　哈尔滨　150001）

摘　要： 本文以非能动安全壳冷却系统为研究对象，通过数值模拟的方法对在管束式换热器附近添加格栅导流挡板产生的冷凝传热特性影响进行了探究。首先建立了实际试验的几何模型，选取相应工况进行了模拟计算，将计算结果与试验结果对比验证了计算的可靠性，随后进行了添加格栅导流挡板的数值计算。计算结果表明，添加格栅式导流结构后主要会对换热器附近的气体流动产生明显影响，加强了对管束式换热器换热管的径向扫掠，进而使得随冷凝现象聚集在换热管束周围的不凝性气体分布得到了改善，降低了传热热阻，强化了管束式换热器的冷凝传热特性。

关键词： 格栅挡板；换热器；冷凝传热

　　管束式换热器为工业应用中常见的换热器形式，如我国“华龙一号”核电机组的非能动安全壳冷却系统（PCS）在安全壳内就采用了此种换热器[1-2]，在发生 LOCA 等事故时安全壳内高温混合气体中的蒸汽在管束式换热器外表面不断冷凝，通过在 PCS 回路中产生的密度差和高度差推动工质进行非能动的流动，不断将热量传递到外部热阱中。

　　实际工作中，随着蒸汽的不断凝结，混合气体中的空气等不凝性气体会逐渐在管束式换热器外表面聚集，产生不凝性气体边界层，增大蒸汽向气液交界面的扩散传热传质阻力，进而影响蒸汽冷凝传热速率[3-4]。故本文结合实际安全壳综合试验研究项目，进行了管束式换热器旁添加格栅导流挡板的数值模拟计算，对添加倾斜导流挡板后管束式换热器冷凝传热特性进行了分析研究。

1　含格栅导流挡板的管束式换热器数值计算

1.1　安全壳参考结构

　　安全壳综合试验装置是为“华龙一号”非能动安全壳冷却系统研发所设计的大型试验台架，该装置参考“华龙一号”实际安全壳及内部隔间尺寸结构，经适当的比例模化后建造，结构示意如图 1 所示。该装置主要包括上封头、直段空间、隔间区、下封头等四部分。此次数值计算几何模型结构主要以此试验装置为基准，主要参考两部分内容，即管束式换热器及安全壳模拟体，在此基础上进行适当简化后开展后续计算分析。

1.2　格栅导流挡板几何结构形式

　　格栅导流挡板由沿安全壳模拟体竖直轴线等间距分布的 8 块等大小倾斜直板组成，直板尺寸为长 50 cm，宽 90 cm，下沿距换热器联箱中心轴线 92 cm，直板与安全壳模拟体中心轴线沿顺时针夹角为 45°，计算几何模型的整体结构示意如图 2 所示。网格划分时采用在

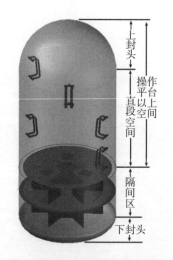

图 1　安全壳综合试验装置结构

STAR - CCM + 软件中创建零厚度的结构（Baffle）来处理导流结构，通过将导流结构创建为挡板并将其边界转换为交界面（Interface）以保证其和流域之间形成共形的网格。

作者简介：牛泽圣（1995—），男，助理工程师，现主要从事核动力装置二回路系统研究。

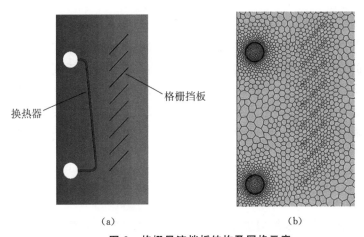

（a）　　　　　　　　　　　　　（b）

图 2　格栅导流挡板结构及网格示意

（a）格栅导流结构；（b）格栅导流结构网格划分示意

2　数值计算模型

2.1　物理模型

本模拟采用数值计算软件 STAR‑CCM＋进行了含空气的蒸汽冷凝传热数值模拟计算，模拟过程主要包括建立冷凝计算模型、采用隐式耦合求解器对离散过的几何结构流域网格瞬态求解及结果后处理等部分。冷凝模型采用了基于边界层扩散理论的传热传质方程来求解含不凝性气体的蒸汽扩散、流动和冷凝过程。

本数值模拟中的气体成分为空气及饱和蒸汽两种，且假设其均为理想气体。基于传质定律可得在气液交界面处的气体质量流量如下：

$$m_{a} = \rho \omega_{a} v - \rho D \frac{\partial \omega_{a}}{\partial n}, \tag{1}$$

$$m_{s} = \rho \omega_{s} v - \rho D \frac{\partial \omega_{s}}{\partial n}. \tag{2}$$

式中，ρ 为混合气体密度，kg/m^3；v 为速度，m/s；ω 为质量分数；D 为扩散系数，m^2/s；下标 a 代表空气；下标 s 代表蒸汽。

因空气与蒸汽质量分数之和为 1，且在气液交界面处气体总质量流量如式（3），且空气无法穿过气液交界面发生冷凝，所以空气质量流量在气液交界面处实际为 0。

$$m = m_{a} + m_{s} = \rho v. \tag{3}$$

所以，结合式（1）、式（2）和式（3）可以推导出实际的气液交界面处质量流量的表达式：

$$m = m_{s} = \frac{\rho D}{1 - \omega_{s}} \frac{\partial \omega_{s}}{\partial n}. \tag{4}$$

其中扩散系数可通过 Fuller 模型计算，公式为

$$D = D_{0} \left(\frac{T}{T_{0}} \right)^{1.75} \left(\frac{P}{P_{0}} \right)^{-1}. \tag{5}$$

式中，D_0 为标况下空气和水蒸气的二元扩散系数，值为 2.20×10^{-5} m^2/s；T 为绝对温度，K；P 为压力，MPa；下标 0 表示标况条件。

计算时通过判断气液交界面处及第一层网格内蒸汽对应分压下的饱和温度之间的差异来判断是否发生冷凝：若气液交界面处温度小于第一层网格内蒸汽对应分压下的饱和温度，则发生冷凝并进行求解，反之则不发生冷凝及不求解。

2.2 边界条件设置

此次模拟的边界条件及初始条件设置参照安全壳综合试验中的事故序列 1 进行。事故序列 1 模拟的是堆芯未发生熔化时的冷端大破口事故,该试验对非能动安全壳冷却系统的考核最为严酷。经过结合实际的试验工况,此次模拟选取了 PCS 功率及安全壳压力最高的时间段,即 2000～4000 s 这一时间段的试验工况进行了边界条件及初始条件设置,具体模拟的蒸汽喷放量按照实际的质能释放源项模化后调整为时间的函数输入。

3 模拟结果分析

3.1 模拟结果验证

本模拟计算采用二阶隐式耦合求解器进行了瞬态求解,通过对比不添加挡板时的安全壳几何结构模型模拟结果及实际安全壳综合试验中非能动安全壳冷却系统换热功率等参数来验证本数值模拟结果的合理性。

计算结果显示,本模拟计算得到的 1/6 安全壳模拟体排热功率为 75.064 kW,折算到整体排热功率约为 450.38 kW。在 2000～4000 s 时试验得到的 PCS 总功率约为 500 kW,与本模拟对比计算得到的总功率误差约为 11.02%。所以综合来看,可以认为本模拟是准确可靠的。

3.2 含格栅导流挡板换热器流场特性变化

计算结果表明,添加了格栅导流挡板后安全壳模拟体内的流场发生了明显的变化。由图 3 可看出,与未添加导流结构的流场相比,添加了格栅导流挡板后安全壳模拟体内部主流部分气体流动变化虽不大,但管束式换热器附近及换热管下部的气体流动受到了较大影响。

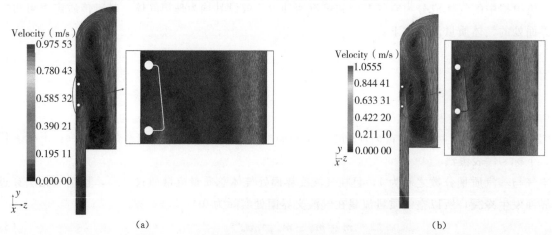

(a)   (b)

图 3 添加格栅导流结构后流场变化情况

(a) 无格栅导流结构;(b) 有格栅导流结构

未添加导流结构时安全壳模拟体内的流场主要流动情况为:一开始由中心喷口喷入的气体沿轴向喷放,当流动受到安全壳顶部阻碍后沿壳壁均匀向下流动,然后一部分气体流经换热管并受到加速作用,继续向操作平台与安全壳模拟体壁面间的环隙流动;另一部分气体因受换热管的阻碍作用而向安全壳大空间流动并受主流气体携带作用在上部空间形成漩涡。总体来看,流动规律为在安全壳模拟体上部及下部空间存在明显的漩涡,差别是上部为均匀的大漩涡而下部为众多小漩涡,换热器附近气体流动均匀,并且当气体流经换热管后有一个明显的加速现象。

添加格栅导流装置后,其流场特点为沿安全壳模拟体径向的气体流动没有被阻挡,且受到导流结构的约束作用,与未添加导流结构相比换热管附近的径向流动受到了明显的改善。

3.2.1 径向速度变化

由图 4 可明显看出，添加格栅导流挡板相比于无导流结构明显对换热管与挡板侧混合气体沿径向流动有强化作用，流速提升为无挡板时的 2.11～4.83 倍，且沿换热器整个高度方向均有明显作用，径向流速提升效果显著。格栅导流挡板不同挡板间的流道有效对原本安全壳大空间内的流动气体起到了流动约束作用，产生了有益于扫掠换热器管束表面的径向流动。

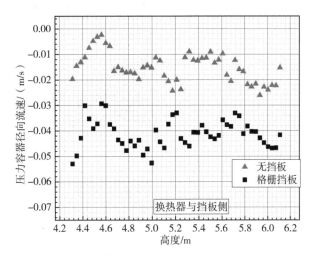

图 4　沿换热管高度方向混合气体径向速度分布

3.2.2 轴向速度变化

由图 5 可看出，添加格栅导流挡板相比于无导流结构对换热管与挡板侧混合气体沿轴向流动无明显提升，此原因为在原本大空间布置导流挡板后影响了原有的混合气体沿安全壳顶部及侧壁的贴壁流动，进而使得轴向气体流速相比无挡板时有一定减弱，但强化对换热管表面不凝性气体聚集的主要影响因素为气体沿径向的横向扫掠，故添加导流挡板后对轴向流速降低的影响较小。

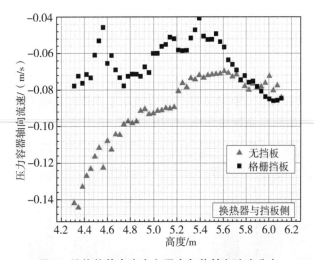

图 5　沿换热管高度方向混合气体轴向速度分布

4　添加格栅导流挡板后冷凝传热特性变化

根据前期其他学者的研究[5-6]，随着混合气体中的蒸汽在换热管外不断冷凝，空气等不凝性气体会在换热表面逐渐聚集并产生不凝性气体边界层，从而增大了蒸汽冷凝传热传质阻力。此现象在此次数值模拟中也有明显的体现（图6），通过换热管附近空气质量分数云图可看出，换热管附近存在着明显的空气边界层，且换热管外侧空气边界层厚度小于换热管内侧空气边界层，这是由于实际换热管与安全壳壳壁存在一定夹角，使得换热管外侧管处于迎风面，受气流冲刷效应更显著。此外，明显能够看出换热管管束间的空气边界层出现了叠加，不凝性气体更容易聚集在管束间使得此处传热恶化。

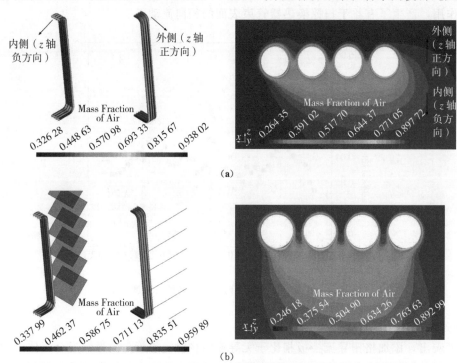

图6　换热管附近空气质量分数云图
（a）无导流挡板；（b）倾斜挡板

添加格栅导流挡板后，明显可使得换热管管束间的空气聚集现象得到有效缓解。这是因为与轴向流动相比沿径向的空气流动对空气边界层的扰动作用更为直接有效，所以对减薄管束间空气边界层效果显著，而且随着径向流动速度的增大这种扰动空气边界层的作用愈发明显。

得益于添加格栅导流挡板后强化了对管束式换热器径向及换热管与挡板间轴向气体流速的强化作用，使得换热管附近的不凝性气体分布得到了改善，换热管间空气层叠加效果明显下降。由图7可看出，添加格栅导流挡板后使得管束式换热器的整体排热功率及冷凝传热系数均得到了提升，其中总排热功率提升约10.76%，冷凝传热系数提升约10.75%。

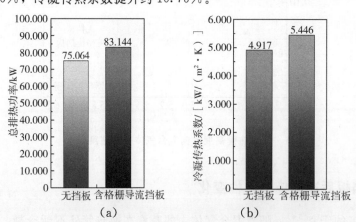

图7　添加格栅导流挡板后总排热功率及换热效率对比
（a）总排热功率；（b）冷凝传热系数

5 结论

研究结果表明，添加格栅导流挡板后能够对管束式换热器换热管附近流场产生有益的扰动，强化气体对换热管束的扫掠作用，进而优化了换热管附近的不凝性气体分布，对管束式换热器含不凝性气体冷凝传热产生了强化作用，其中总排热功率提升约 10.76%、冷凝传热系数提升约 10.75%。本研究能够为后续开发非能动安全壳冷却系统和类似工业应用提供新思路。

参考文献：

[1] 邢继，等."华龙一号"非能动安全壳热量导出系统研究 [J]. 哈尔滨工程大学学报，2023，44（7）：1089 - 1095，1096.

[2] 邢继，李崇，吴宇翔，等."华龙一号"（HPR1000）：中国新名片 [J]. 中国核电，2018，11（1）：15 - 20.

[3] 宿吉强. 竖管外含不凝性气体蒸汽冷凝传热特性研究 [D]. 哈尔滨：哈尔滨工程大学，2015.

[4] HUANG J, ZHANG J, WANG L, et al. Review of vapor condensation heat and mass transfer in the presence of non - condensable gas [J]. Applied thermal engineering, 2015, 89: 469 - 484.

[5] 边浩志，孙中宁，丁铭，等. 含空气蒸汽冷凝换热特性的数值模拟分析 [J]. 哈尔滨工程大学学报，2019，40（2）：426 - 432.

[6] DEHBI A. The effects of non - condensable gases on steam condensation under turbulence natural convection conditions [D]. Cambridge：Massachusetts Institute of Technology, 1990.

Research on the effect of grille baffle on condensation heat transfer characteristics of tube bundle heat exchanger

NIU Ze-sheng[1], LI Peng-zheng[1], FAN Guang-ming[2], LIU Shao-you[1]

(1. Wuhan Second Ship Design & Research Institute, Wuhan, Hubei 430200, China；

2. College of Nuclear Science and Technology, Harbin Engineering University,

Harbin, Heilongjiang 150001, China)

Abstract： In this paper, the passive containment cooling system is taken as the research object, and the effect of adding grille baffle near the tube - bundle heat exchanger on the condensation heat transfer characteristics is explored by numerical simulation. First, the geometric model of the actual experiment was established, and the corresponding working conditions were selected for simulation calculation. The calculation results were compared with the experimental results to verify the reliability of the calculation, and then the numerical calculation of adding grille baffle was carried out. The calculation results show that the addition of grille baffle will mainly have a significant impact on the gas flow near the heat exchanger and strengthen the radial sweep of the heat exchange tubes. Furthermore, the distribution of non - condensable gas gathered around the heat exchange tube bundle with the condensation phenomenon is improved, the heat transfer resistance is reduced, and the condensation heat transfer characteristics of the tube bundle heat exchanger are enhanced.

Key words： Grille baffle; Heat exchanger; Condensation heat transfer

采用二维欧拉网格逼近法的 AP1000 次级汽水分离器研究

刘展位，薄涵亮

（清华大学核能与新能源技术研究院，北京　100084）

摘　要： 蒸汽流动中的多液滴运动在各个领域中非常常见且具有重要的研究意义。本文首先建立 AP1000 次级波纹板汽水分离器内两相流动的数学模型，然后通过自编程序与 Fluent 软件耦合对该两相流动模型数值求解。其中为了模拟多液滴的运动，在二维结构化欧拉网格逼近方法的基础上，扩展得到了二维非结构化的欧拉网格逼近方法。随后得到波纹板进出口总压降，并通过模拟液滴在波纹板内的运动轨迹，得到波纹板的分离效率和内部液滴湿度分布。本文提出的数值模拟方法对汽水分离器结构的设计和优化具有较强的指导意义。

关键词： 二维；欧拉；网格；汽水分离器；液滴

　　能源环境化工等各个领域的设备中都普遍具有气流中的多液滴运动现象。在核能领域中，伴随着核电站功率的提高，汽水分离系统往往面临着高温、高压的挑战，需要更加深入地了解汽水分离的机理。研究者们对于汽水分离器开展了理论、实验和模拟的研究，其中理论研究往往适用于比较简单的理想工况[1]，同时陈军亮等[2]、黄礼明[3]、李嘉[4]采用实验的方法对二级汽水分离器进行了研究，实验研究获得的主要为汽水分离器的宏观参数。因此人们采用了各种数值模拟方法对汽水分离器机理进行研究。

　　模拟汽水分离器内两相流动的数值方法主要有：欧拉-欧拉方法和欧拉-拉格朗日方法。欧拉-欧拉方法将液滴和蒸汽都当作连续介质，通过分别求解两相的三大方程，得到某区域内液滴的平均湿度、平均速度场和温度场等宏观参数。欧拉-拉格朗日方法将液滴当作离散介质，而蒸汽仍当作连续介质，通过求解各个液滴在蒸汽流场中的动力学方程，得到每个液滴在流场中不同时刻的速度、位置和半径等微观参数。其中欧拉-欧拉方法的计算精度在汽水分离的复杂情况下难以保证[1]，而欧拉-拉格朗日方法虽然较欧拉-欧拉方法更能精确地模拟液滴的复杂运动行为，但是计算量随着粒子数目的增大以及时间步长的减小而显著增大，同时难以实现对于液滴场的全场计算。

　　因此开发了欧拉网格逼近方法，能够克服液滴计算对于时间步长的依赖，同时实现液滴场的全场计算。本文拓展得到了二维非结构化的欧拉网格逼近方法，使得该方法能够使用于二维的结构化与非结构化网格计算，并将这个方法应用于波纹板中的液滴运动当中，获得了 AP1000 波纹板中的液滴速度和密度场信息，能够为波纹板汽水分离器的优化设计提供参考。

作者简介： 刘展位（1998—），男，博士生，现主要从事反应堆热工水力、液滴动力学等科研工作。

基金项目： 中核领创基金。

1 二维非结构化的欧拉网格逼近方法

1.1 基本假设

为了更好地进行物理描述，我们提出了以下假设：

（1）单个液滴是一个质量和大小均固定的刚性球体，所有的液滴在移动时都保持球形。由于汽水分离器中的液滴相对较小（最大一般不超过几百微米），因此该假设是合理的。

（2）蒸汽流场是稳定的，仅考虑两相之间的单向耦合，且忽略了液滴和蒸汽流场之间的热量或质量传递。由于液滴所占的体积份额较小，对于流场的影响较小。

（3）液滴在撞击固体壁时被捕获，不考虑二次液滴的产生。由于本文中的流速较小，液滴撞击壁面产生的二次液滴较少，对于结果影响不大。

1.2 数学模型

1.2.1 蒸汽相控制方程

蒸汽相的连续性方程和动量方程如下：

$$\frac{\partial \rho}{\partial t} + \nabla \cdot \rho U = 0, \tag{1}$$

$$\frac{\partial U}{\partial t} + U \cdot \nabla U = f - \frac{1}{\rho} \nabla p + v \nabla^2 U。 \tag{2}$$

式中，ρ、U 分别代表流体密度和速度，f 代表所受外力，p 代表压力，v 代表运动黏度。

1.2.2 液滴运动方程

液滴位置方程：

$$\frac{\mathrm{d}x}{\mathrm{d}t} = V。 \tag{3}$$

液滴转动方程：

$$I_m \frac{\mathrm{d}\omega}{\mathrm{d}t} = M。 \tag{4}$$

液滴转动惯量表示为 $I_m = 2mr^2/5$，液滴力矩为 $M = -0.5\rho_f C_M r^5 | \omega - \Omega/2 | (\omega - \Omega/2)$。

液滴速度方程：

$$\begin{cases} m \dfrac{\mathrm{d}v}{\mathrm{d}t} = F_D + F_B + F_A + F_G + F_M + F_S \\ F_V = F_B + F_G \end{cases}。 \tag{5}$$

式中，液滴受力为

$$\begin{aligned}
F_D &= \pi C_D \rho_f | u - v | (u - v) r^2/2, \\
F_A &= 2\pi \rho_f r^3 [\mathrm{d}(u - v)/\mathrm{d}t]/3, \\
F_V &= F_G + F_B = 4\pi r^3 (\rho_d - \rho_f) g/3, \\
F_M &= \pi C_{Ma} \rho_f r^3 (u - v) \times (\omega - \Omega/2), \\
F_S &= 6.46 C_{Ma} (R_\mu)^2 (\rho_f \mu_f)^{0.5} r^2 | \Omega |^{-0.5} [(u - v) \times \Omega]。
\end{aligned} \tag{6}$$

1.3 计算流程图

在这个算法中，计算域中的所有网格节点将被循环更新，每一步的收敛标准是计算区域内所有网格节点都达到收敛，总计算流程如图 1 所示。

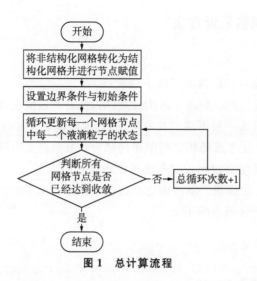

图 1 总计算流程

2 二维非结构化的欧拉网格逼近方法验证

2.1 流场区域

为了更好地验证多液滴运动模型，与庞凤阁等[5]进行的波纹板分离器的分离效率实验结果对比。选用的波纹板为无钩双波波纹板，波纹板具体参数为节长 25 mm，板间距 8.33 mm，折转角 45°。波纹板中的气相为空气，工作压力为常压，入口处空气速度为 3 m/s。通过欧拉网格逼近方法进行计算，先采用 Fluent 软件计算得到波纹板中的蒸汽流场速度和压力云图如图 2 和图 3 所示。

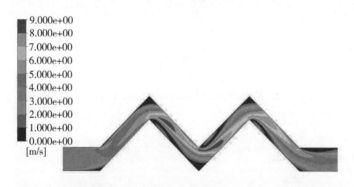

图 2 无钩波纹板中流场的速度云图（常压、空气、$U=3$ m/s）

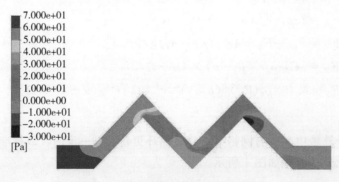

图 3 无钩波纹板中流场的压力云图

2.2 模型验证

在计算中假定液滴撞击到壁面之后直接被壁面捕捉,而分离出汽水分离器,同时忽略了二次液滴的产生。波纹板入口处的不同粒径的液滴质量份额呈现正态分布[5]。

根据二维非结构化欧拉网格逼近算法,分别对不同粒径的液滴进行计算。和欧拉-拉格朗日方法计算的分离效率进行比较,能够获得欧拉网格逼近与欧拉-拉格朗日方法的分离效率对比如图4所示。

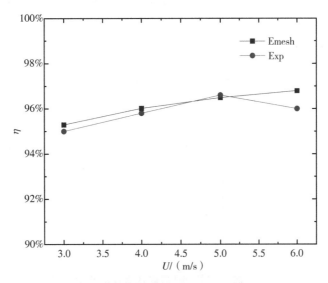

图 4 分离效率计算值与实验值对比

最终得到波纹板分离效率计算值与实验值的相对误差为±2%以内,验证了数学模型的正确性,可将多液滴运动模型用于后续的多液滴运动过程模拟。如图4所示,流速超过5 m/s时,模拟结果和实验结果的分离效率产生了不同的趋势,由于流场速度较大时产生的二次液滴会增多,使得分离效率降低。

3 波纹板计算算例

3.1 几何区域

根据实际AP1000的波纹板汽水分离器进行建模,其中波纹板汽水分离器的具体结构参数如下:$La = 182.5$ mm,$Lb = 23$ mm,$Lc = 11.7$ mm,AP1000波纹板结构示意如图5所示。

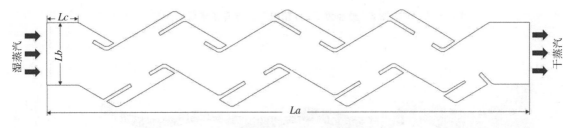

图 5 AP1000 波纹板结构示意

3.2 流场区域

根据参考文献 [6],波纹板入口处饱和蒸汽压可视为 5.76 MPa,蒸汽密度为 29.49 kg/m³,蒸汽动力黏性系数为 1.840×10^5 Pa·s,液滴密度为 762.52 kg/m³,液滴动力黏性系数为 9.63×10^{-5} Pa·s,入口处蒸汽速度为 1.863 m/s,采用商业流体力学软件 Fluent 计算得到在满功率情况下的波纹板速度和压力云图如图 6 和图 7 所示。

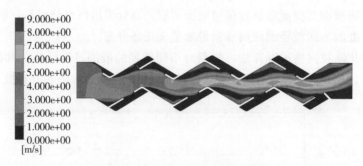

图 6 AP1000 波纹板速度云图

图 7 AP1000 波纹板压力云图

3.3 单粒径下的液滴

入口的液滴尺寸和份额分布依据赵富龙[7]的结果，液滴位置在波纹板入口处均匀分布。假设入口湿度为 0.1%，得到粒径为 5 μm 情况下的液滴速度场和密度场如图 8 和图 9 所示。

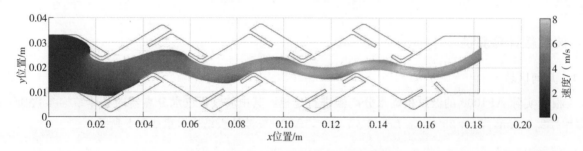

图 8 粒径为 5 μm 情况下的液滴速度场

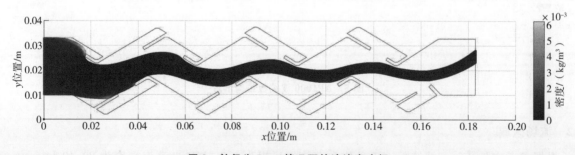

图 9 粒径为 5 μm 情况下的液滴密度场

假设入口湿度为 0.1%，得到粒径为 15 μm 情况下的液滴速度场和密度场如图 10 和图 11 所示。

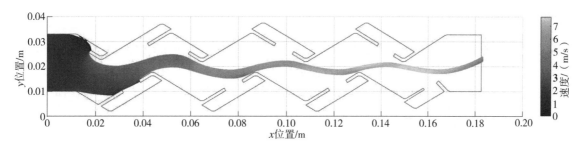

图 10 粒径为 15 μm 情况下的液滴速度场

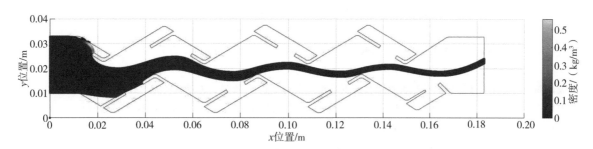

图 11 粒径为 15 μm 情况下的液滴密度场

由图 8 至图 11 可见，直径越小的液滴，越易随蒸汽流出波纹板；直径越大的液滴，越易与波纹板的钩或壁面碰撞，从而被分离去除。

3.4 合成液滴场结果

给定入口的液滴相湿度为 0.1%，然后根据实际的入口液滴尺寸分布，计算出不同液滴相的运动结果并且合成得到结果，如图 12 和图 13 所示。可见，液滴与壁面碰撞的主要位置集中在前两级汽水分离器的沟槽处，同时图中密度较大的位置处是可能的碰撞点。

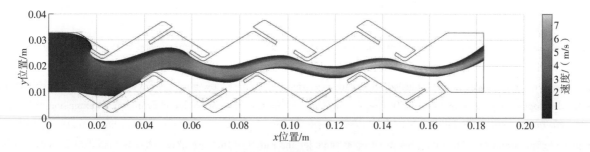

图 12 合成液滴速度场

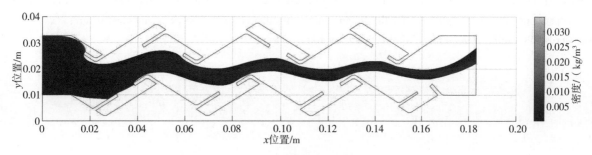

图 13 合成液滴密度场

4 结论

本文采用二维非结构化的欧拉网格逼近算法，通过自编程序与 Fluent 软件耦合对该两相流动模型数值求解，对二维波纹板汽水分离器中的液滴运动机理进行了研究，并且采用实验数据对欧拉网格逼近方法进行了验证。通过模拟液滴在波纹板内的运动轨迹，得到波纹板的分离效率和内部液滴湿度分布，本文提出的数值模拟方法对汽水分离器结构的设计和优化具有较强的指导意义。

参考文献：

[1] 张璜. 多液滴运动和碰撞模型研究 [D]. 北京：清华大学，2015.

[2] 陈军亮，程慧平，薛运奎，等. 百万千瓦级压水堆核电厂蒸汽发生器干燥器冷态试验研究 [J]. 核动力工程，2006 (2)：72-77.

[3] 黄礼明. 波形板汽水分离器的理论与实验研究 [D]. 武汉：华中科技大学，2011.

[4] 李嘉. 波形板汽水分离器的理论与实验研究 [D]. 武汉：华中科技大学，2007.

[5] 庞凤阁，于瑞侠，张志俭. 波形板汽水分离器的机理研究 [J]. 核动力工程，1992，13 (3)：9-14.

[6] ZHAO F, ZHAO C, BO H. Droplet phase change model and its application in wave-type vanes of steam generator [J]. Annals of nuclear energy, 2018, 111 (1): 176-187.

[7] 赵富龙. 液滴运动相变三维模型研究 [D]. 北京：清华大学，2018.

Research on the secondary steam separator of AP1000 using two dimensional Eulerian grid approximation method

LIU Zhan-wei, BO Han-liang

(Institute of Nuclear and New Energy Technology, Tsinghua University, Beijing 100084, China)

Abstract: In various fields, the motion of multiple liquid droplets within the flowing steam is very commonly observed and of significant research importance. In this paper, a mathematical model of two-phase flow inside the AP1000 secondary steam separator is initially established. Subsequently, this two-phase flow model is numerically solved by coupling a self-developed program with Fluent software. To simulate the motion of multiple liquid droplets, an extension of the two-dimensional structured Eulerian grid approximation method is employed to obtain a two-dimensional unstructured Eulerian grid approximation. The total pressure drop at the inlet and outlet of the corrugated plate is then determined, and the separation efficiency of the corrugated plate, as well as the distribution of internal liquid droplet humidity, is obtained by simulating the motion trajectories of the droplets within the corrugated plate. The numerical simulation method proposed in this paper provides strong guidance for the design and optimization of steam-water separator structures.

Key words: Two dimension; Euler; Mesh; Steam separator; Droplet

导流装置导流特性数值仿真分析及验证

张明乾，李振光

（深圳中广核工程设计有限公司工程研发所，广东　深圳　518172）

摘　要： 采用直接安注技术的反应堆在发生大破口失水事故（LB‐LOCA）时，从直接安注接管进入压力容器的冷却水会有一部分在反应堆压力容器环腔内高速水蒸气的夹带下不经过堆芯而从破口冷管段直接流出，这部分旁流量会减少流经堆芯的冷却水，对堆芯安全性至关重要。为了获得一种新型导流装置的导流特性，基于计算流体动力学方法，采用欧拉‐欧拉非均质多相流模型，开展了水在空气环境中的两相流动分析，获得了不同流量工况下的冷却水流态分布特征，以及开槽区域和缝隙处的漏流份额变化特性，并与空气环境中开展的 1：1 导流特性试验结果进行了对比。研究结果表明，当前分析模型可以较好地反映实际注水过程中的主要流动特征。利用该方法，可进一步对核电厂事故工况下反应堆内汽液两相流动规律开展评价。

关键词： 直接安注；非均质多相流模型；计算流体动力学；导流特性试验

在反应堆冷却剂系统发生失水事故时，应急堆芯冷却系统向反应堆压力容器注入冷却水，防止堆芯因缺少冷却水而不断升温。反应堆压力容器直接注入技术作为实现应急堆芯冷却系统功能的方式之一，在发生失水事故时，通过安装在压力容器筒体上的若干安注接管将冷却水直接注入反应堆压力容器中。目前开展的相关试验表明，在主管道大破口失水事故（LB‐LOCA）工况下的长期再淹没阶段，从完整冷管段流入反应堆压力容器环腔内的高速水蒸气会夹带一部分直接安注冷却水不经过堆芯而从破口冷管段直接流出（即"旁流"）[1-2]，从而减少了流经堆芯的冷却水流量（图 1）。

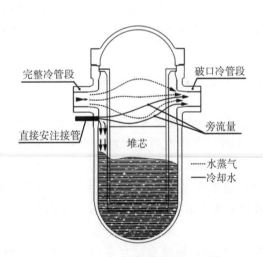

图 1　直接安注工况下的旁流现象示意

在开展反应堆结构设计时有必要设计一种特殊的导流装置，可以有效减少直接安注情况下冷却水的旁流。为了获得一种新型导流装置的导流特性，采用计算流体动力学方法开展了水在空气环境中的两相流动特性计算分析，并与空气环境中 1：1 导流特性试验结果进行了对比验证。

作者简介： 张明乾（1984—），男，研究员级高级工程师，现主要从事核电厂热工水力分析方面的科研工作。

1 数学模型及模拟方法

1.1 数学模型

试验工况中水从管道喷射到固体壁面，冷却水和空气相互作用，并在空气环境中散射开来，对该现象的研究中，Tae-Soon Kwon 等人采用 VOF（Volume-of-Fraction）模型对冷却水注入现象进行了计算，获得了液膜分布形态[3]；Dong-Hyeog Yoon 等人采用均质多相流模型对空气环境中冷却水注入的试验现象进行了计算，获得了冷却水流动形态[4]。前述 VOF 等方法假定气液两相具有共同的速度场，在计算过程中只求解一组混合相的守恒方程，这类多相流模拟方法都属于均质多相流模型，未考虑相间速度滑移，该模型可以使计算量大大减少，适用于气液两相界面分明、相互间没有夹带的情况。由于冷却水以较高速度喷射到壁面时会发生一些强烈瞬态特征的流动现象（液滴破碎、液滴聚合、液流跌落、气液交混等），这些强烈瞬态现象使得相界面的位置和形状变化复杂，均质模型并不能很好地模拟这些剧烈变化，与实际情况的差别较大。因此，本文采用非均质多相流模型（即欧拉-欧拉双流体模型），该模型不仅考虑相间速度滑移，也考虑相间质量及动量传递等，非均质多相流模型中每相流体都有各自的流场和温度场，通过相间作用力和热量传递使得两相速度和温度得到平衡。非均质多相流模型的连续方程和动量方程如下[5]。

连续方程：

$$\frac{\partial \rho_k}{\partial t} + \nabla \cdot (\rho_k \boldsymbol{u}_k) = 0。 \tag{1}$$

动量方程：

$$\frac{\partial \rho_k \boldsymbol{u}_k}{\partial t} + \nabla \cdot (\rho_k \boldsymbol{u}_k \boldsymbol{u}_k) = -\nabla \cdot (P_k \boldsymbol{I}) + \nabla \cdot \boldsymbol{T}_k + \rho_k \boldsymbol{g}_k。 \tag{2}$$

式中，k 为相的角码，$k=g$ 代表气相，$k=1$ 代表液相；ρ_k 为各相的密度；$\boldsymbol{u}_k$ 为各相速度向量；P_k 为各相压力标量；$\boldsymbol{I}$ 为单位张量；$\boldsymbol{T}_k$ 为剪应力张量；$\boldsymbol{g}_k$ 为重力加速度向量。在流场中，除了 k 相本身外，还存在相间界面区，为了描述整个流场特性，还需要建立关于相界面特性的基本方程。

1.2 模拟方法

在导流特性试验中导流装置固定在弧形吊篮外壁面，注水管道位于导流装置注水口高度位置，导流装置和注水管道相对位置保持与原型反应堆一致，数值计算采用 ANSYS CFX 软件，导流装置按实际几何结构建模，为了观察水经过导流装置后的分布形态，计算域取 2 m×5 m×8 m 的方形空间（图 2）。为简化模型的复杂度，本研究不考虑相变和传热影响，水和空气视为不可压缩连续相流体，取 25 ℃室温环境下的物性参数，仅考虑气液相间的动量交换。水从注水管入口面流入，该面设置为速度入口边界条件，注水管入口流量按高流量工况和低流量工况，分别设为 200 m³/h 和 1000 m³/h。计算域底面设置为压力出口边界条件，参考压力为 1 个标准大气压，其他面设置为无滑移壁面条件。

液相水的湍流模型选用 k-ω 模型，该模型适合有反向压力梯度和分离的复杂边界流动。采用 ANSYS ICEM 软件进行网格划分，对速度梯度较大的区域进行网格加密，开展网格敏感性分析后，最终选取的网格数量为 980 万个。

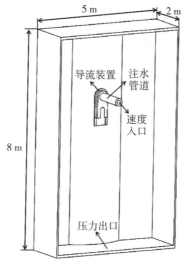

图 2   计算域示意

2   计算结果

2.1   漏流分布

漏流份额按照如下公式计算:

$$\begin{cases} f_1 = \dfrac{Q_1}{Q_0} \\ f_2 = \dfrac{Q_2}{Q_0} \end{cases} \tag{3}$$

式中,Q_1 为通过"倒 U 形"开槽截面的冷却水流量;Q_2 为通过注水管道和导流装置盖板间隙处的冷却水流量;Q_0 为注入冷却水的总流量;f_1 为"倒 U 形"开槽区域漏流;f_2 为缝隙漏流。Q_0、Q_1、Q_2 这三部分流体流动情况对应实际反应堆在环腔低液位时的三处流动通道的流动情况,通过试验过程中对特定流速参数下(与原型反应堆流速一致)各部分流体流动特性的研究,可对实际反应堆在直接安注时的流动规律获得一定认识。

在低流量工况和高流量工况下试验和数值计算获得的开槽区域漏流份额和缝隙漏流份额如表 1 所示。从表 1 可以看出:数值计算和试验获得的各部分漏流份额基本一致,并呈现一致的变化趋势,但在低流量工况下,数值计算获得的开槽区域漏流份额与试验结果相比出现较大偏差,这可能是因为在低流量工况下,流体动能较小,在远离导流装置盖板法线方向的流体体积分数较低,开槽区域漏流份额很小,由于导流装置盖板有一定厚度,收集该部分漏流的试验装置受到一定限制,使得该部分漏流在试验过程中不易测量,最终导致在低流量工况下会存在一定偏差;另外,低流量工况下流体动能较小,开槽区域漏流流动受液体表面张力影响较大,说明当前理论数值模型应用在黏性力影响较大的低雷诺数流动情况的模拟时出现了一定偏差。

表 1   不同工况下各部分漏流份额对比

项目	低流量工况		高流量工况	
	开槽区域漏流 f_1	缝隙漏流 f_2	开槽区域漏流 f_1	缝隙漏流 f_2
试验	0.7%	3.2%	5.3%	5.3%
数值计算	1.3%	3.6%	5.4%	6.5%

为了获得不同注水流量工况下两部分漏流份额的变化特性,开展了多组注水流量工况的数值计算,图3为数值计算获得的不同注水流量工况下开槽区域漏流份额和缝隙漏流份额变化情况,计算表明在注水流量大于600 m³/h时,两部分漏流份额趋于稳定,这是因为在高流量工况下,流体流动主要由惯性力驱动,流体雷诺数较大,流动进入自模区,流体流动形态呈现一定相似性。

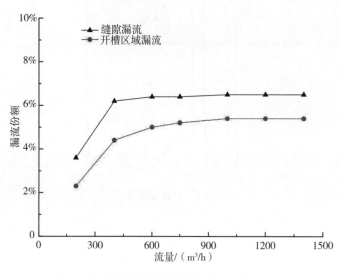

图3 数值计算获得的不同流量下的漏流变化

2.2 流态分布

图4a为试验时低流量工况下的流态分布图,冷却水从管道水平喷射到导流装置区域(该部分为注入流量 Q_0),大部分冷却水经导流装置引导后向下流动,由于水在空气介质中自由流动,向下的主流区域内夹裹一部分空气,呈现扩散的趋势,沿流动方向空间区域中的水体积分数逐渐变小。向下流动的冷却水流经导流装置盖板下部"倒U形"开槽区域时,呈现沿远离导流装置盖板的法线方向扩散的趋势(该部分为通过"倒U形"开槽面积的漏流流量 Q_1);一小部分冷却水从注水管道和导流装置盖板处的间隙流出(该缝隙值与原型反应堆结构中的间隙值保持一致,该部分为缝隙漏流流量 Q_2),由于重力作用,从缝隙射出的冷却水主要集中在注水管道下半部区域,呈现"倒V"形的扇形扩散区域,并且因在扇形扩散区域边缘处水的体积分数较大,可以观察到一股明显的下泄"水柱"。图4b为数值计算获得的流体形态分布云图,与试验过程中观察到的主要流动特征相比,呈现较好的一致性。由于数值计算假设空气和水为连续相介质,因此无法很好地模拟试验结果中液体撕裂成液滴后的飞溅现象。图4c为冷却水体积分数分布云图,在 Q_0 主流区域远离导流装置盖板的法线方向,水的体积分数逐渐减小,意味着冷却水夹裹更多空气,对应试验中观察到的"水花"区域,在导流装置盖板下部"倒U形"开槽对应区域,可以观察到有一部分水向斜下方流出,对应漏流流量 Q_1,在注水管道和导流装置盖板间隙区域,可以观察到有一小部分水喷射出来,对应漏流流量 Q_2。在低流量工况,冷却水流动的整体形态相对稳定。

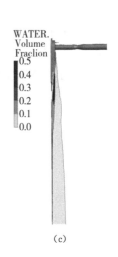

(a)   (b)   (c)

图 4   低流量工况下冷却水流态和体积分数分布

(a) 试验流体形态；(b) 数值计算流体形态；(c) 水体积分数分布云图

图 5a 为试验时高流量工况下的流态分布图，相比低流量工况，冷却水流动的整体形态变得十分不稳定，冷却水从管道水平喷射到导流装置区域后，大部分冷却水经导流装置引导后仍向下流动，主流区域呈现明显扩散趋势，且伴有大量溅起的液滴。向下流动的冷却水流经导流装置盖板下部"倒 U 形"开槽区域时，在远离导流装置盖板的法线方向呈现明显的剧烈扩散现象，有一部分流体通过"倒 U 形"流通截面斜向下飞溅。有更多的冷却水从注水管道和导流装置盖板处的间隙流出，由于流体动能增大，从缝隙射出的冷却水沿注水管道向四周扩散，不再呈现低流量工况下的"倒 V"形扇形扩散区域。图 5b 为数值计算获得的流体形态分布图，呈现出与对应试验工况相近的流动特征，图 5c 为冷却水体积分数分布云图，也较好地反映了高流量工况的前述主要流动特征。

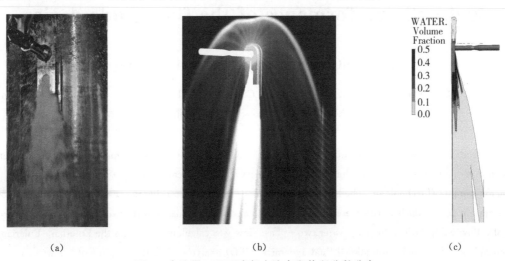

(a)   (b)   (c)

图 5   高流量工况下冷却水流态和体积分数分布

(a) 试验流体形态；(b) 数值计算流体形态；(c) 水体积分数分布云图

3   结论

为了获得一种新型导流装置的导流特性，采用非均质多相流模型，开展了水在空气环境中的两相流动分析，获得了低流量工况和高流量工况下的冷却水流态分布，冷却水从管道水平喷射到导流装置区域后，大部分冷却水经导流装置引导后向下流动，主流区域呈现扩散趋势，并有部分冷却水从"倒 U 形"开槽区域以及注水管道和导流装置盖板间隙区域流出，随着流量的增大，冷却水流动形态变得不稳定，且伴有大量溅起的液滴。在注水流量大于 600 m³/h 时，两部分漏流份额趋于稳定。通过与空气环境中开展的 1：1 导流特性试验结果对比，数值计算模型较好地反映了实际冷却水的主要流动特征，验证了当前分析方法的合理性。

  在当前研究工作基础上，可以进一步建立核电厂反应堆实际模型，开展主管道大破口失水事故（LB-LOCA）工况下直接安注冷却水旁流现象研究。通过"理论分析＋局部试验验证"的研究方式，探索出直接安注旁流现象分析方法，该方法已成功应用在相关堆型的方案论证工作中。

参考文献：

[1] TAE－SOON K，BYONG－JO Y，DONG－JIN E，et al．Multi－dimensional mixing behavior of steam－water flow in a downcomer annulus during LBLOCA reflood phase with a DVI injection mode [J]．Nuclear technology，2003，143（2003）：57－64．

[2] HYUN－SIK P，KI－YONG C，SEOK C，et al．Major thermal－hydraulic phenomena found during ATLAS LB-LOCA reflood tests for an advanced pressurized water reactor APR1400 [J]．Nuclear engineer and technology，2011，43（3）：257－270．

[3] TAE－SOON K，CHOENG－RYUL C，CHUL－HWA S．Three－dimensional analysis of flow characteristics on the reactor vessel downcomer during the late reflood phase of a postulated LBLOCA [J]．Nuclear engineer and design，2003，226（2003）：255－265．

[4] DONG－HYEONG Y，YOUNG S B，AE－JU C．CFD analysis of effects of cross flow on water injection of DVI＋ [J]．Annals of nuclear energy，2015，80（2015）：172－177．

[5] 车得福，李会雄．多相流及其应用 [M]．西安：西安交通大学出版社，2007：520－526．

Numerical simulation and validation on hydraulic performance of the flow guide device

ZHANG Ming-qian, LI Zhen-guang

[Engineering Research & Development Department, China Nuclear Power Design Co., Ltd. (Shenzhen), Shenzhen, Guangdong 518172, China]

Abstract： The water injected through the direct vessel injection (DVI) nozzle is easily bypassed out to the broken cold leg by a cross flow of high－speed steam in the downcomer during a large－break loss－of－coolant accident (LB-LOCA) for the reactor using DVI technology. The bypass fraction of the injected water due to the cross flow could reduce the water into the reactor core, which is considered to be an important safety issue. In order to investigate the hydraulic performance of a flow guide device, the air－water two－phase flow was calculated based on the Eulerian－Eulerian inhomogeneous multiphase model by computational fluid dynamics (CFD) analysis. The flow regime of the water in air was obtained under different flow rate, and the bypass flow rate at the position of the notch and the gap on the flow guide device was also presented. The calculated results were validated by comparing with the 1：1 scaled test performed in the air condition. The results indicated that this numerical model could predict the key two－phase flow phenomena which occur during the water injection test. This analysis practice could be taken as a valid method for evaluating the two－phase flow behavior in reactor during accident conditions.

Key words： Direct vessel injection; inhomogeneous multiphase model; Computational fluid dynamics; Flow guide device test

氧化铅颗粒电化学溶解计算模型研究

李　莹，游鸿波，唐海荣*，王苏豪，娄芮凡，王　盛

（中国核动力研究设计院中核核反应堆热工水力技术重点实验室，四川　成都　610213）

摘　要：采用装有固体补氧剂（氧化铅颗粒）的质量交换器能够对液态重金属冷却剂中的溶解氧进行有效控制。氧化铅溶解速度是影响质量交换器性能的关键参数。本文基于冷却剂与氧化铅颗粒之间的相互作用规律，对氧化铅电化学溶解过程进行建模，获得质量交换器出口氧活度的简化工程计算公式，并分析了冷却剂温度、流量、颗粒直径等参数对氧化铅溶解过程的影响规律。该模型能够预测不同参数下质量交换器的供氧能力，为质量交换器的设计提供理论参考。

关键词：氧化铅颗粒；质量交换器；冷却剂；溶解模型；溶解速度

目前，国内外液态重金属冷却剂均存在结构材料腐蚀和溶解的问题，通过控制液态重金属冷却剂中的氧浓度，可促进结构材料氧化膜的生成，确保液态重金属冷却剂系统长期稳定运行。其中，采用装有固体补氧剂（氧化铅颗粒）的质量交换器能够对液态重金属冷却剂中的溶解氧进行有效控制[1-4]。氧化铅颗粒在质量交换器中的有效溶解是实现氧浓度控制的关键因素，该过程涉及固相氧化铅与液相氧离子之间的动态平衡，是一个复杂的物理化学过程。因此，分析冷却剂与氧化铅颗粒之间的相互作用规律，获得冷却剂温度、流量、颗粒直径等参数对氧化铅溶解过程的影响规律，对预测评估质量交换器的供氧能力、提高质量交换器的效能具有指导意义。

1　数学模型

氧化铅溶解过程是固相氧化铅转变为溶解态的电化学过程，基于冷却剂与氧化铅颗粒之间的相互作用规律，对氧化铅电化学溶解过程进行建模，建模过程如下[2-3]：

固体氧化铅颗粒在液态重金属中的溶解可以表示为

$$PbO_{solid} \leftrightarrow Pb_{liq} + O_{diss}。 \tag{1}$$

影响氧化铅颗粒溶解过程的主要物理因素是冷却剂温度、流量、氧化铅颗粒大小以及冷却剂中的溶解氧活度。

溶解氧浓度 C 与氧活度 $\alpha_{[o]}$ 的关系为

$$\alpha_{[o]} = \frac{C}{C_s}。 \tag{2}$$

式中，C_s 为冷却剂中的饱和氧浓度，C 为冷却剂中的氧浓度。

假设氧化铅颗粒呈球状，在溶解过程中不会改变形状（溶解均匀发生）；同时在溶解过程中颗粒大小对其他参数的影响忽略不计。根据固体物质的基本溶解动力学定理：

$$-\frac{dm}{S_p \cdot d\tau} = K \cdot (C_s - C)。 \tag{3}$$

式中，K 为溶解系数。

通过在单位时间内氧的质量离开固体氧化铅的速率来确定氧化铅的溶解速率，则

作者简介：李莹（1991—），女，博士生，副研究员，现主要从事反应堆热工水力等科研工作。

基金项目：四川省科技计划资助"液态金属冷却剂氧输运特性与模型研究"（2023NSFSC1314）。

$$-\frac{\mathrm{d}m_{[\mathrm{o}]}}{\mathrm{d}\tau} = K_\mathrm{p} \cdot (1 - \alpha_{[\mathrm{o}]}) \cdot S_\mathrm{p}, \tag{4}$$

$$K_\mathrm{p} = K \cdot C_\mathrm{s} \, 。 \tag{5}$$

式中，K_p 为氧溶解系数；S_p 为固体氧化铅颗粒与冷却剂接触的总表面面积，即浸没在冷却剂中的氧化铅颗粒的表面积总和；$m_{[\mathrm{o}]}$ 为固体氧化铅中氧的质量；τ 为时间。

根据质量守恒，固体氧化铅溶解而释放出的氧的质量，全部用于冷却剂中氧浓度的提升，则

$$m_{[\mathrm{o}]0} - m_{[\mathrm{o}]} = V \cdot \rho \cdot (C_{[\mathrm{o}]\text{出口}} - C_{[\mathrm{o}]\text{入口}}) \, 。 \tag{6}$$

式中，$m_{[\mathrm{o}]0}$ 和 $m_{[\mathrm{o}]}$ 分别为初始和最终时刻质量交换器所装载的氧化铅颗粒中氧质量的初始值和最终值；$C_{[\mathrm{o}]\text{出口}}$ 和 $C_{[\mathrm{o}]\text{入口}}$ 分别为质量交换器出口处和入口处的氧浓度；V 为质量交换器中冷却剂体积；ρ 为冷却剂密度。

在时间间隔 $\mathrm{d}\tau$ 内，固体氧化铅颗粒中氧的质量减少量 $\mathrm{d}m_{[\mathrm{o}]}$ 与冷却剂溶液中氧的浓度变化 $\mathrm{d}C_{[\mathrm{o}]}$ 之间存在平衡方程：

$$\mathrm{d}m_{[\mathrm{o}]} = V \cdot \rho \cdot \mathrm{d}C_{[\mathrm{o}]} \, 。 \tag{7}$$

对于多孔介质层（颗粒层），质量交换器中氧化铅颗粒比表面积 A 为

$$A = (6/d_{\text{颗粒}}) \cdot (1 - \varepsilon) \, 。 \tag{8}$$

式中，$d_{\text{颗粒}}$ 为氧化铅球状颗粒直径。

结合氧化铅颗粒孔隙率，式（7）和式（4）可表示为

$$\mathrm{d}m_{[\mathrm{o}]} = \varepsilon \cdot V_\mathrm{m} \cdot \rho \cdot C_\mathrm{s} \cdot \mathrm{d}\alpha_{[\mathrm{o}]}, \tag{9}$$

$$-\frac{\mathrm{d}m_{[\mathrm{o}]}}{\mathrm{d}\tau} = K_\mathrm{p} \cdot (1 - \alpha_{[\mathrm{o}]}) \cdot A \cdot V_\mathrm{m} \, 。 \tag{10}$$

式中，ε 为氧化铅颗粒孔隙率；V_m 为质量交换器体积。

将式（9）代入式（10）分离变量后可得

$$-\frac{\mathrm{d}\alpha_{[\mathrm{o}]}}{(1 - \alpha_{[\mathrm{o}]})} = \frac{K_\mathrm{p}}{\varepsilon \cdot \rho \cdot C_\mathrm{s}} \cdot A \cdot \mathrm{d}\tau \, 。 \tag{11}$$

式（11）解的形式为

$$\alpha_{[\mathrm{o}]\text{出口}} = 1 - (1 - \alpha_{[\mathrm{o}]\text{入口}}) \cdot \exp\left(-\int_0^{\tau_\mathrm{k}} \left(\frac{K_\mathrm{p} \cdot A}{\varepsilon \cdot \rho \cdot C_\mathrm{s}}\right) \mathrm{d}\tau\right) \, 。 \tag{12}$$

式中，$\alpha_{[\mathrm{o}]\text{入口}}$ 和 $\alpha_{[\mathrm{o}]\text{出口}}$ 分别为质量交换器进出口的氧活度值；τ_k 为氧化铅颗粒和冷却剂相互作用的时间。

针对氧溶解系数 K_p，可以通过以下经验公式获得：

$$Sh = 0.038 \cdot Re^{0.7} \cdot Sc^{0.67} \, 。 \tag{13}$$

Sh 与 K_p 的关系为

$$Sh = \frac{\beta \cdot l}{D} \, 。 \tag{14}$$

式中，D 为氧在冷却剂中的扩散系数；l 为颗粒层的特征尺寸；β 为质量转移系数，可表示为

$$\beta = K_\mathrm{p} \cdot (1 - \alpha)/[\rho \cdot (C_\mathrm{s} - C)] \, 。 \tag{15}$$

由式（14）和式（15）可得

$$K_\mathrm{p} = \frac{Sh \cdot D}{l} \cdot C_\mathrm{s} \cdot \rho \, 。 \tag{16}$$

氧化铅颗粒层的特征尺寸 l 为

$$l = \frac{2}{3} \cdot \frac{\varepsilon \cdot d_{\text{颗粒}}}{1 - \varepsilon} \, 。 \tag{17}$$

对于自由填充的球状颗粒，孔隙度 ε 可以取 0.4。

式（12）是一个十分复杂的函数，由于实际控氧过程中，$\alpha_{[o]入口}$非常小（$\ll 1$），所以对于实际工程计算，可简写为

$$\alpha_{[o]出口} = 1 - \exp\left(-\frac{K_p \cdot A}{\varepsilon \cdot \rho \cdot C_s} \cdot \tau_k\right)。 \tag{18}$$

式中，τ_k可计算如下：

$$\tau_k = \frac{L}{G} \cdot \rho \cdot S_m \cdot \varepsilon。 \tag{19}$$

式中，G是流过质量交换器的冷却剂质量流量；S_m是质量交换器的截面积；L为质量交换器的高度。从式（18）和式（19）可以看出，质量交换器出口氧活度与冷却剂温度、流量、氧化铅颗粒直径及质量交换器结构等参数有关。

根据质量交换器出口氧活度可以求得质量交换器的供氧能力为

$$q = G \cdot C_s \cdot \alpha_{[o]出口}。 \tag{20}$$

2 模型求解

在对氧化铅电化学溶解过程建模的基础上，参考文献中相关实验工况[2,4]，使用 MATLAB 对氧化铅电化学溶解模型进行求解，计算工况参数如表 1 所示，计算结果列于表 2 中。

表 1 计算工况参数

参数	范围
冷却剂温度 T/K	573.15，623.15，673.15，723.15，773.15
孔隙率 ε	0.4
颗粒直径 d/mm	6，8，10，12，14
冷却剂流量 G/（kg/s）	1，2，3，4，5
质量交换器直径/mm	47
质量交换器高 L/mm	75

表 2 计算结果

冷却剂温度 T/K	冷却剂流量 G/（kg/s）	颗粒直径 d/mm	氧溶解系数 K_p/[kg/（m²·s）]	出口氧活度 $\alpha_{[o]出口}$	供氧能力 q/（kg/s）
573.15	4	8	1.4×10^{-4}	7.1×10^{-5}	2.4×10^{-9}
623.15	4	8	7.6×10^{-4}	9.1×10^{-5}	1.2×10^{-9}
673.15	4	8	3.2×10^{-3}	1.1×10^{-4}	5.1×10^{-8}
723.15	4	8	1.1×10^{-2}	1.3×10^{-4}	1.7×10^{-7}
773.15	4	8	3.1×10^{-2}	1.5×10^{-4}	5.0×10^{-7}
673.15	1	8	1.2×10^{-3}	1.7×10^{-4}	1.9×10^{-8}
673.15	2	8	1.9×10^{-3}	1.4×10^{-4}	3.1×10^{-8}
673.15	3	8	2.6×10^{-3}	1.2×10^{-4}	4.2×10^{-8}
673.15	4	8	3.1×10^{-3}	1.1×10^{-4}	5.1×10^{-8}
673.15	5	8	3.7×10^{-3}	1.0×10^{-4}	6.0×10^{-8}
673.15	4	6	3.4×10^{-3}	1.6×10^{-4}	7.4×10^{-8}
673.15	4	8	3.1×10^{-3}	1.1×10^{-4}	5.1×10^{-8}
673.15	4	10	2.9×10^{-3}	8.3×10^{-5}	3.8×10^{-8}
673.15	4	12	2.8×10^{-3}	6.6×10^{-5}	3.0×10^{-8}
673.15	4	14	2.7×10^{-3}	5.4×10^{-5}	2.5×10^{-8}

3 氧化铅溶解过程影响因素分析

3.1 冷却剂温度对氧化铅溶解过程的影响

图1表示不同冷却剂温度下氧化铅溶解过程中氧溶解系数、质量交换器出口氧活度以及供氧能力的变化规律。从图1中可以看出，在300~500 ℃温度范围内，氧化铅溶解过程中氧溶解系数以及质量交换器供氧能力随温度的升高呈指数升高，出口氧活度随温度的升高而线性增大。由于氧化铅溶解过程是固相氧化铅转变为溶解态的电化学过程，温度是影响质量交换器供氧能力的关键参数。

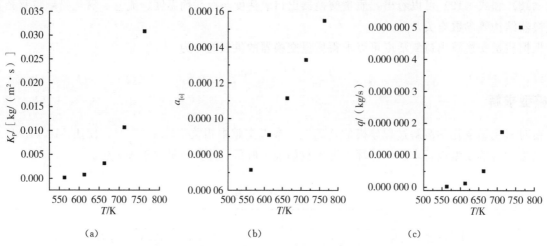

（a）   （b）   （c）

图1 冷却剂温度对氧化铅溶解过程的影响计算结果

（a）氧溶解系数；（b）出口氧活度；（c）供氧能力

3.2 冷却剂流量对氧化铅溶解过程的影响

图2表示不同冷却剂流量下氧化铅溶解过程中氧溶解系数、质量交换器出口氧活度以及供氧能力的变化规律。从图2中可以看出，在1~5 kg/s流量范围内，氧化铅溶解过程中氧溶解系数以及质量交换器供氧能力随流量的增大呈线性增加，但出口氧活度随流量的增大而线性下降。在冷却剂流量增大的过程中，在质量交换器高度一定的情况下，氧化铅颗粒与冷却剂的反应时间会缩短，导致质量交换器出口氧活度降低，但整体来说，冷却剂流量的增加会加强质量交换器向冷却剂内扩散氧的能力。

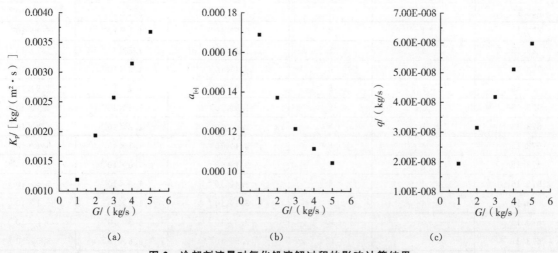

（a）   （b）   （c）

图2 冷却剂流量对氧化铅溶解过程的影响计算结果

（a）氧溶解系数；（b）出口氧活度；（c）供氧能力

3.3　氧化铅颗粒直径对氧化铅溶解过程的影响

图 3 表示不同氧化铅颗粒直径对应氧化铅溶解过程中氧溶解系数、质量交换器出口氧活度以及供氧能力的变化规律。从图 3 中可以看出，在 6～14 mm 颗粒直径范围内，氧化铅溶解过程中氧溶解系数、质量交换器出口氧活度以及供氧能力随颗粒直径的增大呈线性减小。氧化铅颗粒直径的增加会引起氧化铅颗粒层特征尺寸的增大以及氧化铅颗粒比表面积的减小，颗粒直径越大越不利于质量交换器供氧。

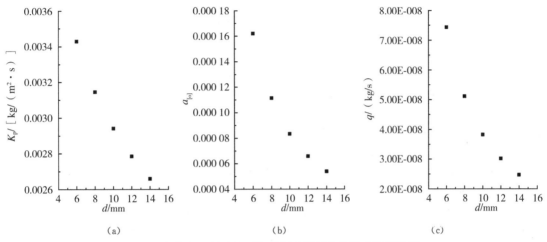

图 3　氧化铅颗粒直径对氧化铅溶解过程的影响计算结果

(a) 氧溶解系数；(b) 出口氧活度；(c) 供氧能力

4　结论

本文基于冷却剂与氧化铅颗粒之间的相互作用规律，对氧化铅电化学溶解过程进行建模和计算求解，分析了冷却剂温度、流量、颗粒直径对氧化铅溶解过程的影响规律，得到以下结论：

（1）在 300～500 ℃温度范围内，氧化铅溶解过程中氧溶解系数以及质量交换器供氧能力随温度的升高呈指数升高，出口氧活度随温度的升高而线性增大，温度是影响质量交换器供氧能力的关键参数。

（2）在 1～5 kg/s 流量范围内，随着冷却剂流量增大，氧化铅颗粒与冷却剂的反应时间会缩短，导致质量交换器出口氧活度降低，但整体来说，冷却剂流量的增加会加强质量交换器向冷却剂内扩散氧的能力。

（3）在 6～14 mm 颗粒直径范围内，氧化铅颗粒直径越大越不利于质量交换器供氧。

本文的模型以及计算结果能够为质量交换器的设计提供理论参考。

参考文献：

［1］ MARTYNOV P N, ASKHADULLIN R S, SIMAKOV A A, et al. Designing mass exchangers for control of oxy-gen content in Pb‐Bi coolants in various research factilities [C] //International Conference on Nuclear Engineer-ing, Brussels, 2009：555－561.

［2］ 杜晓超. 液态金属中的固态氧控与相关问题研究 [D]. 保定：华北电力大学，2017.

［3］ GROMOV B F, ORLOV Y I, MARTYNOV P N, et al. Problems of technology of heavy liquid‐metal coolants (lead‐bis-muth, lead) [C] //Heavy Liquid‐metal Coolants in Nuclear Technologies, Obninsk, 1999, T1：92－106.

［4］ MARINO A, LIM J, KEIJERS S, et al. A mass transfer correlation for packed bed of lead oxide spheres in flowing lead-bismuth eutectic at high Péclet numbers [J]. International journal of heat and mass transfer, 2015, 80：737－747.

A theoretical investigation on dissolution model of lead oxide pellets

LI Ying, YOU Hong-bo, TANG Hai-rong*,
WANG Su-hao, LOU Rui-fan, WANG Sheng

(CNNC Key Laboratory on Nuclear Reactor Thermal Hydraulics Technology,
Nuclear Power Institution of China, Chengdu, Sichuan 610213, China)

Abstract: The mass exchanger with solid oxygen supply agents, like lead oxide pellets, is used as an effective device to control the dissolved oxygen concentration in liquid heavy metal coolants. The dissolution rate of lead oxide pellets is a key factor involved in regulation performance of mass exchanger. In this work, the dissolution process of lead oxide pellets is analyzed and a simplified actual calculation formula of the oxygen activity is acquired based on the interaction between the lead oxide and coolant. The effects of temperature, flow rate and diameter of pellets on the dissolution rate were analyzed. The dissolution model would predict the regulation performance of mass exchanger in different working conditions and provide the theoretical basis for guiding the design and application of mass exchange.

Key words: Lead oxide pellets; Mass exchanger; Coolants; Dissolution model; Dissolution rate

医用同位素溶液生产堆紧急排料系统试验研究

王典乐，吕庆瑜，李　琦，夏小娇，陶舒畅，李　勇，郑　华，闫　晓

（中国核动力研究设计院，四川　成都　610213）

摘　要： 医用同位素溶液生产堆是以硝酸铀酰水溶液为核燃料的反应堆，用于生产 ^{99}Mo 和 ^{131}I 等医用同位素。紧急排料系统是医用同位素溶液生产堆的紧急停堆系统。本文对医用同位素溶液生产堆紧急排料系统的排料特性进行了试验研究，对溶液物性、溶液液位、阀门开关、溶液温度和压力、溶液气体产生率和地震对紧急排料系统的影响进行了分析。研究表明：阀门开关是影响排料速度的主要因素；溶液物性和溶液液位对排料速度影响不大，溶液黏度越大，排料速度越慢；压力可以加快排料速度；温度对排料速度影响不大，高温溶液对气体存在加热膨胀作用，在初始时刻会减缓排料速度；气体产生率对排料速度影响不大，且气体产生率越大，排料速度越快；地震对排料速度没有明显影响。本试验研究结果可以为医用同位素溶液生产堆核安全分析和紧急排料系统设计提供参考。

关键词： 医用同位素溶液生产堆；紧急排料系统；试验研究

医用同位素溶液生产堆（Medical Isotope Production Reactor，MIPR）最早由美国 Babcock & Wilcox 公司提出[1]，MIPR 堆型为溶液堆，又称均匀反应堆（Aqueous Homogeneous Reactor，AHR)[2]。与传统反应堆同位素生产技术相比，MIPR 具有固有安全性好、成本低、生产能力大、操作简单、放射性废物少等优点，是生产医用同位素的理想堆型[3]。

紧急排料系统是 MIPR 的紧急停堆系统[4]。紧急排料系统是在反应堆保护系统失效的情况下，通过将燃料溶液导出堆芯至几何次临界的紧急料液贮存罐中，确保反应堆停堆且保持停堆状态。核反应堆安全分析对停堆时间有严格的要求，紧急排料系统应当能够在一定的时间内排出要求的燃料溶液。本文对溶液堆紧急排料系统开展试验研究，掌握紧急排料系统排料特性，验证紧急排料系统在正常及地震工况下的排料能力能否满足设计要求。

1　紧急排料系统

紧急排料系统示意如图 1 所示，系统包含浸入在反应堆水池中的反应堆容器和贮存罐两个容器，以及排料管线和回气管线两条管线。其中排料管线和回气管线各有两条并列的支路，每条支路上安装有常闭式的电磁阀，其中排料管线安装有并列的 001 号和 002 号溶液电磁阀，回气管线安装有并列的 003 号和 004 号通气电磁阀。

紧急排料系统的主要功能是在反应堆保护系统失效的情况下，将燃料溶液导出堆芯至几何次临界的贮存罐中。紧急排料系统接到紧急停堆信号后，自动打开紧急排料系统所有溶液电磁阀（001 和 002）及通气电磁阀（003 和 004），反应堆容器内的燃料在重力作用下，自动排料到贮存罐内，使反应堆紧急停堆。

MIPR 的燃料溶液为硝酸铀酰和稀硝酸的混合溶液，在运行过程中，溶液受辐射影响会分解出氢气、氧气、氮气和氮氧化物等气体[5-6]。本试验对 MIPR 紧急排料系统进行试验研究，使用模拟溶液代替硝酸铀酰，使用空气模拟分解气体，分别对溶液物性、溶液液位、阀门开关、溶液温度和压力、地震等对紧急排料系统的影响进行了试验研究。

作者简介： 王典乐（1996—），男，博士生，助理研究员，现主要从事核反应堆热工水力等科研工作。

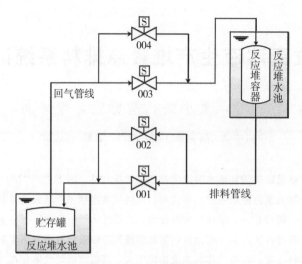

图 1　紧急排料系统示意

2　试验模型、装置、方法及数据处理

2.1　试验模型

忽略气体和地震影响，根据伯努利方程，可得排放一定体积溶液所需排料时间的理论公式如下：

$$t = \frac{2}{\pi} \left(\frac{f(\mathrm{Re})}{2g} \right)^{\frac{1}{2}} \left(\frac{1}{d} \right)^2 \left(\frac{4V}{H_0^{\frac{1}{2}} + \left(H_0 - \frac{4V}{\pi D^2} \right)^{\frac{1}{2}}} \right) \text{。} \tag{1}$$

式中，t 为排料时间，s；V 为排料体积，L；D 为反应堆容器直径，m；H_0 为反应堆容器初始液位高度，m；d 为排料管线直径，m；$f(\mathrm{Re})$ 为排料总阻力系数，与排料管线内雷诺数（Re）相关；g 为重力加速度，m/s²。根据公式进行初步分析，对于给定的排料体积，排料时间与反应堆容器直径 D 负相关，与排料阻力 f 的平方根成正比，与排料管线直径 d 的平方成反比，与反应堆容器的初始液位 H_0 负相关。在设计试验模型时应使上述参数与试验原型保持一致。根据以上设计原则，试验对反应堆容器内部结构进行了简化，使用圆柱筒体模拟反应堆容器，使反应堆容器模拟体直径与原型净直径一致。反应堆容器模拟体与贮存罐模拟体如图 2 所示。

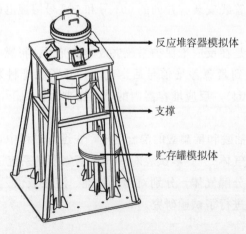

图 2　反应堆容器模拟体与贮存罐模拟体

试验按照 1:1 比例设计试验排料管线，排料管线阀门阻力系数与原型一致。回气管线阻力与原型一致。排料管线与回气管线阀门阻力系数与原型一致。试验使用乙酸钾溶液作为模拟溶液，与原型硝酸铀酰溶液相比，模拟溶液黏度偏大 5%，密度偏小 20%，雷诺数偏小，阻力系数偏大，试验具有保守性。对于溶液中产生的裂解气体[7-8]，试验设计螺旋形开孔盘管[9-10]，使用空压机向盘管中鼓入空气产生气泡，模拟裂解气体。

2.2 试验装置

试验在中国核动力研究设计院地震模拟试验台上进行。试验装置主要由回路系统和测量系统组成。试验回路流程如图 3 所示。回路系统主要设备由反应堆容器模拟体、贮存罐模拟体、排料管线、回气管线、鼓气管线等组成。其中排料管线由排料管道、溶液电磁阀组成；回气管线由回气管道和通气电磁阀组成，在溶液排料时，贮存罐模拟体内气体通过回气管线排入反应堆容器模拟体；鼓气管线由空压机、鼓气管道、减压阀组成，试验时空压机向反应堆容器模拟体中鼓入气泡，并通过减压阀调整系统压力和气体流量。

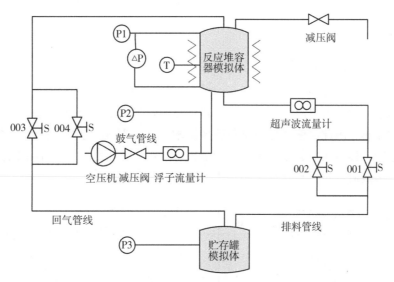

图 3　试验回路流程

测量系统由数采系统和测量仪表组成。试验所用数采系统采样频率为 200 Hz，试验所用仪表和安装位置如表 1 所示。其中在反应堆容器模拟体均匀布置温度变送器，测量容器内溶液温度；在排料管线阀门前布置超声波流量计，测量排料流量；在鼓气管线布置浮子流量计，测量鼓气流量；在反应堆容器模拟体布置差压变送器和压力变送器，测量液位差压和容器内压力；在浮子流量计处布置压力变送器，测量气体压力，用于获取气体标方流量；在贮存罐模拟体布置压力变送器，测量贮存罐模拟体压力。

表 1　试验用仪表及安装位置

仪表名称	量程	精度/允差	安装位置
温度变送器	0～100 ℃	±0.5 ℃	反应堆容器模拟体
超声波流量计	8～30 m³/h	2%	排料管线
浮子流量计	0.7～6 m³/h	2.5%	鼓气管线
压力变送器	0～2.5 MPa	0.1%	反应堆容器/贮存罐模拟体、浮子流量计
差压变送器	0～100 kPa	0.1%	反应堆容器模拟体

2.3 试验方法及数据处理

试验共分为两部分，分别为无地震的一般工况试验和地震工况试验。在进行一般工况试验时，首先配置试验工况所需浓度的模拟溶液并储存于补液水箱中，对反应堆容器模拟体进行补液至试验液位；然后开启电加热装置将反应堆容器内溶液加热至试验温度，使用空压机对试验系统鼓入气泡，并加压至试验压力；调整减压阀，将鼓气流量调整至工况点；开启阀门进行试验，记录试验数据。试验完成后，根据试验工况调整溶液液位，开展下一轮试验。在开展地震工况试验时，输入地震试验谱，开启地震台，地震开始 5 s 后开启阀门进行试验，记录试验数据及装置加速度。

试验中根据差压式液位计差压 ΔP 计算反应堆容器模拟体内液位：

$$H = \frac{\Delta P}{\rho g}。 \tag{2}$$

试验根据超声波流量计测量流量 $Q(t)$ 和数据采集时间步长 Δt，获取排料体积：

$$\Delta V = \sum_{i=1}^{n} Q(t) \cdot \Delta t。 \tag{3}$$

3 试验结果分析

3.1 溶液物性和液位对排料的影响

溶液物性对排料的影响如图 4 所示。图 4a 为在 412 mm 液位下，两种浓度溶液的排料试验结果。高浓度溶液由于黏度更大，沿程阻力较大，排料速度较慢，但由于排料总阻力中电磁阀处形阻占比较大、沿程阻力占比较小，因此溶液物性对排料速度影响不大。图 4b 为在 3 种液位工况下的排料试验结果，其中液位越低，排料压头越小，排料速度越慢，但由于液位之间的差别相比反应堆容器与贮存罐的总高差较小，溶液液位对排料速度影响不大。

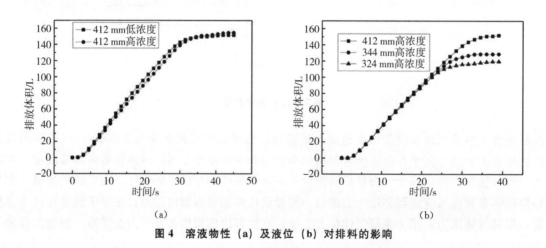

(a)   (b)

图 4 溶液物性（a）及液位（b）对排料的影响

3.2 阀门开关对排料的影响

排料阻力主要在阀门处，因此排料系统中阀门的开关对排料速度影响较大。如图 5a 所示，当溶液电磁阀和通气电磁阀全开两列时，排料速度最快；溶液电磁阀开启两列，通气电磁阀开启一列排料速度次之；溶液电磁阀和通气电磁阀都开启一列，排料速度最慢。由于空气密度较小，通气电磁阀阻力较小，通气电磁阀开启列数对排料速度影响不大。图 5b 为通气电磁阀完全关闭、溶液电磁阀开启一列的试验结果。在 0~7 s 时间内，溶液排入贮存罐模拟体，贮存罐模拟体内气体受到压缩，排料背压逐渐升高，排料速度逐渐变小；7 s 后，在溶液排料的同时，贮存罐模拟体内气体通过排料管线逆向排入反应堆容器模拟体，排料管道中为稳定的气液两相流动，排料速度较慢。

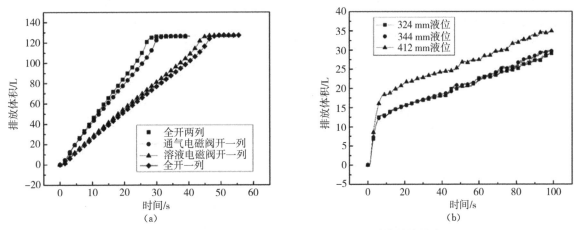

图 5 阀门开关（a）及通气电磁阀全关（b）对排料的影响

3.3 温度、压力对排料速度的影响

图 6a 为温度和压力对排料速度的影响。对比常压下 70 ℃工况和常温工况，在排料开始后的前 10 s，常温工况排料速度较快，在 10 s 后，70 ℃工况排料速度较快。这是因为在 70 ℃工况下，高温的溶液流入贮存罐模拟体后，加热了贮存罐模拟体中的气体，气体膨胀导致贮存罐模拟体中压力上升，造成了排料时间增加。当压力平衡后，由于 70 ℃溶液黏度较小，排料速度相比常温工况较快。对比图 6a 中 70 ℃、0.3 MPa 工况与 70 ℃常压工况，在排料开始后的前 10 s，70 ℃、0.3 MPa 工况排料速度较快，这是由初始时刻反应堆容器模拟体与贮存罐模拟体之间较大的压差造成的。如图 6b 所示，在初始时刻，反应堆容器模拟体压力为 0.3 MPa，贮存罐模拟体压力为 0.1 MPa。试验开始后，在反应堆容器模拟体内较高压力作用下，溶液快速排出，流量较大；与此同时，反应堆容器模拟体内的较高压力气体通过回气管线向贮存罐模拟体中排放。在 5 s 左右，反应堆容器模拟体与贮存罐模拟体内压力达到平衡，溶液排料流量达到最大值，随后逐渐降低至与常压工况一致。

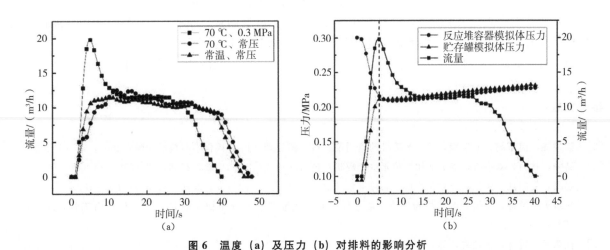

图 6 温度（a）及压力（b）对排料的影响分析

3.4 气体产生率和地震对排料速度的影响

图 7a 为气体产生率对排料的影响，分别在 2 m³/h、4 m³/h 和 5 m³/h 的 3 种气体产生率工况下进行排料试验。由图 7a 可见，气体产生率对排料的影响不大，且气体产生率越大，排料速度越快，这是由于气体产生率较大时，会轻微增加反应堆容器模拟体内压力，使排料压头升高，加快了排料速

度。图 7b 为地震工况下与无地震工况下的排料结果对比，其中 SL - 1 为一般地震工况，SL - 2 为破坏性地震工况，地震中试验装置结构无损坏，说明地震对排料速度无明显影响。

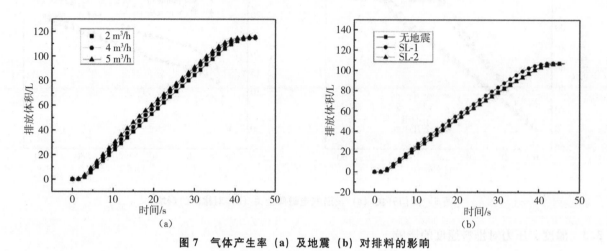

图 7　气体产生率（a）及地震（b）对排料的影响

4　结论

本文针对 MIPR 紧急排料系统开展了试验研究，获取了紧急排料系统在不同溶液物性、液位、阀门开关、溶液温度与压力、气体产生率以及地震工况下的排料特性。基于本文的模拟方法和试验条件可以得到以下结论。

（1）溶液电磁阀是影响排料时间的主要因素；通气电磁阀对排料时间的影响较小；液位高度对排料时间的影响较小；溶液黏度和密度对排料时间影响不大。工程设计时应注重考虑减小阀门阻力。

（2）在 70 ℃工况中，由于较热溶液会加热贮存罐模拟体内气体，导致贮存罐模拟体内气体膨胀升压，使排料压头减小，初始排料速度偏小；70 ℃、0.3 MPa 工况由于压力作用，排料时间较常压工况短。工程设计时应考虑高温工况下的气体膨胀效应对排料速度的影响。

（3）通气电磁阀全关工况下，排料速度较慢，可能无法达到紧急停堆目的，气空间的连通性对紧急排料系统有较大影响，紧急排料时应避免通气电磁阀全部关闭的情况。

（4）溶液堆紧急排料系统在给定地震载荷作用下能正常运行，地震对排料系统的排料功能无明显影响。

参考文献：

[1] BALL RM. Medical isotope production reactor：US 5596611 [P]. 1997 - 01 - 21.

[2] 梁俊福，何千舸，刘学刚，等. 溶液堆的应用及其核燃料处理 [J]. 核化学与放射化学，2009，31（1）：3 - 9.

[3] 高峰，林力，刘宇昊，等. 医用同位素生产现状及技术展望 [J]. 同位素，2016，29（2）：116 - 120.

[4] 赵禹，刘向红. 医用同位素生产堆应急停堆系统设计研究 [J]. 同位素，2019，32（2）：128 - 132.

[5] 汪量子，姚栋，王侃. 溶液堆物理热工耦合程序开发及堆芯气泡分布初步研究 [J]. 核动力工程，2010，31 （S2）：79 - 82.

[6] 汪量子，姚栋，于颖锐，等. 溶液堆气泡及瞬态中子学模型 [J]. 原子能科学技术，2018，52（1）：94 - 100.

[7] 杨立新，巴黎明，聂华刚，等. 溶液堆台架模型热工水力数值分析 [J]. 核动力工程，2008，29（2）：5 - 10.

[8] 杨立新，聂华刚，宋小明，等. 溶液堆内气-液两相流流动及换热特性数值研究 [J]. 核动力工程，2009，30 （3）：85 - 90.

[9] 吴晅，李松洋，马骏，等. 平口管口处气泡行为特征数值模拟 [J]. 长江科学院院报，2019，36（1）：68 - 73.

[10] 鲁天龙，翟建国，程永舟，等. 孔口出流气泡运动特性数值模拟 [J]. 长江科学院院报，2020，37（10）：69 - 75.

Experimental investigation on emergency drainage system for medical isotope production reactor

WANG Dian-le, LYU Qing-yu, LI Qi, XIA Xiao-jiao,
TAO Shu-chang, LI Yong, ZHENG Hua, YAN Xiao

(Nuclear Power Institute of China, Chengdu, Sichuan 610213, China)

Abstract: The medical isotope production reactor is a nuclear reactor that utilizes uranyl nitrate aqueous solution as the nuclear fuel for producing medical isotopes such as ^{99}Mo and ^{131}I. The emergency drainage system is the shutdown system for the medical isotope production reactor. This study conducted experimental research on the drainage characteristics of the emergency drainage system in the medical isotope production reactor, and analyzed the effects of solution properties, liquid level, valves, temperature, pressure, gas production rate, and earthquakes on the emergency drainage system. The research revealed that valves are the main factor affecting drainage speed, while solution properties and liquid level have minimal impact on drainage speed, with higher viscosity resulting in slower drainage. Pressure can accelerate drainage speed, while temperature has little effect on drainage speed. High-temperature solutions cause gas expansion and can initially slow down the drainage process. Gas generation rate has minimal impact on drainage speed, and higher gas generation rates lead to faster drainage. Earthquakes do not have a significant effect on drainage speed. The findings of this experimental research can provide reference for safety analysis and engineering design of medical isotope production reactor nuclear safety and emergency drainage systems.

Key words: Medical isotope production reactor; Emergency drainage system; Experimental investigation

能动二次侧余热排出系统试验研究

孟祥飞，龙　彪，邢　军，徐海岩，严　超，孙振邦，霍福强

（中广核研究院有限公司，广东　深圳　518000）

摘　要： 为了能够更好地应对事故工况下反应堆堆芯热量导出问题，设计并搭建了一套能动二次侧余热排出系统。系统主要功能是在事故发生后二次侧出现破口无法正常导出堆芯热量时，保证一次侧热量能够被持续导出。为了验证该系统的带热能力，开展了一系列稳态和瞬态试验研究，获取了能动二次侧余热排出系统的传热特性、启动响应特性。试验结果表明，该系统能够稳定地将一回路热量导出，当二次侧压力较低时，回路出现流动不稳定性，并且下游冷凝水泵存在气蚀风险，因此不建议该系统在低压工况下长期运行。

关键词： 能动；余热排出；试验研究

目前大部分的压水堆都设置了二次侧非能动余热排出系统，用于在事故情况下排出堆芯剩余热量[1-2]。但是对于先进的三代堆，能动安全系统仍然是不可或缺的应对事故后余热排出的手段[3]。当二次侧出现破口时，大量冷却水会通过破口流出，导致一回路堆芯剩余热量无法及时排出，存在极大的堆芯熔融风险。因此，开发设计新型的能动二次侧余热排出系统在应对主给水失效事故中是十分必要的。该系统与蒸汽发生器二次侧相连，在蒸汽管段和回水管段设置隔离阀，在反应堆正常运行过程中该系统处于备用状态。事故发生后，通过开启隔离阀投运系统，蒸汽发生器螺旋管中产生的蒸汽进入冷凝器进行冷凝，汇入下游疏水箱，并通过抽吸泵重新回流至蒸汽发生器，形成闭式强迫循环。

近年来大部分的研究都是针对二次侧非能动余热排出系统的模拟分析及试验验证[4-6]，很少有人关注能动二次侧余热排出系统的开发及验证。为了研究新型能动二次侧余热排出系统的传热及响应特性，基于多级双向模化分析方法设计并搭建了能动二次侧余热排出系统试验装置（ASHRTF）。在该装置上进行不同工况下的能动二次侧余热排出系统试验研究，获取了不同运行压力、疏水箱不同初始水装量下该系统的带热能力及系统响应特性。

1　试验装置

参照原型两环路设计，为了更好地模拟原型现象，应用 H2TS 模化方法对关键参数进行模化，保证试验装置与原型在关键物理现象的相似性，并考虑场地实际情况，完成 ASHRTF 模化设计。具体模化比例如表 1 所示。

表 1　ASHRTF 模化比例

参数	模化比例
压力比	1∶1
温度比	1∶1
高度比	1∶3
时间比	1∶1.73

作者简介：孟祥飞（1989—），男，山东郓城人，工程师，硕士研究生，主要从事系统热工水力试验研究。

参数	模化比例
流速比	1：1.73
直径比	1：3
功率比	1：15.59

ASHRTF 系统流程如图 1 所示。该系统主要由一回路系统、二回路系统、补水系统、安全排放系统、电气系统及测控系统组成。一回路系统作为系统的热源，堆芯模拟体通过直流电源进行加热，流体进入蒸汽发生器将热量传递至二回路，并通过主泵形成闭式循环。在二回路中去离子水通过补水系统直接进入蒸汽发生器二次侧换热变成蒸汽，经过冷凝器变成液态冷凝水后进入疏水箱，疏水箱流出的冷凝水再经过冷却器的进一步冷却降温，通过和回路相连的冷凝水抽吸泵回流至蒸汽发生器。当系统投入使用后，蒸汽经过冷凝器、疏水箱和冷却器后通过抽吸泵建立强迫循环，回流至蒸汽发生器。ASHRTF 系统设计参数如表 2 所示。

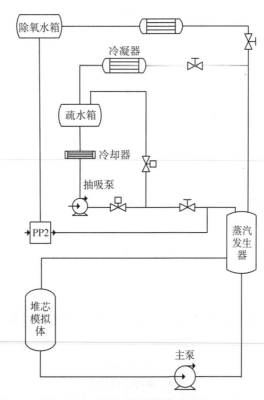

图 1　ASHRTF 系统流程

表 2　ASHRTF 系统设计参数

参数名称	参数值
一回路设计压力	17.23 MPa
一回路设计温度	320 ℃
堆芯最大加热功率	1 MW
二回路设计压力	17.23 MPa
二回路设计温度	320 ℃
工作介质	去离子水

设备冷却水温度采用 T 型热电偶进行测量，其余温度信号均采用 N 型热电偶进行测量。流量信号通过文丘里流量计配合后端压差变送器进行测量，测量精度为 0.1%，所有测量信号都进入下位机采集，并传输至测控系统显示。

2 试验工况与试验方法

2.1 稳态试验

能动二次侧余热排出系统主要通过冷凝器来进行换热，冷凝器是卧式 U 形管换热器，从蒸汽发生器出来的高温蒸汽走壳侧，设冷水走管侧，经过冷凝器冷却后的蒸汽成为饱和水，进入疏水箱后通过抽吸泵加压后重新回流至蒸汽发生器，形成强迫循环。冷凝器的换热能力可以通过调节设冷水流量进行控制，疏水箱的初始液位及水温对二回路的换热也有较大影响。因此，针对回路运行特性制定稳态试验工况，如表 3 所示。

表 3　稳态试验工况

工况点	二回路压力/MPa	疏水箱初始水装量	疏水箱初始温度/℃
C - 0	0.4	50%	90
C - 1	0.8	50%	90
C - 2	1.1	50%	90
C - 3	2.0	50%	90
C - 4	3.0	50%	90

稳态试验中，隔离二回路补水系统及回路冷却系统，通过增加一回路堆芯模拟体加热功率，使得蒸汽发生器二回路状态提升至工况要求范围，并保持能动二次侧余热排出系统稳定运行，通过调节二回路抽吸泵流量使一二回路换热达到平衡。各个参数稳定后利用测控系统对数据进行保存。

2.2 瞬态试验

该系统设计的初衷是在发生主给水管道破裂事故工况下，系统能够具备有效带出一回路热量的能力，故制定相关瞬态试验工况以验证事故工况下能动二次侧余热排出系统的带热能力及回路响应特性，如表 4 所示。

表 4　瞬态试验工况

工况点	二回路初始压力/MPa	堆芯功率	疏水箱初始水装量	疏水箱初始温度/℃
C - 5	8.5	零功率	50%	90
C - 6	8.5	零功率	100%	90
C - 7	8.5	衰变热曲线	50%	90

瞬态试验中，需先开启二回路补水系统，将能动二次侧余热排出系统隔离。通过二回路补水系统将一回路热量导出，并使蒸汽发生器二次侧状态达到瞬态试验工况要求状态后，通过测控系统同时开启能动二次侧余热排出系统进出口隔离阀，关闭补水系统快关阀，并启动抽吸泵。系统投运后，通过测控系统记录回路各个参数变化，获取响应特性。

3 试验结果分析

3.1 稳态试验结果

对稳态试验结果进行处理，图2给出了能动二次侧余热排出系统压力随时间变化曲线，通过不断增加一回路加热功率及二回路抽吸泵流量，使得蒸汽发生器二次侧压力达到稳定。随着一回路功率的不断投入，二回路能够较为稳定地将热量带走。从图3可以看出，疏水箱的水温也随着二回路压力及一回路加热功率的升高而升高，且随着压力的升高，疏水箱水温及回路带热能力的提升幅度越来越大（其中 T_0、W_0 代表温度和功率的最大测量值）。以上稳态试验工况结果能够证明能动二次侧余热排出系统在 3 MPa 以下完全能够将一回路传递热量导出，冷凝器具有较强的带热能力，并且随着压力的不断增加，该系统表现出的带热能力也会越来越强。这也为后续开展瞬态试验打下良好的基础。

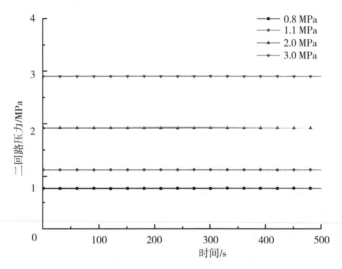

图2　稳态试验工况压力随时间变化曲线

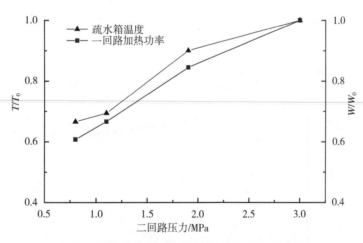

图3　稳态试验工况疏水箱温度及加热功率曲线

图4是系统压力 0.4 MPa 下的稳态试验结果，可以看出当系统压力较低时，能动二次侧余热排出系统会出现流动不稳定现象，系统压力及疏水箱液位均随时间呈周期性振荡，疏水箱液位最低达到46 mm，导致下游抽吸泵入口侧出现气蚀风险，会对系统的长期运行造成不良影响（其中 H_0 代表疏水箱液位最大测量值）。因此不建议该系统在低压工况下长期运行。

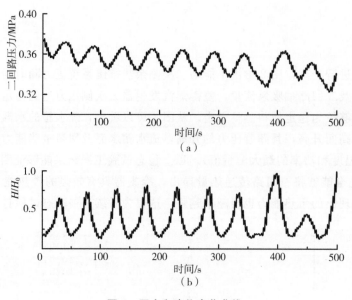

图 4　压力和液位变化曲线

（a）二回路压力；（b）疏水箱液位

3.2　瞬态试验结果

瞬态试验主要研究了在零功率情况下，疏水箱初始液位的不同对能动二次侧余热排出系统响应及换热能力的影响。从试验结果可以看出，当疏水箱初始液位处于满水状态时，开启能动二次侧余热排出系统隔离阀后，蒸汽发生器出口压力在 1000 s 内下降至 6.9 MPa 左右保持稳定。疏水箱初始液位在 50％时，投入能动二次侧余热排出系统，从图 5 可以看出蒸汽发生器二次侧出口压力迅速下降至 1.5 MPa 左右，随后缓慢下降至 0.3 MPa 并稳定，同时二次侧出口蒸汽温度从 296 ℃ 迅速下降至 260 ℃ 并开始呈波动下降趋势。一回路压力及温度在能动二次侧余热排出系统投运初期也出现快速下降趋势，并在 270 s 后呈下降趋缓。抽吸泵流量和扬程在初始阶段受二回路压力波动影响较大，当二回路压力逐渐趋稳后，由于此时二回路压力较低（1 MPa 以下），系统处在流动不稳定区域，导致抽吸泵的流量和扬程振荡明显（图 6）。

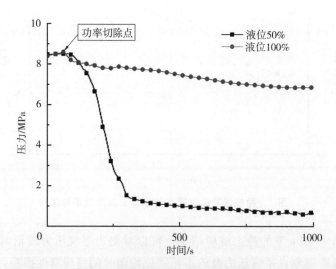

图 5　零衰变热工况压力变化曲线

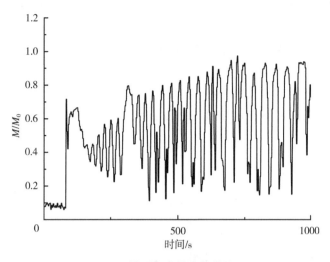

图6 抽吸泵流量变化曲线

图7是模拟事故工况下，一回路功率随堆芯衰变热曲线变化时二次侧系统的压力变化曲线。因为二回路冷凝器换热功率较大，导致蒸汽发生器二次侧出口压力在300 s内迅速下降至0.2 MPa左右，随后因为一回路堆芯功率按照衰变热曲线变化，系统压力出现缓慢抬升，最高至3.2 MPa，随着抽吸泵流量的变化，压力也随之缓慢下降。由于能动二次侧余热排出系统投运初期压力变化幅度较大，导致抽吸泵流量波动较大。一回路压力及温度在系统投运初期也出现快速下降趋势。当系统压力逐渐趋稳后，由于此时二回路压力较低（1 MPa以下），系统处在流动不稳定区域，导致抽吸泵的流量和扬程振荡明显。

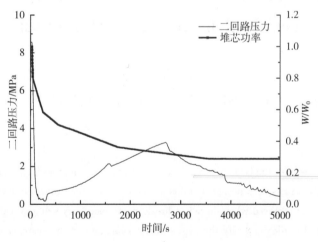

图7 堆芯衰变热工况压力及功率变化曲线

从零功率工况及衰变热工况中可以看出，在能动二次侧余热排出系统投运初期，由于冷凝器换热能力较强，导致一二回路压降明显，尤其是二回路压力会突降至接近常压状态，当系统低于1 MPa后，回路就会出现流动不稳定性，各参数都会出现明显的周期性振荡，这对于系统长期运行是不利的。

4　结论

本文研究了一种新型能动二次侧余热排出系统的传热特性、启动响应特性，模拟了事故工况下的瞬态运行情况，并对得到的试验数据进行分析，得到以下结论。

（1）该能动二次侧余热排出系统设计合理，在稳态运行过程中具备较好的热量导出能力。疏水箱初始水温随着一回路功率的增加而升高，且当系统压力为 0.4 MPa 时，系统出现流动不稳定性，导致抽吸泵流量、疏水箱液位、系统压力出现周期性振荡，对系统的传热能力及设备寿命造成一定的影响。因此不建议该原型系统在低压工况下长期运行。

（2）在瞬态试验中，当能动二次侧余热排出系统投运时，系统压力和温度都出现明显的下降。充分证明了系统换热能力较强，能够有效导出一回路功率，具备应对事故工况下堆芯热量持续导出的能力。

参考文献：

［1］ 林诚格．非能动安全先进核电厂 AP1000［M］．北京：中国原子能出版社，2008．

［2］ SCHULZ T L. Westinghouse AP1000 advanced passive plant［J］. Nuclear engineering and design，2006（14）：1547-1557.

［3］ 邙江．"华龙一号"安全特性分析［J］．中国核电，2015（4）：293-299.

［4］ 陈炳德，肖泽军，卓文彬．AC600 二次侧非能动系统余热排出特性研究［C］//中国工程热物理学会工程热力学与能源利用学术会议，宁波，1997．

［5］ 熊万玉，宫厚军，郗昭，等．RELAP5 程序应用于二次侧非能动余热排出系统设计的初步评价［J］．核动力工程，2015，36（2）：143-146.

［6］ 李亮国，苏前华，郝陈玉，等．二次侧非能动余热排出系统运行及换热特性研究［J］．核科学与工程，2020，40（4）：532-539.

Experimental study of active secondary residual heat removal system

MENG Xiang-fei，LONG Biao，XING Jun，XU Hai-yan，
YAN Chao，SUN Zhen-bang，HUO Fu-qiang

(China Nuclear Power Technology Research Institute Co., Ltd., Shenzhen, Guangdong 518000, China)

Abstract： In order to better due with the issue of reactor core heat removal under accident conditions, an active secondary side residual heat removal system has been designed and constructed. The main function is to ensure that the heat on the primary side can be continuously removed when there is a break in the secondary side that cannot properly export the core heat after an accident occurs. In order to verify the heat transfer capability of the system, a series of steady-state and transient experimental studies were conducted to obtain the heat transfer characteristics, start-up response characteristics, and parameter sensitivity analysis of the active secondary side residual heat removal system. The experimental results indicate that the system can stably export heat from the primary circuit. When the secondary side pressure is low, the circuit exhibits flow instability, and there is a risk of cavitation in the downstream condensate pump. Therefore, it is not recommended to operate the system for a long time under low pressure conditions.

Key words： Active；Residual heat removal；Experimental study

三门核电衰变热计算方法对比分析及验证

陈理江，周　健，李　昂

（三门核电有限公司技术支持处，浙江　台州　317100）

摘　要：本文以三门核电停堆后的堆芯衰变热为分析对象，比较西屋 NAPs - DHC 软件、国家标准 NB/T 20056—2011、AP1000 乏池温升监测软件这 3 种方法的原理和计算结果，分析其差异性，并利用 2 号机组首循环小修停堆后的电厂测量参数对 3 种方法的结果进行验证，证明 AP1000 乏池温升监测软件的衰变热计算结果在符合实测参数的前提下对电厂大修、制订监督试验工作计划和提升电厂经济性具有重要意义。

关键词：乏燃料；衰变热；温升监测软件

反应堆停堆以后核燃料中的裂变产物和活化产物等发生放射性衰变所放出的热功率称为衰变热功率。停堆后的衰变热功率随时间逐步降低，且无法人为改变。如果产生的衰变热无法及时导出，将导致反应堆冷却剂重新被加热、沸腾，甚至发生堆芯熔毁事故。目前核电厂无法直接测量堆芯衰变热，均采用保守计算的方式进行评估，因此衰变热计算的保守性和精确性是关系到核电厂安全和经济利益的两个重要因素。本文以三门核电为分析对象，通过研究不同衰变热计算方法的原理，比较其计算结果，分析其差异和适用性，并利用电厂特定工况下的测量数据验证衰变热计算方法的保守性和精确性。

1　衰变热计算方法

目前三门核电采用 3 种衰变热计算方法：西屋 NAPs 程序提供的 DHC（Decay Heat Calculation）软件、国家能源行业标准 NB/T 20056—2011 中提供的计算方法（以下简称"NB20056 方法"）及自主开发的"AP1000 乏池温升监测软件"。

1.1　NAPs - DHC 软件

西屋开发的 NAPs - DHC 软件集成在 AP1000 DDS 系统（Data Display and Processing System）中，能够为堆芯和乏池的衰变热和沸腾时间提供保守的计算结果。衰变热功率通过以下公式计算：

$$衰变热 = \frac{P}{P_0} \times 组件热输出功率。 \tag{1}$$

式中，P/P_0 由以下公式计算：

$$\frac{P}{P_0} = \frac{1.02}{Q} \times [F(t,i)] \times G_{max}(t) \times (1-ns)。 \tag{2}$$

式中，t 为停堆时间；Q 为 ^{235}U 一次裂变所释放的能量，取 200 MeV/裂变；n 为不确定度 σ 的数量，取 3；s 为一个 σ 的不确定度，取 0%；G_{max} 为修正因子；$F(t,i)$ 为衰变热功率 [（MeV/s）裂变]；i 为无限辐照时间。

当 NAPs - DHC 软件探测到反应堆停堆时，程序便开始累积停堆时长，用以产生辐照无限长时间的衰变热功率 $F(t,i)$ 和修正因子 $G_{max}(t)$。NAPs - DHC 软件可以计算每个组件的衰变热，其中组件热输出功率通过统计堆芯平均热功率以及组件功率份额确定，组件功率份额通过堆芯监测系统实时传递给 NAPs - DHC 软件。

作者简介：陈理江（1994—），男，本科，现主要从事核电厂燃料物理热工工作。

基金项目：国家重点研发计划项目（2020YFB1902102）。

1.2 NB20056 方法

国家能源行业标准 NB/T 20056—2011 中给出了轻水堆核燃料衰变热功率计算的方法[1]，并提供了相关数据。本标准衰变热计算主要考虑以下三部分贡献：

(1) ^{235}U、^{238}U、^{239}Pu、^{241}Pu 裂变产物的衰变热功率；

(2) 裂变产物中子俘获产物对衰变热的贡献；

(3) 锕系核素的衰变热功率，主要考虑 ^{239}U 和 ^{239}Np 的贡献。

反应堆稳定运行无限长时间，可裂变核素以每秒 1 次的恒定裂变率裂变，经过 t 时间，其裂变产物的衰变热功率表示为 F_i (t, ∞)，取 $T = 10^{13}$ 代表无限长时间，由下式计算：

$$F_i(t, T) = \sum_{j=1}^{23} \frac{\alpha_{ij}}{\lambda_{ij}} \exp(-\lambda_{ij}t) [1 - \exp(-\lambda_{ij}T)], \tag{3}$$

$$F_i(t, \infty) = F_i(t, 10^{13})。 \tag{4}$$

式中，α_{ij} 和 λ_{ij} 为系数，i 取 1、2、3、4 时分别代表 ^{235}U（包括按 ^{235}U 处理的其他核素）热中子裂变、^{239}Pu 热中子裂变、^{238}U 快中子裂变和 ^{241}Pu 热中子裂变对衰变热功率的贡献。

核素 i 裂变对衰变热功率的贡献 P'_{di} (t, T) 由下式计算：

$$P'_{di}(t, T) = \sum_{\alpha=1}^{N} \frac{P_{i\alpha} F_i(t_\alpha, T_\alpha)}{Q_i}。 \tag{5}$$

式中，α 为恒定功率的运行时段；$t_1 = t$，$t_2 = t + T_1$，$t_N = t + \sum_{\alpha=1}^{N-1} T_\alpha$；$T = \sum_{\alpha=1}^{N} T_\alpha$；$F_i$ $(t_\alpha, T_\alpha) = F_i$ $(t_\alpha, \infty) - F_i$ $(t_\alpha + T_\alpha, \infty)$。

可得出不考虑中子俘获情况下裂变产物的衰变热功率 P'_d (t, T)：

$$P'_d(t, T) = \sum_{i=1}^{4} P'_{di}(t, T)。 \tag{6}$$

考虑裂变产物中子俘获，计算考虑中子俘获情况下裂变产物的衰变热功率 P_d (t, T)：

$$P_d(t, T) = P'_d(t, T) \cdot G(t)。 \tag{7}$$

式中，G (t) 为校正因子，可由计算或查表得出。

锕系核素对放射性衰变的贡献主要是 ^{239}U 和 ^{239}Np 的放射性衰变，其对衰变热的贡献按下式计算：

$$F_U(t, T) = E_U R[1 - \exp(-\lambda_1 T)] \exp(-\lambda_1 t), \tag{8}$$

$$F_{Np}(t, T) = E_{Np} R \left\{ \frac{\lambda_1}{\lambda_1 - \lambda_2} [1 - \exp(-\lambda_2 T)] \exp(-\lambda_2 t) - \frac{\lambda_2}{\lambda_1 - \lambda_2} [1 - \exp(-\lambda_1 T)] \exp(-\lambda_1 t) \right\}。$$
$$\tag{9}$$

式中，E_U 为一个 ^{239}U 原子的平均衰变能，$E_U = 0.474$ MeV；E_{Np} 为一个 ^{239}Np 原子的平均衰变能，$E_{Np} = 0.419$ MeV；R 为每秒 1 次裂变在 1 s 内所产生的 ^{239}U 原子数目，R 的计算以停堆时堆芯材料的组成为依据。可根据 $R = 1.18\exp$ $(-0.141 \times a_0) - 0.2 + 6.2 \times 10^{-3}B$ 近似计算，其中 a_0 为 ^{235}U 的初始富集度，为百分数，B 为燃料的燃耗深度，单位为兆瓦日每千克铀（MW·d/kgU）；λ_1 为 ^{239}U 的衰变常数，$\lambda_1 = 4.91 \times 10^{-4} s^{-1}$；$\lambda_2$ 为 ^{239}Np 的衰变常数，$\lambda_2 = 3.41 \times 10^{-6} s^{-1}$。

这两种锕系核素的衰变热功率之和为

$$P_{dHE}(t, T) = \frac{P_{max}}{Q_{eff}} [F_U(t, T) + F_{Np}(t, T)]。 \tag{10}$$

式中，P_{max} 为运行时间内反应堆的最大功率；Q_{eff} 为可裂变核素每次裂变释放的有效能量，按停堆时核燃料的成分计算。

$P_d(t, T)$ 与 $P_{dHE}(t, T)$ 之和为总衰变热功率。

1.3 AP1000乏池温升监测软件

AP1000乏池温升监测软件的原理为直接计算对衰变热有贡献的裂变产物核素浓度，在得到核素浓度后乘以其衰变常数便可以得到其放射性活度。在得到核素的放射性活度后，使用软件数据库中存储的每个核素每次衰变所释放的能量，计算总的衰变热。

本软件可以对每个组件进行建模，通过统计每个组件的功率运行历史、累积燃耗和停堆后时间，可获得每个组件的衰变热随时间变化的关系。

2　3种计算方法结果比较

为比较3种计算方法的结果差异，本文假定反应堆以3400 MWt的额定热功率满功率运行465天后停堆，利用3种计算方法对停堆后的衰变热随时间变化的关系分别进行计算，结果如图1所示。

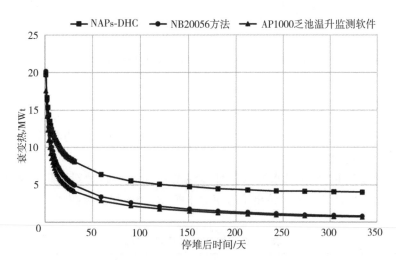

图1　3种衰变热计算方法结果比较

由计算结果可知，3种方法计算的衰变热，均能体现出衰变热随时间逐渐变小的趋势。在同一时刻，NAPs–DHC软件给出的结果最大，AP1000乏池温升监测软件与NB20056方法计算数据接近。在停堆1天之后，NAPs–DHC给出的结果明显比其他两种方法偏大。衰变热为7 MWt的时刻对于核电厂是一个重要的时间点，多项大修期间的工作均需要在衰变热小于7 MWt之后方能执行。根据图1，AP1000乏池温升监测软件、NB20056方法和NAPs–DHC软件计算出的小于7 MWt的时间分别为停堆后12天、17天和40天。

3　衰变热现场测量验证

根据本文第2节的结果，AP1000乏池温升监测软件计算结果最小，为验证该软件计算结果的精确性和保守性，本文利用2号机组首循环小修停堆后的电厂热工参数对AP1000乏池温升监测软件的计算结果进行测量验证。

2号机组由于首循环功率变化复杂，为方便计算，对首次临界后至本次小修停堆前的运行历史进行简化，分为5阶段进行建模计算，以便尽量模拟真实的运行工况，功率历史如图2所示。

利用图2，在AP1000乏池温升监测软件中对功率历史进行建模，获得小修停堆后的衰变热计算结果。

2号机组反应堆停堆后，衰变热仍然由蒸汽发生器换热带出。当一回路温度降低至177 ℃之后，余热排出系统（RNS）投入运行，继续将衰变热导出。在平衡状态下，RNS导出的余热与堆芯产生的衰变热一致，因此可以利用RNS的热工参数计算RNS带走的热功率，从而得到堆芯的衰变热功率，计算公式如下：

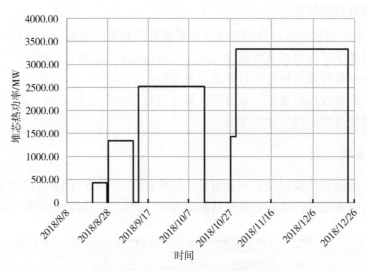

图 2   三门核电 2 号机组功率历史简化模型

$$P_{\mathrm{RNS}} = \frac{c \cdot (T_{\mathrm{in}} - T_{\mathrm{out}}) \cdot q \cdot \rho}{t}。 \tag{11}$$

式中，P_{RNS} 为 RNS 带走的热功率；c 为水的比热容；ρ 为水的密度；t 为单位时间长度；T_{in} 为入口水温；T_{out} 为出口水温；q 为流量。

RNS 数据应尽量选取 RNS 入口水温（即堆芯温度）较稳定的时刻，此时可认为堆芯衰变热和 RNS 带走的热功率处于平衡态。表 1 给出了选定的平衡态 RNS 热工参数。

表 1   选定的 RNS 余热排出数据

时间	入口水温/℃	出口水温/℃	流量/（m³/h）
2018/12/29 11：00	64.466	55.915	684.36
2018/12/30 9：00	60.413	52.409	684.56
2018/12/31 11：00	56.24	48.86	684.95
2019/1/1 17：00	55.113	48.45	685.06
2019/1/2 11：00	53.812	47.324	685.56
2019/1/3 11：00	54.233	48.08	685.7
2019/1/4 8：10	52.35	46.45	685.71
2019/1/5 10：00	50.53	44.92	686
2019/1/6 9：30	48.93	43.57	685.14
2019/1/7 19：00	34.18	29.1	699.5
2019/1/8 12：00	33.68	28.72	699.4
2019/1/9 12：00	32.12	27.23	681.9
2019/1/10 12：00	33.69	29.02	681
2019/1/11 12：00	32.94	28.38	681
2019/1/12 12：00	32.2	27.79	681
2019/1/13 12：00	31.61	27.33	681
2019/1/14 12：00	31.059	26.91	681
2019/1/15 12：00	30.564	26.53	681

图 3 给出了 AP1000 乏池温升监测软件计算结果和 RNS 测量结果的比较。从图中可知，AP1000 乏池温升监测软件计算的衰变热与 RNS 带走的热功率吻合良好，且略高于 RNS 带走的热功率。另

外，堆芯温度越高，偏差越大，原因为温度越高，通过系统边界散失的热量越大。当堆芯温度与环境温度相当时，两者偏差非常小。

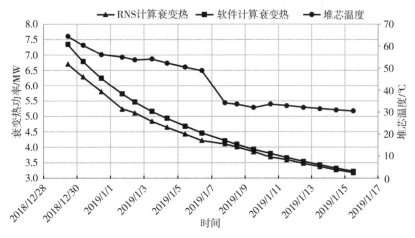

图 3　AP1000 乏池温升监测软件计算结果与 RNS 测量结果的比较

4　结论

根据本文的比较结果，在同一时间 AP1000 乏池温升监测软件计算衰变热均大于 RNS 余热排出计算功率，说明该软件计算结果保守有效，将 AP1000 乏池温升监测软件计算结果应用于确定电厂停堆后 7 MWt 时间点是可靠的，且同一时间 AP1000 乏池温升监测软件计算衰变热均小于 NAPs - DHC 软件计算衰变热和 NB20056 方法计算衰变热，因此使用 AP1000 乏池温升监测软件计算结果可以明显缩短电厂大修时间，提升机组利用率，创造经济效益。

参考文献：

[1]　核工业标准化研究所．轻水堆核燃料衰变热功率的计算：NB/T 20056—2011 [S]．2011.

Comparative analysis and verification of calculation methods for decay heat of Sanmen Nuclear Power Plant

CHEN Li-jiang，ZHOU Jian，LI Ang

(Technical Support Department of Sanmen Nuclear Power Co., Ltd., Taizhou, Zhejiang 317100, China)

Abstract：This article analysis core decay heat after the shutdown of Sanmen Nuclear Power Plant, compares the principles and calculation results of Westinghouse NAPs DHC program, national standard NB/T 20056 - 2011, and AP1000 spent fuel pool temperature rise monitoring software. The results of the three methods were verified using the measured parameters of the power plant after the first cycle forced outage shutdown of Unit 2, proving that the decay heat calculation results of the AP1000 spent fuel pool temperature rise monitoring software are correspond with measured parameters, and of great significance for the formulation of the nuclear power plant outage and supervision test work plan and the improvement of the nuclear power plant economy.

Key words：Spent fuel; Decay heat; Temperature rise monitoring software

面向铅冷快堆数字孪生的模型降阶和超实时预测技术研究

谢　非[1]，陆道纲[1,2]，刘　雨[1,2,*]

（1. 华北电力大学核科学与工程学院，北京　102206；

2. 非能动核能安全技术北京市重点实验室，北京　102206）

摘　要： 铅冷快堆堆芯物理场分布是反应堆安全的重要组成部分，是铅冷快堆设计、运行过程中不可或缺的重要数据。随着堆芯物理仿真程序向着高保真方向发展，精度提升的同时计算代价和数据复杂度陡增。因此有必要开展有关铅冷快堆数字孪生的模型降阶和超实时预测技术的研究，以快速精准地计算和预测铅冷快堆的物理场分布。本文基于 GeN - Foam 建立铅冷快堆二维热工-物理耦合模型。首先，开展多工况仿真，获得流体、中子学物理场数据；其次，通过本征正交分解法得到所求物理场的降阶模型，利用 K 近邻方法构建反应堆运行参数与 POD 系数的关系，构建物理场快速预测模型；最后，利用 POD 系数与模态的组合，结合铅冷快堆冷却剂入口温度和反应堆目标功率等输入参数，实现物理场的重构，得到堆芯冷却剂温度场和功率密度场等的物理场分布。研究结果表明，一体化小型铅冷快堆物理场快速预测模型可以较为精准地完成根据给定运行参数求解目标物理场分布的目标。

关键词： GeN - Foam；本征正交分解；K 近邻；物理场重构

数字孪生技术是一个充分利用物理模型、传感器、运行历史等数据，集成多学科、多尺度的仿真过程，是实现物理系统向数字模型映射的关键技术[1]。对于核电系统而言，设计、制造、试验、运行、维护等过程中环境复杂，并具有独特的安全性和可靠性等要求。利用数字孪生技术可以优化核电设备的设计、生产制造、运维流程，提升系统和设备的运行维护效率[2]。美国的爱克斯龙公司利用通用公司（GE）的工业互联网平台（Predix），整理并集成了核电厂的运营和维护数据，以此创建了一种用于核电厂资产管理、评估、预测和优化的数字孪生技术。而在反应堆运行和维护方面，法国电力公司（EDF）提出了一套基于专业程序的数字孪生技术，该技术具有卓越的反应堆状态实时监控和诊断功能[3]。

在反应堆堆芯物理运行方面，目前还没有数字孪生的概念提出。随着堆芯物理仿真程序向着高保真方向发展，精度提升的同时计算代价和数据复杂度陡增，堆芯在线监测的实时性面临挑战。铅冷快堆作为第四代先进反应堆堆型之一，拥有突出的固有安全性和经济性，不仅可以进行核能发电，而且具有良好的核燃料增殖性能与核燃料嬗变处理能力，具备极高的发展前景。因此，为快速精准地计算和预测铅冷快堆的物理场分布，本文基于铅冷快堆二维热工-物理耦合模型开展有关铅冷快堆数字孪生的模型降阶和超实时预测技术的研究。该研究对于铅冷快堆物理场快速计算具有重要意义。

1　理论与方法

1.1　GeN - Foam 多物理场耦合的理论与方法

GeN - Foam[4]是一个基于 OpenFOAM 开源平台开发的用于反应堆稳态和瞬态分析的三维多物理场耦合平台，它具体包含以下 3 种子求解器：基于可压缩或不可压缩流动的标准 k - ε 湍流模型的热

作者简介： 谢非（2001—），男，湖南衡阳人，硕士研究生，核科学与技术专业，主要从事反应堆结构力学和流固耦合研究。

工水力学子求解器、基于位移的热力学子求解器、多群中子扩散子求解器。中子学、热力学和热工水力学采用3种不同的网格划分形式[5]，其物理场耦合方式如图1所示。

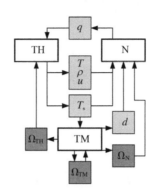

图1 热工水力学（TH)、中子学（N)、热力学（TM）之间的耦合逻辑

GeN-Foam是一个功能强大的工具，可用于求解各种中子学问题，包括点动力学模型、瞬态和特征值扩散模型、伴随扩散模型（仅限特征值）、SP₃模型和离散纵标模型（仅限特征值）。无论是哪种中子学模型，GeN-Foam都能提供准确且高效的求解能力。

热工水力学求解器在计算域 Ω_{TH} 上运行，给定输入体积功率密度 q，热工水力学求解器的任务是预测由此产生的流体温度 T、流体密度 ρ、流体速度 u，以及相关的结构温度场 T_s，对于两相流的话，流体温度 T、流体密度 ρ、流体速度 u 由质量加权的混合值组成。q 是体积燃料功率密度，它可以属于子尺度结构（通常为燃料棒）或者流体本身（即 MSR 中的液体燃料），这取决于所研究的系统。T_s 表示结构的温度场，其范围可以从核燃料棒的燃料和包壳到控制棒传动系统等。

热力学求解器在计算域 Ω_{TM} 上运行，其任务是预测一个整体位移场，该位移场可以用于变形所有计算域：Ω_{TH}、Ω_N、Ω_{TM}，这个位移场被分为燃料轴向位移场和堆芯径向位移场，统称为 d，该场被传递给中子学模型以模拟中子扩散的相关反馈。

中子求解器在计算域 Ω_N 上运行，其任务是预测不同耦合物理场下的体积燃料功率密度 q。并不是所有的模型都适用，一般来说，S_N、SP_3 这两个扩散模型能够模拟以下方面的反应性反馈：冷却剂温度 T 和密度 ρ，燃料和包壳平均温度统称为 T_s，燃料轴向位移和堆芯径向位移，统称为 d。只要根据这些量对宏观截面进行参数化，就可以解决这些反馈。

1.2 物理场数据模型的降阶

随着堆芯物理仿真计算模型向高保真方向发展，计算精度提升的同时，计算代价和数据复杂度陡增，堆芯运行在实时性方面面临挑战[6]。但新兴的模型降阶技术——本征正交分解法（POD）提供了一种解决方案。

使用本征正交分解的目的是基于数值模拟计算产生的大量已知计算结果数据，提取出代表物理场计算结果主要特征的一系列最优化的正交基模态。通过利用这些模态的主成分来表征原始数据，可以将原本复杂的高阶系统替代为由主成分模态拟合出的低维系统，从而大大降低计算代价并实现降维的目标。利用本征正交分解构建的降阶模型，可以通过计算机获得几乎实时的处理结果，该模型基于数据集的特性构建，可以对物理场系统进行很好的表征，并具有足够的精确度。通过生成的各阶模态，可以高效地重构和预测物理场的分布情况。

POD 模型的构建步骤如下[7]：

（1）建立样本数据集矩阵。样本数据集矩阵根据数值模拟获得的计算结果来构建。

（2）求解样本数据集矩阵的基函数模态与模态系数。所求物理场系统可以由如下所示的相互成正交关系的基函数线性组合来表征：

$$f(x, t_n) = \sum_{k=1}^{N} \alpha_k(t_n)\varphi_k(x)。 \tag{1}$$

式中，n 表示所考虑的工况样本数；t_n 表示若干因变量；$\alpha_k(t_n)$ 表示第 k 个模态系数；$\varphi_k(x)$ 表示第 k 个基函数模态。

（3）物理场重构。求解得到的矩阵特征值 λ_k 的大小表征了对应的基函数模态所包含能量的大小，将基函数模态所包含的能量按照从大到小排列，通常选取前 M（$M \ll N$）阶基函数模态即可以较高的精度表示原始矩阵：

$$f(x, t_n) = \sum_{k=1}^{M} \alpha_k(t_n)\varphi_k(x)。 \tag{2}$$

1.3　K 近邻算法

K 近邻[8-9]（K - nearest neighbor，KNN）算法是机器学习中简单而且有效的算法。其基本思想是利用已知类别的样本数据集对未知样本进行分类，对于一个新的未知样本，KNN 算法会计算未知样本与训练数据集中所有样本的距离，选择距离最近的 K 个样本作为该未知样本的邻居，然后根据邻居的类别对该未知样本进行回归或分类处理。

如图 2 所示，有 3 种不同类型的样本数据，分别用正方形、圆形和三角形表示。而图中 s 点为待分类数据。对于 s 点，若 $K = 4$，最近的 4 个点分别为 3 个圆形点和 1 个三角形点，基于统计方法，确定分类后的 s 点属于圆形的类。

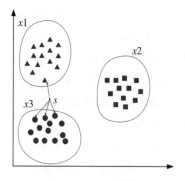

图 2　K 近邻示意

KNN 算法的具体步骤如下：

（1）选取合适的距离度量方法，计算未知样本与训练数据集中各个数据的距离。

（2）将计算得到的距离按照升序排列。

（3）选取排列中的前 K 个样本，将其作为未知样本的 K 个邻居。

（4）统计步骤（3）中前 K 个邻居出现的类别的频率。

（5）将步骤（4）中频率最高的类别作为未知样本所属的类别。

本研究主要运用 K 近邻模型的回归算法，选择欧式距离作为距离度量方法，衡量每个近邻点权重的加权方案是给每个近邻点权重赋值为 $1/d$（d 为平均值点到该近邻点的欧式距离），K 值通过交叉验证确定，通过回归算法学习输入参数与 POD 基函数系数的关系，回归算法输出的是未知样本的属性值，本文对应的是 POD 基函数的系数。

2　铅冷快堆二维热工-物理耦合模型及其物理场预测

2.1　铅冷快堆二维热工-物理耦合模型

本研究采用 GeN - Foam 平台建立典型的铅冷快堆二维热工-物理耦合模型。该模型是一个由燃料填充的二维正方形区域构成的系统。冷却剂（铅）通过底部流向顶部。整个区域被划分为 25×25 的正方形网格，以便更好地研究和分析。图 3 为该模型的示意。

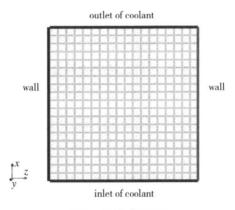

图 3 耦合模型示意

本研究的中子学模型选用点动力学模型。对于流体模型，本研究采用多孔介质模型模拟，入口为底部，出口为上部，左右壁面为壁面边界条件。

模型对 3 种瞬态工况进行仿真，分别是瞬态带控制棒、瞬态不带控制棒和瞬态含硼。模型设置 0.2 $ 的反应性变化用于瞬态研究，且模型的唯一反馈为燃料温度，反馈设置为 0.3 pcm/K。

模型的堆芯基本参数如表 1 所示。

表 1 堆芯基本参数

参数	数值	单位
堆芯热功率	50	MW
堆芯入口冷却剂温度	723.15	K
堆芯出口冷却剂温度	925.10	K
一回路冷却剂	液态铅	
冷却方式	自然循环	
运行压力	101325	Pa
一回路冷却剂流速	1.37	m/s
燃料包壳外径	0.0106	m
燃料包壳内径	0.0096	m
燃料芯块外径	0.00945	m
燃料芯块内径	0.0032	m
燃料密度	14.016	kg/m^3
包壳密度	7.8	kg/m^3
冷却剂摩尔质量	207.2	g/mol
第一组缓发中子份额/衰变常数	0.10228%/0.0134	-/Ci
第二组缓发中子份额/衰变常数	0.0704%/0.0305	-/Ci
第三组缓发中子份额/衰变常数	0.14242%/0.114	-/Ci
第四组缓发中子份额/衰变常数	0.22038%/0.294	-/Ci
第五组缓发中子份额/衰变常数	0.08183%/0.86	-/Ci
第六组缓发中子份额/衰变常数	0.06169%/2.77	-/Ci

2.2 多工况仿真

为了验证程序分析稳态和瞬态问题的能力，并为机器学习提供输入数据，本文基于反应堆冷却剂入口温度和反应堆总功率两个重要参数进行了仿真，其参数的选取范围如表 2 所示。模型共获得 1448 组工况样本。每个样品组包括 625 个位置的温度场和功率密度分布。

表 2 反应堆输入参数范围

反应堆输入参数	参数范围
反应堆冷却剂入口温度/K	$713.15 \sim 733.15$
反应堆总功率/W	$2.5 \times 10^7 \sim 5.0 \times 10^7$

2.3 基于 K 近邻的物理场预测

基于 1448 组样本对模型进行降维，得到温度场和功率密度场的前几阶模态。然后利用 KNN 方法学习输入参数（反应堆冷却剂入口温度和反应堆总功率）与 POD 系数之间的函数关系。最后，根据得到的 POD 系数与模态并结合误差要求，预测重构出对应的温度场和功率密度场分布。

3 结果与讨论

3.1 多物理场耦合的结果

图 4 给出了典型工况下（反应堆总功率 5.0×10^7 W，反应堆冷却剂入口温度 723.15 K）功率密度场和冷却剂温度的耦合结果。

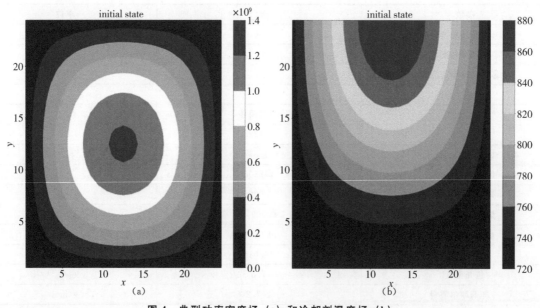

图 4 典型功率密度场 (a) 和冷却剂温度场 (b)

3.2 物理场的模型降阶

首先，对 KNN 预测 POD 系数的准确性进行了考察。对 448 个测试集下 KNN 预测的第一、二、三、四维 POD 系数与真实值进行对比，每个图的样本按照真实值从小到大的顺序排列。可以发现，在 POD 系数的预测效果方面，KNN 预测效果良好。

3.2.1 物理场的 POD 分解

表 3 给出了功率密度场的 POD 分解结果。结果表明，第一阶模态的系数远大于第三阶模态的系数，因此只需要前三阶模态基函数来表征功率密度场。

表 3 功率密度场的 POD 分解结果

模态阶数	模态能量
一	2.53×10^{11}
二	1.95×10^{4}
三	1.54×10^{4}

图 5 给出了功率密度的前 3 个模态对应的图像。

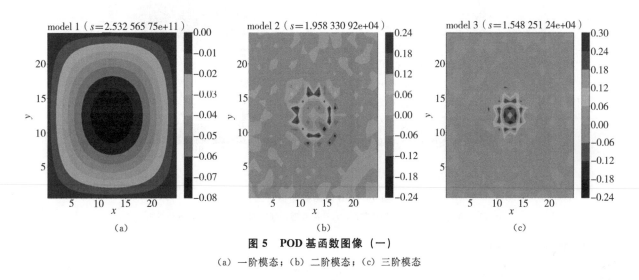

图 5 POD 基函数图像（一）

（a）一阶模态；（b）二阶模态；（c）三阶模态

表 4 给出了冷却剂温度场的 POD 分解结果。结果表明，前几阶模态的系数远大于后几阶模态的系数，因此只需要前五阶模态基函数来表征冷却剂温度场。

表 4 冷却剂温度场的 POD 分解结果

模态阶数	模态能量
一	4.71×10^{5}
二	1.34×10^{4}
三	1.73×10^{2}
四	1.71×10^{1}
五	4.19×10^{-1}

图 6 给出了冷却剂温度场的前 5 个模态对应的图像。

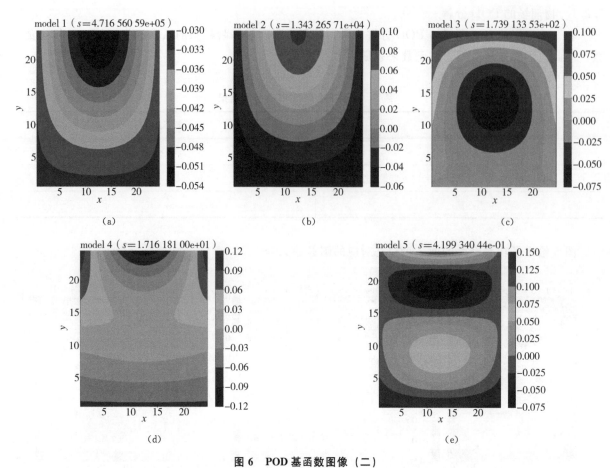

图 6　POD 基函数图像（二）

（a）一阶模态；（b）二阶模态；（c）三阶模态；（d）四阶模态；（e）五阶模态

3.2.2　物理场的重构

图 7 和图 8 分别给出了功率密度场和冷却剂温度场（反应堆总功率 5.0×10^7 W、反应堆冷却剂入口温度 723.15 K）的重建快照。重建的功率密度场和冷却剂温度场的拟合度分别为 0.9997 和 0.9824。

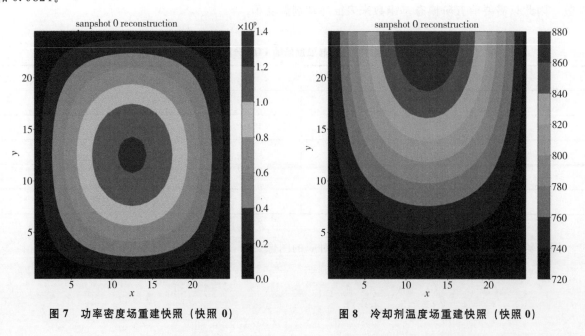

图 7　功率密度场重建快照（快照 0）　　　**图 8　冷却剂温度场重建快照（快照 0）**

本文测试了448组工况的预测精度。温度场与功率密度的回归R2拟合度表明，温度场的最小R2拟合度为93%。功率密度分布拟合度基本达到100%，预测结果精度能够满足要求。

3.3 预测结果

图9和图10为反应堆总功率4.6×10^7 W、反应堆冷却剂入口温度723.15 K情况下冷却剂温度场和功率密度场的预测结果。该预测仅消耗多物理场计算约10%的时间。

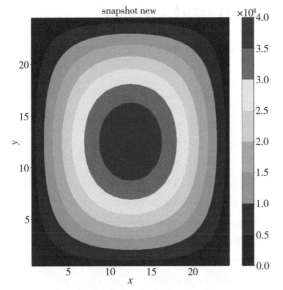 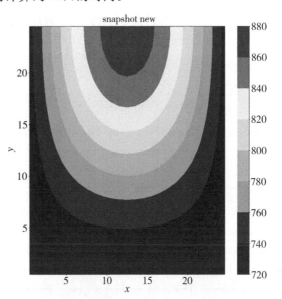

图9 堆芯功率密度场预测结果（反应堆总功率为4.6×10^7 W、反应堆冷却剂入口温度为723.15 K的工况）　图10 冷却剂温度场预测结果（反应堆总功率为4.6×10^7 W、反应堆冷却剂入口温度为723.15 K的工况）

4 结论

本文基于GeN-Foam建立了铅冷快堆二维热工-物理耦合模型，并进行了多工况数值模拟；然后，采用模型降阶法和机器学习方法构建了铅冷快堆物理堆芯运行的数字孪生。结论如下：

（1）POD方法可以有效降低物理场模型的复杂度。本文仅需前几阶模态即可精确地实现二维物理场的重构，大大降低了计算成本。

（2）KNN方法可以有效解决铅冷快堆系统输入参数和物理场POD系数的预测问题。

（3）本文提出的铅冷快堆物理场快速预测方法显著提高了计算速度（一次计算时间约为数值模拟计算时间的10%左右）。

参考文献：

[1] 陶飞，刘蔚然，刘检华，等．数字孪生及其应用探索［J］．计算机集成制造系统，2018，24（1）：1-18．

[2] 潘保林，邹金强，毛志新，等．数字孪生技术在核电站的应用分析［J］．中国核电，2020，13（5）：587-591．

[3] MORILHAT P. Digitalization of nuclear power plants at EDF［Z］. EDF，2018.

[4] FIORINA C, CLIFFORD I, AUFIERO M, et al. GeN-Foam: a novel OpenFOAMR® based multi-physics solver for 2D/3D transient analysis of nuclear reactors［J］. Nuclear engineering and design，2015，294：24-37.

[5] FIORINA C, MIKITYUK K, PAUTZ A. GeN-Foam: a novel multi-physics solver for reactor analysis-status and ongoing developments［J］. Transactions of the American Nuclear Society，2015（2）：1132-1134.

[6] FRANCESCHINI F, GODFREY A, KULESZA J, et al. Westinghouse VERA test stand-zero power physics test simulations for the AP1000 PWR: CASL Technical Report: CASL-U-2014-0012-001［R］. Consortium for Advanced Simulation of LWRs，2014.

[7] 丁鹏，陶文铨．建立低阶模型的POD方法［J］．工程热物理学报，2009，30（6）：1019-1021.

［8］ 邵珊珊. 基于 KNN 的分类方法及其应用研究 ［D］. 秦皇岛：燕山大学, 2019.

［9］ 皮亚宸. K 近邻分类算法的应用研究 ［J］. 通讯世界, 2019, 26 (1)：286 - 287.

Research on model reduction and ultra - real - time prediction technology for digital twin of reactor nuclear facilities

XIE Fei[1] , LU Dao-gang[1,2] , LIU Yu[1,2,*]

(1. School of Nuclear Science and Engineering, North China Electric Power University, Beijing 102206, China；

2. Beijing Key Laboratory of Passive Safety Technology for Nuclear Energy, Beijing 102206, China)

Abstract：The distribution of the physical fields in the core of lead - cooled fast reactor (LFR) is an important component of reactor safety. It is an indispensable set of data for the design and operation of LFRs. With the development of core physics simulation programs towards high fidelity, the accuracy has increased while the computational cost and data complexity have sharply increased. Therefore, it is necessary to conduct research on model reduction and ultra real - time prediction techniques for digital twinning of lead cooled fast reactors in order to quickly and accurately calculate and predict the physical field distribution of lead cooled fast reactor. This paper establishes a two - dimensional thermal - physical coupling model for lead cooled reactor based on GeN - Foam. Firstly, Conduct multi operating condition simulation to obtain fluid and neutron physics data. Then, a reduced order model of the desired physical field is obtained through the Proper orthogonal decomposition, and the relationship between the reactor operating parameters and POD coefficient is constructed by using the K - nearest neighbor method, and a fast prediction model of the physical field is constructed. Finally, using the combination of POD coefficient and model, combined with input parameters such as lead reactor inlet temperature and reactor target power, the physical field reconstruction is achieved to obtain the physical field distribution of the core coolant temperature field and power density field. The research results demonstrate that the integrated small - scale LFR physical field rapid prediction model can accurately solve the target physical field distribution based on given operating parameters.

Key words：GeN - Foam；Proper orthogonal decomposition；K - nearest neighbors；Physical field reconstruction

MIPR 反应堆内气液两相流动传热特性数值模拟

曹建岚[1]，邹子强[2]，刘　余[2]，李振中[1,*]，胡　练[3]，陈德奇[1,*]

（1. 重庆大学低品位能源利用技术及系统教育部重点实验室，重庆　400044；
2. 中国核动力研究设计院，四川　成都　610213；
3. 重庆科技大学机械与动力工程学院，重庆　400044）

摘　要：使用溶液堆进行医用同位素生产具有更高的安全性、经济性，而传热能力和气泡行为是影响堆内稳定性的关键因素。本文针对医用同位素生产堆（MIPR）内的自然对流、气泡驱动流以及与冷却盘管的对流换热过程进行 CFD 数值分析。采用欧拉两流体模型和 SST k－ω 湍流模型，首先计算了 63.6 kW 功率下堆内的温度分布，计算结果与实验测量结果吻合相对较好，表明了本文建立模型的正确性，后续计算了满功率 200 kW 下堆内流动换热特性，对气液两相温度场、流场、相分布进行分析，验证了冷却盘管的换热能力，研究结果对 MIPR 反应堆设计需求以及安全性能分析提供了理论依据。

关键词：医用同位素生产堆（MIPR）；气液两相流；传热；数值模拟

近年来，医用同位素的需求日渐增长，因此需要医用同位素生产堆（MIPR）生产技术来填补医用同位素供应的缺口[1]，其研究也受到美国、俄罗斯、法国、中国等国的重视[2]。MIPR 是一种采用可熔盐水溶液作燃料来生产放射性同位素的反应堆，与传统固体燃料反应堆相比，具有更高的安全性和经济性。反应过程中，堆内不仅会产生大量热量，还会由于辐照裂解生成氢气、氧气等放射性气体，形成复杂的气液两相流动换热过程。中国核动力研究设计院自 1994 年进行溶液堆研究以来，深入开展了大量的研究以及实验验证工作。其中，为准确描述堆内流动换热特性，文献［3］对其反应堆堆芯进行了热工水力台架实验，验证了冷却盘管具有 200 kW 左右的换热能力。本文采用 CFD 技术对 MIPR 内流动换热特性进行数值模拟，对反应堆设计需求以及安全性能分析提供了理论依据，同时为后续整堆建模计算、考虑冷却管内耦合传热特性以及液位波动特性研究奠定基础。

1　数值研究方法

1.1　物理模型及边界条件

中国核动力研究设计院设计的 MIPR 堆芯几何是蝶形底圆柱形容器，采用硝酸铀酰水溶液作为燃料。如图 1 所示，其中堆内包含 20 组冷却盘管，它们沿周向分布，每一根冷却盘管沿径向布置在 Φ296～690 mm 的环形区域内。因整个容器盘管数量多，计算量较大，本研究采用周期性边界条件，选取 1/20 作为研究对象，建立几何模型如图 2 所示。出口设置为边界条件，模拟气相逃逸出口，而液相留于容器中。底部、右侧壁面设置为第三类边界条件，盘管区域做适当简化，同样设置为第三类边界条件，分别给定各自对流换热系数及自由流体温度，盘管部分会同时考虑到上下游流体温度沿径向变化。堆芯热源以体源项形式给出，同时考虑径向功率变化，气体产率则正比于功率，以质量源项形式给定。

作者简介：曹建岚（1996—），男，硕士研究生，现主要从事气液两相流数值计算方面的研究。

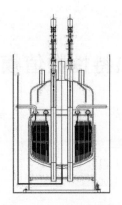 

图 1　MIPR 堆芯容器　　　　　　　　　　　图 2　1/20 堆芯几何结构

1.2　数学模型

1.2.1　欧拉多相流模型

本文采用欧拉两流体模型来模拟 MIPR 内的气液两相流动换热过程。以硝酸铀酰溶液作为主相，气泡为次相，分别对每一相建立相应的连续性方程、动量方程、能量方程并进行求解，并通过相间质量、动量、能量传递模型来进行封闭。具体各守恒方程如下。

连续性方程：

$$\frac{\partial}{\partial t}(\alpha_i \rho_i) + \nabla \cdot (\alpha_i \rho_i \boldsymbol{u}_i = S_i)。 \tag{1}$$

式中，下标 i 表示不同的相，如 p 表示气相，q 表示液相；α_i 表示体积分数；ρ_i 表示密度；$\boldsymbol{u}_i$ 表示速度矢量；S_i 表示质量源项。

动量守恒方程：

$$\frac{\partial}{\partial t}(\alpha_i \rho_i \boldsymbol{u}_i) + \nabla \cdot (\alpha_i \rho_i \boldsymbol{u}_i \boldsymbol{u}_i) = (\nabla \alpha_i (\tau_i + \tau_i^t)) - \alpha_i \nabla P + \alpha_i \rho_i g + M。 \tag{2}$$

式中，τ_i 表示剪切力；τ_i^t 表示湍流剪切力；P 表示压力；M 表示相间动量交换量，主要包括曳力、升力、壁面润滑力、湍流耗散力以及虚拟质量力所产生的动量交换。

能量守恒方程：

$$\frac{\partial}{\partial t}(\alpha_i \rho_i h_i) + \nabla \cdot (\alpha_i (\rho_i \boldsymbol{u}_i h_i - \lambda_i \nabla T_i)) = Q_{p,q} + S_i。 \tag{3}$$

式中，h_i 表示静焓；λ_i 表示相导热率；T_i 表示相温度；$Q_{p,q}$ 为 p、q 相间传热；S_i 表示热源项。

1.2.2　相间作用力模型

本研究主要考虑曳力和升力对于相间动量交换的影响，仅对二者进行详述。

曳力是在气泡表面上的黏性力和压差力共同作用的结果，它是气液之间最主要的动量交换项，低马赫流动下，曳力仅来自两种机制：黏性表面剪切应力产生的表面摩擦以及周围压力分布产生的形式阻力。本研究选用的曳力为 Schiller – Naumann 模型，它是在单气泡曳力模型基础上增加气相体积分数以及气泡尺寸之间的函数进行修正得到的，这也是目前应用最为广泛的模型之一，曳力的计算方式如下：

$$f = \frac{C_D Re_b}{24}。 \tag{4}$$

$$\begin{cases} C_D = \dfrac{24}{Re_b}(1 + 0.15 Re_b^{0.687}), & Re_b < 1000 \\ C_D = 0.44, & Re_b > 1000 \end{cases} \tag{5}$$

$$\mathrm{Re_b} = \frac{\rho_q \mid \vec{v}_p - \vec{v}_q \mid d_b}{\mu_q}。 \tag{6}$$

式中，C_D 为曳力系数；$\mathrm{Re_b}$ 为气泡雷诺数；ρ_q 为液相密度；$\vec{v}_p$ 和 $\vec{v}_q$ 分别为气相和液相的速度；d_b 为气泡直径；μ_q 为液相动力黏度。

升力是离散相在流场不均匀或存在旋转时，受到垂直于相对速度方向上的力。升力是造成分散相含率径向分布不均的主要原因，因此不可以忽略，本研究选用的升力模型为 Tomiyama 模型[4]。Tomiyama 模型将较大气泡的升力系数与修正后的 Eo 数，即 Eo' 进行关联，并考虑气泡变形，适用于所有尺寸的气泡和液滴。升力的具体计算方式如下：

$$C_L = \begin{cases} \min[0.288\tanh(0.121\mathrm{Re_b}),\ f(Eo')], & Eo' < 4 \\ f(Eo'), & 4 \leqslant Eo' < 10; \\ -0.27, & Eo' \geqslant 10 \end{cases} \tag{7}$$

$$f(Eo') = 0.001\,05Eo'^3 - 0.0159Eo'^2 - 0.0204Eo' + 0.474; \tag{8}$$

$$Eo' = \frac{g(\rho_q - \rho_p)d_h^2}{\sigma}; \tag{9}$$

$$d_h = d_b(1 + 0.163Eo^{0.757})^{1/3}; \tag{10}$$

$$Eo = \frac{g(\rho_q - \rho_p)d_b^2}{\sigma}。 \tag{11}$$

式中，ρ_p 和 ρ_q 分别为气相和液相的密度；d_h 为可变形气泡的长轴；d_b 为气泡直径；σ 为表面张力系数。

Eo 数表示浮力与表面张力的比值，本质上给出了气泡体积的度量。

2 网格划分及数值方法验证

2.1 网格划分

采用多面体-六面体核心网格划分技术，其中 1/20 堆芯网格如图 3 所示，对中心部分采用局部线加密，盘管壁面局部边界层网格如图 4 所示。网格数量为 740 万个，其中网格最差正交质量为 0.304，已满足计算需求。

图 3　1/20 堆芯网格划分

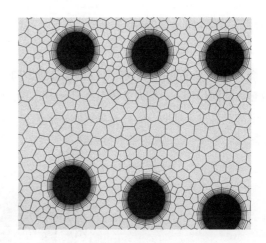

图 4　盘管壁面局部边界层网格

2.2 数值方法验证

为了验证本文计算模型的正确性，根据文献 [5] 中给出的实验数据对比溶液加热功率为 63.6 kW

时溶液不同位置处的平均温度。图5为ZX平面液相温度分布云图，表1给出了各层液相平均温度计算值与试验值的对比情况。

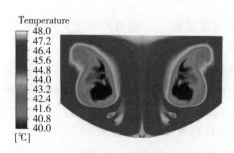

图5　63.6 kW 时 ZX 平面液相温度分布

表1　各层液相平均温度计算值与试验值对比

位置	试验值/℃	计算值/℃	相对偏差/℃
上层	50.49	46.16	4.33
中层	50.15	44.38	5.77
下层	50.14	45.49	4.65

从表1可见，各层温度存在一些偏差，但温度分布趋势整体基本符合试验值，比较符合物理实际情况，对于平均温度较试验值低，分析原因主要有以下两点：

（1）实际产气率应随功率变化而变化，本研究所给产气率可能过大，导致整体平均温度有所降低。

（2）本研究对盘管区域的换热做了适当简化，考虑为第三类边界条件，所确定的模型计算出的换热系数可能较试验偏大，导致整体平均温度较低。

后续研究也会针对上述可能原因进行适当改进。

3　结果与讨论

本文采用欧拉两流体模型和 SST $k-\omega$ 湍流模型，对 MIPR 内气液两相换热过程进行计算，主要分析了 200 kW 反应堆内气液两相温度场、速度场以及空泡分布特性，验证其计算模型正确性，从而为后续更精细化的研究奠定基础。

3.1　温度场分布

图6为200 kW功率下MIPR内温度分布云图。可见，在堆芯裂变热源、冷却盘管冷却、壁面散热、碟底散热的共同作用下，堆内整体温度呈现中心高、四周低的趋势，且最高温度为67 ℃，于中心溶液顶部，远低于沸点温度，证明盘管具有足够的换热能力，使得堆内温度能够处于安全范围。局部最低温度出现在盘管附近，为47 ℃。堆内各部分换热量如表2所示，总换热功率为199.571 kW。

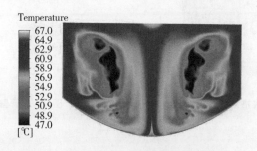

图6　200 kW 时 ZX 平面液相温度分布

表 2　堆内各部分换热量

换热区域	换热量/kW
冷却盘管	191.160
右侧壁面	2.485
底部壁面	5.926

3.2　速度场分布

图 7 为氮气速度分布云图。由图可知,氮气整体速度为 0.09~0.27 m/s。其中在反应堆中心区域,由于没有盘管阻碍作用,气相速度较大,即中心区域为高速度区,而在盘管和壁面附近,由于阻碍作用,速度较低。图 8 为硝酸铀酰溶液速度矢量图。从图中可以清晰看出,由于反应堆内温度差异而导致的自然对流。中心区域液相速度向上,而在壁面附近由于冷却作用,速度方向向下,左右各自形成一个环形自然对流趋势。还可以看出,液相相对于气相,整体速度偏低,最小速度仅 0.0001 m/s。

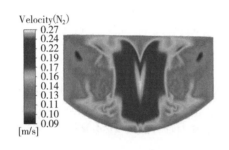

图 7　ZX 平面氮气速度分布　　　　　　　图 8　ZX 平面硝酸铀酰溶液速度矢量图

3.3　空泡分布

图 9 为氮气空泡份额分布云图,可见由于浮力作用,沿着轴向高度,空泡份额呈增大趋势,在出口处达到最大,最大值在 0.025 左右。图 10 为不同径向位置处 ($x=0$, 100, 200, 300 mm) 沿轴向高度 (105~425 mm) 空泡份额变化对比。从图中可见,不同径向位置,空泡份额变化趋势基本一致,但可以发现,最大空泡份额并不是在 $x=0$,即中心位置处,而是在顶部盘管区域。对于此结果,判断原因可能是,最大空泡份额区域受到盘管冷却、自然对流影响更为显著。同时,从气相空泡份额分布可知,中心位置虽不是最大空泡份额位置处,但仍高于两侧空泡份额,因此该位置同样气相较多。对于气相较多的区域,液相受到气相溢出带来的扰动更为明显,因此可以推断这些区域液位应该更高。对于后续研究进一步考虑液位变化,可以提供一定参考。

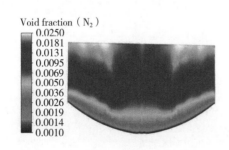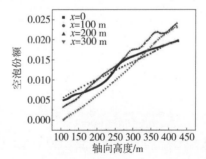

图 9　ZX 平面氮气空泡份额分布　　　　　图 10　不同径向位置处轴向空泡份额变化对比

4 结论

本文基于 CFD 方法，对 200 kW MIPR 内气液两相流动换热特性进行数值模拟，主要研究结论如下：

（1）200 kW 满功率运行时，冷却盘管设计具有足够的换热能力，溶液最高温度为 67 ℃，出现在中心顶部区域，且温度分布总体呈现中心高、四周低的趋势。

（2）反应堆内气相速度在中心区域较大，最大值为 0.27 m/s，而在盘管及壁面附近较小。液相速度同样在中心区域较大，且因为温度差的存在，中心截面左右两侧会各自形成一个环形自然对流。

（3）由于浮力作用，反应堆内空泡份额基本随着轴向高度的增加而增大，在出口位置处达到最大值，且最大值并未出现在中心区域。

进一步工作主要有以下几个方面：一是对整堆建模；二是考虑管内流体与堆芯流体的耦合传热；三是考虑气泡存在对于液位扰动变化的规律特性，最终使得结果更接近实际情况。

参考文献：

［1］ TROYER G L, SCHENTER R E. Medical isotope development and supply opportunities in the 21st century ［J］. Journal of radioanalytical & nuclear chemistry, 2009, 282（1）：243.

［2］ CHENG W L, LEE C S, CHEN C C, et al. Study on the separation of molybdenum - 99 and recycling of uranium to water boiler reactor ［J］. International journal of radiation applications and instrumentation Part A applied radiation and isotopes, 1989, 40（4）：315 - 324.

［3］ 刘叶，卢冬华，陈军，等. 医用同位素生产溶液堆堆芯热工水力实验 ［C］//中国核学会核能动力学会二〇〇七年学术年会, 2023.

［4］ TOMIYAMA A. Effects of eötvös number and dimensionless liquid volumetric flux on lateral motion of a bubble in a laminar duct flow ［C］//Proceedings 2nd Int. Conf. Multiphase Flow'95 - Kyoto, 1995.

［5］ 聂华刚，宋小明，牛文华. MIPR 堆芯模拟体气-液两相试验工况下流动与传热特性的数值模拟 ［J］. 核动力工程, 2009（S1）：65 - 69.

Numerical simulation of heat transfer characteristics of gas – liquid two – phase flow in MIPR reactor

CAO Jian-lan[1] , ZOU Zi-qiang[2] , LIU Yu[2] ,

LI Zhen-zhong[1, *] , HU lian[3] , CHEN De-qi[1, *]

(1. Key Laboratory of Low – grade Energy Utilization Technologies and Systems (Chongqing University),

Ministry of Education of China, Chongqing 400044, China;

2. Nuclear Power Institute of China, Chengdu, Sichuan 610213, China;

3. School of Mechanical and Power Engineering, Chongqing University of

Science and Technology, Chongqing 400044, China)

Abstract: The use of solution stacks for medical isotope production offers higher safety and economy, while the heat transfer capability and bubble behavior are key factors affecting the stability within the stack. In this paper, CFD numerical analysis is performed for the natural convection, bubble – driven flow and convective heat transfer processes with cooling coils in a medical isotope production reactor (MIPR) . The Eulerian two – fluid model and the SST k – ω turbulence model are used to first calculate the temperature distribution inside the reactor at 63. 6 kW power, and the results are in good agreement with the experimental measurements, which shows the correctness of the model established in this paper. The heat transfer characteristics of the flow inside the reactor at full power of 200 kW are subsequently calculated, and the gas – liquid two – phase temperature field, flow field, and phase distribution are analyzed to verify the heat transfer capability of the cooling coil. The results provide a theoretical basis for MIPR reactor design requirements and safety performance analysis.

Key words: Medical isotope production reactor (MIPR); Gas – liquid two – phase flow; Heat transfer; Numerical simulation

微通道换热器流动传热特性分析与试验验证

白宇飞，张　伟，张星亮，周　响

（上海核工程研究设计院股份有限公司，上海　200233）

摘　要： 微通道换热器具有结构简单紧凑、换热效率高等优点，在核电工程、浮式液化天然气生产和制冷等工业领域具有广阔的应用前景。对 Z 字形流道微通道换热器样机的流动传热特性进行计算流体动力学（CFD）数值模拟研究，并与试验结果进行对比。结果表明：数值模拟结果与试验结果的传热偏差在 10％以内，阻力偏差在 30％以内，说明 CFD 方法具备对试验工况模拟的能力，数值模拟结果可供微通道换热器设计参考。Z 字形流道弯折点上游内侧和下游外侧的流速较高而弯折点上游外侧和下游内侧的流速较低，流速较低的位置存在漩涡，导致局部阻力损失，流速较高的位置处冷热流体之间的温差较大且附近壁面处热流密度较大；进口联箱会导致微通道的入口流量不均匀分配，微通道入口与集管出口距离越近流量越大。

关键词： 微通道换热器；流动传热特性；数值模拟

用来使热量从热流体传递到冷流体，以满足规定工艺要求的装置统称换热器[1]。微通道换热器（PCHE）传热效率高、结构简单紧凑，是一种颠覆性技术创新产品。其通道尺寸很小，达到了毫米级，冷流体和热流体在通道内交替流动，进行热量传递。首先制备抛光状态的板片，然后通过化学蚀刻方法在薄板上形成流动通道，板片通过堆叠、扩散焊接的方法获得换热器芯体，再通过熔焊方法获得最终产品。由于 PCHE 具有特殊的结构，与传统换热器相比，在耐温能力、耐压能力、换热效率、体积和重量方面具有巨大的优势。

由于 PCHE 内的流动传热较为复杂，研究人员对不同工况参数下的 PCHE 运行特性进行了大量试验与数值模拟研究，取得了一系列重要的研究成果。Nikitin 等[2]对 Z 字形流道 PCHE 中紊流工况下的超临界二氧化碳逆流换热进行试验研究，总结出对流换热系数和范宁摩擦因子随雷诺数变化的经验关系式。Kim 等[3]对 Z 字形流道 PCHE 中层流工况下的氦气逆流传热进行试验与模拟研究，结果表明 CFD 技术可以对 PCHE 中的流动与传热进行有效的模拟。Ma 等[4]对不同角度 Z 字形流道 PCHE 进行三维 CFD 模拟，结果表明传热和压降均随通道角度的增大而增加，PCHE 的综合性能主要取决于运行条件。综上所述，目前针对 PCHE 的研究中主要工质为稀有气体，以水为工质的研究受到较少关注。本工作通过对 Z 字形流道 PCHE 样机开展 CFD 数值模拟研究，与试验结果进行对比分析，验证数值模拟方法的有效性与适用性，进一步分析 PCHE 局部的流动传热特性。

1　研究方法

1.1　模型的建立

将 PCHE 样机作为研究对象。物理模型是一个冷侧板片和热侧板片交替排列的 PCHE 样机，其结构材料为 316L 不锈钢。相同质量流量的高温水和低温水各自流过 200 根相同直径的半圆形横截面的 Z 字形微通道，以层流的状态逆流换热。

样机可分为 3 个部分：主流区、导流区和进出口联箱。其中主流区长度为 210 mm，在流动方向上

作者简介： 白宇飞（1994—），男，工学硕士，工程师，现主要从事反应堆结构力学等科研工作。

基金项目： 中核领创项目。

包含 21 个节距，冷热侧流体逆流换热；在导流区，热侧板片为 Z 字形通道，长度 90 mm，冷侧板片为直流道，长度 100 mm，冷热侧流体流动方向夹角为 90°，部分导流区长度交错流动换热；进口联箱和出口联箱将集管和微通道连接起来。在试验中，流量、温度和压差的测点均位于入口和出口集管上。

为了更好地与试验结果进行对比分析，分别建立主流区和进出口联箱的几何模型，如图 1 所示。综合考虑计算成本和计算精度，结合微通道布置的周期性，选取主流区的一个热流道和一个冷流道及相关的金属壁进行数值模拟研究。计算模型的横截面尺寸为 2.35 mm（宽）×3 mm（高），长度为 210 mm，横向节距为 2.35 mm，流向节距为 10 mm，通道角度为 20°，流道横截面为半圆形，直径为 1.5 mm。考虑到进出口联箱几何模型的对称性，选取一半的流体域进行分析，集管直径 13 mm，集管的端点即为取压点位置，微通道的长度取 50 mm，使流动充分发展。

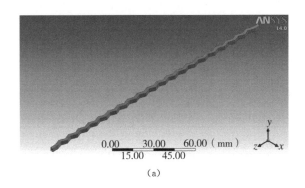 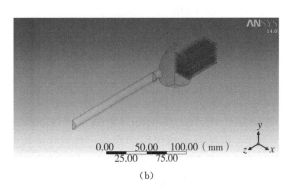

图 1　几何模型

(a) 主流区几何模型；(b) 进出口联箱几何模型

网格划分如图 2 所示。主流区采用扫掠的方法生成质量较高的六面体网格，其中流体域的网格边长约为 0.05 mm，固体域的网格尺寸约为 0.15 mm，网格总数约为 201 万个，网格最小正交质量为 0.44。进出口联箱的中间区域生成四面体网格，确保最小的间隙内不少于 5 个网格，入口段和出口段采用扫掠生成的六面体网格。由于集管内雷诺数较大，处于水力光滑区，在流体域的内壁设置了 7 层致密的边界层网格，网格总数约为 787 万个，网格最小正交质量为 0.12。

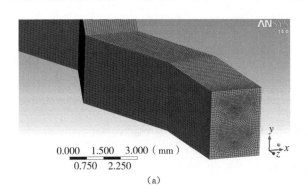 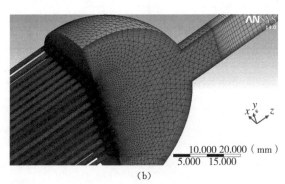

图 2　计算网格

(a) 主流区网格模型；(b) 进出口联箱网格模型

对于主流区模型，考虑到计算模型的周期性，将上下壁面和左右壁面分别设置为周期性边界，并将前后壁面设置为绝热边界。将冷热流体入口设置为速度入口，将冷热流体出口设置为压力出口。将流体域和固体域间的交界面设置为流固热耦合边界。冷热流体的入口参数与试验保持一致，如表 1 所示。在样机试验中，主流区 Re 处于 1154.49～2224.60，因此在数值模拟中选用层流模型。采用 SIMPLE 算法耦合压力和速度，采用二阶迎风格式对不同方程进行离散。

表 1　系统参数

参数	数值	单位
热侧压力	0.2	MPa
热侧入口温度	69.68	℃
热侧出口温度	47.08	℃
热侧微通道内流速	1.0	m/s
热侧集管内流速	1.34	m/s
冷侧压力	0.2	MPa
冷侧入口温度	30.12	℃
冷侧出口温度	53.27	℃
冷侧微通道内流速	1.0	m/s
冷侧集管内流速	1.34	m/s

对于进出口联箱设置了 4 个算例进行计算，分别对应热侧入口联箱、热侧出口联箱、冷侧入口联箱、冷侧出口联箱，流体入口参数与试验保持一致，如表 1 所示。由于集管中 Re 处于 21 801.4～42 009.6，因此在数值模拟中选用 Realizable k - ε 模型和 Scalable 壁面函数。采用 SIMPLE 算法耦合压力和速度，采用二阶迎风格式对不同方程进行离散。

1.2　模拟结果与试验数据的验证

试验回路如图 3 所示，试验平台由热侧回路和冷侧回路两部分组成。冷热侧均为开式回路，设计压力为 3 MPa，设计温度为 90 ℃，回路系统通过离心泵驱动水箱中的水，最大流量为 45 t/h。热侧水通过水箱电加热器升温至所需试验温度，进换热试件热交换后冷水温度升高，冷水通过冷却塔将热量排出。

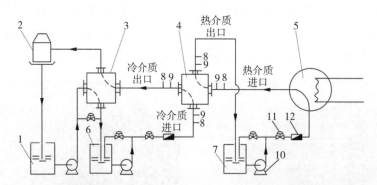

1、6、7—液体储槽；2—冷却塔；3—冷却器；4—试件；5—加热器；8—温度测点；
9—压力或压差测点；10—泵；11—调节阀；12—流量计

图 3　试验回路

试验段热侧和冷却入口流量采用涡轮流量计进行测量。涡轮流量计的测量范围为 0.6～3.6 m³/h（DN15），涡轮流量计的测量精度为 0.5 级。在试验本体热侧和冷侧进出口设置压差测量点，采用压差变送器进行测量。压差变送器测量范围为 0～350 kPa，其标定精度为 0.25 级。测量信号经采集系统模数转换后送计算机系统进行显示。在试验本体热侧和冷侧进出口设置温度测点。测温元件为 PT100 铂电阻，其标定精度为 1/3B 级。测量信号经采集系统模数转换后送计算机系统进行显示。采用 NI 数据采集系统进行数据采集，采集速度为 100 Hz，测量精度为 0.1 级。

在传热计算方面，对主流区的传热进行了模拟，为了进一步考虑导流区的传热，需要进行折算。根据传热学[1]，交叉流换热器的平均温差可在逆流换热器的平均温差基础上进行修正，修正系数的选取与设计保持一致，取最小值 0.5。采用以下公式对单侧流体温差进行折算：

$$\Delta T = \Delta T_{主流区} \frac{L_{主流区} + \psi L_{导流区}}{L_{主流区}}。 \tag{1}$$

式中，ΔT 为温差；ψ 为平均温差修正系数；L 为长度，下标表示主流区或导流区。

在阻力计算方面，试验中取压点之间的压差由主流区阻力、导流区阻力和进出口联箱阻力三部分构成：

$$\Delta P = \Delta P_{主流区} + \Delta P_{导流区} + \Delta P_{联箱}。 \tag{2}$$

采用以下方式利用主流区的数值模拟结果对热板片导流区 Z 字形流道的阻力进行折算：

$$\Delta P_{导流区} = \Delta P_{主流区} \frac{L_{导流区}}{L_{主流区}}。 \tag{3}$$

冷板片主流区和导流区之间存在一个转角，将其等效为附加的一个 Z 字形流道的节距进行阻力的折算，冷板片导流区直流道的阻力作为进出口联箱模型中微通道延长段的一部分进行考虑。

通过将处理得到的 PCHE 样机的冷热侧流体温差、压降与试验数据对比，可得热侧温差相对偏差为 9.75%，冷侧温差相对偏差为 5.53%，热侧压降相对偏差为 20.74%，冷侧压降相对偏差为 25.04%。数值模拟得出的传热和阻力均大于试验值，且传热计算相比阻力计算偏差更小。偏差可能来源于以下几个因素：

（1）受到计算资源的限制，将主流区和进出口联箱区域分开模拟，边界条件与实际情况存在差异；

（2）对于传热和阻力的折算会导致偏差，平均温差修正系数的选取也会导致偏差；

（3）对主流区模型的模拟采用 200 根流道的平均流量作为入口流量，即假设微通道的入口流量均匀分配，但实际上入口流量必然存在一定的不均匀性；

（4）对于进出口联箱区域的模拟假设流体物性恒定，未考虑可能存在的传热导致的温度变化；

（5）试验中尽管采用保温材料对 PCHE 样机进行包裹，减少热损失，但不可避免还是会向大气环境中散热；

（6）试验中使用的仪表存在一定测量误差；

（7）试验数据处理过程中也会引入误差。

综合考虑以上可能导致偏差的因素，可得 CFD 方法具备对试验工况模拟分析的能力，数值模拟结果可供 PCHE 设计参考。

2 微通道换热器流动传热特性

2.1 主流区流动传热特性

首先对 PCHE 样机主流区的整体流动传热特性进行分析，流体域表面热流密度分布如图 4a 所示，可得轴向上的传热较为均匀，不同节距处的热流密度分布相近。流体域表面温度分布如图 4b 所示，固体域表面温度分布如图 4c 所示，热侧入口和冷侧入口的固体壁面温度分布如图 4d 所示。在流动方向上，从热侧入口到冷侧入口流体和固体的温度逐渐减小，轴向上固体域的最大温度与最小温度相差 30.9 ℃，说明轴向上固体温度变化较大，应注意轴向上固体内的热应力。热侧入口固体壁面最大温差 7.1 ℃，冷侧入口固体壁面最大温差 6.3 ℃，说明径向上固体温度较为接近，固体内热应力较小。其原因是金属的导热系数远大于工质水的导热系数，传热热阻集中在流体与固体间的传热，金属内部的热阻很小。图 4e 为流体域总压分布，由图可得从流道入口到出口，流体总压逐渐减小，且冷侧压降略大于热侧，其原因是冷侧的密度大于热侧。流线图如图 4f 所示，由图可得流道内最大流速为 1.96 m/s。进一步将取一个节距分析其内部的流动传热特性。

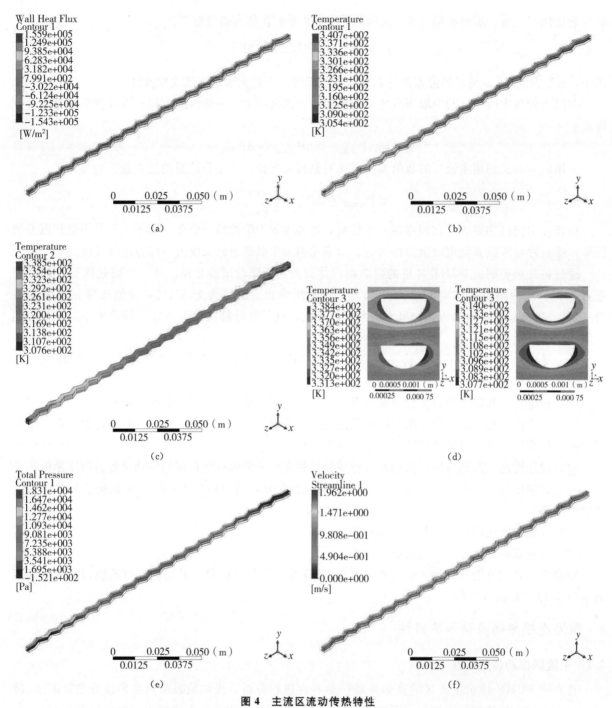

图 4　主流区流动传热特性

(a) 流体域表面热流密度分布；(b) 流体域表面温度分布；(c) 固体域表面温度分布；
(d) 热侧入口（左）和冷侧入口（右）固体壁面温度分布；(e) 流体域总压分布；(f) 流线图

　　对主流区模型热侧流向的第 11 个节距进行分析，热流密度分布、温度分布、流速分布、总压分布、速度矢量图及流线图如图 5 所示。由图可得，流体在 Z 字形通道内的流动方向不断发生变化，导致流体速度在径向上和轴向上不均匀分布。在惯性力和黏滞力的共同作用下，弯折点上游内侧和下游外侧的流速较高而弯折点上游外侧和下游内侧的流速较低，且截面越靠近弯折点，流速分布的不均匀性越强，即速度梯度越大，最大流速位于弯折点处。在流速较低的区域可观察到明显的漩涡产生，会造成局部阻力损失。温度在不同截面上的分布也是不均匀的，温度分布与速度分布之间有着良好的对应关系，热流道内流速较高的位置处流体的温度较高，冷流道内流速较高的位置处流体的温度较低，即流速较高的位置处冷热流体之间的温差较大。热流体表面放热，故热流密度为负值，冷流体壁面吸热，故热流密度为正值。流体流速较高的区域对应热流密度较大而流体流速较低的区域对应热流密度较小。其原因有以下两点：一是流速较高区域的对流换热系数较大；二是流速较高区域冷热流体间温差较大。

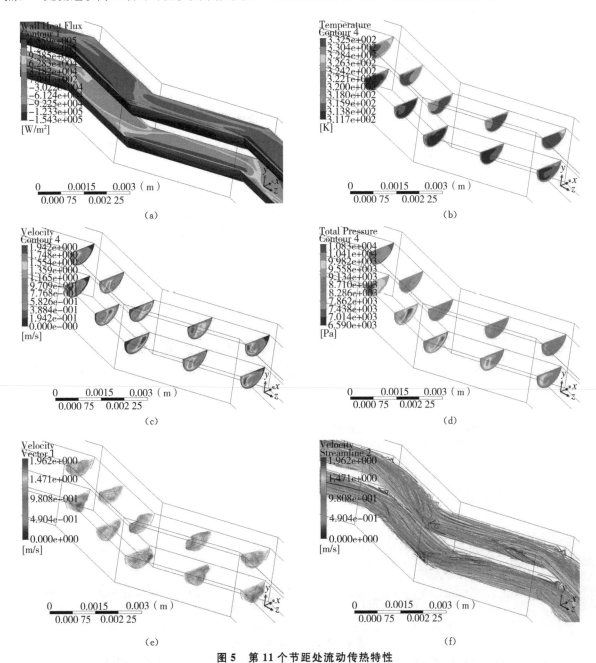

图 5　第 11 个节距处流动传热特性

（a）热流密度分布；（b）温度分布；（c）流速分布；（d）总压分布；（e）速度矢量图；（f）流线图

2.2　进出口联箱区域流动特性

　　热侧入口和冷侧入口联箱总压分布、流线图、微通道出口流速分布如图 6 所示。由图可得，流体从集管进入封头是一个突扩过程，之后进入微通道是一个突缩过程，在这两个过程中会产生局部阻力损失。集管出口及下游流速较大，封头其他区域的流速较低且存在明显漩涡。由图 6c 和图 6f 可知，微通道出口的流速分布并不均匀，集管下游位置对应微通道的流量最大，越靠近边缘位置流量越小，说明假设主流区每个微通道的流量相同与实际情况确实存在一定偏差。

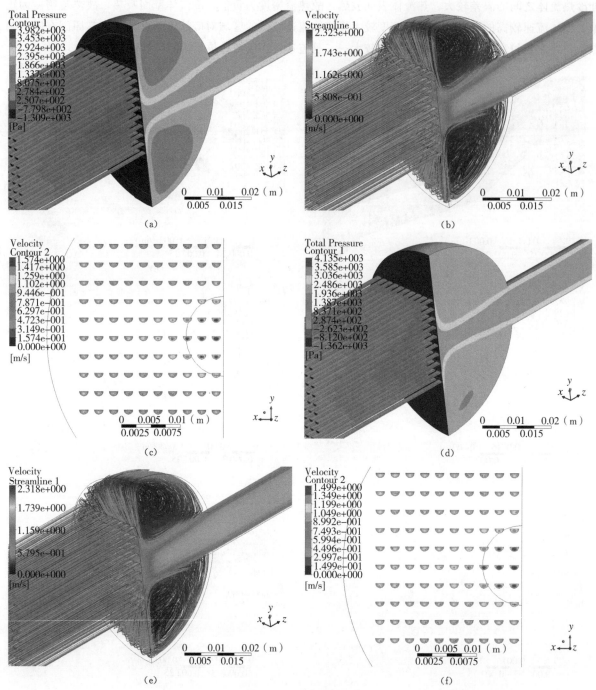

图6 入口联箱流动特性

(a) 热侧入口联箱总压分布；(b) 热侧入口联箱流线图；(c) 热侧入口联箱微通道流速分布；
(d) 冷侧入口联箱总压分布；(e) 冷侧入口联箱流线图；(f) 冷侧入口联箱微通道流速分布

　　热侧出口和冷侧出口联箱总压分布、流线图如图7所示。由图可得，流体从微通道进入封头是一个突扩过程，之后进入集管是一个突缩过程，在这两个过程中会产生局部阻力损失。从微通道流出的流体主要聚集在集管上游，封头内其他位置流速较低且存在漩涡。在这两个算例中，假设微通道入口流量均匀分配与实际情况存在一定差异。

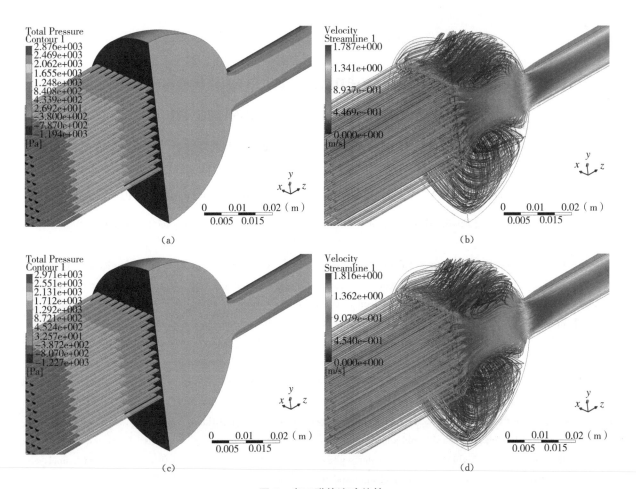

图 7 出口联箱流动特性

（a）热侧出口联箱总压分布；（b）热侧出口联箱流线图；（c）冷侧出口联箱总压分布；（d）冷侧出口联箱流线图

3 结论

针对 Z 字形流道 PCHE 样机的流动传热特性进行 CFD 数值模拟研究，并与试验结果进行对比，可以得到以下结论：

（1）将数值模拟结果与试验数据进行对比，传热偏差在 10％以内，阻力偏差在 30％以内，说明 CFD 方法具备对试验工况模拟的能力，数值模拟结果可供 PCHE 设计参考。

（2）Z 字形流道弯折点上游内侧和下游外侧的流速较高而弯折点上游外侧和下游内侧的流速较低，流速较低的位置存在漩涡，导致局部阻力损失，流速较高的位置处冷热流体之间的温差较大且附近壁面处热流密度较大。

（3）进口联箱会导致微通道的入口流量不均匀分配，微通道入口与集管出口距离越近流量越大。

参考文献：

[1] 杨世铭，陶文铨. 传热学 [M]. 4 版. 北京：高等教育出版社，2006：466.

[2] NIKITIN K，KATO Y，NGO L. Printed circuit heat exchanger thermal-hydraulic performance in supercritical CO_2 experimental loop [J]. International journal of refrigeration，2006，29（5）：807 - 814.

[3] KIM I H，NO H C，LEE J I，et al. Thermal hydraulic performance analysis of the printed circuit heat exchanger using a helium test facility and CFD simulations [J]. Nuclear engineering and design，2009，239（11）：2399 - 2408.

[4] MA T，LI L，XU X，et al. Study on local thermal-hydraulic performance and optimization of zigzag - type printed circuit heat exchanger at high temperature [J]. Energy conversion and management，2015，104：55 - 66.

Numerical and experimental investigation of flow and heat transfer characteristics in printed circuit heat exchanger

BAI Yu-fei, ZHANG Wei, ZHANG Xing-liang, ZHOU Xiang

(Shanghai Nuclear Engineering Research & Design Institute Co., Ltd., Shanghai 200233, China)

Abstract: Printed circuit heat exchangers have the advantages of compact structure and high efficiency leading to promising future in fields of nuclear engineering, floating liquefied natural gas production and refrigeration. Computational fluid dynamics (CFD) simulation study was conducted on the flow and heat transfer characteristics of a zigzag microchannel heat exchanger, and the experimental results were compared. The results indicate that the heat transfer deviation between the numerical simulation results and the experimental results is within 10%, and the pressure drop deviation is within 30%, indicating that the CFD method has the ability to simulate experimental conditions. The numerical simulation results can be used as a reference for the design of Printed circuit heat exchangers. The flow velocity at the upstream and downstream sides of the zigzag flow channel bend point is higher, while the flow velocity at the upstream and downstream sides of the bend point is lower. There are vortices at the lower flow velocity positions, resulting in local resistance loss. The temperature difference between the cold and hot fluids at the higher flow velocity positions is larger, and the heat flux density at the nearby wall is higher; The inlet header will cause uneven distribution of inlet flow in the microchannel, and the closer the distance between the microchannel inlet and the header outlet, the greater the flow.

Key words: Printed circuit heat exchanger; Flow and heat transfer characteristics; Numerical simulation

汽泡边界层模型在直流窄缝蒸汽发生器中的应用

何　雯，赵陈儒，薄涵亮*

（清华大学核能与新能源技术研究院，北京　100084）

摘　要：直流窄缝蒸汽发生器具有较高的换热效率，被广泛应用于小型核反应堆中。蒸汽发生器内发生着强烈的流动沸腾换热，并伴随有复杂的汽泡行为，因此，有必要对蒸汽发生器内的换热过程进行分析。汽泡边界层模型是一种研究流动沸腾的新理论模型，它将流场沿径向划分成主流和汽泡边界层两个区域，通过一组准二维基本方程实现两个区域的双向耦合，进而获得两个区域内多个两相参数的变化情况。基于此，本文将汽泡边界层模型应用于直流窄缝蒸汽发生器的换热分析中。首先，将模型与双面加热环形窄缝通道下的空泡份额模拟结果进行对比，验证了模型在该管道类型下的准确性。然后以某内置式直流窄缝蒸汽发生器为例，将模型应用于该换热管的沸腾计算，模型描述了主流和汽泡边界层两个区域内空泡份额、温度、流速、压力等的变化规律，所获结果为内置式蒸汽发生器的工程设计和两相分析提供了重要的参考依据。

关键词：直流窄缝蒸汽发生器；汽泡边界层模型；流动沸腾；空泡份额

　　直流窄缝蒸汽发生器是核反应堆中的重要换热设备，具有体积小、结构简单、机动性能好等优点，被广泛应用于小型核反应堆[1]。在直流窄缝蒸汽发生器的换热管中，二次侧的工质会从过冷水被加热至过热蒸汽，加热过程中发生的蒸干现象易造成传热管破裂，进而导致整个反应堆停堆、核泄漏等严重问题[2]。因此，直流蒸汽发生器的换热研究对核反应堆的安全运行具有重要的意义。

　　理论模型是研究流动沸腾的一种重要方法，He 等[3]和 Cai 等[4]回顾了流动沸腾下常用的理论模型，这些模型可用于预测空泡份额、含气率等的沿程变化情况。然而，这些模型大多都是一维的，即仅考虑了流场沿轴向的变化情况，并且很少能将汽泡行为考虑在内。因此，有必要重新构建一组新的理论模型。考虑到近壁面的汽泡行为更加复杂[5-7]，He 等[3,8-10]针对流动沸腾全段构建了汽泡边界层模型，其核心是将流场划分为主流和汽泡边界层两个区域，边界层的厚度等于汽泡脱离直径，然后对两个区域内的汽泡行为和流动换热特性进行单独研究，通过一组准二维基本方程实现两个区域的双向耦合，进而实现对流场的描述从一维变成准二维。模型不仅能获得主流和汽泡边界层两个区域内多个两相参数沿轴向的变化情况，如空泡份额、流速、温度、压力等，还能获得两个区域沿径向的质量和能量交换情况，为流动沸腾的研究提供了一种新的计算方法。

　　基于此，本文基于现有的汽泡边界层模型，将其应用于直流窄缝蒸汽发生器的换热分析，探究汽泡边界层模型的准确度情况，并基于该模型对直流窄缝蒸汽发生器内的流动换热情况以及汽泡行为进行更细致的描述。

1　汽泡边界层模型介绍

　　汽泡边界层模型覆盖流动沸腾全段，由 3 个子模型组成：过冷沸腾段模型、饱和沸腾段模型和有液滴夹带的环状流段模型。过冷沸腾段包含 3 个小段：单相液体段、高过冷沸腾段和低过冷沸腾段。工质从过冷水进入管道，当第一个汽泡开始在壁面产生（ONB 点）后，流场进入高过冷沸腾段，这个流段内汽泡仅附着在壁面，不脱离也不滑移。而当汽泡开始脱离壁面进入主流后（OSV 点），流场进入低过冷沸腾段，管道内空泡份额明显上升。目前，过冷沸腾汽泡边界层模型已成功应用至核反应

作者简介：何雯（1996—），女，博士，主要从事沸腾两相流和汽泡动力学研究。

堆燃料元件通道的过冷流动沸腾计算中[8]。随后，流场进入饱和沸腾段[9]，这个流段汽泡含量较多，流型不断发生变化，通常包含弹状流、搅浑流和液滴夹带未开始前的环状流。而当汽体流速进一步增大后，附着在壁面的液膜会被汽芯撕裂，进而夹带液滴进入主流。考虑到夹带液滴会对流场的流动和换热特性带来改变，因此专门针对有液滴夹带的环状流段构建汽泡边界层模型[10]。根据液膜厚度与汽泡边界层厚度的相对大小，模型将这个流段划分成主流蒸干段和边界层蒸干段，当液膜被蒸干时，流场就到达蒸干点。模型可以用于描述环状流下液膜蒸发和液滴夹带等现象，还能用于蒸干点的确定，对研究环状流后半段的换热特性具有重要的意义。整个汽泡边界层模型的计算流程如图 1 所示。蒸干点后流场进入滴状流，汽相含量很高，汽体以连续相的形式存在于流场，因此不再适合继续划分汽泡层。

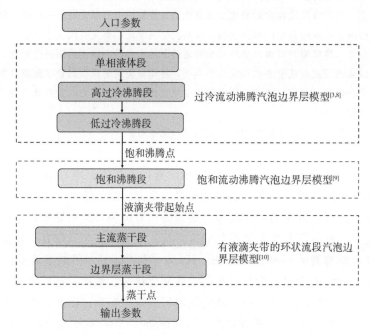

图 1 汽泡边界层模型计算流程

对 3 个模型均开展了验证，模型获得的结果与实验数据进行了对比，主要包括空泡份额、温度和临界热流密度，具体验证情况详见 He 等[3,8-10]的文章。模型基本不受管道结构的影响，验证的管道类型包括圆管、矩形管和环管。对于流动沸腾全段，验证范围为：压力 $0.827 \sim 9$ MPa，质量流速 $500 \sim 3000$ kg/ $(m^2 \cdot s)$，热流密度 $476 \sim 1839$ kW/m^2，普朗克数 $0.83 \sim 1.02$，液体雷诺数 $2.62 \times 10^4 \sim 3.04 \times 10^5$。受现有实验数据的限制，模型验证的工况范围有限。尽管如此，模型基于理论分析提出，数学模型也以基本方程为主，因此，认为模型的普适性大，能进一步应用到更大的工况范围。

2 结果与讨论

2.1 模型验证

双面加热的环形窄缝通道是内置式直流窄缝蒸汽发生器采用的管道类型，管道结构如图 2a 所示。目前，对汽泡边界层模型仅在常规管道下开展了验证，随着管道尺寸的减小，汽泡的运动和生长会受到管道的限制，进而表现出不同的流动和换热特性。因此，在将汽泡边界层模型应用于窄缝蒸汽发生器的分析之前，有必要对其在双面加热环形窄缝通道内的准确度进行验证。通常定义管道尺寸小于或等于 3 mm 的为窄缝通道[11]。由于管道变窄后空泡份额等的实验测量非常困难，相应的实验数据较少。因此，这里将汽泡边界层获得的结果与 CFD 数值模拟结果[12]进行对比，如图 2b 所示，对应的管道尺寸为内径（d_1）9 mm，外径（d_2）15 mm，压力 7 MPa，质量流速 1495 kg/（m²·s），热流密度 797 kW/m²，入口过冷度 20 K。从结果可见，汽泡边界层模型得到的空泡份额值与数值模拟结果非常接近，绝对误差仅 4.3%。此外，汽泡边界层模型从过冷段一直计算到蒸干点，预测的蒸干点位置（$z_1 = 2.03$ m）与数值模拟得到的结果（$z_1 = 2.3$ m）也非常接近。而这些结果都表明汽泡边界层模型在双面加热环形窄缝下同样具有较高的准确度。

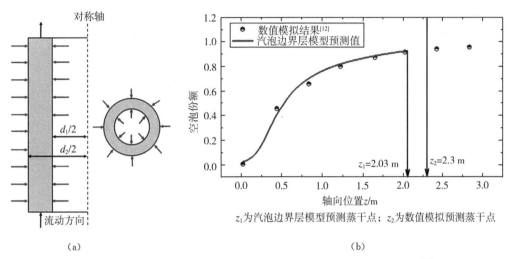

图 2　双面加热环形窄缝通道示意（a）以及空泡份额预测值与数值模拟结果[12] 对比（b）

2.2　内置式直流窄缝蒸汽发生器

对于内置式直流窄缝蒸汽发生器，一次侧流体于环管内、外两侧从上往下流动，将热量传递给环隙内逆向流动的二次侧工质。通常来讲，直流蒸汽发生器结构复杂、体积庞大、传热管数量多、传热管间距小，要对全尺寸的直流蒸汽发生器进行分析非常复杂。于是，在物理建模时通常对二次侧流域进行合理简化：①不考虑一次侧内的单相对流换热，而是将传热管换热壁面设置为第二类边界条件，即给定热流密度加热；②考虑到流场的对称性，选取单根管的二次侧流域进行研究。于是，这里以某内置式直流窄缝蒸汽发生器为例，其管道结构及二次侧工况如表 1 所示。

表 1　某内置式直流窄缝蒸汽发生器管道结构及二次侧工况

L/mm	P/MPa	q_w/K	Δt_{sub}/K	G/［kg/（m²·s）］	d_{out}/mm	d_{in}/mm
1153	1.2	120	35	350	12.2	10.2

基于汽泡边界层模型，获得二次侧流场从过冷水到液膜被蒸干期间多个两相参数的变化情况，具体如图 3 所示，该工况对应的汽泡边界层厚度为 0.21 mm。模型认为 OSV 点处边界层平均温度达到饱和，而 T_{sat} 点处主流温度达到饱和。然而，由于窄缝尺寸较小（1 mm），并且处于双面加热状态，即有两个汽泡边界层，因此，主流和汽泡边界层温度差距不大，使得在这个工况和管道结构下 OSV 点和 T_{sat} 几乎重合。图 3a 描述了汽泡边界层、主流液体和主流汽体区域流速的变化情况。当流场到达蒸干点后，由于主流区域处于滴状流，该点后主流汽液两相流速相等。图 3b 描述了两个区域内空泡份额的变化情况，当流场到达主流蒸干点后，液膜厚度小于边界层厚度，此时尽管主流区域的液滴在不断蒸干，但随着边界层的液滴不断进入主流，主流的空泡份额出现轻微的下降。图 3c 和 d 则分别展示了温度和压力的变化情况，受重力、摩擦力等的影响，压力沿程不断下降。所获得的结果为蒸汽发生器的工程设计和两相分析提供了重要的参考依据。

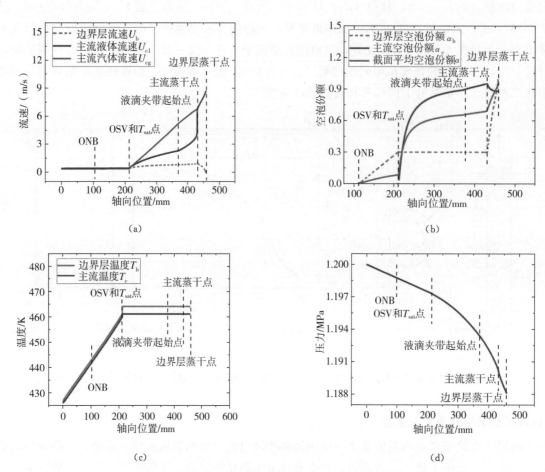

图 3 内置式直流窄缝蒸汽发生器两相参数变化规律

(a) 流速；(b) 空泡份额；(c) 温度；(d) 压力

3 结论

本文基于汽泡边界层模型，对内置式直流窄缝蒸汽发生器内的沸腾过程进行分析。首先将模型得到的结果与双面加热环形窄缝通道内的空泡份额数值模拟结果进行对比，绝对误差仅 4.3%，验证了模型在该管道类型下的准确性。然后，以某内置式直流窄缝蒸汽发生器为例，利用汽泡边界层模型描述了主流和汽泡边界层区域流速、空泡份额、温度、压力的变化规律。所获得的结果为空泡份额等参数对反应堆反应性的影响分析提供了基础数据，为蒸汽发生器的工程设计和两相分析提供了参考依据，对于提高一体化小型模块式压水堆的经济性和安全性具有重要的意义。

参考文献：

[1] 余建辉，贾宝山 . 带螺旋缠绕管的双面加热管套管直流蒸汽发生器稳态换热研究 [J] . 核科学与工程，2006 (1)：57 - 62，50.

[2] 干依燃，孙宝芝，齐洪亮，等 . 基于传热分区的直流蒸汽发生器换热性能仿真 [J] . 化工学报，2015，66 (S1)：123 - 129.

[3] HE W，ZHAO C R，BO H L. A bubble - layer - based mechanistic model for the slightly subcooled flow boiling in vertical tubes [J] . Heat transfer research，2022，53 (16)：51 - 73.

[4] CAI C，MUDAWAR I，LIU H. Assessment of void fraction models and correlations for subcooled boiling in vertical upflow in a circular tube [J]. International journal of heat and mass transfer，2021 (171)：121060.

[5] 何雯，韩晋玉，赵陈儒，等 . 流动沸腾汽泡脱离频率预测模型分析 [J] . 原子能科学技术，2022，56 (12)：

2517 - 2523.

[6] 何雯, 赵陈儒, 薄涵亮. 汽泡活化核心密度预测模型分析 [J]. 哈尔滨工程大学学报, 2021, 42 (12): 1837 - 1842.

[7] 何雯, 赵陈儒, 薄涵亮, 等. 流动沸腾汽泡脱离直径尺寸分布研究 [J]. 原子能科学技术, 2021, 55 (11): 1967 - 1975.

[8] 何雯, 赵陈儒, 薄涵亮. 基于气泡动力学的过冷流动沸腾边界层模型研究 [J]. 原子能科学技术, 2022, 56 (7): 1219 - 1229.

[9] HE W, ZHAO C R, BO H L. A bubble - layer - based mechanistic model for the saturated flow boiling in vertical channels [J]. Heat transfer research, 2023, 54 (4): 25 - 46.

[10] 何雯. 基于汽泡动力学的流动沸腾汽泡边界层模型研究 [D]. 北京: 清华大学, 2023.

[11] KANDLIKAR S G. Fundamental issues related to flow boiling in minichannels and microchannels [J]. Experimental thermal and fluid science, 2002 (26): 389 - 407.

[12] 邓硕. 双面加热垂直窄缝通道 CFD 模拟研究 [D]. 哈尔滨: 哈尔滨工程大学, 2018.

Applications of the bubble boundary layer model in the once - through narrow slot steam generator

HE Wen, ZHAO Chen-ru, BO Han-liang*

(Institute of Nuclear and New Energy Technology, Tsinghua University, Beijing 100084, China)

Abstract: The once - through narrow slot steam generator is widely used in small nuclear reactors due to its high heat transfer efficiency. Heat transfer occurs in the steam generators, accompanied by complex bubble behavior. Therefore, it is necessary to analyze the heat transfer process in steam generators. The bubble boundary layer model is a new theoretical model in predicting the flow boiling. It divides the flow field into two regions in the radial direction, the bubble layer region and the core region, and achieves the coupling of the two regions through a new set of two - dimensional steady - state conservation equations, which can provide the variations of several two - phase parameters. Therefore, this paper aims to apply this bubble boundary layer model in the analysis of the heat transfer process in once through narrow slot steam generators. In order to verify the accuracy of this model, this model is firstly compared with the simulation results of the void fraction. Then, taking a certain built - in once - through narrow slot steam generator as an example, the model is applied to the boiling calculation of the heat transfer tube. The model describes the variations of void fraction, temperature, flow rate, pressure, etc. both in the core region and the bubble boundary layer region. The obtained results provide important reference for the engineering design and two - phase analysis of the built - in steam generator.

Key words: Once - through narrow slot steam generator; Bubble boundary layer model; Flow boiling; Void fraction

竖直圆管外自然对流强化换热数值模拟研究

张　旭，朱晨昕，唐靖雨，叶子翔，景瑞涵，边浩志*

（哈尔滨工程大学核科学与技术学院，黑龙江　哈尔滨　150001）

摘　要： 海洋环境中，基于反应堆的海洋条件，选择海水作为核动力设备的冷却水可以节约大量成本和空间。同时，在核动力装置的管壳式换热设备中，竖直圆管外表面的自然对流是一种以水为工质的典型换热过程。为探究竖直圆管的自然对流特征并强化装置的传热性能，本研究基于三维精细化 CFD 软件，采用 K - Epsilon 湍流模型，对光滑圆管以及增加了纵肋和绕丝等强化换热结构的圆管的换热过程进行了数值模拟，分析了不同因素对自然对流的影响。研究表明，纵肋和绕丝结构均可起到强化换热的作用，同时换热结构几何尺寸的变化对装置强化换热性能有较大影响，最大强化换热百分比可达 96%。

关键词： 自然对流；CFD 数值模拟；强化换热；竖直圆管

　　竖直圆管外表面自然对流传热是一种常见的对流传热现象。圆管外表面的流体不依赖任何外界能量的输入，只靠圆管外表面与主流之间的温度差产生密度差提供的浮升力作为动力源，驱动圆管外表面附近流体自下而上流动并与壁面产生换热现象。自然对流换热在诸多工程领域有广泛的应用。目前很少有研究关注通过改变自然对流元件表面几何结构的方式来起到强化换热的作用。本文在已有自然对流、强化换热相关研究下，对光滑管和具有绕丝、纵肋结构的换热管开展了数值模拟，分析了不同结构参数对自然对流强度及排热能力的影响。

1　竖直光管的传热计算

1.1　自然对流的控制方程

　　工质所有流动均为单相流动的情况。对于单相流体，其质量、动量和能量的守恒方程如下。

　　质量守恒方程：

$$\frac{\partial \rho}{\partial t}+\frac{\partial(\rho u)}{\partial x}+\frac{\partial(\rho v)}{\partial y}+\frac{\partial(\rho w)}{\partial z}=0。 \tag{1}$$

式中，t 为时间；ρ 为密度；u、v、w 为速度在 x、y、z 方向上的分量。

　　动量守恒方程：

$$\frac{\partial(\rho u)}{\partial t}+\mathrm{div}(\rho u\vec{u})=-\frac{\partial p}{\partial x}+\frac{\partial\tau_{xx}}{\partial x}+\frac{\partial\tau_{yx}}{\partial y}+\frac{\partial\tau_{zx}}{\partial z}+F_x, \tag{2}$$

$$\frac{\partial(\rho v)}{\partial t}+\mathrm{div}(\rho v\vec{u})=-\frac{\partial p}{\partial y}+\frac{\partial\tau_{xy}}{\partial x}+\frac{\partial\tau_{yy}}{\partial y}+\frac{\partial\tau_{zy}}{\partial z}+F_y, \tag{3}$$

$$\frac{\partial(\rho w)}{\partial t}+\mathrm{div}(\rho w\vec{u})=-\frac{\partial p}{\partial z}+\frac{\partial\tau_{xz}}{\partial x}+\frac{\partial\tau_{yz}}{\partial y}+\frac{\partial\tau_{zz}}{\partial z}+F_z。 \tag{4}$$

式中，p 为流体微元体上的压力；τ_{xx}、τ_{xy}、τ_{xz} 为微元体分子由黏性力作用在微元体表面产生的分力；F_x、F_y、F_z 为作用在微元体上的体力。

作者简介： 张旭（2001—），男，本科在读，现就读于哈尔滨工程大学，主要研究安全壳热工水力。

基金项目： 国家自然科学基金（52106236）；中核集团"青年英才"项目。

能量守恒方程：

$$\frac{\partial(\rho T)}{\partial t}+\frac{\partial(\rho u T)}{\partial x}+\frac{\partial(\rho v T)}{\partial y}+\frac{\partial(\rho w T)}{\partial z}=\frac{\partial}{\partial x}\left(\frac{k\partial T}{c_p\partial x}\right)+\frac{\partial}{\partial y}\left(\frac{k\partial T}{c_p\partial y}\right)+\frac{\partial}{\partial z}\left(\frac{k\partial T}{c_p\partial z}\right)+s_T。 \tag{5}$$

式中，c_p 是比热容；T 是温度；s_T 为流体黏性耗散项。

工质流动为湍流，本文选用 K – Epsilon 湍流模型来进行模拟计算，计算公式如下。

湍流脉动动能 k 方程：

$$\frac{\partial(\rho k)}{\partial t}+\frac{\partial(\rho k\mu_i)}{\partial x_i}=\frac{\partial}{\partial x_j}\left[\left(\mu_1+\frac{\mu_t}{\sigma_k}\right)\frac{\partial k}{\partial x_j}\right]+\mu_t\frac{\partial\mu_j}{\partial x_i}\left(\frac{\partial\mu_j}{\partial x_i}+\frac{\partial\mu_i}{\partial x_j}\right)-\rho\varepsilon。 \tag{6}$$

湍流耗散率 ε 方程：

$$\frac{\partial(\rho\varepsilon)}{\partial t}+\frac{\partial(\rho\varepsilon\mu_i)}{\partial x_i}=\frac{\partial}{\partial x_j}\left[\left(\mu_1+\frac{\mu_t}{\sigma_\varepsilon}\right)\frac{\partial\varepsilon}{\partial x_j}\right]+C_1\mu_t\frac{\varepsilon}{k}\frac{\partial\mu_j}{\partial x_i}\left(\frac{\partial\mu_j}{\partial x_i}+\frac{\partial\mu_i}{\partial x_j}\right)-C_2\rho\frac{\varepsilon^2}{k}。 \tag{7}$$

式中，k 为湍动能；ε 为耗散率；σ_k、σ_ε、C_1、C_2 为经验常数。

1.2 竖直光管的模型和工况计算

在进行强化换热结构比较之前，先对竖直光管的换热特性进行验证和计算。本模型包括竖直圆管以及管道周围的流域，圆管的壁面为定温壁面，顶部和底部为绝热壁面，其余面均为压力出口。模型的主要参数如表 1 所示，竖直光管模型及纵截面流速示意分别如图 1 和图 2 所示。

表 1　竖直光管模型主要参数

计算参数	数值
壁面温度	360 K
环境温度（初始温度）	290 K
压力设置	常压
竖直管长	2 m
竖直管径	20 mm
计算域宽度	0.4 m
计算域长度	3 m

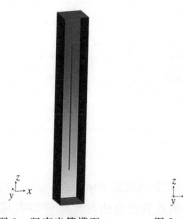 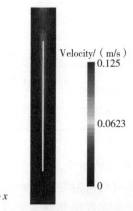

図 1　竖直光管模型　　図 2　竖直光管纵截面的流速示意

通过计算得到，光管壁面表面换热量为 5848.42 W，表面平均换热系数为 664.86 W/（m^2 · K）。为后续各种表面强化换热结构或强化换热措施提供对比标准。

2 强化换热结构研究的计算工况

本文主要研究具有纵肋和绕丝的竖直管外强化换热结构对圆管的换热影响，在建立模型时将流体域和强化换热结构区分开，分别为两者建立不同的物理和网格模型进行计算。

2.1 纵肋强化换热结构计算结果分析

对表面强化换热结构为纵肋的工况进行模拟计算，并分析肋宽、肋高和肋片数量对强化换热的影响，找到纵肋的最佳布置方式。

2.1.1 纵肋模型的几何结构和计算结果（图3、表2）

y
$z \rightarrow x$

图 3 纵肋工况模型

表 2 纵肋计算工况的几何参数

肋宽/mm	肋高/mm	肋片数量/个	换热量/W	换热系数/［W/（m²·K）］	强化百分比
1	5	1	6711.04	762.925	14.74%
2	5	1	6755.55	767.985	15.51%
3	5	1	6752.53	767.641	15.45%
4	5	1	6726.26	764.655	15.01%
5	5	1	6782.26	771.021	15.97%
2	1	1	6080.99	691.299	3.97%
2	3	1	6470.25	735.551	10.63%
2	7	1	7037.07	799.988	20.32%
2	9	1	7226.65	821.540	23.56%
2	7	2	8052.26	915.397	37.68%
2	7	3	9100.28	1034.538	55.60%
2	7	4	10 316.28	1172.776	76.39%
2	7	5	11 476.42	1304.663	96.23%

2.1.2 纵肋结构对强化换热的结果分析

研究肋宽的影响，选取肋高为定值 5 mm，改变肋宽为 1 mm、2 mm、3 mm、4 mm、5 mm，根据结果所示，增加肋宽，各工况的换热量和换热系数的数值对比单管均有提升，但是相差不大。因此，只通过改变肋宽对强化换热的效果并不明显，故选取肋宽为 2 mm 来继续研究肋高和肋片数量的影响。

研究肋高的影响，选取肋宽为定值 2 mm，改变肋高为 1 mm、3 mm、5 mm、7 mm、9 mm，根据结果所示，随着肋高的增加，自然对流换热系数也逐渐升高，当肋高为 9 mm 时，换热系数和强化百分比达到最大，但由于肋片效率的影响，随着肋高的增加，肋片效率会降低，强化换热的增长程度逐渐下降，因此要综合经济和效率的强化换热程度选择较为合适的肋高。

肋片数量对于强化换热的影响是非常大的，对于 20 mm 直径竖直圆管，肋宽为 2 mm，肋高为 7 mm，最多选择增加了 5 个肋片，随着肋片数量的增加，强化百分比近乎呈现比例增长，最大强化百分比可达 96.23%，由此可见，增加肋片数量是强化换热的一种较为有效的方法。

综上，对于纵肋方式的强化换热结构，最有效的方式是增加肋片数量，适当选择肋高、减少肋宽以便布置更多纵肋。

2.2 绕丝强化换热结构计算结果分析

对绕丝强化换热结构进行模拟计算并针对计算结果分析绕丝高度、螺距对强化换热的影响，找到绕丝的最佳布置方式。

2.2.1 绕丝模型的几何结构和计算结果（图 4、表 3）

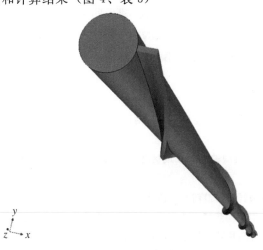

图 4　绕丝工况模型

表 3　绕丝计算工况的几何参数

绕丝高度/mm	螺距/m	单根绕丝布置数量/个	换热量/W	换热系数/［W/（m² · K）］	强化百分比
1	1	1	6289.16	714.964	7.53%
3	1	1	6584.10	748.494	12.57%
5	1	1	6902.27	784.664	18.01%
7	1	1	7138.14	811.478	22.05%
9	1	1	7291.52	828.915	24.67%
7	3	1	7008.44	796.734	19.83%
7	2	1	7013.38	797.295	19.91%
7	0.5	1	7396.11	840.805	26.46%
7	0.25	1	8830.01	1003.814	50.98%

2.2.2 绕丝结构对强化换热的结果分析

研究绕丝高度的影响，选取螺距为定值 1 m，改变绕丝高度为 1 mm、3 mm、5 mm、7 mm、9 mm，根据结果所示，随着绕丝高度的增大，换热量和换热系数也会增大，强化换热效果上升。改变绕丝高度对强化换热的影响与改变肋高相似，随着绕丝高度的增加，强化换热的增长程度也会逐渐下降。因此，通过改变绕丝高度强化换热时需要综合考虑经济与效率。

研究螺距的影响，选取绕丝高度为定值 7 mm，改变螺距为 3 m、2 m、1 m、0.5 m、0.25 m，根据结果所示，在一定范围内，随着螺距的减小，换热量和换热系数会增大，强化换热效果上升。在螺距较大时改变螺距对强化换热的影响程度较小，而螺距为 0.25 m 时的换热系数有明显的提升，高达 1003.814 W/（m² · K），强化百分比为 50.98％。对流场进行分析，在改变螺距时，速度变化不大，排除强化换热突升为速度提升方面的原因，初步判断是由于部件的面积增大，提高了扰动作用，增强了换热能力。但螺距选取过小时，可能会阻碍流体流动，因此螺距的取值不能过小。

综上，对于绕丝方式的强化换热结构，可以通过适当增大绕丝高度和减小螺距来到达强化换热的目的。

3 结论

通过对增加了强化换热结构（肋片和绕丝）的竖直圆管进行模拟，分析了不同因素对换热特性的影响并得到结论，竖直光管的换热量为 5848.42 W，表面平均换热系数为 664.86 W/（m² · K）。对于纵肋结构，通过增加肋片数量、适当增大肋高、减少肋宽以便布置更多纵肋来强化换热，在本文中单根肋片的最大强化百分比为 23.56％，多根肋片的最大强化百分比为 96.23％；对于绕丝结构，可以通过适当增大绕丝高度、减小螺距来强化换热，单根绕丝最大强化百分比为 50.98％。

参考文献：

[1] 李庆领，杨广志，李涛．水平圆管在大空间内自然对流换热的实验与数值分析 [J]．兰州理工大学学报，2013，39（2）：43－46．

[2] 王亚军．基于 RNG k－epsilon 模型的高海拔地区生态基流下游阶梯消能水力特性数值研究 [J]．水利技术监督，2019（6）：180－183．

[3] 杨世铭．细长竖圆柱外及竖圆管内的自然对流传热 [J]．西安交通大学学报，1980（3）：115－131．

[4] 李论．表面肋结构强化管内对流换热特性数值模拟 [D]．北京：华北电力大学（北京），2021．

[5] 蒋翔，李晓欣，朱冬生．几种翅片管换热器的应用研究 [J]．化工进展，2003（2）：183－186．

[6] 陈思远，秦浩，王成龙，等．绕丝结构对氦氙气体流动换热特性影响研究 [J]．原子能科学技术，2021，55（6）：991－999．

[7] 李峥．绕丝组件内流动与传热数值模拟 [D]．哈尔滨：哈尔滨工程大学，2013．

Numerical simulation study of enhanced natural convection heat transfer outside vertical tubes

ZHANG Xu, ZHU Chen-xin, TANG Jing-yu, YE Zi-xiang, JING Rui-han, BIAN Hao-zhi*

(College of Nuclear Science and Technology, Harbin Engineering University, Harbin, Heilongjiang 150001, China)

Abstract: In the marine environment, based on the marine conditions of the reactor, selecting seawater as the cooling water for nuclear power equipment can save a lot of cost and space. For the common shell and tube heat exchanger in nuclear power devices, the natural convection on the outer surface of vertical circular tubes is a typical heat exchange process with water as the working medium. In order to explore the natural convection characteristics of vertical circular tube and enhance the heat transfer performance of the device, this study is based on three-dimensional fine CFD software, using K Epsilon turbulence model, the heat transfer processes of the smooth tube and the circular tube with enhanced heat transfer structures, such as adding fin and wire winding, were simulated numerically, and the effects of different factors on the natural convection were analyzed. The results show that both fin and wire winding structures can enhance heat transfer, and the variation in geometric dimensions of the enhanced heat transfer structures has a great influence on the heat transfer enhancement, with the maximum heat transfer enhancement rate can reach 96%.

Key words: Natural convection; CFD numerical simulation; Heat transfer enhancement; Vertical circular tube